国家林业和草原局普通高等教育"十三五"规划教材
高等院校木材科学与工程专业规划教材

# 木材保护与改性

曹金珍 主　编
孙芳利　王　望　副主编

中国林业出版社

#### 图书在版编目(CIP)数据

木材保护与改性 / 曹金珍主编. —北京：中国林业出版社，2018.8（2024.7重印）
国家林业和草原局普通高等教育"十三五"规划教材　高等院校木材科学与工程专业规划教材
ISBN 978-7-5038-9687-3

Ⅰ．①木… Ⅱ．①曹… Ⅲ．①木材保存-高等学校-教材②木材性质-改造-高等学校-教材 Ⅳ．①S782.3②S781.7

中国版本图书馆 CIP 数据核字(2018)第 170381 号

**国家林业和草原局生态文明教材及林业高校教材建设项目**

**中国林业出版社·教育出版分社**

**策划编辑：杜　娟　　责任编辑：杜　娟　苏　梅**
**电话：(010)83143556　　传真：(010)83143516**

| | |
|---|---|
| 出版发行 | 中国林业出版社(100009　北京市西城区德内大街刘海胡同7号) |
| | E-mail：jiaocaipublic@163.com　　电话：(010)83143500 |
| | http：//lycb.forestry.gov.cn |
| 经　　销 | 新华书店 |
| 印　　刷 | 北京中科印刷有限公司 |
| 版　　次 | 2018年8月第1版 |
| 印　　次 | 2024年7月第2次印刷 |
| 开　　本 | 850mm×1168mm　1/16 |
| 印　　张 | 21.25 |
| 字　　数 | 477 千字 |
| 定　　价 | 45.00 元 |

未经许可，不得以任何方式复制或抄袭本书之部分或全部内容。
**版权所有　侵权必究**

# 前　言

古往今来，木材一直是人类生产生活的重要材料，因其纹理美观、强重比高、易于加工等优良特性而深受人们喜爱。随着社会的进步和发展，材料的生态学特性也越来越受到人们的关注。木材来源于森林，是一种可再生、可循环利用的生态环境材料，扩大其应用领域和范围，是实现可持续发展的有效途径之一。根据第八次全国森林资源清查结果，我国人工林面积达6 933万 $hm^2$，占世界人工林总面积的26.2%，位居世界第一，因此，如何高效利用人工林资源显得尤为重要。木材是一种天然生物材料，存在一些固有缺陷，同时在使用过程中也容易受到微生物、水分、光照等影响而发生腐朽、发霉、变形开裂、变色等劣化现象，从而影响木材的质量，缩短使用寿命。研究表明，同一树种的人工林速生材与天然林木材相比，一般材质较为疏松，在物理力学性质及抗生物劣化性方面的缺陷更为明显。可见，对木材进行保护与改性，使木材这种生态材料更好地服务于人类，具有重要的应用价值和社会效益。

木材保护与改性主要包括两个方面，即通过木材保护手段避免木材劣化，以及通过木材改性手段克服或改善木材固有的缺陷，赋予木材某些特殊功能。本书从木材作为天然生物材料的特点出发，阐述木材保护与改性的原因，在此基础上对相关的木材保护与改性措施进行了深入介绍，其中包括木材防腐、防霉、防变色、抗虫蚁、阻燃、尺寸稳定化、软化、强化、漂白、染色、表面活化等不同的处理方法。

全书共分10章，由曹金珍、孙芳利、王望负责统稿。编著人员分工如下：第1章由曹金珍编写；第2章由王雅梅(2.1)、曹金珍(2.2~2.4)、刘智(2.5)编写；第3章由曹金珍(3.1)、王雅梅(3.2.1，3.2.2，3.2.4)、于丽丽(3.2.3)、罗真付、张耀丽(3.3，3.4)、刘智(3.5.1，3.5.2)、王望(3.5.3)编写；第4章由王望(4.1)、余丽萍(4.2~4.6)编写；第5章由王望编写；第6章由曹金珍(6.1.1)、庞久寅(6.1.2~6.3)编写；第7章由罗蓓(7.1.1，7.1.3，7.3)、刘智(7.1.2)、闫丽(7.2)编写；第8章由孙芳利编写；第9章由王望(9.1.1，9.1.4~9.1.5)、宋先亮(9.1.2~9.1.3，9.2，9.3)编写；第10章由刘如(10.1)、罗蓓(10.2)、曹金珍(10.3)编写。在每部分内容中都力求从理论性概述、处理药剂和方法、处理材性能检测、处理材应用等几方面对相关的保护与改性手段进行介绍；在阐述上力求内容精新、简繁适当，尽量挑选对读者今后学习及应用有帮助的基础性知识进行重点讲授，适当融入国内外新的研究成果和结论性观点。为便于教学使用，各章都附有思考题和推荐阅读书目。

# 前　言

本书可作为木材科学与工程专业的本科生、研究生教材，也适用于林产化工、文物保护技术等相关专业作为教材或参考书，亦可供从事木材保护与改性方面教学、科研、技术开发的教师、科研及工程技术人员学习和使用。此外，木材作为一种生物质材料，对其进行保护与改性的方法和原理也可指导其他生物质资源的保护与利用，因此，本书对新兴领域"生物质工程"也具有一定的指导意义。

限于水平和时间，书中不妥之处在所难免，敬请读者批评指正。

编写组

2018 年 3 月

# 目 录

前 言

## 第1章 绪论 ········································································· 1
### 1.1 木材的优缺点 ·································································· 1
1.1.1 木材的环保特性 ······················································· 1
1.1.2 木材的加工和应用特性 ················································ 2
1.1.3 木材的环境学特性 ···················································· 4
1.1.4 木材的缺点 ·························································· 5
### 1.2 木材劣化的种类 ································································ 6
1.2.1 生物劣化 ··························································· 7
1.2.2 燃烧劣化 ··························································· 7
1.2.3 吸水-吸湿劣化 ······················································· 8
1.2.4 气候劣化(老化、风化) ·················································· 8
1.2.5 其他劣化 ··························································· 9
### 1.3 木材保护与改性概述 ·························································· 10
1.3.1 木材保护与改性的定义 ················································ 10
1.3.2 木材保护与改性的研究内容及意义 ······································· 11
1.3.3 木材保护与改性的发展趋势 ············································ 11

## 第2章 木材生物劣化和保管 ··························································· 13
### 2.1 微生物劣化 ··································································· 13
2.1.1 腐朽 ······························································ 13
2.1.2 生物变色 ··························································· 20
2.1.3 霉变 ······························································ 21
2.1.4 细菌败坏 ··························································· 22
### 2.2 昆虫劣化 ····································································· 23
2.2.1 白蚁的种类及其危害 ················································· 24
2.2.2 留粉甲虫的种类及其危害 ·············································· 27

2.2.3 其他 ································································································ 29
2.3 海生动物劣化 ································································································ 29
　　2.3.1 海生软体动物 ······················································································ 30
　　2.3.2 海生甲壳动物 ······················································································ 31
2.4 生物危害等级 ································································································ 32
　　2.4.1 我国生物危害等级 ················································································ 32
　　2.4.2 不同国家生物危害等级的差别 ································································ 33
2.5 木材的科学保管 ···························································································· 34
　　2.5.1 木材保管的原则 ··················································································· 34
　　2.5.2 原木保管的方法 ··················································································· 35
　　2.5.3 锯材的保管方法 ··················································································· 41

# 第3章 木材的生物危害防治处理 ···································································· 47
3.1 木材防腐剂 ··································································································· 47
　　3.1.1 理想木材防腐剂的性能 ·········································································· 47
　　3.1.2 木材防腐剂的种类和特点 ······································································ 48
　　3.1.3 油类防腐剂 ························································································· 49
　　3.1.4 油载型木材防腐剂 ················································································ 50
　　3.1.5 水载型木材防腐剂 ················································································ 52
　　3.1.6 防腐剂载药量与透入度要求 ··································································· 60
3.2 木材防腐处理方法 ························································································· 62
　　3.2.1 常压处理方法 ······················································································ 62
　　3.2.2 加压处理方法 ······················································································ 66
　　3.2.3 防腐处理材的前处理和后处理 ································································ 74
　　3.2.4 其他处理方法 ······················································································ 81
3.3 木材防霉防变色处理 ······················································································ 83
　　3.3.1 木材防霉处理 ······················································································ 83
　　3.3.2 木材防微生物变色处理 ·········································································· 86
3.4 木材的防虫、防白蚁处理 ··············································································· 89
　　3.4.1 木材的防虫处理 ··················································································· 89
　　3.4.2 木材的防白蚁处理 ················································································ 92
3.5 防腐处理材的质量及性能检测 ········································································· 96
　　3.5.1 防腐处理材中有效成分检测 ··································································· 96
　　3.5.2 防腐处理材的生物耐久性检测 ······························································· 103
　　3.5.3 防腐剂流失性检测 ·············································································· 110

# 第4章 木材阻燃处理 ················································································· 114
4.1 木材的热解和燃烧过程 ················································································ 115

|   |   |   |
|---|---|---|
| 4.1.1 | 木材的热解 | 115 |
| 4.1.2 | 木材的有焰燃烧 | 116 |
| 4.1.3 | 木材的无焰燃烧 | 118 |
| 4.1.4 | 木材的发烟 | 118 |

4.2 木材阻燃机理 …………………………………………………………… 119
    4.2.1 覆盖机理 ………………………………………………………… 119
    4.2.2 热作用机理 ……………………………………………………… 119
    4.2.3 气体稀释机理 …………………………………………………… 120
    4.2.4 脱水炭化机理 …………………………………………………… 120
    4.2.5 阻止连锁反应机理(自由基捕获机理) ………………………… 120

4.3 木材阻燃剂 ……………………………………………………………… 121
    4.3.1 理想木材阻燃剂的性能 ………………………………………… 122
    4.3.2 木材阻燃剂的种类 ……………………………………………… 123
    4.3.3 无机木材阻燃剂 ………………………………………………… 124
    4.3.4 有机木材阻燃剂 ………………………………………………… 127
    4.3.5 特殊类型木材阻燃剂 …………………………………………… 128

4.4 木材和木质材料的阻燃处理方法 ……………………………………… 131
    4.4.1 木材阻燃处理方法 ……………………………………………… 131
    4.4.2 木质人造板的阻燃处理方法 …………………………………… 132

4.5 阻燃处理对其他材性的影响 …………………………………………… 135
    4.5.1 阻燃木材的吸湿性和尺寸稳定性 ……………………………… 135
    4.5.2 阻燃木材的力学性能 …………………………………………… 135
    4.5.3 阻燃木材的金属腐蚀性 ………………………………………… 136
    4.5.4 阻燃木材的涂饰与胶合性能 …………………………………… 136
    4.5.5 阻燃木材的颜色 ………………………………………………… 137
    4.5.6 阻燃木材的抗生物破坏性和毒性 ……………………………… 137

4.6 阻燃处理材的性能检测与评价 ………………………………………… 137
    4.6.1 相关检测标准 …………………………………………………… 138
    4.6.2 阻燃性能检测 …………………………………………………… 144

## 第5章 木材尺寸稳定化处理 …………………………………………………… 151

5.1 木材、水分与尺寸不稳定 ……………………………………………… 151
5.2 尺寸稳定化处理与防水处理 …………………………………………… 153
5.3 木材的尺寸稳定化原理 ………………………………………………… 154
5.4 木材的尺寸稳定化的方法 ……………………………………………… 157
    5.4.1 表面涂饰/修饰处理 …………………………………………… 157
    5.4.2 浸渍改性 ………………………………………………………… 157
    5.4.3 化学改性 ………………………………………………………… 165

　　　　5.4.4　高温热改性 …………………………………………………………… 171
　5.5　木材的尺寸稳定性评价 ……………………………………………………… 178
　　　5.5.1　木材的尺寸稳定评价指标 …………………………………………… 178
　　　5.5.2　木材的尺寸稳定评价方法 …………………………………………… 179

## 第6章　木材软化处理 …………………………………………………………… 184

　6.1　概述 …………………………………………………………………………… 184
　　　6.1.1　木材的塑性 …………………………………………………………… 184
　　　6.1.2　木材塑性的影响因素 ………………………………………………… 185
　　　6.1.3　木材的软化机理 ……………………………………………………… 185
　6.2　木材软化处理方法 …………………………………………………………… 187
　　　6.2.1　物理软化法 …………………………………………………………… 187
　　　6.2.2　化学软化法 …………………………………………………………… 190
　6.3　软化处理的应用 ……………………………………………………………… 193
　　　6.3.1　曲木制品 ……………………………………………………………… 193
　　　6.3.2　木材密实化 …………………………………………………………… 194
　　　6.3.3　木材切片 ……………………………………………………………… 194
　　　6.3.4　旋切单板 ……………………………………………………………… 194
　　　6.3.5　刨切薄木 ……………………………………………………………… 194
　　　6.3.6　碎料成型 ……………………………………………………………… 194
　　　6.3.7　浮雕加工 ……………………………………………………………… 194
　　　6.3.8　竹材展平 ……………………………………………………………… 195
　　　6.3.9　其他应用 ……………………………………………………………… 195

## 第7章　木材强化处理 …………………………………………………………… 197

　7.1　浸渍强化处理 ………………………………………………………………… 197
　　　7.1.1　树脂浸渍强化处理 …………………………………………………… 198
　　　7.1.2　塑合木 ………………………………………………………………… 202
　　　7.1.3　含硅化合物浸渍处理 ………………………………………………… 206
　7.2　木材压缩密实化处理 ………………………………………………………… 208
　　　7.2.1　木材压缩处理工艺及机理 …………………………………………… 209
　　　7.2.2　木材压缩变形固定工艺及机理 ……………………………………… 212
　　　7.2.3　压缩密实化木材的性能和影响因素 ………………………………… 214
　7.3　胶合木与重组木 ……………………………………………………………… 215
　　　7.3.1　胶合木 ………………………………………………………………… 216
　　　7.3.2　重组木 ………………………………………………………………… 222
　　　7.3.3　胶合木与重组木的应用 ……………………………………………… 227

## 第8章 木材材色处理 …… 233
### 8.1 颜色的产生及色度学基础 …… 233
#### 8.1.1 颜色的产生及其特性 …… 233
#### 8.1.2 色度学基础 …… 234
#### 8.1.3 木材材色的产生及分布 …… 236
#### 8.1.4 木材材色对人的视觉感受的影响 …… 238
### 8.2 木材变色及其防治 …… 238
#### 8.2.1 木材变色的原因 …… 238
#### 8.2.2 木材变色的种类 …… 239
#### 8.2.3 木材变色的防治方法 …… 248
### 8.3 木材漂白处理 …… 251
#### 8.3.1 木材漂白剂 …… 251
#### 8.3.2 木材漂白原理 …… 254
#### 8.3.3 木材漂白效果的影响因素 …… 255
### 8.4 木材的着色 …… 256
#### 8.4.1 木材的染色 …… 256
#### 8.4.2 木材的表面着色处理 …… 264
#### 8.4.3 木材的炭化着色 …… 264

## 第9章 木材表面改性处理 …… 266
### 9.1 表面疏水处理 …… 266
#### 9.1.1 木材的润湿性 …… 266
#### 9.1.2 表面疏水剂 …… 268
#### 9.1.3 表面疏水处理方法 …… 269
#### 9.1.4 木材表面超疏水处理 …… 270
#### 9.1.5 表面疏水处理效果评价 …… 272
### 9.2 木材表面耐候性处理 …… 274
#### 9.2.1 影响木材自然老化的因素 …… 275
#### 9.2.2 自然老化木材的性能变化 …… 277
#### 9.2.3 表面耐候性处理方法 …… 278
#### 9.2.4 表面耐候性处理效果评价 …… 280
### 9.3 表面活化处理 …… 281
#### 9.3.1 木材表面的钝化 …… 281
#### 9.3.2 表面活化处理方法和试剂 …… 282
#### 9.3.3 表面活化处理效果评价 …… 285

## 第10章 与其他材料的复合处理 …… 289
### 10.1 木塑复合材料 …… 289

10.1.1 木塑复合材料概述 ………………………………………………… 289
10.1.2 木塑复合材料的发展历程 …………………………………………… 290
10.1.3 木塑复合材料的原料和助剂 ………………………………………… 291
10.1.4 木塑复合材料的加工工艺 …………………………………………… 294
10.1.5 木塑复合材料的界面理论 …………………………………………… 297
10.1.6 木塑复合材料的改性 ………………………………………………… 299
10.1.7 木塑复合材料相关检测标准 ………………………………………… 301
10.2 木材陶瓷化处理 …………………………………………………………… 302
  10.2.1 木质陶瓷概述 ………………………………………………………… 302
  10.2.2 木质陶瓷的制造 ……………………………………………………… 304
  10.2.3 碳木质陶瓷/SiC木质陶瓷的复合机理及显微结构 ………………… 311
  10.2.4 木质陶瓷的性能 ……………………………………………………… 316
  10.2.5 木质陶瓷的应用 ……………………………………………………… 319
10.3 木材与金属的复合处理 …………………………………………………… 320
  10.3.1 木材/金属复合板制造技术与性能检测 …………………………… 320
  10.3.2 木材化学镀工艺与性能检测 ………………………………………… 324
  10.3.3 木材/金属复合材料的应用 ………………………………………… 327

# 第 1 章

# 绪 论

**【本章提要】** 木材作为一种天然生物材料,具有区别于其他材料的优点和缺点。本章从木材的环保特性、加工和应用特性以及环境学特性等几方面对木材的优点进行了简要的介绍,同时对木材的主要缺点——劣化的种类及其特点进行了说明,在此基础上引出木材保护与改性的定义、研究内容及应用领域等。

木材作为一种天然生物材料,具有其自身特有的性质,有些性质对于木材的加工利用有利,而有些性质则会影响木材的加工利用。通过了解木材的优点,可以知道我们为什么要使用木材;但只有了解其缺点,我们才可以在加工利用过程中注意避免或采取相应的措施解决其引发的问题。木材保护与改性是一门新兴学科,主要为木材在应用过程中容易出现的问题提供相应的解决措施,或为进一步改善木材的现有性质提供技术手段。

## 1.1 木材的优缺点

木材应用于我们生活的方方面面,这是由木材自身的特点所决定的。木材的优点将从环保特性、加工和应用特性以及环境学特性三个方面进行叙述,而木材的缺点则列举了一些主要影响木材利用的性质。但需要注意的是,木材的优点和缺点有时是相对而言的,如木材容易被微生物劣化,这在木材的使用过程中毫无疑问是缺点,但是对于木材这种材料的环保特性而言这却是优点,正是因为木材的这一性质才使其具有可降解性。因此,我们在理解以下木材的优缺点时,需要注意其所针对的木材的用途。

### 1.1.1 木材的环保特性

木材来源于森林,是植物通过光合作用,将根部吸收的水分和叶片吸收的二氧化碳转化成有机物,而形成的天然有机体。因此木材的生长过程是固碳的过程,对环境具有十分积极的作用。与钢材、水泥等不可再生的矿物资源不同,木材是一种可再生(renew)、可循环(recycle)、可再利用(reuse)和可减排(reduce)的"4R"材料。目前国际国内对环境问题日益重视,对于碳排放的限制日趋严格,在这种形势下木材作为生态环境材料的优势将更加突出。

如图 1-1 所示为 $1hm^2$ 的日本柳杉在生长和利用过程中的碳素储存量变化。$1hm^2$ 日本柳杉林在 50 年内可固定的碳素高达 150t,其中树干部分可占 125t,这部分树干采伐

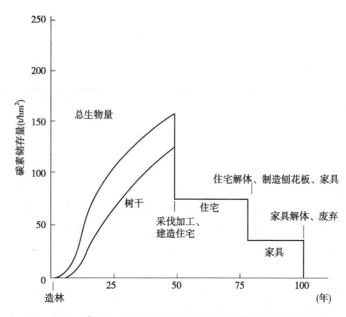

**图1-1　1hm² 的日本柳杉在生长和利用过程中的碳素储存量**

加工后可用于建造住宅，住宅解体后还可继续用于制造刨花板，以家具的形式继续使用，直至家具解体后废弃。在整个树木生长和利用周期中，碳素可以达到平衡，即没有向环境释放额外的二氧化碳。

### 1.1.2　木材的加工和应用特性

#### 1.1.2.1　木材的加工特性

木材是一种易于加工的材料，不仅可以通过锯、铣、刨、钻等机床加工成具有不同轮廓和形状的零部件，也可以用简单的工具手工制作各种家具和工艺品等。因此，在没有任何先进加工设备的古代，也留下了无数宏伟的木结构建筑和精致的木制家具、器皿。随着木材科学技术的发展，木材的加工方法更为丰富。人们不仅可以以实木的形式直接利用木材；还可以将其制成单板、刨花或纤维，以胶合板、刨花板或纤维板等木质复合材料的形式再利用；或者通过软化将其弯曲或压缩等。木材的易于加工的特性可以实现木材的小材大用、劣材优用，从而达到高效利用木材资源的目的。

#### 1.1.2.2　木材的应用特性

（1）木材的强重比高

强重比是指单位质量的材料的强度值，是材料学和工程力学中评价材料的重要指标之一。如果强重比高，则表示该材料材质轻但强度高。表1-1所列为用3种不同材料制作1m长圆柱时所需的重量和拉伸强度，以及在此基础上计算得到的强重比。由表中数据可见，虽然松木的拉伸强度远低于钢铁，但是由于钢铁的密度是松木的15倍，所以松木的强重比仍比钢铁高。

表 1-1　不同材料制作的圆柱的参数比较

| 材料 | 密度 (kg/m³) | 拉伸强度 (N/mm²) | 最小截面积 (m²) | 圆柱重量 (kg) | 计算强重比 (N/kg) |
|---|---|---|---|---|---|
| 松木 | 530 | 56 | 893×10⁻⁶ | 0.47 | 1.064×10⁵ |
| 钢铁 | 7 800 | 500 | 100×10⁻⁶ | 0.78 | 6.41×10⁴ |
| 塑料(HDPE) | 960 | 33 | 1 515×10⁻⁶ | 1.45 | 3.45×10⁴ |

注：HDPE 为高密度聚乙烯。

(2) 木材的热绝缘和电绝缘性良好

木材的热绝缘性与电绝缘性和木材的含水率密切相关。在低含水率状态时，木材是一种很好的热绝缘和电绝缘材料，这主要是由木材的构造和成分决定。木材是由管状分子组成的多孔性材料，在干燥状态下，木材的细胞腔中充满了空气，细胞壁主要由纤维素等高分子化合物组成，缺少能自由移动的离子和电子，导热和导电能力很弱。木材的导热系数见表 1-2。但是当木材含水率较高时，木材会成为导电体。利用木材在干燥状态下的热绝缘和电绝缘性，我们在日常生活中经常将木材用于制作炊具把柄、隔热垫、电线杆等。

表 1-2　各类不同材料的导热系数

| 材料名称 | 导热系数[W/(m·K)] | 材料名称 | 导热系数[W/(m·K)] |
|---|---|---|---|
| 铅板 | 216 | 纸 | 0.18 |
| 钢板 | 38.4 | 白桦 | 0.168 |
| 混凝土 | 1.92 | 硬质纤维板 | 0.126 |
| 陶瓷 | 1.08 | 刨花板 | 0.12 |
| 玻璃 | 0.816 | 扁柏 | 0.084 |
| 砖 | 0.564 | 软质纤维板 | 0.06 |
| 羊毛 | 0.045 | 三聚氰胺贴面板 | 0.3 |

(3) 木材能吸收能量，耐冲击性强

木材是一种多孔性材料且具有很好的弹性，因此能吸收外界传递的能量，如声能等。当声音传递到木材表面时，声能可以进入木材空隙中通过摩擦产生的热能而消耗掉，也可以使薄的木板发生振动而消耗掉，从而达到吸声的效果。因此，木材是一种优良的室内装饰材料和家具材料，特别是在剧院、音乐厅等场所的装修中更加必要。另外，铁轨上铺设的木质枕木也比水泥枕木的弹性更好，火车运行时乘客感觉不到强烈振动，虽然现在国内木质枕木被水泥枕木大量取代，但是在铁轨的接头处还是必须使用木质枕木。由于木材的这个特性，它还经常被用作精密机床和仪器的底架、集装箱运输的托盘以及乐器和运动器械等。

(4) 木材具有安全预警性

木材是一种复杂的天然高分子材料，具有黏弹性，所以不会突然断裂，而是在断裂前产生一定的预警信号，如表面先产生裂纹或发出轻微的咔嚓声。因此，在地震频发的国家(如日本)，居住在木结构建筑中比较安全。

(5)木材成分可分离后使用

木材的主要成分是纤维素、半纤维素和木质素，另外还含有少量的抽提物。其中纤维素的含量可高达42%~45%，因此，木材是很好的造纸和工业纤维素生产原料。其抽提物虽然含量很少，提取也较为复杂，但其中所含的木糖醇、紫杉醇、精油等都是具有很高附加值的产品。

### 1.1.3 木材的环境学特性

木材的环境学特性是指木材与居住环境相关的一些特性，包括视觉特性、触觉特性、听觉特性、温湿度调节特性和生物体调节特性等方面。这些特性基本上是木材所特有的，也是木材在居住环境中的应用无可取代的原因所在。

(1)视觉特性

木材的视觉特性主要包括颜色、纹理、光泽等几方面。首先，从颜色上看，木材的颜色属于暖色系，因此看上去给人温暖的感觉。其次，木材可以吸收紫外线，从而减少对眼睛的刺激，也因此木材本身在光线照射下容易发生光变色。另外，从木材纹理上看，木材的生长轮产生的不交叉线条和随机交叉的线条相比有"干净""美丽"等印象。除了颜色和纹理之外，木材还具有独特的光泽，这是由于木材的不同方向对光的反射特性不同而造成的。

(2)触觉特性

冷暖感是木材的主要触觉特性之一。在寒冷的季节，人们大多不愿意去触碰铁、铜、不锈钢等金属材质的物品，因为这类物品给人冰冷的感觉。而木材在任何季节里，都不会给人这种感觉。人接触材料时获得的冷暖感，和材料的热传导能力密切相关。材料的导热系数越高，在皮肤温度高于材料表面温度时，皮肤温度下降就越快，材料给人的感觉就越冷。表1-2中列出了不同材料的导热系数，由表1-2可见，木材的导热系数比金属材料的导热系数小，因此木材摸上去比金属材料感觉温暖。

(3)听觉特性

木材具有良好的吸声性能和声共振性，因此广泛应用于住宅、影剧院、会议厅等对隔声或音响效果要求较高的场所以及乐器用材。

(4)体觉特性

木材所装饰的木质环境的体觉特性主要为木地板的步行感和运动感等。木材本身的弹性和木地板的铺设方法可以使地板的步行感和运动感达到最佳状态，因此居民在室内装饰时，一般都倾向于使用木质地板。篮球比赛及其他一些体育项目的标准场地也必须采用木质地板。

(5)温湿度调节特性

木材是一种吸湿性的多孔材料，因此，当使用环境的温度、湿度变化时，木材会相应地吸湿或放湿(解吸)，从而调节使用环境的温度、湿度状态。温度和相对湿度是考察居住空间舒适与否的两大重要指标，在木材装饰面积较多的居室内，木材的温度、湿度随外界的变化要缓和得多。

由木材的以上环境学特性可见，木材对于居室环境的舒适性而言是非常重要的。即使在室外空间，木材的应用也越来越广泛，如各种木制栈道、亭台等。

### 1.1.4 木材的缺点

木材是一种天然生物材料，因此在具备其他材料无法比拟的优良性能的同时，也存在着一些缺点，甚至上述的木材优点在一定的场合也可能演变为木材的缺点，这些缺点对木材的加工利用都有很大的影响。但其中有的缺点是伴随着木材的生长过程的，与木材的营林措施等有一定的关系，超出了木材保护和改性技术的范畴；而有的缺点虽然也是木材的固有缺陷，但是在其加工利用过程中可以采取相应措施进行预防和改善，因此如何解决由这些缺点而引起的加工利用问题是木材保护与改性的重点。

(1) 木材的构造、性质变异大

不同树种之间木材的构造有着明显的差别，性质也各异。如不同树种木材的密度相差悬殊，轻木(*Ochroma lagopus*)的绝干密度只有 $0.244g/cm^3$，是国产木材中最轻的树种；而国产木材中最重的蚬木(*Burretiodendron hsienum*)，其绝干密度可达 $1.1g/cm^3$ 以上。

即使在同一树种之间，由于地理位置、气候条件、营林措施等的不同，不同株间的差异也可能很明显。如对于北美的大多数树种来说，由立地条件引起的木材密度的变异系数约为10%。

在同一株树上的不同部位，木材的性质也存在明显差异，如幼龄材和成熟材之间、边材和心材之间、同一年轮内的早材和晚材之间以及树干的不同高度上等都会存在差异。总之，对于木材这种材料来说，不可能找到绝对相同的两块试材，这就为木材的研究及其加工利用造成了很大的困难。只有充分了解木材特性，才能更好地利用木材。

(2) 木材存在天然缺陷

木材存在很多种类的天然缺陷，如节子、应力木、弯曲、斜纹理等。节子是木材的一种正常生长现象，但是不同树种的木材其节子的数量、分布和性质是各不相同的，因此对木材加工利用的影响也不能一概而论。另外，木材的生长过程会受到各种自然条件的影响，如风力、虫害等，因此会使木材产生应力木、弯曲以及虫眼等各种缺陷。

(3) 木材易发生腐朽、虫蛀和变色

木材是天然的有机高分子材料，并含有少量的淀粉、矿物质等营养成分，因此很容易被一些微生物和虫蚁等作为食物来源。另外，木材中含有一定的水分，因此某些微生物和昆虫虽然不以木材为食，却在木材中栖息居住。由这些微生物或生物所造成的木材的破坏可以大大降低木材的使用价值，缩短使用寿命。此外，由变色菌和霉菌引起的变色也是木材变色的主要原因之一。通过木材的防腐、防虫、抗白蚁等生物防治处理，可以减少生物危害对木材的影响。

(4) 木材的易燃性

木材中的主要元素成分为 C、H 和 O，因此受热至一定温度时木材的主成分降解释放出一些可燃性气体，与空气中的氧气接触后引起燃烧。在建筑中使用时，木材的易燃性是其主要的缺点。如果对木材进行阻燃处理，则可大大增强其阻燃性，使其更好地应用于木结构等。

(5) 木材的尺寸稳定性差，容易干缩湿胀

木材中存在大量亲水性的羟基，因此木材在含水率低于外界条件所对应的平衡含水率时会从外界吸收水分，即吸湿，吸湿过程中木材的尺寸也相应增大；相反在含水率高于外界条件所对应的平衡含水率时则会向外界释放水分，即解吸，在解吸过程中木材的尺寸收缩。木材的干缩湿胀只在含水率低于纤维饱和点的情况下发生，而木材在利用时基本上含水率都是在纤维饱和点以下，所以不可避免地存在干缩湿胀的问题。木材的干缩湿胀存在各向异性和不均一性，因此还会导致木材发生开裂、翘曲等问题。为了克服木材的干缩湿胀及由此引发的一系列问题，可以对木材进行尺寸稳定化处理，提高木材的尺寸稳定性。

(6) 木材的绝对强度较低

虽然木材的强重比与钢材等相比较大，但其绝对强度较低。因此，如何强化木材，也始终是木材改性的方向之一。

## 1.2 木材劣化的种类

木材在外界条件的作用下，会发生变质败坏，从而导致性能的下降，这个现象就称为木材劣化。按照引起劣化的因素的不同，木材劣化可分为生物劣化（微生物劣化、昆虫劣化和海生动物劣化）、燃烧劣化、吸水-吸湿劣化、气候劣化、化学劣化、机械劣化等。具体的分类见表1-3。

表1-3 木材的劣化

| 序号 | 木材劣化种类 | 劣化现象 | 劣化原因 | 抵抗劣化的性质 |
| --- | --- | --- | --- | --- |
| 1 | 微生物劣化 | 产生腐朽、变色、霉变、细菌侵蚀等 | 腐朽菌、变色菌、霉菌、细菌等 | 耐腐性、防变色、防霉性、抗菌性 |
| 2 | 昆虫劣化 | 虫害(含蚁害) | 昆虫、白蚁 | 抗虫蚁性 |
| 3 | 海生动物劣化 | 钻孔 | 海生动物 | 耐蛀蚀性 |
| 4 | 燃烧劣化 | 火灾 | 热量 | 耐火、耐燃、耐热性 |
| 5 | 吸水-吸湿劣化 | 尺寸变化 | 水、湿度 | 耐水性、耐湿性 |
| 6 | 气候劣化 | 风化 | 阳光、雨雪等 | 耐候性 |
| 7 | 干燥劣化 | 开裂(表面裂、内裂等) | 应力 | 耐裂性 |
| 8 | 化学劣化 | 污染、变色 | 化学药剂(酸、碱、金属等) | 耐化学腐蚀性 |
| 9 | 机械劣化 | 变形、疲劳、龟裂等 | 载荷、重复载荷、振动、磨耗 | 耐磨性、耐疲劳性 |
| 10 | 其他 | | 射线等 | |

## 1.2.1 生物劣化

表 1-3 中微生物劣化、昆虫(包括白蚁)劣化和海生动物劣化合称为生物劣化。根据分类学上较为广泛应用的五界分类系统,其中微生物属于原核生物界和真菌界,而昆虫和海生钻孔动物属于动物界。

危害木材的微生物很多,但主要有真菌和细菌两大类。自然界中的真菌的种类超过 100 万种,但是只有相对少数的可以降解木材。不同的微生物对木材的侵害途径各不相同,有的主要降解木材中的纤维素,而有的更容易降解木质素,因此不同的微生物劣化产生的木材具有不同的特征。如褐腐菌主要降解针叶材的纤维素和半纤维素,留下氧化的棕色的木质素,因此称为褐腐;而白腐菌则能降解木材中所有主要成分,尤其是木质素,由于木质素的快速降解而使腐朽材呈现白色,因此称为白腐。不同的微生物的种类及其产生的微生物劣化的特征见表 1-4。微生物劣化导致木材降等的原因除了强度下降之外,还包括微生物变色,即由霉菌、变色菌和腐朽菌等真菌引起的变色。虽然和腐朽、开裂等相比较,霉菌侵害后木材强度通常不会有大幅度的下降,很多只是危害木材的表层。但是,木材的纹理和色泽等表观质量对于商品材来说是非常重要的一项性质,特别是对于一些用于制作家具、贴面材料的木材来说尤其重要。

表 1-4 微生物劣化的种类及其特征

| 种类 | 特 征 |
| --- | --- |
| 褐腐 | 主要降解纤维素,腐朽材呈褐色,对木材强度影响大 |
| 白腐 | 降解木材中所有的主要成分,能快速降解木质素,因此腐朽材呈白色 |
| 软腐 | 是由子囊菌或半知菌引起的劣化,在次生壁中层形成孔洞,对防腐剂通常有很强的抗性 |
| 变色菌侵害 | 易侵染刚砍伐的木材表面,蓝变比较常见 |
| 霉菌侵害 | 多发生在木材表面,引起木材表面颜色变化,对强度影响小 |
| 细菌败坏 | 由木材表面缓慢向内进行,从细胞腔向细胞壁侵害,造成孔洞 |

危害木材的动物包括两个门,即节肢动物门和软体动物门。危害木材的昆虫是指节肢动物门昆虫纲的某些陆地生长的钻木害虫,其中白蚁的危害最大。海生钻孔动物包括节肢动物门的蛀木水虱、团水虱和软体动物门的船蛆和海笋等。这些动物会对海水中应用的木材,如海岸护堤及船只等造成危害。此外,危害热带木材的一些昆虫和海生钻孔动物携带可使木材变色的某些微生物,当它们蛀食木材时,微生物趁机侵入木材,导致木材变色。

## 1.2.2 燃烧劣化

木材的主要成分包括纤维素、半纤维素和木质素,都属于碳水化合物。在受热后发生分解,产生大量的可燃性气体,从而引发燃烧。木材成分发生热解和燃烧的具体温度范围见表 1-5。木材热降解也与受热时间有关。当木材被长时间加热,即使在较低温度下也很有可能发生热降解或着火，如在100℃以下长时间加热就能开始热分解，150~250℃温度下长时间烘烤就可能自燃着火。

表1-5 木材的热解和燃烧过程

| 温度(℃) | 发生反应 | 生成气体成分 |
| --- | --- | --- |
| 100~150 | 木材内自由水蒸发，化学组成基本不变 | |
| 150~200 | 半纤维素开始热解，产生气体 | $CO_2$ 占70%，CO 占30% |
| 200~290 | 木材的燃点范围，产生大量气体 | CO、$CO_2$ 量减少，甲烷、乙烷、烯烃等可燃性气体增加 |
| 290~350 | 纤维素、木质素开始热解 | |
| 450 以上 | 木炭的燃烧 | |

与水泥、钢筋等其他建筑材料相比，木材的易燃性是其作为建筑材料使用时最大的缺点之一。尽管从生物循环的角度来说，木材通过燃烧可迅速分解成C、H、O等元素或这些元素的小分子物质，从而促进自然界中这些元素的循环。但从居住安全性角度来说，木材的易燃性，即容易发生燃烧劣化的特性是需要改进的。

根据国家标准GB 8624—2012，建筑材料按其燃烧性能分成四个等级：A、$B_1$、$B_2$、$B_3$。其中A为不燃性建筑材料，$B_1$为难燃性建筑材料，$B_2$为可燃性建筑材料，而$B_3$为易燃性建筑材料。未经处理的木质材料如各种天然木材、木质人造板、竹材、装饰性微薄木贴面板等均为$B_2$级可燃性材料，经过阻燃处理等并通过有关部门检测合格后可作为$B_1$级难燃材料使用，如难燃木材、难燃胶合板等。

材料的燃烧性能通常用点燃性、火焰表面传播性、燃烧释热性和发烟性等四个方面进行综合考察，所对应的衡量指标——点燃温度和氧指数、火蔓延指数、燃烧热值、发烟等级可分别参照相应国家标准方法测试。

### 1.2.3 吸水-吸湿劣化

在前面我们介绍了木材的主要缺点之一是其尺寸稳定性差，木材吸湿或解吸后尺寸发生变化，即干缩湿胀。另外，木材含水率提高也为生物劣化提供了更合适的水分环境，使木材更容易受到腐朽菌、霉菌等的侵害。因此吸水-吸湿劣化其实是与生物劣化、气候劣化、干燥劣化等有着密切联系的一种劣化形式。

### 1.2.4 气候劣化(老化、风化)

当木材在户外使用时，必然要经受各种各样的气候条件，比如太阳光、雨雪、霜、露、风沙等。在这些气候条件下，木材表面逐渐粗糙，颜色也变得暗淡，还会出现翘曲和开裂等现象，所有这些现象称为气候劣化。

气候劣化中最重要的劣化形式为光老化。木材吸收紫外线的能力较强，太阳光中含有大量的紫外线，照射到木材表面后使木材发生光降解。木材中的木质素吸收紫外线能力最强，在光的作用下首先发生降解，其降解产物在雨水等的冲刷下产生流失，导致木材表面的纤维素含量增多，使木材表面变得粗糙、纹理疏松。另外，一些影响木材颜色的矿物质(抽提物)也会流失或发生光化学反应而转变成其他物质,从而使木材表面失去光泽,颜色发生变化。如果木材长期受紫外线照射,不仅会发生表面腐蚀,内部结构也会逐渐受到破坏,从而导致木材强度降低及开裂等。

雨雪对木材的影响主要是由水分变化引起。木材是一种多孔性的吸湿材料,下雨后木材的含水率迅速升高,木材因吸水而膨胀;天晴时含水率下降,木材因失水而收缩。对于有一定厚度的木材来说,水分的传递需要时间,因此木材表面和内部经常存在含水率梯度。在含水率梯度及木材结构差异的共同作用下,木材的干缩湿胀程度不同,这样就在木材内部形成了内应力。在内应力的作用下,木材很容易发生翘曲和开裂等现象。潮湿的天气中木材的含水率较高,正好适于许多微生物的生长,因此很容易受到微生物侵害而变色、发霉、腐朽等。

木材在风沙作用下发生的降解称为风蚀。在较大的风力作用下,尘埃、砂砾、石砾等开始磨刷木材表面,从而使木材表面的纤维在这样的机械作用下被磨损、磨断。进而使木材表面粗糙,甚至会使表面出现沟槽、裂纹等,影响木材使用。

老化是一个较为缓慢的过程,而对于户外材料来说抗老化能力又是一项十分重要的性能指标。除了放到室外进行耐候性试验外,在实验室经常采用模拟的气候条件来测试材料的抗老化能力。耐候性试验机根据其光源不同主要分为氙灯老化和荧光紫外灯老化两大类,其中氙灯的光谱能量分布与太阳光中紫外光和可见光部分相似,而荧光紫外灯发射的光谱中400nm以下紫外光的能量至少占总输出光能的80%。采用喷淋装置来模拟下雨的过程以及雨水对木材表面的冲刷。

木材的抗老化能力可以通过一些途径来增强。对于室内用材来说,可以通过保持木材干燥、喷涂饰面漆或涂料等方法提高木材表面的耐光性和耐湿性等。对于户外用材来说,可以在按要求进行防腐处理后喷涂耐水、抗紫外线的油漆或涂料,或者是直接在防腐剂中添加抗老化剂等方式提高其抗老化能力。也可以通过木材的化学改性方法或者对木材进行表面改性的方法,表面改性采用的药剂包括抗氧化剂、UV吸收剂(290~400nm)和受阻胺光稳定剂(HALS)等。

## 1.2.5 其他劣化

### 1.2.5.1 干燥劣化

在1.2.4中介绍了雨雪对木材的影响,提到了雨雪后的晴天木材由于表面干燥而产生内应力从而导致开裂的现象,其实这就是干燥劣化的一种,是由于气候条件的变化引起木材的自然干燥过程中发生的。在人为的干燥过程中,如窑干,如果干燥基准设置不当,也很容易发生开裂等劣化现象。

### 1.2.5.2 化学劣化

木材在化学物质(酸、碱、盐、金属物质、有机化合物等)的作用下发生降解或颜色变化的现象称为化学劣化。

由于树种的不同以及心边材位置的不同,木材的耐化学腐蚀性也有差别。但是,总的来说,木材与铝、铜、铁等金属相比,其耐化学腐蚀性要强一些。木材的主要成分中，纤维素的化学性质比较稳定，半纤维素容易发生水解或降解，木质素易氧化。例如，在不同浓度的硫酸溶液中，木材会发生不同程度的化学劣化（表1-6）。

表1-6 不同浓度的硫酸对木材的腐蚀

| 硫酸浓度(%) | 温度(℃) | 腐蚀情况 |
| --- | --- | --- |
| 3 | 100 | 大部分半纤维素水解 |
| 5 | 室温 | 作用很小，不被腐蚀 |
| 10~20 | 室温 | 多聚糖分解，木材抗拉强度降低 |
| 40 | 室温 | 纤维素分解 |
| 60 | 室温 | 多糖类迅速分解 |
| 72 | 10 | 纤维素全部分解 |
| 90 |  | 木材炭化 |

其他酸类（如盐酸、硝酸、亚硫酸、磷酸等）都会对木材强度造成不同程度的影响，在碱性溶液（如氢氧化钠溶液）中作用较长时间也会对木材强度造成影响，如在5%的氢氧化钠溶液中浸泡30d后云杉木材的强度会下降50%左右。

因此，为了提高木材的耐化学腐蚀性，可以通过在木材表面涂刷耐化学腐蚀的涂料或是用树脂对木材进行浸渍处理的方式来进行，如用醇溶性的酚醛树脂高压浸渍木材或用冷固性清漆或大漆涂刷木材表面。

#### 1.2.5.3 机械劣化

木材在机械应力（载荷、重复载荷、振动和磨耗等）作用下发生变形甚至破坏的现象称为机械劣化。木材是一种相当复杂的材料，首先它具有各向异性，在各个方向上的强度不同。其次木材存在着各种各样的缺陷，如节子、应力木等，这些缺陷直接影响到力学强度。另外，木材承载能力与时间有关。因此，木材的机械劣化受到上述多种因素的影响。

## 1.3 木材保护与改性概述

### 1.3.1 木材保护与改性的定义

木材保护与改性包括木材保护和木材改性两个方面。木材保护是指采取有效措施，使木材避免生物劣化、燃烧劣化、吸水-吸湿劣化、气候劣化、化学劣化、机械劣化等，保持其原有质量或提高其抵御劣化的能力。

木材改性是指通过物理或化学处理，克服或改善木材尺寸稳定性差、易腐朽、易燃烧、不耐磨和易变色等一种或多种固有缺陷，或者赋予木材某些特殊功能。木材改性要求在达到上述目标的基础上，尽可能保持木材高强重比、易于加工、吸音隔热、纹理质朴自然等固有优点。广义的木材改性还包括通过改良苗木和改善营林技术等手段提高苗木质量，加强森林抚育，实现林木定向培育，达到提高木材材质的目的。

## 1.3.2　木材保护与改性的研究内容及意义

木材保护与改性的研究内容比较广泛，本书主要介绍木材生物劣化及保管、木材生物危害防治处理、木材阻燃处理、木材尺寸稳定化处理、木材软化处理、木材强化处理、木材材色处理、木材表面改性处理等内容。通过木材保护与改性处理，可以扩大木材的应用范围，改良木材的材质，延长木材的使用寿命，减少森林资源消耗。如木材经过防腐处理后可应用于园林景观、建筑、桥梁、铁路、通信、电力设施、古建筑维修以及海水中。在室内装修及木结构建筑中，很多木材及木制品需要进行阻燃处理。而木材颜色处理及尺寸稳定化处理应用领域就更加广泛，几乎可以用于木材加工领域的各类木制品中，以提高木制品的质量和商业价值，并能替代一些珍贵木材的使用。对于每一种改性处理，在各个章节中介绍具体的处理方法时再详细说明其改性功能及应用领域。

## 1.3.3　木材保护与改性的发展趋势

近年来，木材保护与改性方面的研究得到社会的广泛重视和关注，在该领域新技术和新产品层出不穷，如防腐、阻燃、染色、乙酰化以及热处理等技术在木材加工领域的成功应用，实现了劣材优用，提高了木材的耐久性，延长了使用寿命。

根据国内外木材保护与改性的研究现状，以及国际环境保护标准的提高，我国木材保护与改性研究需要深入研究下列问题：

①加强木材保护与改性机理方面的基础理论研究，为木材保护和改性处理提供充分的理论依据；

②提倡开发一剂多效的木材改性药剂，提高木材改性产品的性价比，扩大产品的适用范围；

③加强木材保护与改性技术的环保性研究，开发高效低毒或无毒的环保型木材保护或改性药剂；

④开发相应的木材保护与改性处理工艺与设备，提高木材的可处理性；

⑤随着我国人工林木材的大量使用，部分人工林木材存在材质松软、密度低、强度差等材质问题，针对我国人工林木材的材性特点深入开展系统的木材保护与改性研究，进一步提高我国以人工林木材为原材料的木制品的质量和市场竞争力。

## 本 章 小 结

木材是一种生态环境材料，它的使用对于环境保护及提高人类居住环境质量具有重要意义。木材劣化包含不同的种类，每种劣化产生的机理各不相同，相互之间也存在影响。针对其机理，采用相应的木材保护和改性技术可以避免木材劣化的产生。

## 思 考 题

1. 木材的主要优点有哪些？
2. 木材的主要缺点有哪些？哪些缺点是可以通过木材保护和改性技术克服的？

3. 木材的主要劣化方式有哪些？生物劣化分为哪几类？

## 推荐阅读书目

1. 木质资源材料学. 刘一星, 赵广杰. 北京：中国林业出版社, 2004.
2. 木材学. 徐有明. 北京：中国林业出版社, 2006.
3. 木材保护学. 李坚. 北京：科学出版社, 2006.
4. 木材工业实用大全（木材保护卷）. 汤宜庄, 刘燕吉. 北京：中国林业出版社, 2003.
5. 木质环境科学. 王松永. 台北：台湾编译馆, 1992.
6. 木材の劣化と防止法, 实用木材加工全书（第10册）. 井上嘉幸. 东京：森北出版株式会社, 1972.

# 第 2 章
# 木材生物劣化和保管

【本章提要】 本章介绍了木材生物劣化的主要方式，包括微生物劣化、昆虫劣化和海生动物劣化，重点介绍了微生物劣化中的腐朽、生物变色、发霉和细菌败坏以及昆虫劣化中的白蚁。同时介绍了我国及其他国家的生物危害等级的划分方法，在此基础上介绍了木材科学保管的原则和方法。

木材的生物劣化是最主要的木材劣化类型之一，在第 1 章 1.2.1 中已对木材的生物劣化进行了简要的归纳。木材的生物劣化包括微生物劣化、昆虫（包括白蚁）劣化和海生动物劣化三个方面。可见，危害木材的生物既有来自植物界的微生物，也有来自动物界的昆虫和海生钻孔动物。这些生物本身的习性有很大差异，因此对于木材的危害也各不相同。下面将分别介绍微生物劣化、昆虫劣化和海生动物劣化。

## 2.1 微生物劣化

在自然界中能降解木材的微生物很多，主要包括真菌和细菌两大类。真菌以孢子形式大量繁殖，一个成熟的真菌子实体可以释放出几千亿个孢子。孢子既小又轻，可以随风飘扬，也可随水、昆虫和其他动物以及人类的活动而传播。而细菌则大量存在于周围环境中，所以，木材中通常存在着各种各样的微生物，其中不乏能使木材劣化的微生物。同时，木材中含有微生物生长、繁殖所需要的所有营养物质，因此，只要温度和湿度适宜，这些微生物立即在木材中萌发，形成菌丝，开始降解木材。

危害木材的微生物种类及其引起的劣化形式如图 2-1 所示。下面将分别介绍这些不同的微生物劣化形式。

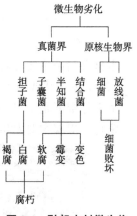

**图 2-1 引起木材微生物劣化的微生物种类**

### 2.1.1 腐朽

造成木材腐朽的微生物是一类寄生性或腐生性的真菌，属于真菌界真菌门担子菌亚门，而绝大多数腐朽菌又属层菌纲的无隔担子菌亚纲中的非褶菌目和伞菌目。腐朽菌的菌丝在木材内蔓延，菌丝端头能分泌多种酶，分解木材中细胞壁的组成成分，同时还能消化细胞腔中的内含物，如淀粉、糖类等，造成木材组织破坏，使木材的力学强度明显下降。

#### 2.1.1.1 木材腐朽的类型

根据树木的生活状态，腐朽可分为活立木腐朽和非活立木腐朽两类。活立木腐朽按树木的纵向分为梢腐、干腐和根腐；按横向分为边材腐朽、心材腐朽和混合腐朽。非活立木腐朽可分为原木腐朽、倒木腐朽、枯立木腐朽、残桩及伐根的腐朽、板方材腐朽和木制品腐朽等多种。根据腐朽后木材的外观、化学成分以及引起腐朽的真菌不同，可分为褐腐、白腐和软腐三种类型。这些不同的腐朽类型对木材的危害以及被害材的特征都不尽相同，表2-1中比较了褐腐、白腐、软腐这三种不同的形式。

表 2-1 不同木材腐朽类型比较

| | 褐腐 | 白腐 | 软腐 |
| --- | --- | --- | --- |
| 菌类 | 褐腐菌(如密粘褶菌) | 白腐菌(如彩绒革盖菌) | 软腐菌(如球毛壳菌) |
| 所属纲 | 担子菌纲 | | 子囊菌纲或半知菌纲 |
| 危害木材种类 | 主要为针叶材 | 主要为阔叶材 | 针、阔(阔叶材略多) |
| 木材含水率 | 半湿材 | | 与水长期接触或在潮湿土壤中的湿木材 |
| 宏观特征 | 早期变化不明显，逐渐变红褐色，呈块状裂纹，类似正方形图案 | 早期变化不明显，逐渐变白或变色，一般有斑点，常能观察到暗色的带线 | 早期木材变软，出现细小裂痕，表面黑褐色黏滑，逐渐表面向内发展 |
| 分解的木材成分 | 分解纤维素和半纤维素，留下部分为氧化的棕色的木质素 | 几乎分解全部成分，对木质素的降解尤其快 | 主要为纤维素 |

(1) 褐腐

木材褐腐菌主要分解木材中的纤维素和半纤维素，基本不破坏木质素。腐朽木材(图2-2)呈龟裂状或方块状，材色呈褐色、深棕色，纵横交错裂缝间有时候有菌丝存在。由于纤维素是木材中的骨架物质，因此褐腐后木材的强度明显下降，是一种破坏性的腐朽。褐腐主要发生在针叶材上。

(a)

(b)

图 2-2 木材褐腐

(a)薄孔菌属(*Antrodia* spp.)引起的褐腐　(b)洁丽香菇(*Lentinus lepideus*)的子实体

(来源：中国储木及建筑木材腐朽菌图志，戴玉成主编)

褐腐菌属于担子纲真菌，在木材腐朽到一定程度时菌丝集聚产生子实体。通过辨别子实体的外部特征可以确定其种类，图 2-2(b) 是褐腐菌洁丽香菇的子实体。需要注意的是，有时木材上长出的子实体并非是对木材性质影响最大的腐朽菌。

常见的木材褐腐菌类型、子实体形态、危害木材及其特征见表 2-2 所列。

表 2-2 木材褐腐菌及其危害木材

| 菌种 | 子实体形态 | 危害木材及其特征 |
| --- | --- | --- |
| 密粘褶菌<br>(Gloeophyllum trabeum) | 革质、无柄、扩展反卷状，蛤壳形，集生材面，暗红褐色，菌肉与菌盖同色 | 马尾松、桦木、杨木、椴木等树种。侵害贮木场原木、电杆、枕木等。被害材呈褐色块状腐朽 |
| 白干朽菌<br>(Poriava poraria) | 乳白色或浅色，新鲜时柔软平铺于木材上。菌肉白色或浅色，往往较薄 | 建筑物的木质部分和矿井工架，尤其是通风不良潮湿的环境中。被害材褐色龟裂状腐朽 |
| 干朽皱孔菌<br>(Merulius lacrymans) | 海绵质、肉质，先灰后呈黄褐色，平铺成半卷壁架状，边缘白色，能分泌泪状水滴，故称"泪菌" | 通风不良潮湿的针叶材。被害材呈褐色块状腐朽 |
| 篱边革㑇菌<br>(Gloeophyllum spiarium) | 木栓质至革质，无柄，铺展反卷状，浅灰褐色至黑褐色，有毛，并有宽阔的带纹，边缘薄，菌肉黄褐色 | 马尾松等针叶材。贮木场的原木、电杆、枕木等。被害材呈褐色开裂的块状腐朽 |
| 洁丽香菇<br>(Lentinus lepideus) | 呈伞状有侧生长柄，幼菌伞为肉质，后硬化为木质。菌盖表面白色或浅黄色，上有深色小鳞片。基部木质。菌褶边缘开裂 | 侵害贮木场原木、坑木、枕木以及某些立木。被害材初期为浅黄色，后为褐色，后期出现裂缝，易碎 |

(2) 白腐

木材白腐菌能分解和消化木材中的碳水化合物(半纤维素和纤维素)和木质素。由于木材中的半纤维素和纤维素的总量几乎要比木质素多一倍，所以腐朽后的木材中保留较多的半纤维素和纤维素，而纤维素含量会更高一些，并且白腐菌还会破坏木材中的有色物质(图 2-3)。因此，发生白腐后木材的颜色呈浅色。由于纤维素是木材细胞壁中的骨架成分，白腐后其保留比例较高，因此不会出现像褐腐木材那样垂直于纹理的开裂。除非出现严重腐朽降解，否则不会发生严重的收缩，所以又把白腐叫做腐蚀性腐朽。白腐多发生在阔叶材上。如图 2-3(c) 是光盖革孔菌 (Coriolopsis glabro-rigens) 的子实体。

白腐后木材呈现几种不同的形式：

①大理石状腐朽　腐朽部分夹以褐色带线，如大理石状或间有褐色斑块，如图 2-3 (a) 所示。

②筛孔状腐朽　腐朽部分呈筛孔状，孔中充满白色纤维，如图 2-3(b) 所示。

③轮状腐朽　早材被菌腐蚀，随年轮呈层状剥落。

④海绵状腐朽　腐朽材呈白色，质地松软如海绵状。

图 2-3　木材白腐
(a)大理石状腐朽　(b)筛孔状腐朽　(c)光盖革孔菌的子实体

常见的木材白腐菌类型、子实体形态、危害木材及其特征见表 2-3 所列。

表 2-3　木材白腐菌及其危害木材

| 菌种 | 子实体形态 | 危害木材及其特征 |
| --- | --- | --- |
| 彩绒革盖菌<br>(Coriolus versicolo) | 革质、半圆形或扇形的薄菌盖，集生呈迭瓦状，无柄或铺展反卷状，蛤壳状，有绒毛，色彩变化较多，菌肉白色 | 大多危害阔叶材的枕木、坑木、桩木、与地面接触的木材以及室外涂漆的门窗等细木工制品，偶尔也见危害针叶材。被害材呈白色海绵状腐朽 |
| 毛革盖菌<br>(Coriolus hirsutus) | 软木质或革质，薄菌盖，直径 5~8cm。上表面灰白色或黄褐色，多绒毛，具同心轮纹。菌肉白色，纤维质 | 危害贮木场原木、枕木、桥梁、电杆等阔叶材。被害材呈白色海绵状朽木，易沿年轮成薄片 |
| 桦革裥菌<br>(Lenzites betulina) | 革质至坚硬，无柄，蛤壳形，叠瓦状排列，有绒毛，灰白色至略呈褐色，有窄的带纹，菌肉白色或近乎白色 | 主要危害桦木，也危害杨木、椴木、水曲柳等阔叶材，偶尔也危害杉木等。被害材呈白色大理石状腐朽 |
| 普通裂褶菌<br>(Schizophyllum commune) | 呈白色或浅色扇形，边缘弯曲或分裂向下弯曲。散生或群生，常呈棚架状，菌盖宽 6~42mm，坚韧。菌褶狭窄从基部呈辐射状到边缘 | 能危害针、阔叶材、竹材。危害贮木场原木及板方材、坑木、枕木等。被害材呈白色海绵状腐朽 |
| 松栓菌<br>(Trametes pini) | 常为多年生，托叶状，背面无硬壳，黑褐色。菌肉黄褐色至深红褐色，坚硬 | 危害针叶材树干。被害材初期显红色，随后产生白色斑块或孔穴，最后呈白色蜂窝状腐朽 |

(3) 软腐

木材长期浸在不流动的水中，立在潮湿土壤中或长期水淋状态下容易受到软腐菌的侵害，使木材质量变轻，并且木材表层变软，这就是软腐。软腐是子囊菌纲和半知菌纲的真菌引起的腐朽形式，这种腐朽在湿木材中很容易发生。它和褐腐的共同点是都缺乏分解木质素的酶，因此主要分解的是木材内的纤维素和半纤维素。但是和褐腐相比，软腐分解纤维素的过程比较缓慢，因此强度的下降也比褐腐要慢。这类真菌主要侵害木材表层，使木材组织软化，表面呈黑褐色，黏滑，干燥后呈纵横细裂纹。当软腐的表层在外力作用下剥落后,软腐菌又在新的表层生长繁殖,引起新一层的软腐,就这样一层一层的向内降解木材。在显微镜下观察软腐的木材,发现菌丝以 T 形分枝横穿细胞壁,并在细胞壁的 S2 层形成长菱形空腔,这是软腐木材和其他腐朽木材的主要区别。阔叶材受软腐菌的侵害多于针叶材。一般,在风化的木材中都普遍存在着软腐菌,因此可以认为软腐菌是导致木材风化的因素之一。

目前已知的软腐菌有 200 多种,其中以球毛壳菌(*Chaetomium globosum*)最为典型,危害力也较强。软腐菌对温度、湿度、pH 值以及防腐剂都有很强的耐受力。它能在高温、高湿、耐酸碱和缺氧条件下生长。对于软腐菌来说,最适宜生长的温度比腐朽菌高,一半以上的软腐菌适宜的温度达 34~38℃,它危害的木材的含水率很高。在酸碱性方面,虽然微酸性的环境最适合软腐菌生存,但是一半以上的软腐菌可以在中性环境中生存,少数甚至能在略碱性环境中生存。

#### 2.1.1.2 木材腐朽的条件

如果木材能够提供一个木腐菌适宜生长的环境,包括食物、水分、温度、空气等,那么木材就能产生腐朽。从这些条件入手,比如毒化食物使其不能得到所需的养分、保持木材干燥使其水分状态不适合木腐菌生存等,也可以抑制木材腐朽的产生。

(1)营养

微生物在木材上能利用的营养物质主要包括碳源营养物质、氮源营养物质、无机盐和生长素等。

①碳源营养物质　碳水化合物是构成菌体的重要营养物质,又是产生各种代谢产物和细胞内贮藏物质的主要原料,同时也是能量来源。腐朽菌的菌丝可分泌各种酶,在酶的催化作用下,木材细胞壁中的纤维素、半纤维素和木质素可被分解成小分子物质,为腐朽菌提供营养。

②氮源营养物质　氮素是微生物生长繁殖必不可少的重要营养元素,也是构成微生物菌体细胞蛋白质和核酸的主要元素之一,而蛋白质和核酸又是细胞内原生质的主要成分。微生物能够将木材中蛋白质等高分子量含氮物分解为低分子量的氨基酸,再吸收到体内加以利用,或者可以直接利用原有的低分子量含氮物质。

③无机盐　无机盐也是微生物生命活动不可缺少的物质,它们参与细胞结构物质的组成、能量的转移、控制原生质的胶态性质和细胞膜的通透性等。主要的无机元素有磷(P)、硫(S)、镁(Mg)、钾(K)、钙(Ca)等,此外还需要一些微量元素,如铁(Fe)、铜(Cu)、锌(Zn)、锰(Mn)、钼(Mo)、钴(Co)等。木材中所含的无机物可以满足菌类生长的需要。在木材防腐处理时,可通过螯合物与木材中的矿物质发生作用,从而束缚矿物质,阻止菌类对它的利用,达到抑制腐朽菌生长的目的。

④生长素　生长素一般指的是维生素,与木材微生物有关的维生素主要是 B 族维生素,如维生素 $B_1$(硫胺素)可在细胞内生成焦磷酸硫胺素(TPP),作为脱羧酶的辅酶。许多微生物包括木材腐朽菌不能合成维生素 $B_1$,而木材中恰好含有维生素 $B_1$,可供其利用。因为硫胺素是腐朽菌赖以生长的必需物质,因此可用破坏维生素 $B_1$ 的办法来进行木材防腐。如在碱性介质中加热处理木材,分解其中所含的维生素 $B_1$,可使木材在较长的时间内不发生腐朽。

(2) 温度

木材腐朽菌绝大部分属于嗜中温菌，适合其生长发育的温度为3~38℃，最适宜的温度是25~30℃。当温度下降到适宜生长的温度下限时，腐朽菌的生长速度会减慢或处于休眠状态，但一般自然界的低温尚不能使腐朽菌死亡。一般腐朽菌的致死温度是50~60℃（在湿热条件下），但也有少数腐朽菌对高温的耐受能力较强，在高达105℃的温度下12h后才能致死。同时，在不同的温度下，腐朽菌败坏木材的能力也不一致，其原因在于酶的活性与温度有着密切的关系。

(3) 湿度（水分）

不同腐朽菌对湿度的要求不同，大部分腐朽菌属于喜湿的真菌，一般在接近纤维饱和点的含水率以上（27%~60%）最适合生长。根据腐朽菌的生长发育所需的湿度，可以分为低湿腐朽菌（如干朽菌）、中湿腐朽菌（如卧孔菌和彩绒革盖菌）和高湿腐朽菌（如密粘褶菌）。干朽菌（$Gyrophana$ spp.）之所以能侵害较低含水率的木材，是因为该菌的菌丝能够从较远处输导水分，使木材受潮，并从气生菌丝上排出代谢的水分，提高周围的湿度。但对于大多数腐朽菌来说，只要保持木材干燥，其生长就会受到抑制。

(4) 氧气（空气）

氧气对微生物的作用至关重要，木材上生长的真菌是需氧微生物，完全没有氧气时就会停止生长，但一般不会死亡，因为它们可以通过无氧呼吸延续其生命。水中贮木不发生腐朽就是因为缺乏空气。腐朽菌菌丝生长需要的氧气量极少，如彩绒革盖菌生长所需的最小氧分压是1.5~10mmHg。真菌生长发育的最低空气量仅为木材体积的5%，细胞结构中的空隙含有的空气，足以满足真菌生长。

(5) 酸碱度（pH值）

真菌的生长繁殖一般都要求微酸性的环境（pH=4.5~5.5），这也是酶催化活性的最适宜pH值范围。腐朽菌无论在其孢子萌发阶段，还是在菌丝生长期间，都更适于在酸性介质中生长。木材的pH值多在4.0~6.0之间，正好偏酸性，因此木材从酸碱度条件上说可以适应腐朽菌的生长。

(6) 其他

除了以上这些影响腐朽菌生长发育的主要因素外，还有光线等其他因素。不同的腐朽菌对于光线的要求可能不同。危害建筑物的木材腐朽菌一般喜好阴暗的环境，不需要直射光线。而危害露天木材的腐朽菌能承受直射光线，在形成子实体期间更需要较多的光照。

### 2.1.1.3 腐朽对木材性质的影响

(1) 腐朽对木材力学性质的影响

腐朽菌分解木材中纤维素、半纤维素和木质素等，使腐朽后木材的化学组分发生很大的变化，从而影响木材的各项物理和力学性质。不同形式的腐朽，由于其分解的木材成分以及分解的程度和速度不同，因此对于力学性质的影响也不同。如褐腐菌侵染马尾松后，纤维素含量从原来的48.2%下降至1.1%，而木质素和抽提物所占的比例明显增大。具体见表2-4所示。

表 2-4 马尾松健全材与褐腐材的化学组成

| 化学组成 | 健全材(%) | 半腐朽材(%) | 腐朽材(%) |
| --- | --- | --- | --- |
| 纤维素 | 48.2 | 2.8 | 1.1 |
| 木质素 | 32.5 | 53.4 | 70.9 |
| 灰分 | 1.1 | 1.5 | 1.8 |
| 冷水浸提物 | 14.0 | 16.8 | 17.3 |
| 温水浸提物 | 15.7 | 26.1 | 42.9 |
| 碱液浸提物 | 26.2 | 77.0 | 90.8 |

在木材的各项强度指标中，木材的韧性和冲击强度对腐朽最敏感。木材腐朽的初期，刚能测到有质量损失的时候，其韧性已经降低到原来的 1/3~1/2；当质量损失率达 4%~7% 时，木材冲击强度平均降低 1/2 以上。如卧孔菌和地窖粉孢革菌两种腐朽菌侵害木材后，木材的抗弯强度降低到原来的 1/2 左右，见表 2-5 所列，而冲击韧性降低为原来的 1/4~1/6（表 2-6）。因此，对木材冲击强度和韧性要求高的用材应避免存在腐朽。在木材腐朽的中期，木材的质量损失率明显，木材的其他力学性质，如静曲抗弯强度和抗压强度都开始迅速下降。腐朽的木材有可能在没有任何预兆的情况下突然损坏，使用的安全性下降。

表 2-5 腐朽对木材物理力学性质的影响

| 物理力学指标 | 健全材 | 半腐材 | 全腐材 |
| --- | --- | --- | --- |
| 木材体积比(%) | 100 | 102 | 103 |
| 密度(g/cm³) | 0.37 | 0.32 | 0.27 |
| 烘干重(%) | 100 | 91 | 75 |
| 抗弯强度(%) | 100 | 81 | 55 |

表 2-6 两种腐朽菌的侵害对木材密度和冲击韧性的影响

| 腐朽菌名称 | 树种 | 密度(g/cm³) | | | 冲击韧性(kJ/m²) | | |
| --- | --- | --- | --- | --- | --- | --- | --- |
| | | 正常材 | 腐朽材 | 损失率(%) | 正常材 | 腐朽材 | 损失率(%) |
| 卧孔菌 | 云杉 | 0.485 | 0.45 | 7.2 | 50.96 | 16.17 | 68.1 |
| | 山毛榉 | 0.591 | 0.566 | 4.2 | 39.2 | 7.84 | 79.4 |
| 地窖粉孢革菌 | 云杉 | 0.457 | 0.434 | 5 | 47.04 | 16.66 | 64.7 |
| | 山毛榉 | 0.584 | 0.547 | 6.8 | 34.3 | 5.88 | 83.9 |

三种木材腐朽菌均会显著的降解木材中的纤维素和半纤维素，因此都会导致木材强度的显著下降，但不同的腐朽菌对木材的降解速度也有所不同。软腐菌从湿润的木材表面缓慢向内腐朽，木材成分降解速度较慢，因此强度下降也较慢。白腐和褐腐在晚期都会使木材大幅度失去强度，但褐腐对木材中纤维素和半纤维素降解的速度要远高于白腐菌，因此初期的褐腐即可造成严重的强度损失。

（2）腐朽对木材物理性质的影响

由于腐朽时腐朽菌的菌丝在木材的细胞之间穿透，使木材内孔隙增加，导致液体在木材内的渗透性增大。另外，由于腐朽的程度不同，在同一批木材中容易出现渗透不均匀的情况。

此外，腐朽后的木材的吸水性和吸湿性要高于健康材，这样腐朽材的含水率通常高于健康材，更有利于腐朽菌的生长，形成恶性循环。因此，在进行防腐处理时，腐朽材中防腐剂的渗入量可能远远高于健康材，容易造成防腐剂过量的现象。

### 2.1.2 生物变色

木材变色有化学变色、物理变色、生理性变色和微生物变色等多种。微生物变色是由于真菌和细菌在木材表面或内部的生长引起的。真菌中的腐朽菌、变色菌、污染性霉菌和细菌等是木材变色的常见类型，而木材变色菌引起的变色最明显。

#### 2.1.2.1 木材变色菌的种类

木材变色菌引起的变色一般由真菌中的子囊菌及部分半知菌引起，常见的种类有长喙壳属（*Ceratocystis*）、毛壳属（*Chaetomium*）、镰孢属（*Fusarium*）、交链孢属（*Alternaria*）、枝霉属（*Cladosporium*）、根霉属（*Rhizopus*）和毛霉属（*Mucor*）等。大多数变色菌只侵入边材中的薄壁组织，其菌丝多从木材细胞壁的纹孔中穿过，以细胞内贮存的糖类、淀粉、磷脂等物质为营养。它们缺乏分解纤维素和木质素的能力，因此不影响木材的强度，仅使木材表层出现色斑。但是少数种类，如子囊菌纲的毛壳属（*Chaetomium*）真菌具有分解纤维素的能力，在适合变色菌生长的条件下，也能破坏木材细胞壁。

由木材变色菌引起的木材变色因树种与菌种而定，常见的变色有青、褐、黄、绿、红、灰、黑等色。在生产上遇到的变色多数情况下为木材的青变，或称青皮、蓝变。新锯木材如果干燥缓慢，含水率较高（65%以上），蓝变很容易发生。蓝变菌具有菌丝，菌丝分泌的色素可使木材表层出现青色的色斑。蓝变菌能侵染伐倒的原木、枯立木和倒木，也可侵染活立木的边材，可见于针阔叶材上，以针叶材为多，特别是松属类。蓝变在木材横切面上表现为辐射状的灰蓝斑纹，在纵切面上表现为长条斑纹或大型梭形斑。引起木材蓝变的真菌主要是子囊菌纲和半知菌纲的球二孢属（*Botryodiplodia*）、长喙壳属（*Ceratocystis*）、小长喙壳菌属（*Ceratostomella*）、色二孢属（*Diploda*）等，危害橡胶木最严重的是可可球二孢（*Botryodiplodia theobtomae*）。这些真菌的子囊壳呈细梗状，在细梗上长有孢子，孢子通过风、水、土壤、昆虫等途径传播。

除蓝变菌外，还有引起针叶树材的褐变、红变和阔叶树材的灰变、黄变、褐变等的变色菌，也多属于子囊菌亚门和半知菌亚门。造成木材霉变的真菌多属于半知菌亚门，如引起黑霉斑的有毛霉菌、根霉菌、曲霉菌；引起绿霉斑的有青霉菌、曲霉菌、枝孢菌、粘束孢菌；引起红霉斑的有镰刀菌、青霉菌等。同一个属的不同真菌引起的木材变色也可能不同，如青霉属的柑橘青霉产生橘色色素，而青霉菌产生绿色霉斑。

#### 2.1.2.2 变色菌的生长条件

变色菌与其他真菌一样，它们的生长繁殖要求具备两大方面的因素，即营养因子和环境因子。营养因子包括碳源、氮源、维生素、矿物质等，淀粉和糖类是变色菌生长所必需的能源；环境因子包括温度、水分、湿度、氧气、光照和酸碱度五大要素。不同种类的真菌生长条件有不同程度的差异，但它们都有其最低、最高及最适生长条件。变色菌最适宜的生长温度是 20~30℃，温度低于 5℃ 或高于 35℃ 时生长速度缓慢。木材含水率对变色菌的生长非常重要，在 20%~150% 之间变色菌都可生长，超出这个范围变色菌则难以生存。变色菌对高 pH 值环境敏感，当 pH>5 时，变色菌的生长减弱或停止。与腐朽菌和霉菌相同，变色菌也是需氧菌，完全无氧状态下 2~3d 就会死亡。将木材浸在水中隔绝空气可避免发生变色。变色菌对光线的要求不高，在黑暗与散光条件下都能很好地生长。长期阴天亦可促使变色菌发展，将出现蓝变的木材放在太阳光下暴晒，可抑制其生长。

在营养、温度、湿度和光线等条件适宜的情况下，变色菌能迅速生长发育，并产生无性孢子进一步繁殖。当环境条件不适时，真菌便被迫转入有性繁殖阶段，有的产生坚硬的保护组织如菌核、子座等，有的则产生厚垣孢子和休眠孢子，进入休眠状态以抵抗不利的环境条件。待环境适宜后，它们又转入新的生长发育阶段。因此对于变色菌的防治，需要一个长效期。

#### 2.1.2.3 变色菌对木材性质的影响

变色菌的菌丝侵入木材后，首先分布在管胞或导管中，通过细胞壁上的纹孔伸入到含有淀粉和糖类等营养成分的细胞中，如导管附近的轴向薄壁细胞或射线细胞，分解吸收细胞中贮存的养分。随着菌丝向四周蔓延并分泌色素，木材表面或内部的颜色产生变化。

树木伐倒后，原木或锯材在存放、加工和使用过程中，如果保管不善易发生蓝变。木材蓝变多发生在锯材的表面和原木的端头，如条件适宜，可从木材表面渗透到内部，导致深层变色，在外表上呈青褐变色。变色菌最适宜发育的温度为 24~29.5℃。如我国南方的马尾松、云南松等新伐原木的边材在温度 24℃ 以上、通风不良时，极易变色。木材含水率在 20% 以下，变色菌就不易生长繁殖，新锯木材如果迅速干燥到含水率 20% 以下，就不容易感染变色菌。变色菌喜酸性条件，木材多数偏酸性，边材又富含糖类和淀粉，所以很容易被变色菌侵染。

变色菌对木材外观影响较大，对木材力学性质影响不大，但会使冲击强度和韧性有所下降，其中蓝变材可能损失 15%~43% 的强度。变色菌对木材化学成分也有一定的影响，如木质素和树脂含量增加，而纤维素多缩戊糖和热水浸提物等稍有降低。变色木材吸水性增加，有利于液体的渗透。

### 2.1.3 霉变

霉变是一种常见的微生物劣化现象，当物质中含有一定的淀粉和蛋白质，并处于湿润状态，就能为霉菌生长发育提供条件。木材干燥时，水分活度值低，霉菌不能利用水分；而当其受潮后水分活度值升高，霉菌就能利用水分在木材上生长和繁殖。未经干燥的木材如潮湿的板方材、原木和单板等都易发霉。板方材、家具及其他木制品，在储存和运输过程中，若条件温暖、潮湿、通风不良，极易发生霉变。

木材霉变由霉菌侵染引起，危害木材的霉菌属于子囊菌纲与半知菌纲的真菌，如木霉属(*Trichoderma*)、青霉属(*Penicillium*)和曲霉属(*Aspergillus*)。不同属的霉菌其形态和分生孢子的颜色各不相同。在适宜的条件下，木材表面的霉菌孢子萌发成菌丝侵入木材，吸收木材细胞内的糖类和淀粉等进而发展成孢子群，使木材表面形成黑、绿、黄红、蓝绿等各种颜色。例如曲霉属的黑曲霉产生的孢子呈黑色，感染这种孢子的木材表面呈黑色斑点，有时也连成一片。一般，各类霉菌引起的变色如下：木霉菌——变绿、镰刀菌——变红或变紫、曲霉菌——变黑、青霉菌——变绿、根霉菌——变黑等。

木材的霉变通常只限于表层，只有在适宜的条件下菌丝才会向内部侵入。菌丝通过纹孔向木材内层侵入，主要吸收木材内的淀粉和糖等营养物质，对细胞壁几乎没有影响。因此通常发霉不降低木材强度，但是由于纹孔被破坏，所以渗透性增加，这也导致发霉的木材相比健康材来说更易发生腐朽。霉菌对不良条件的抵抗力大于腐朽菌，如有的霉菌能侵害含水率20%左右的气干材，其耐药性也超过腐朽菌。因此，木材的防霉至今仍是世界性的难题之一。

### 2.1.4 细菌败坏

细菌是所有生物中数量最多的一类，据估计，其总数约有 $5 \times 10^{30}$。细菌的个体非常小，目前已知最小的细菌只有 $0.2\mu m$ 长，因此大多只能在显微镜下观察到。细菌主要由细胞膜、细胞质、核质体等部分构成，有的细菌还有荚膜、鞭毛、菌毛等特殊结构。绝大多数细菌的直径在 $0.5 \sim 5\mu m$ 之间。根据形状可将细菌分为三类：球菌、杆菌和螺形菌。按细菌的生活方式可分为两大类：自养菌和异养菌，其中异养菌包括腐生菌和寄生菌。按细菌对氧气的需求可分为需氧(完全需氧和微需氧)和厌氧(不完全厌氧、有氧耐受和完全厌氧)两种类型。按细菌生存温度可分为喜冷、常温和喜高温三类。

细菌广泛存在于土壤和水中，或者与其他生物共生。细菌是一种单细胞生物体，属于裂殖菌类。除了细菌，木材中还存在着少量放线菌。在活立木的健康木质部中存在的主要微生物是细菌，死木材或衰老的活立木木质部中的先驱微生物也常有细菌。细菌主要分布于水分较多的边材薄壁组织中，由于它们的活动，增加了木材的疏松度，有利于水分和其他微生物的侵入。细菌的侵入往往伴随有木质部的变色。而有些细菌对木材腐朽菌具有拮抗作用。

潮湿的木材，例如水存的木材、喷水保存的木材、与潮湿土壤接触的木材等，特别容易受到细菌的降解。细菌是从木材的内树皮开始，沿着木射线和横向树脂道进入木材内部，以边材的单糖、多糖为碳源。细菌有很好的耐酸碱、耐高温($50 \sim 60$℃)、耐化学药品，并且有分解防腐剂的能力。一般说来，木材细菌降解对木材的强度影响不大，但却能提高木材的渗透性，这主要是细菌降解细胞间的纹孔膜，并能打通针叶材中的木射线和横向树脂道，从而增加木材的径向渗透性。但是近年来的研究表明，只要条件合适，时间足够长，有些细菌也会严重地降解细胞壁成分，造成力学强度显著的下降。

从木材中分离出的细菌主要有芽孢杆菌属(*Bacillus*)、梭菌属(*Clostridium*)、假单孢杆菌属(*Pseudomonas*)、棒杆菌属(*Corynebacterium*)、黄单孢杆菌属(*Xanthomonas*)、不动杆菌属(*Acinetobacter*)、欧氏杆菌属(*Erwinia*)、拟杆菌属(*Bacteroides*)等,以及硫还原细菌和甲烷细菌等。

## 2.2 昆虫劣化

昆虫是自然界中种类和数量最多的生物,目前世界范围内已知的昆虫种类约95万种,占已知所有生物种类的60%。危害木材的昆虫属于动物界节肢动物门的昆虫纲。昆虫纲分为26目,危害木材的昆虫多属于其中的6个目,分别为鞘翅目、蜚蠊目、膜翅目、半翅目、鳞翅目和双翅目。大部分木材害虫属于前两目。其中鞘翅目是动物界中最大的一目,占昆虫纲的40%,已知的约有35万种。

危害木材的鞘翅目主要有天牛科(Cerambycidae)、粉蠹科(Lyctidae)、窃蠹科(Anobiidae)、长蠹科(Bostrichidae)、长小蠹科(Platypodidae)、象甲科(Curculionidae)、吉丁虫科(Buprestidae)和筒蠹科(Lymexylidae)。留粉甲虫就是指这一目的昆虫。经过这类昆虫蛀蚀后的木材及木制品的孔道充满了粉末,因此称为留粉甲虫。

危害木材的蜚蠊目(Blattodea)主要包括6个科,分别是木白蚁科(Kalotermitidae)、鼻白蚁科(Rhinotermitidae)、白蚁科(Termitidae)、澳白蚁科(Mastotermitidae)、齿白蚁科(Serritermitidae)和草白蚁科(Hodotermitidae)。其中前3科的白蚁是我国危害木材的主要白蚁类型。草白蚁科以草为食物,对木材无影响;澳白蚁科和齿白蚁科在我国罕见。白蚁类有翅成虫的中胸和后胸的背面各生翅一对,翅为膜质,形状狭长。前后翅形状大小几乎相等,所以原被划归等翅目,但随着昆虫分类学的发展,等翅目取消,现被划归蜚蠊目。

膜翅目的昆虫包括蚁科(Formicidae)、树蜂科(Siricidae)和木蜂科(Xylocopidae)等。该目的昆虫有两对翅膀,膜质,翅脉往往退化或消失,后翅小于前翅,以一对小钩钩住前翅。属于该目的昆虫约有12万种。

不同科类的昆虫喜欢攻击的木材类型以及攻击的方式都不完全相同。表2-7中列出了我国主要的危害木材的昆虫科类及其攻击的木材类型。

**表 2-7 我国主要危害木材的昆虫**

| 昆虫种类 | 昆虫科类 | 攻击的木材类型 | 说明 |
| --- | --- | --- | --- |
| 留粉甲虫<br>(鞘翅目) | 天牛科 | 有的攻击湿木材(如针叶材衰弱立木、伐倒木等);也有的攻击干木材(干燥建筑材、杆材等) | 湿木害虫、干木害虫 |
| | 小蠹科 | 衰弱立木、伐倒木等新鲜树皮,有的进入边材 | 湿木害虫 |
| | 长小蠹科 | 多见于热带、亚热带新鲜阔叶材的边材 | 湿木害虫 |
| | 象甲科 | 幼树、衰弱立木和带皮新鲜原木,有的只在树皮位置,有的能深入木质部 | 湿木害虫 |

(续)

| 昆虫种类 | 昆虫科类 | 攻击的木材类型 | 说明 |
|---|---|---|---|
| 留粉甲虫（鞘翅目） | 吉丁虫科 | 衰弱立木、伐倒木、带皮新鲜原木 | 湿木害虫 |
| | 粉蠹科 | 干燥的大管孔的阔叶材，如栎木等 | 干木害虫 |
| | 长蠹科 | 阔叶材和竹材 | 干木害虫 |
| | 窃蠹科 | 干燥的建筑材、陈旧家具、木制品等 | 干木害虫 |
| 白蚁（蜚蠊目） | 鼻白蚁科 | 活树、伐倒木、建筑材等 | 湿木害虫 |
| | 白蚁科 | 土栖白蚁危害树根、埋桩木和与土壤接触的湿木材 | 湿木害虫 |
| | 木白蚁科 | 专以干木材为食，并在其中筑巢 | 干木害虫 |
| 其他（膜翅目等） | 木蠹蛾科 | 阔叶树衰弱立木 | 湿木害虫 |
| | 树蜂科 | 衰弱立木、新鲜伐倒木或原木，在针叶材中能带入蓝变菌等 | 湿木害虫 |
| | 蚁科 | 侵入伐倒木、腐朽杆材基部，凿穴作为栖息巢穴 | 湿木害虫 |
| | 木蜂科 | 侵入干燥椽子，筑巢栖息 | 干木害虫 |

## 2.2.1 白蚁的种类及其危害

全世界已知白蚁种类有 3 000 种左右，其危害面积约占全球总面积的 50%。绝大多数白蚁分布在赤道两侧。东洋区种类最多，有 1 000 种左右，是白蚁分布中心；其次是非洲和南美洲一带，近 1 000 种；大洋洲有 200 种左右；少数种类在北美、亚洲北部以及欧洲地中海沿岸也有分布。我国已知白蚁 4 科 43 属 522 种主要分布于华南地区，如云南、广东、广西、福建等地，有的种类也出现于长江两岸，有些甚至能到达华北及东北地区。全国除了黑龙江、吉林、内蒙古、宁夏、青海、新疆尚未发现白蚁外，其他省（自治区、直辖市）均有分布。白蚁危害的侵染途径有以下几种：

(1) 分飞传播

白蚁群体通过产生有翅成虫，飞到别的地方产生下一代群体，使其分布范围不断扩大，是主要的危害侵染途径。这种传播方式在地理分布上呈连续性。

(2) 蔓延侵入

白蚁以蚁巢为中心，通过筑路、营建副巢、蚁巢迁移、进行群体分裂活动建立补充生殖蚁群体进行蔓延，扩大危害范围。

(3) 人为传播

如果货物、运输工具、包装材料上有白蚁，那么白蚁可能跟随传播到别的国家或地区，在适宜的环境下定居繁衍。这种传播方式距离远，在地理分布上往往呈现不连续性。

白蚁是至今地球上最古老的社会性昆虫，目前人类已发现了 1 亿 3 千万年前的白垩纪早期的白蚁化石，但最早的白蚁可能在这之前就有了。而与它具有某些相似习性的膜翅目昆虫——蚂蚁，距今约仅 7 千万年的历史。白蚁对木材的危害也早有记载，如清代康熙年间吴震方的《岭南杂记》中有这样的记载："粤中温热，最多白蚁危害，新构房屋，不数日为其食尽，倾杞者有之。"据估计，我国白蚁危害造成的经济损失每年约 20 亿~25 亿元。白蚁对文物古迹、堤坝水库等造成的毁坏则难以用经济数据进行直接统计。据报道，目前南昌滕王阁、成都的大慈寺等处的木结构都遭受严重的白蚁危害。图 2-4 所示为白蚁侵害的木材。

白蚁是社会型昆虫，同一群体内有不同的分工，主要可分为生殖蚁和非生殖蚁两类（图 2-5）。生殖蚁包括长翅型原始生殖蚁、短翅型补充生殖蚁和无翅型补充生殖蚁三类，其中后两类只能在部分白蚁种类中可以发现；非生殖蚁完全无翅，按分工不同可分为工蚁和兵蚁两类。

图 2-4 白蚁侵害木材

(a) (b)

图 2-5 白蚁(a)及其巢穴(b)

白蚁是营巢穴生活的昆虫，按蛀巢的地点，一般将白蚁分为三类，即土栖、木栖和土木两栖三类。土栖型白蚁主要生活在土壤中，蛀巢于地下，以土壤中腐殖质、植物根茎、朽木等为食，要求食物的水分较大，在林区常危害活树，有时也危害巢区附近的建筑材。木栖型白蚁主要危害干燥木材，筑巢于木材中，对建筑材和家具等危害相当严重。土木两栖型白蚁蛀巢于地下或木材中，能侵入建筑物危害木结构等。

我国危害严重的白蚁属于三个科类：鼻白蚁科、木白蚁科和白蚁科。这几个科的白蚁特征分别如下：

(1) 鼻白蚁科(Rhinotermitidae)

本科白蚁群体内品级齐全，头有囟，触角 13~25 节，足跗节 4 节，尾须 2 节。兵蚁及工蚁的前胸背板平，无前部隆起部分，较头狭窄。有翅成虫一般有单眼，前翅鳞一般大于并伸达后翅鳞。径脉极小，少分支或不分支。

鼻白蚁科一般为土木两栖型白蚁，某些属是世界性大害虫，分布广，危害极大。我国分布有鼻白蚁科的白蚁共 7 属 222 种。其中对木材危害最大的是乳白蚁属和散白蚁属。

(2) 木白蚁科(Kalotermitidae)

该科所有类群中各品级均缺囟。前胸背板扁平，与头宽相等或稍宽。足跗节 4 节，胫节有 2~4 枚端刺，尾须 2 节。该科白蚁由生殖蚁和兵蚁组成，没有工蚁。兵蚁的头部在触角后方有淡色的眼点；有翅成虫具单眼，前翅鳞甚大并覆盖后翅鳞，翅面径脉短，径分脉发达且有若干分支，亚前缘脉细小。

木白蚁科是等翅目昆虫中比较原始的中等大小的木栖型白蚁，主要筑巢于木材中，不少种类在干木材中生活，故又称为"干木白蚁"。该科在我国共有 4 属 65 种。其中对木材危害最大的是堆沙白蚁属。

(3) 白蚁科 (Termitidae)

白蚁科中的白蚁种类最多，约占全部种类的 3/4。该科白蚁通常由生殖蚁、兵蚁和工蚁组成，但也存在不包含兵蚁的情况。有翅成虫左上颚仅具 1~2 枚缘齿，前翅鳞稍大于后翅鳞，前、后翅鳞分开，径脉退化或缺，后唇基大，隆起，囟明显。前胸背板狭于头部，尾须 1~2 节，跗节 3~4 节。兵蚁前胸背板狭于头部，前缘翘起呈马鞍状，具囟，尾须 1~2 节，跗节 3~4 节。

该科属土栖型白蚁，筑巢于地下或土垅中，属最进化的高等白蚁。白蚁科分 4 亚科 31 属 234 种。其中危害木材的是土白蚁属和大白蚁属。

我国常见的白蚁种类及其被害木材的类型见表 2-8 所列。

表 2-8 我国常见的白蚁类型及被害木材特征

| 科类 | 白蚁种类 | 形态特征 | 被害木材的类型 | 被害木材特征 | 分布范围 |
|---|---|---|---|---|---|
| 鼻白蚁科 | 台湾乳白蚁（家白蚁）(*Coptotermes formosanus* Shiraki) | 长翅繁殖蚁黄褐色，兵蚁头部卵圆形，棕黄色，具额腺 | 侵害活树干心部，在室内侵害潮湿、阴暗或近水源部位的木结构材，高度无限制 | 被蛀木材呈片状，多与木材纹理平行，早材或松软材易受害 | 分布在淮河以南 |
| 鼻白蚁科 | 黄胸散白蚁 [*Reticulitrmes flaviceps* (Oshima)] | 有翅成虫前胸背板灰黄色，翅浅灰色，兵蚁头黄褐色，上颚紫褐色。头壳长方形 | 室内常危害地板、格栅、踢脚板、底层门框等基部 2m 以下的木构件 | 受害木材呈片状蛀蚀 | 主要分布在华东地区 |
| 鼻白蚁科 | 黑胸散白蚁 (*Reticulitermes chinensis* Snyder) | 有翅成虫头、胸部均为黑色，翅和触角呈黑褐色，兵蚁头部长扁圆筒形，黄或黄褐色，额峰突起 | 危害树干根部以及地板、搁栅、房架、柱、壁板、门窗框等建筑构件 | 受害木材呈条沟状，表面有圆形小孔 | 广泛分布于四川、江苏、河南、湖南、陕西、山西等亚热带地区 |
| 鼻白蚁科 | 栖北散白蚁 [*Reticulitermes (Frontotermes) speratus* (Kolbe)] | 与黄胸散白蚁接近 | 危害接近地面的树基根部，室内多为地板、搁栅、木门框等基部 2m 以下的木构件 | 受害木材呈片状、条沟状，顺纹理蛀蚀 | 分布在我国北方地区，辽宁和河北一带；在日本、朝鲜、韩国广泛分布 |

(续)

| 科类 | 白蚁种类 | 形态特征 | 被害木材的类型 | 被害木材特征 | 分布范围 |
|---|---|---|---|---|---|
| 木白蚁科 | 截头堆砂白蚁[*Cryptotermes domesticus* (Haviland)] | 有翅成虫头部暗黄色，兵蚁头前部黑色，后部赤褐色。头前端呈截断面 | 侵害各种木材干燥结构材，如柱、地板、门窗材和家具等。有些也侵入阔叶树基干部 | 不规则的隧道，外面可见一些小形孔洞和由孔洞中掉下来的棕褐色蛀屑 | 分布于海南、广东、广西、福建、云南等地 |
| 木白蚁科 | 铲头堆砂白蚁(*Cryptotermes declivis* Tsai et Chen) | 位于头前端的额部如铲，额面平截呈斜坡面 | 侵害各种木材干燥结构材，如柱、地板、门窗材和家具等。有些也侵入阔叶树基干部 | 不规则的隧道，外面可见一些小形孔洞和由孔洞中掉下来的棕褐色蛀屑 | 在我国广西、广东、福建等有分布 |
| 白蚁科 | 黑翅土白蚁(*Odontotermes formosanus* Shiraki) | 繁殖蚁头、胸、腹背面呈黑褐色，兵蚁上颚镰刀形，巢内有菌圃 | 危害树根、树干、土中木材及农作物 | 受害木材呈蜂窝状，甚至蛀食殆尽 | 分布于海南、河南、江苏、西藏等地 |
| 白蚁科 | 黄翅大白蚁(*Macrotermes barneyi* Light) | 以原始型蚁王、蚁后产卵繁殖，不产生补充性生殖蚁。兵蚁、工蚁均分两型——大兵蚁、小兵蚁、大工蚁、小工蚁 | 危害树木的树皮、韧皮部、边材部，也危害农作物 | 蛀口粗糙，带有粒状 | 分布于长江以南地区 |

## 2.2.2 留粉甲虫的种类及其危害

留粉甲虫包括天牛科(Cerambycidae)、长蠹科(Bostrichidae)、窃蠹科(Anobiidae)和粉蠹科(Lyctidae)等科种。

### 2.2.2.1 天牛科

天牛科是鞘翅目中最大的一科。世界上已知属于该科的昆虫种类超过2万种。天牛成虫具有长形触角，其长度一般至少超过体长的1/2，一些甚至可超过其身体长度的一倍以上[图2-6(b)]。天牛是很多果树和林木的天敌，但对木材来说，危害最大的并不是天牛成虫，而是天牛幼虫。因为一般天牛成虫攻击的只是树皮和边材位置，所以对木材内部的质量影响比较小。天牛幼虫呈乳白色，从头部至尾部逐渐变细，足或存或缺，身体的各个节上长有小的突起，便于其行动[图2-6(a)]。它在木材中钻孔寄居，尤其是针叶材的边材部位，这是因为边材中集中了天牛幼虫所需要的营养物质。天牛的幼虫蛀成的虫孔为椭圆形的弯曲孔道，不规则地穿过木材，孔道充满了粉末。由于天牛本身的大小变化很大，因此虫孔的大小也根据天牛的种类不同而不同，大一些的直径可达6~10mm。由于形成的虫孔和虫道具有深而大的特点，因此一般对木材的力学强度和表面质量都有一定的影响。

**图2-6 天牛及其对树木的危害**
(a)天牛幼虫　(b)天牛成虫

### 2.2.2.2　长小蠹科和小蠹科

长小蠹科和小蠹科昆虫是主要的湿木害虫，一般要求木材含水率高于48%。长小蠹科的昆虫个体呈圆筒形，头短而阔，与前胸等宽。触角短，前胸呈长方形，侧方有沟，用于容纳前方足腿节。这个科的昆虫都为食菌小蠹。所谓食菌小蠹，是指其身体的某些部分藏有真菌孢子，当成虫钻蛀木材时，真菌也随之进入木材，在虫道内发育，食菌小蠹的幼虫就以真菌的菌体及其分泌物作为食物，两者之间呈共生关系。食菌小蠹的虫道中没有蛀屑，周边褐色，虫孔细小，直径在1.5mm以下。

小蠹科的昆虫口吻短而阔，很不发达，触角短且有小卵形或圆筒形的头状部分，黄褐色至黑色，体长大多为3~5mm。该科昆虫按照食性分为两大类，树皮小蠹类和食菌小蠹类。两者之间的主要区别在于：①危害木材的类型：食菌小蠹主要危害热带、亚热带阔叶材的伐倒木、新鲜带皮原木，很少侵害活立木；而树皮小蠹主要危害针叶材活立木、伐倒木和新鲜带皮原木；②危害木材的范围及特征：食菌小蠹可蛀入木质部较深位置，虫道四壁被真菌污染为褐色；而树皮小蠹只蛀入韧皮部和边材部分，虫道干净，无真菌污染。

### 2.2.2.3　粉蠹科

粉蠹科的昆虫个体狭长、小型、颜色多数为黑色、暗褐色，也有带黄、红颜色的。触角短，呈球杆状。主要危害枯木和干材，它们适宜生长的木材含水率范围是7%~30%，一般室内使用的木材的含水率范围也在此之内，因此该科昆虫是建筑用材、木制品和家具的重要害虫。粉蠹科幼虫对于硬木家具和木制品的危害十分严重，它以木材内的淀粉等为食物，将木材蛀成直径为1~2mm的虫道，从蛀孔中排出粉末。栎木、杨木、山核桃、白蜡等树种最容易受到粉蠹的侵害，而对于松柏类的木材其危害不大。常见的粉蠹科昆虫包括栎粉蠹、磷毛粉蠹、中华粉蠹(图2-7)、褐粉蠹和南方粉蠹等。

#### 2.2.2.4 窃蠹科

窃蠹科的昆虫也叫番死虫，属于小型甲虫，呈卵圆形或椭圆形，触角生于复眼前方，头下方的前足基节呈球状，后足的基节为斜形，鞘翅覆盖整个腹背（图 2-8）。幼虫为乳白色，弯曲，生活期长，蛀蚀速度较慢，蛀屑呈细团粒状排出孔外。

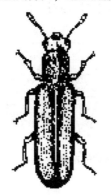

图 2-7　中华粉蠹（*Lyctus sinensis*）

图 2-8　窃蠹科

窃蠹也是干材害虫，除了危害木材外，还蛀食中药材、纸张等。在危害木材时大多数危害硬阔叶材的边材，比如杨木、桦木、山毛榉等，但也有一些属专门危害针叶材，比如松窃蠹（*Ernobius mollis*）常危害带皮的红松、黑松、落叶松、云杉、冷杉等树种的干材或枯木。成虫在树皮下或木材孔隙中产卵，然后在受害材上蛀出 3mm 左右直径的圆孔并从中钻出。常见的窃蠹包括家具窃蠹（具斑窃蠹）、梳齿角番死虫（梳角窃蠹）、大理窃蠹、松窃蠹、红毛窃蠹等。

### 2.2.3　其他

除了以上介绍的鞘翅目和等翅目的昆虫外，还有膜翅目的蚁科、木蜂科、树蜂科以及鳞翅目的木蠹蛾科等。膜翅目的昆虫直接侵害木材，但是一般来说危害较小，如蚁科喜欢侵害已经腐朽的木桩或结构材。它不以木材为食物，只是以木材作为栖息场所，在木材内筑巢群居，留下不规则的孔道。树蜂科昆虫的幼虫会蛀食衰弱的针叶材活立木和伐倒木，成虫不再侵害干燥木材，幼虫蛀食后在木材中留下圆筒形的孔道，内部充满蛀屑；木蜂科中的某些昆虫危害干燥的针叶材，将木材蛀出圆形孔洞作为其产卵和幼虫的栖息场所。而木蠹蛾科的害虫体型较大，幼虫能蛀食阔叶材的韧皮部及部分木质部，在木材上形成的孔道较宽，因此对木材影响较大。

## 2.3　海生动物劣化

危害木材的海生钻孔动物主要包括软体动物门（Mollusca）瓣鳃纲（Lamellibranchia）的船蛆科（Teredinidae）和海笋科以及节肢动物门（Arthoropoda）甲壳纲（Crustacea）等足目（Isopoda）的蛀木水虱科（Limnoriidae）、团水虱科（Sphaeromidae）以及端足目（Amphipoda）的蛀木钩虾科（Cheluridae）。其中瓣鳃纲的海生钻孔动物前端都有两片贝壳，用于穿凿木材。在被害木材表面往往能看到穿凿时留下的小孔，有时候表面只有很小的孔洞，但木材内部却已被穿凿成蜂窝状，这样的木材强度非常低，在海水的冲击下很容易损毁。甲壳纲的海生钻孔动物并不完全依赖木材作为营养源，有的甚至不吃木材，只是以木材作为栖息场所，它们从表面开始蛀蚀木材，使受损的表层强度下降，最后因粉碎而剥离，然后接着向内穿凿，直至木材被蛀蚀殆尽(图 2-9)。

**图 2-9　海生钻孔动物破坏后的木材**

## 2.3.1　海生软体动物

### 2.3.1.1　船蛆

船蛆是海水中对木材危害最严重的海生钻孔动物之一，全世界大致有 120 种，分布于全世界各个海域，中国有 20 余种。船蛆和蚶、牡蛎、贻贝、珍珠贝、蚬、三角帆蚌等都属于同一类，但是由于船蛆从幼虫变态后即钻入木材，终生不再出来，因此为了长期适应蛀木的生活，其形态和其他的这些瓣鳃纲动物明显不同。船蛆的身体细长，在成熟期其长度可达 1~2m，外形呈蠕虫形。前端有两片贝壳，位于体前端两侧，很小，所以使其整个身体裸露在贝壳外部，从外形上看不像贝，而更接近于蛆，因此被称为船蛆，如图 2-10 所示。贝壳的外侧有许多细密、整齐的齿纹，很像木锉，是锉蚀木材的工具。在身体后端是它与外界相通的出入水管，两水管极长，基部愈合，末端分离，其两侧各有一个石灰质的铠。这种铠在水管收缩时，用以堵塞木材孔道的开口，使船蛆在淡水中也可存活一周。船蛆的周身包围着一个石灰质的管套，这是由船蛆自身分泌形成的，主要起保护作用。

**图 2-10　船蛆(上)和船蛆蛀蚀后的木材孔道(下)**

船蛆利用其贝壳上的齿纹来摩擦木材，从而在木质码头、木船底部穿凿孔洞。因此船蛆又叫"凿船贝"。船蛆的生长繁殖迅速，卵在雌性船蛆体内孵化为幼虫后，由排水管排出到海水中，幼虫随着海水四处漂游，经过 2~3 周后遇到木材就附着在上面，经变态后钻入木材。在海水温度 24℃时，一个月左右的时间即可达到性成熟，开始产卵。一个大的船蛆每次可以产 50 万~100 万个卵。由于船蛆极强的生长和繁殖能力，给人类带来极大危害。据统计，1979 年我国水产系统十万艘大小海洋木质渔船，被船蛆吃掉的木材近 6 万 m³，仅维修费用就达 2 000 万元以上。1730 年荷兰大海堤突然崩溃，就是海堤基部的木桩被船蛆蛀空造成的。自古以来不少探险者乘船出海，他们的船就是因为受到船蛆破坏而无法返航。

受船蛆破坏的木材通常是表面只有几毫米直径的小孔，这是因为船蛆刚进入木材时还只是幼虫，其直径很小。但是随着它身体的长大变粗，孔道也随之加深加粗，到最后木材内部形成蜂窝状，极易损毁。

我国主要的船蛆科动物包括船蛆(*Teredo navalia*)、萨摩尔船蛆(*Teredo samoaensis*)、密节铠船蛆(*Bankia saulli*)、裂铠船蛆(*Teredo manni*)等。

#### 2.3.1.2 海笋

海笋(图2-11)的个体长度大约几厘米，外形像鸡蛋，只是前端稍微扁些，两个贝壳，看上去像一个冬笋，因此称为海笋。其俗称为"凿石贝""穿石贝"，主要是因为大部分的海笋科钻孔动物是在岩石上钻孔，如全海笋属(*Barnea*)、海笋属(*Pholas*)等，在木材上钻孔的主要有海笋(*Pholas dactylus*)、马特海笋(*Matesia striata*)等。我国海域对木材危害严重的海笋为马特海笋，主要分布在海水盐度为0.35%~0.6%的热带水域的浅水区。马特海笋的外形呈椭圆形，大小不一，长50~60mm，直径25mm左右。它对木材的破坏仅限于表层，开始时由于个体较小，因此形成的洞穴也较小，然后随着个体的生长洞穴逐渐增大。

图2-11 海笋

海笋并不以木材成分作为食物来源，因为它们的体内没有纤维素酶，不能消化木材，而是以海水中吸取的浮游动物为食物，木材或岩石只是作为其寄居场所。但也有人认为海笋的鳃中有共生细菌，能分解石灰质，合成蛋白质供海笋生命所需。

### 2.3.2 海生甲壳动物

#### 2.3.2.1 蛀木水虱

蛀木水虱属于甲壳纲的等足目，其个体很小，体长最长的只有5mm。蛀木水虱有20多种，分布于世界各地，其中大多数以木材为食。它们有锉刀似的上颚，用来咀嚼木材，它们的消化道内有共生的微生物，能分泌纤维素酶，因而能消化大部分的木材成分，包括纤维素和半纤维素等。它的氮源主要是来自海生浮游动物。

蛀木水虱的身体分为头、胸、腹三部分，头部有触角及黑色复眼各一对，胸部有七对步行足，能紧紧吸附在木材表面，抵挡水流冲击。腹部有五对游动足，尾节为宽阔的平板，能自由地在水里游动。蛀木水虱的成虫如图2-12所示。

蛀木水虱开始侵入木材时孔道直径很小，因此在受害木材表面留下1~2mm的凿孔直径，随着不断地穿凿，洞穴逐渐加深，内部孔穴在顺着纹理方向可长达10mm。蛀木水虱在较深的洞穴中时也需要与

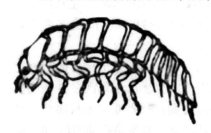

图2-12 蛀木水虱

外界海水接触，因此它们会在洞穴和木材表面之间以及各个洞穴之间穿凿相通的孔道，这就是我们在蛀木水虱破坏的木材表面通常能看到有规则的细小的孔眼的原因。这样，木材的表面实际上就形成了海绵状，强度极低，在海浪的冲击下很容易粉碎而剥离。

蛀木水虱对木材防腐剂的耐受性较强，如果是煤杂酚油的话要求在木材内的保持量要达到320kg/m³，在蛀木水虱危害严重的水域，要求采用复式或综合加压浸注法处理，即先浸注铬化砷酸铜(CCA)，然后再浸注高保持量的煤杂酚油等方法。

#### 2.3.2.2 团水虱

团水虱和蛀木水虱同属等足目，在形态上较为接近，但是团水虱在个体上略大于蛀木水虱，长度约为10~15mm。因为它在受到攻击时身体能卷曲成团，故称为团水虱。团水虱的头部有两对触角，一对复眼，一对大颚，两对小颚。大颚和小颚用于穿凿木材及摄取食物。它的胸部有七对步行足，腹部有五对游动足。团水虱多选择海洋真菌软化的木材穿凿洞穴以供栖息，洞穴的孔径约为4~7mm，深度为20~30mm。团水虱主要以浮游动物为食，主要分布在温暖的水域，在盐度较低的海湾或河口也能生活。在我国的浙、闽、粤海域的近海河口都有分布，对木桩和木桥等的损害非常严重。

#### 2.3.2.3 蛀木钩虾

蛀木钩虾属于端足目蛀木钩虾科的蛀木钩虾属，目前已经发现了几种，其形态与糠虾比较接近，雌雄大小不一，雄的长6~8mm，雌的长5~6mm。它们生活在蛀木水虱的洞穴中，以蛀木水虱的排泄物作为食物，它们也会帮助蛀木水虱来拓宽洞穴，以得到更多的氧气和活动场所，因此蛀木钩虾和蛀木水虱之间的关系很像共生关系。

如上所述，危害木材的海生钻孔动物种类繁多，在不同海域的分布不同。因此，木材在海水中使用时要根据实际情况选择适合的木材树种或对木材进行防腐处理。对海生钻孔动物的天然抗蛀性较好的木材多为硬阔叶材，比如海南紫荆木、白花含笑、红毛山楠(毛丹)等，一般的木材必须要经过防腐处理后才能在海水中使用较长时间。

## 2.4 生物危害等级

### 2.4.1 我国生物危害等级

根据我国国家标准GB/T 27651—2011"防腐木材的使用分类和要求"，生物危害等级分为5个级别，分别是C1，C2，C3，C4和C5，其中C3又分为C3.1和C3.2两个等级，C4中又分为C4.1和C4.2两个等级，具体见表2-9。

室内使用的木材，尤其是在室内干燥环境中使用时，由于不受水分的影响，生物危害最轻，木材腐朽、虫蛀的风险最小。而在户外使用的木材，由于暴露在各种气候中，尤其是与地面长期接触或长期浸泡在水中，生物危害则比较严重，木材腐朽、虫蛀的风险很大。木材在海水或咸水中使用，生物危害最严重，海生钻孔动物(海虫)侵害木材的风险最高。

表 2-9　生物危害等级及其相应使用环境举例

| 生物危害等级 | 相应使用环境 | 生物败坏因子 | 典型用途 |
| --- | --- | --- | --- |
| C1 | 室内干燥环境中使用，避免气候和水分影响 | 蛀虫、干木白蚁 | 建筑内部及装饰、家具 |
| C2 | 室内环境中使用，有时受潮湿和水分影响，但避免气候影响 | 蛀虫、白蚁、白腐菌、褐腐菌、霉菌变色菌 | 建筑内部及装饰、家具、地下室、卫生间 |
| C3.1 | 室外，不接触土壤，暴露在各种气候中，包括淋湿，但有油漆等保护避免直接暴露在雨水中 | 蛀虫、白蚁、白腐菌、褐腐菌、霉菌变色菌 | 户外家具、（建筑）外门窗 |
| C3.2 | 室外，不接触土壤，暴露在各种气候中，包括淋湿，表面无保护，但避免长期浸泡在水中 | 蛀虫、白蚁、白腐菌、褐腐菌、霉菌变色菌 | （平台、步道、栈道）的甲板、户外家具、（建筑）外门窗 |
| C4.1 | 室外，暴露在各种气候中，且接触土壤或浸在淡水中 | 蛀虫、白蚁、白腐菌、褐腐菌、霉菌变色菌、软腐菌 | 围栏支柱、支架、冷却水塔 |
| C4.2 | 室外，暴露在各种气候中，且接触土壤或浸在淡水中。重要结构件或不易替换部件 | 蛀虫、白蚁、白腐菌、褐腐菌、霉菌变色菌、软腐菌 | 木屋基础、（淡水）码头护木、桩木、电杆、矿柱（坑木） |
| C5 | 长期浸在海水（咸水）中使用 | 蛀虫、白蚁、白腐菌、褐腐菌、霉菌变色菌、软腐菌、海生钻孔动物 | 海水（咸水）码头护木、桩木、木质船舶 |

## 2.4.2　不同国家生物危害等级的差别

不同国家对生物危害分类等级和使用的代号有所不同。美国的生物危害分类用 UC(use category)表示，如 UC1 表示户内，且不接触土壤；欧洲的生物危害分类用 HC(hazard class)表示，如 HC1 表示户内，且不接触土壤；澳大利亚、新西兰用 H(hazard)表示，如 H1 表示户内，且不接触土壤；我国用 C 表示，C 既表示分类(category)、等级(classes)，也表示中国(China)。

表 2-10 对世界主要国家生物危害分类等级进行了一个简单比较。

有些国家对生物危害分类等级还有进一步的细分，如新西兰将 H1 细分为 H1.1 和 H1.2(对 H1.2 条件下使用的木材进行防腐处理)，将 H3 细分为 H3.1 和 H3.2(对 H3.1 和 H3.2 条件下使用的木材进行不同的防腐处理)。美国对 UC3 也细分为 UC3A 和 UC3B(但防腐处理的要求近似)。同样，美国对海事用途也进行了细分。

表 2-10　国内外主要生物危害分类等级

| 木材使用条件 | 生物危害等级 ||||
|---|---|---|---|---|
| | 美国 | 新西兰 | 欧盟 | 中国 |
| 户内，且不接触土壤 | UC1 | H1.1(始终干燥) | HC1 | C1 |
| | | H1.2(易受潮) | | |
| 户内，且不接触土壤，偶尔受潮湿或水分影响 | UC2 | H2 | HC2 | C2 |
| 户外，但不接触土壤 | UC3A(不暴露在长期潮湿环境中) | H3.1(不易受潮) | HC3 | C3.1 |
| | UC3B(暴露在长期潮湿环境中) | H3.2(易受潮) | | C3.2 |
| 户外，且接触土壤或浸在淡水中，而且为非关键部件 | UC4A | H4(接触土壤) | | C4.1 |
| 户外，且接触土壤或浸在淡水中，而且为关键部件 | UC4B | H5(浸在淡水中) | HC4 | |
| 户外，且接触土壤或浸在淡水中，而且为结构关键部件，生物危害极为严重 | UC4C | | | C4.2 |
| 浸在海水(咸水)中 | UC5A | H6 | HC5 | C5 |
| | UC5B | | | |
| | UC5C | | | |

## 2.5　木材的科学保管

木材作为一种天然生物材料，从其采伐到加工利用，一般需要经过归楞贮存、林区内部运输、贮木场贮存和原木外运等工序，整个过程有时需要几个月或更长时间。在此期间，木材会受到以上各种劣化因子的影响而发生腐朽、变色、虫蛀、变形、开裂和翘曲等缺陷，造成木材变质和降等。为了避免和减少由于这些问题而引起木材质量的降低，就应合理、科学地保管木材。

本节将主要介绍木材的保管原则、原木与锯材的保管方法。

### 2.5.1　木材保管的原则

木材保管应遵循以下原则：

(1)木材保管以预防为主，防患于未然，避免或减少木材变质、降等现象的发生。

(2)合理堆放，杜绝火灾、水灾等自然灾害和木材丢失现象的发生。木材保存应选择有利于木材水分散发或木材水分保持的楞堆结构，严禁将已经腐朽和遭受虫害的原木与优质原木混楞。

(3)尽量缩短木材的贮存时间。在使用时，尽量按照先入库的木材先出库的原则进行。同时，应最大限度减少木材在伐区楞场和贮木场的贮存时间和贮存量。

(4)在保管方法方面，应以物理保管为主，必要时采用化学保管，或物理保管和化学保管相结合的方法。采用化学保管方法时，应使用低毒性，对人类、动物及环境安全的化学试剂。针对木材保存期限、树种、材质和气候条件的不同，采取经济、有效的保管方法。

(5)在木材保存期间，要求所保存木材无褪色和变色、无腐朽和虫蛀、无开裂、无形变和翘曲，不降低木材的使用性能。

下面将介绍原木保管和锯材保管的一些常用方法。

## 2.5.2 原木保管的方法

在原木保存期间，某些特性可能出现变化，如含水率不稳定，受菌、虫的侵蚀以及开裂变色等物理和化学变化。为了预防和减少原木在保存中由于这类变化而引起的质量降低，应合理地保管原木。

保管原木的方法有物理法和化学法。物理保管是采用抑制菌、虫生长发育条件和木材开裂条件的方法，防止菌、虫危害及木材开裂的发生与发展。化学保管是采用对菌、虫有毒的化学药剂，采用喷、涂、浸注等方法处理木材，毒杀菌虫，防止菌、虫对木材的危害。采用何种方法保管原木，取决于许多因素，主要从树种、材种、规格、质量、用途、加工特征、地理环境、气候条件和保存期限等来考虑。

### 2.5.2.1 原木的物理保管

原木含水率与原木发生干裂、遭受菌、虫侵蚀和变色有紧密的联系，因此，目前大多采用控制原木含水率的物理方法来保管原木。其方法有：干存法、湿存法、水存法。前两种方法是将原木保持高含水率，后一种方法是将原木含水率降低到25%以下。

(1)干存法

原木干存法是在最短的时间内，把原木的含水率降低到25%以下的一种保存方法。

①适用条件与范围　干存法适用于较为干燥且易腐的木材或珍贵树种木材。该法也适用于已经剥皮或树皮损伤超过1/3的原木、加工用原木(车辆材、造船材、胶合板材、枕木材、造纸材和一般用途的一、二、三等材)和直接使用的原木，如坑木、电杆、桩木等。红松、云杉、冷杉、云南松、铁杉、落叶松、杉木、樟子松以及所有的阔叶材树种均适宜干存法保管。

采用干存法保管的原木一般要剥外皮，但为了减少边材水分蒸发过快而引起大量开裂和菌类侵腐，在剥除树皮时应尽量保留韧皮部。原木两端水分蒸发快，容易发生端裂，因此原木两端应留有10~15cm的树皮圈，并在端面上涂防裂涂料。

②操作方法　首先将原木剥去树皮的栓皮层，保留韧皮部，两端留出10~15cm剥去外皮的环状树皮圈；其次将剥皮原木堆成通风良好的楞垛。

为防止日晒、风吹雨淋，为保管珍贵木材或有条件的企业，最好建立永久性的板棚或仓库，或在楞垛顶部采用临时性的板材、板皮或归楞原木做遮盖，短期的也可以用塑料布、帆布进行遮盖。棚盖或遮盖布要伸出楞垛的两侧50cm，并且与原木之间留出通风空隙。

将木材堆存在仓库中，可以有效防止雨淋日晒。仓库应开窗通风。堆放时采用较高的楞脚垫起(可用30cm以上薪材做楞脚)，在每层木材中间留出一定的空隙，以利于通风干燥。一般采用层楞(图2-13)。原木楞堆贮存的场地要选择地势较高、地面干燥、通风好的场所。原木堆放场地具有干燥性可起到防潮灭草作用。对易腐朽木材或当空气潮湿时，应用防腐剂处理。如果在材身和端面上发现有白色菌丝层出现，应进行适当的消毒灭菌，以防真菌的繁殖。

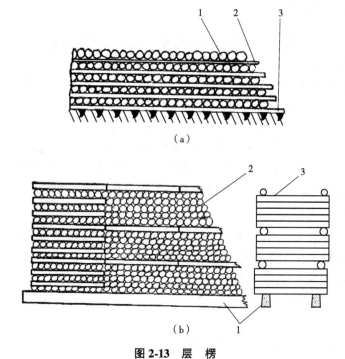

图 2-13 层 楞

(a)单层楞 1. 原木 2. 垫木 3. 楞腿

(b)多层楞 1. 楞腿 2. 横断面 3. 纵断面

原木干存法的主要堆放形式有层楞(图2-13)、疏隔楞(图2-14)、人字形大小头交叉楞(图2-15)、普通楞(图2-16)和方格楞(图2-17)等。

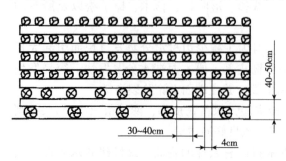

图 2-14 疏隔楞

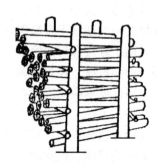

图 2-15 人字型大小头交叉楞

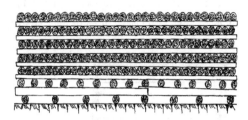
图 2-16 普通楞

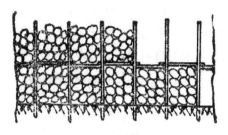
图 2-17 方格楞

原木层楞的堆积时，楞高约为 50cm，先在楞堆场地上放置一层与楞堆纵长方向垂直的原木，在其上铺放与其垂直的两行原木作为楞腿，在楞基上放置第一层木材，彼此相隔 30~40cm 距离排列，然后再将原木依次向上逐层平行堆积，每层的原木相互靠紧。层间隔用剥皮的无腐朽无虫害的原木或方木作为垫木，垫木小头直径或厚度不小于归楞原木小头直径的 1/3。

疏隔楞垛的堆积是由单根原木连接成两行铺在垫木上组成楞基。楞基高度约为 50cm，在楞基上第一层原木彼此相隔 30~40cm 距离排列，自第二层开始原木与原木之间应留出 4cm 以上的空隙。楞中每层原木之间用无腐朽、无虫害的剥皮原木或方木作为垫条隔开，垫木小头直径或厚度不小于归楞原木小头直径的 1/3，每个垛之间的距离不少于 2cm。

普通楞垛的堆积除了楞垛第二层的原木左右相互靠紧排列外，其他整个楞垛结构形式都与疏楞相同。楞堆是将所保管的原木全部平行堆放，不用垫木分层，原木小头朝向一致，并归放整齐，如图 2-16 所示。另外，人字形大小头交叉楞垛（图 2-15）将原木大小头交叉放置，适宜中小径级和 4m 以下的原木干燥保管，这种楞垛的堆积方法，每层空隙很大，通风条件好，原木干燥速度快，但归楞、拆楞耗工较多。

原木方格楞的堆积是原木的上下层相互垂直，每层原木的大小头依次颠倒，每层原木彼此可以靠紧，也可以原木彼此之间留出 10~20cm 的空隙。人字型大小头交叉楞垛的堆积是将原木大小头交叉紧密放置，适宜中小径级和 4m 材长以下的较短原木干燥保管。楞堆的安全坡度、楞间距离、楞高等按照国家标准《木材保管规程》(GB/T 18959—2003)和《木材储存保管技术规范》(GB/T 29409—2012)进行。

(2) 湿存法

湿存法是一种在短时期内，将原木的含水率保持 80% 以上，避免菌、虫危害和防止木材开裂的保管方法。

①适用条件与范围　湿存法主要适用新出河的原木和新采伐的原木，北方林区可在冬季结束后用此法保存；适用于针叶材原木（如红松、落叶松、冷杉、云杉、铁杉、杉木、马尾松、云南松、华山松、樟子松、柏木、银杏等）和阔叶树种原木（如柞、栎、榆、槐、水曲柳、黄波罗、核桃楸、色木、樟木、枫香、杨、柳、桉木等）。同时，要求原木有完整的树皮或树皮损伤不超过 1/3。对已经气干或受菌、虫危害或开裂程度的木材，不得采用湿法保管。原木贮存场地要求地势较低，水源充足，场地平整。

②操作方法　原木采伐后或新出河原木立即自由紧密堆积，归楞前的原木不得在

露天存放5d以上。楞堆之间的距离要小于1.5m，楞堆高度应在5m以上，楞基高度20~30cm。楞腿应使用已经剥皮无菌、无虫害的木材，楞垛的顶端可用草帘、席或板皮、木板等材料遮盖，楞垛的四周要遮阴(图2-18)。

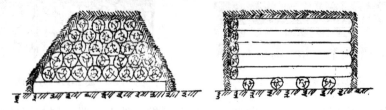

图2-18 木材湿存保管楞垛

堆积后要迅速覆盖。为了避免霉湿现象发生，针叶树归楞后，每隔10~15d将楞垛消毒一次，消毒时应达到全楞原木浸湿为止。为了防止阔叶木材的断面失去水分，发生开裂或菌虫感染，可用防腐护湿涂料涂刷在原木两端的断面上，在涂料上面再涂一层石灰水溶液，以避免日光照射使涂料熔化流失。归楞10d内开始喷水，第一次喷水时间较长，每次喷浇时间10~20min，每昼夜5~8次，若阴雨连绵时可停止喷淋。

湿存法选用实楞(图2-19)、捆楞进行归楞，其中实楞分为完全实楞、垫木实楞和分层实楞，而捆楞分为平捆楞图2-20(a)、方格捆楞图2-20(b)和斜捆楞图2-20(c)等。归成实楞或捆楞，楞间隔不超过1.5m。

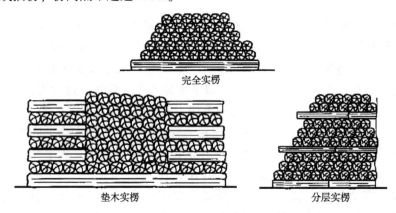

图2-19 实 楞

楞堆的楞腿以石料或混凝土材料为宜，其高度为20cm，楞腿要直接铺在地面上。保管原木材长不超过6m用两根原木，超过6m用三根原木。楞堆的安全坡度、楞间距离、楞高等按照国家标准《木材保管规程》(GB/T 18959—2003)和《木材储存保管技术规范》(GB/T 29409—2012)进行。

实楞分为完全实楞、垫木实楞和分层实楞等。完全实楞原木紧密地堆放在一起；垫木实楞楞头和楞尾的每层原木之间放置垫木，楞堆的中间部分原木采用密实堆积，楞头和楞尾的高度与堆内的原木长度相等，每层高度等于归楞原木的直径，楞堆平均高度不小于2m，不超过所堆原木长度的1.5倍，各楞的间距在0.75~2m之间，分层实楞的楞堆用垫木分隔成若干层的楞堆结构，每层的高度为3~5根原木直径大小。

平捆楞的楞堆主体部分用垫木分隔成若干层，每层垫木之间的高度为3~5根原木

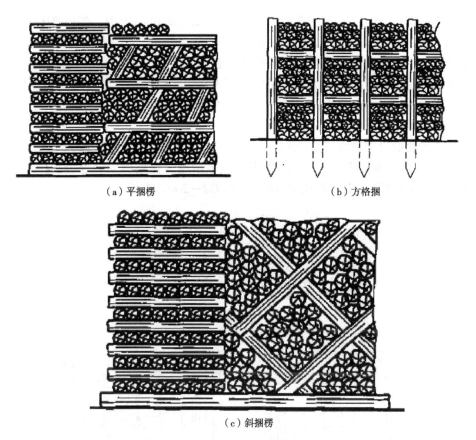

图 2-20 捆 楞

直径大小。用倾斜垫木把每层隔为若干格子,倾斜垫木的倾角为 30°~40°,楞头和楞尾与楞堆原木规格相同的原木呈纵横堆成平捆楞的结构,每层均采用单根原木平行堆放。方格捆楞垂直垫木采用 6~8m 长木桩,水平垫木采用 2m 短原木。斜捆楞的垫木全部倾斜放置,垫木的倾斜角通常为 45°,楞头和楞尾与平捆楞相同。

(3)水存法

水存法是将木材浸在水中,使木材保持最大含水率,以防止菌、虫害和开裂的保管方法,即利用码头附近深水且流速不大的集水区域保管木材。

①适用条件与范围 原木水存法是利用河川、湖泊的深水处作为集材区贮存原木的一种方法。可将木材编成多层木排,呈鱼鳞排状形式,并在木排上面堆积几种短原木或压些石块等杂物,使木材沉入水面。对于浮出水面的木材要保留树皮,并要堆放得紧密些。为了防止木材被水冲散流失,必须捆扎牢固,并用绳索拴牢在岸边。该方法适合靠近江河湖岸,具备天然或专设的贮水设备的贮木场。对特种木材如造船材、航空用材、汽车用材、胶合板材等的原木,建议最好用水存法或湿存法。贮材区水深应在 2m 以上。

水存法对针、阔叶材和带皮、不带皮的原木均适用。水存法的作用与湿存法相同,但露出水面的部分也可能引起木腐菌的感染。因此,在夏季和高温季节,对露出水面的原木要经常喷水。在海河口咸水处或近海地区,要注意海生钻孔动物对原木的危害。所以,原木不适于在海水中贮存。此外，长时间浸泡于水中原木可能会发生细菌败坏，细菌败坏对木材力学性能和加工工艺性能影响不大，但是对木材的渗透性会产生一定的影响。

②操作方法　楞堆或木排在静水或流速缓慢的水中保存时，必须加以固定。用带皮的低等原木压在保管的原木上面，使原木沉入水中。完全沉入水中的原木除鱼鳞排外，带皮或去皮均可；鱼鳞排仅适宜于带皮原木。水面以上原木的保管，要紧密堆垛并浇水，可按湿存法进行保管。

水存法选用混合楞垛水浸法（图2-21）、鱼鳞式木排水浸法（图2-22）、多层木排水浸法（图2-23）。木排沉没时，要采取加重与固牢措施。楞堆的安全坡度、楞间距离、楞高等按照国家标准《木材保管规程》（GB/T 18959—2003）进行。

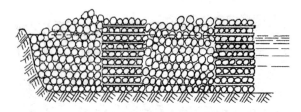

图2-21　混合楞沉没法

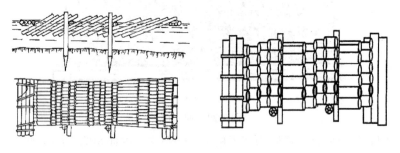

图2-22　鱼鳞排

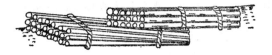

图2-23　多层木排水浸法

水浸楞垛法是采用混合楞垛的方式把原木堆积在水里，即沿着楞垛的方向由若干个相邻接的不同堆积方式的分楞垛所组成，每个楞垛长度为12~30m，最短不少于水深的5倍，露出水面的楞高相当于水深的1/3~1/4。每个楞垛之间要留有2~2.5m宽的间隔。多层木排水浸法是在多层木排上面荷重把木排压沉到水下。荷重的原木应用次等材，荷重原木的高度至少为沉没部分原木高度的30%~40%，露出水面部分的原木应垛成方格形靠紧垛实。

#### 2.5.2.2　原木的化学保管

有些木材非常容易发生腐朽或遭虫蛀蚀，原木采伐后需要立即进行防霉或防虫处理，这要求在木材或锯材贮存保管中，一般要采用化学保管方法进行保存，包括木材化学防霉处理、防变色处理，木材害虫熏蒸处理和热处理灭虫等方法。如橡胶木、杨木、马尾松、南亚松、湿地松等容易发生蓝变或霉变的木材树种，特别是从国外进口的一些容易发生蓝变或其他变色的原木，需要长途远洋运输，有时需要穿过几个气候带，且时间又长，一定要进行必要的化学防腐、防霉和防变色处理。此外，原木或板材贮存时间较长，对于易霉变、易腐朽树种，在高湿度地区应进行简易的表面防霉处理，对建筑用材应进行防腐、防虫处理。具体内容详见第3章。

### 2.5.3 锯材的保管方法

锯材保管主要是将评定等级后的锯材按树种、规格、质量和用途分类，便于合理堆垛，进行自然干燥，使其在贮存期间不发生变色、腐朽、翘曲等缺陷，保证不降低锯材原有的质量和使用价值。锯材与原木不同，不易发生腐朽和虫蛀。但如果保管不良，容易出现变色、翘曲、变形和其他降等变质现象。所以，对锯材的合理保管，仍是木材保管中的重要环节。

通常情况下，制材车间出来的锯材均含有较高的水分，特别是水存法贮存原木的锯材，含水率高达60%以上，如贮存期间保管不善，必将产生变色、腐朽、翘曲等缺陷。锯材经合理保管和自然干燥后，质量约减少1/3，强度有显著增加，对加工、涂漆、胶合和防腐等均起到良好作用。锯材分为含水率高于平衡含水率的气干材和含水率已达到平衡含水率的干燥材两类产品。

气干锯材和干燥锯材的保管技术不同。气干锯材保管主要涉及贮存场地的选择、锯材的堆垛技术和方法；干燥锯材主要涉及堆垛、防裂、防变形等问题。

#### 2.5.3.1 气干锯材的保管

(1) 贮存场地的选择

锯材贮存场地一般称作板院，场地要宽阔，利于空气流通，地势平坦，稍带一点坡度(1%~2%)更好，这样便于地面水排除。四周不要有高大的建筑物或树木。场地应为干燥排水良好的砂质土壤。地下水位的地方，应设置排水暗沟。树皮、杂草要经常清除。锯材板院应正确合理配置板垛，应考虑树种、风向、运输及装卸用通道，板垛间的相互位置，应能保证空气从任意方向自由进入板垛内。板垛应有一面朝向道路，以进行锯材运输、归卸板垛等作业。

(2) 气干锯材的堆垛的技术要求

① 锯材板垛内的空气循环(图2-24) 空气在板垛内的流动对锯材干燥意义重大。板垛内的空气流动分水平方向和垂直方向，其中水平方向的空气流主要是由风的流动所致，而板垛内的垂直方向的空气流则是由于水分由板垛内的被干燥木材中向外的蒸发和由于随着水分的蒸发而引起的板垛内各部分的湿度差所产生的。水平方向的空气流主要决定于风向和风力，垂直方向的空气流主要决定于板垛的构造，并且首先决定于基础高度和间距宽度等因素，这对锯材干燥起决定性作用。

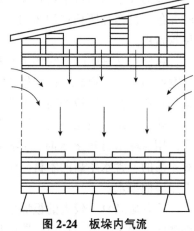

图2-24 板垛内气流

锯材在板堆中干燥，垂直方向的空气流是起主要作用的。在晴天，板堆外面的温度比堆内要高，尤其板堆的顶端盖下的温度最高，板堆基层温度最低，温度高处的空气向温度低处流动，因此空气从顶盖部位向下流动，从堆外向堆内流动，通过堆基流出。另外，热空气流进板块内，被板材吸收热量蒸发水分，空气变冷，密度增加，于是向下流动。在晴天的夜晚，板堆的气流循环方向与白天恰恰相反，夜间堆外空气逐渐变冷，而堆内空气温度不会降低很多，因此堆内热空气向顶盖和堆的四周流出，而外部冷空气同时从板堆下部和堆基流进板堆。气流在板堆内流动，从而将成材蒸发出来的水分带到外界。由于空气流动方向变化，导致板堆的上部及两侧的成材容易干燥，而下部和底部的成材干燥较慢。

场地选择、板堆构造、板堆间距、板堆基础的高度、板堆下自由空间的大小等因素对锯材保管都有影响，在确定锯材堆垛时都应考虑这些因素。如适当地选择板院地段和相对于主风方向适当地配置道路与板堆，就一定程度上加速了空气流动，利于锯材干燥保管。

②板堆基础　为了在锯材板堆下面留出能保证空气在板堆内部和周围流动所必须的自由空间，并使土壤均匀地承受板堆重量，使板堆保持平衡，板堆应放在特殊结构的基础上，这个基础称为板堆基础或堆基。

堆基具有不同的结构。最普通的结构是由各单个的基墩组成，在其上放置基础方材，以便堆放板堆的第一层木板。常用的基墩为移动式，也有固定式的。移动式基墩可以是木材、石头或混凝土的。木制基墩多为方格式，通常由短材构成，形状多为平行六面体或是无顶的角锥体；而石头或混凝土基墩形状是无顶的四棱角锥形体，其下部可埋入土中。

堆基多用水平状堆基。堆基高度一般为50~75cm。在降水量少、土质干燥、排水良好及通风较好的地区，堆基高度可为40~50cm；在降水量多、土质湿润、排水不良及下部通风不太好的地区，堆基高度应为75cm或更高；对于防止开裂而要求缓慢干燥的树种如柞木、楸木等，堆基高度应选择低于40cm的堆基。

③通风口的设置　板堆通风口包括堆隙、垫条间距、垂直通风口和水平通风口。通风口的大小与木材干燥和保管的好坏有密切关系。如果通风口过小，容易造成木材的变色、发霉和腐朽；通风口过大，势必增加空隙率，减少堆垛数量，容易增加堆垛保管费用。

堆隙　又称间距，它的大小决定于木材的尺寸、树种和气候条件。通常间距为板材宽度的20%~50%，最高为100%。一般，秋季较夏季略宽些，松木和薄板可比阔叶锯材宽些，松木厚板的间距不低于5cm。

垫木间距　板堆中层与层之间的厚度叫垫木间距。垫木间距大小由垫木厚度来决定。用原堆木材作垫木时，其间距等于板材的厚度。垫木的厚度应随板材厚度变化，对于薄的、含水率高的木材，应采用厚的垫木。对于板堆底部干燥缓慢的木材，也应选用厚的垫木。

平行通风口　较大的板堆仅靠堆隙和垫木间距两种通风口是不够的。为了增加板堆横向的通风条件，从第一层板材起，每隔1m设1个厚度为10~15cm的平行通风口。

一般垛高5m，应设置3个平行通风口。平行通风口是由较厚的垫木或原垛的板材与垫木叠放构成的。

垂直通风口　为了增加板垛中央部分的空气流动，使干燥均匀，须设置垂直通风口。垂直通风口的宽度一般取40~60cm，垂直通风口的高度与板垛高度相同，也可以为板垛高度的2/3。垂直通风口主要用于6m以上的正方形板垛上。

板院各个区域内各板垛的平行与垂直通风口应排列在一条线上，且高度一致．相互连通，这样可以有效地增强通风的效果。

④板垛的类型　板垛的结构形式决定于成材的树种、尺寸、等级、含水率和气候条件等因素。堆放成材时要使每块成材的表面最大部分暴露在外，使之尽量多与空气接触。因此，在堆放成材时在板垛中构成一层成材一层隔条，成材与隔条互相垂直放置，这种板垛为隔条板垛（图2-25）。

对于气干锯材，可采用水平垛、倾斜垛和垂直垛三类板垛类型进行堆积，其中应用最多的为水平垛。

对普通薄板，因为薄板多出自原木边部，含水率较大，容易变质，宜采用单板或两块板纵横堆垛法（图2-26）；对普通中板、厚板，除可用薄板堆垛法外，也可采用抽匣式堆垛法和平立式堆垛法。前者通风较好，而且能随时抽出检查，可保证质量；但容量小，较费工。后者容量大，较省工，但通风口较小，适用经过一定的天然干燥而无变质可能的锯材。对珍贵锯材，应使用特备的干燥垫条为衬垫的堆垛法，其可堆成长方形，这种方法通风好，干燥快。

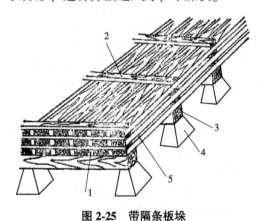

图2-25　带隔条板垛

1. 空格　2. 隔条　3. 桁条　4. 基础　5. 隔隙

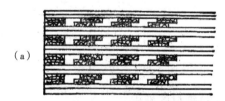

图2-26　薄板垛示意图

板堆每层板材的放置形式有露头式和埋头式两种。板材露头堆放是板头露出格条之外，这样放置为加快木材干燥过程，但会造成端头开裂或变色。埋头堆放板材，水分蒸发均匀，可以避免板头开裂和变色，因此，在等级高的成材或易开裂的阔叶树材最好采取埋头堆放的形式。板材埋头和露头堆垛如图2-27所示。

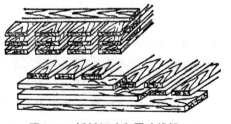

图2-27　板材埋头和露头堆垛

对于珍贵锯材堆垛，可以采取垫条堆垛法和倾斜堆垛法。垫条堆垛法即使用干燥垫条作为衬垫的堆垛法，可堆成长方形垛。这种方法通风良好，干燥快。垫条要使用耐腐的树种。垫条间隔取决于板垛正面的台座的间隔，这样可以保证垫条起支撑作用，而不使板材发生弯曲。倾斜堆垛法即板垛从第一层起按4%~5%倾斜度堆积，每层板材上下要垂直，垫条与台座要垂直在一条直线上，以保持稳定。

在保管硬杂木锯材（如柞木）时，可在材端涂以沥青油剂等防腐剂防止木材开裂。堆积时要把易开裂的弦切材放在垛的中部，不易开裂的径切材放在垛的外侧。此外，堆放珍贵树种锯材的板垛基础高度应低于一般的基础高度，约为25~40 cm的通风口的垫条厚度及垛隙也要相应缩小。

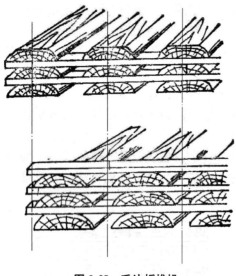

图2-28 毛边板堆垛

毛边板的堆垛（图2-28），通常与一个板垛中的厚度一致，而宽度和长度不一。为了使板垛有良好的通风条件，每层板上下在垂直方向按毛边板中心轴排列。毛边板的宽头之间应留有8~10 cm的空隙，或不小于小头宽度的1/2。短的锯材可以连接起来放置，但长度不能超过垛长。

#### 2.5.3.2 干燥锯材的保管

（1）干燥锯材的保管条件

按照国家标准《木材保管规程》（GB/T 18959—2003）对干燥锯材保管的规定，干燥锯材在封闭料棚或阴室内保管，如不在室内保管，一定要对干燥锯材加盖严密的顶盖，以防止漏雨淋湿，发生变色、霉变和腐朽。

（2）锯材的堆积

关于干燥锯材的堆积，可采用水平垛、倾斜垛和垂直垛三类，其中应用最多的为水平垛。按照《木材保管规程》（GB/T 18959—2003）的规定：

①同一树种、厚度、长度基本相同的锯材堆积在一个材堆中，便于管理。

②材堆的尺寸，每小堆高1.0~1.2m，宽为0.9~1.1m大小，长度为材长。大堆由小堆组成，高不超过4.5m，对于长度在1m以下的较短锯材，可堆成1m×1m×1m的材堆。

③每个长材堆底部至少应有三个垫木。垫木应由不含边材，没有腐朽、虫蛀和贯通裂的针叶材或软阔叶材制作，且应通直，厚度公差为±1mm。材堆板层间使用的垫木规格为22mm×30mm、22mm×40mm，材堆底部垫木规格为60mm×60mm、60mm×100mm。所有垫木的长度应由垛宽大小而定。

④对已经干燥的锯材进行堆积，可采用垫木结构，每层锯材之间不留间隙，形成连片的板层；对干燥良好的锯材垛，也可以不用垫木，使连片的单数层与双数层板层互相垂直。干燥锯材堆积时，同一厚度的锯材堆放一起，端头摆放平齐。

（3）板垛顶盖

顶盖是用来保护成材，避免雨水浸入板垛引起锯材发霉、腐朽或日光照射发生板面翘曲，如图2-29所示。顶盖的修建要有利于空气在垛内流通。顶盖建成单坡，倾斜度为12%，倾斜方向为每两垛向外侧倾斜，盖檐要向前伸出约75cm，后面和两侧伸出50cm，使雨水流向两侧的道路上，不应使雨水流入两垛中间的小道内。顶盖大小应以板垛上部及中部不遭雨淋为标准。顶盖的材料一般利用原垛的材料。为了形成斜坡，顶盖要放在枕垫上，枕垫通常用木材积叠构成。为防止板盖被风摧毁，在上面要加横压梁，用铁丝牢固地拴在板堆上。

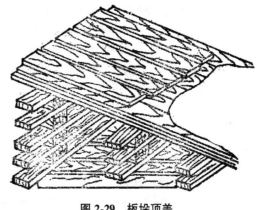

图 2-29　板垛顶盖

## 本 章 小 结

微生物劣化、昆虫劣化和海生动物劣化是木材生物劣化的3个主要类型，其中微生物劣化中的腐朽及昆虫劣化中的白蚁对木材的危害最为普遍。由于不同地域及不同使用环境的区别，木材发生生物劣化的种类及危害程度也各不相同，对应着不同的生物危害等级。为了避免或减少木材劣化的产生，需要对木材进行科学保管。

## 思 考 题

1. 木材的微生物劣化主要有哪几种？
2. 木材的白腐、褐腐和软腐的特点。
3. 木材腐朽对木材性质的影响主要有哪些？
4. 我国生物危害分为哪些等级？
5. 木材变质损坏的主要因素有哪些？
6. 木材保管的原则有哪些？
7. 原木保管的方法有哪些？
8. 锯材保管的方法有哪些？

## 推荐阅读书目

1. 木材保护学. 李坚. 北京：科学出版社，2006.
2. 木材生物降解与保护. 马星霞. 北京：中国林业出版社，2011.
3. 防腐木材应用指南. 李玉栋，曹金珍，田振昆. 北京：中国建筑工业出版社，2006.

## 参 考 文 献

1. 汤宜庄，刘燕吉. 2000. 木材工业实用大全（木材保护卷）[M]. 北京：中国林业出版社.
2. 黄镇亚. 1985. 木材微生物及其利用[M]. 北京：中国林业出版社.
3. 周慧明. 1991. 木材防腐[M]. 北京：中国林业出版社.

4. 刘源智,等.1998.中国白蚁生物学及防治[M].成都:成都科技大学出版社.
5. 李坚.1999.木材保护学[M].哈尔滨:东北林业大学出版社.
6. 刘一星,赵广杰.2004.木质资源材料学[M].北京:中国林业出版社.
7. 段新芳.2002.木材颜色调控技术[M].北京:中国建材工业出版社.
8. 池玉杰.2003.木材腐朽与木材腐朽菌[M].北京:科学出版社.
9. 井上嘉幸.1972.木材の劣化と防止法.実用木材加工全書(第10冊)[M].東京:森北出版株式会社.
10. 黑迟良彦,滨野荣次.1975.コトモカラ-図鑑2:こん虫.東京:講談社.
11. 福建省地方志编纂委员会.2003.福建省志·生物志[M].北京:方志出版社.
12. 黄远达,等.2001.中国白蚁学概论[M].湖北:湖北科学技术出版社.
13. Blltnes H M, Murphy R J. 1995. Wood preservation: the classics and the new age[J]. For Prod J, 45(9): 16-21.
14. Goodell B, Nicholas D D and Schultz Tor P. eds. 2001. Wood Deterioration and Preservation: Advances in our changing world. ACS Symposium series 845, American Chemical Society, Washington, DC.
15. Buropean Standard E N 350-1: 1992, Hazard classes of wood and wood-based products against biological attack-Part 1: Classification of hazard classes.
16. Australian Standard, AS 1604.1-2000, Specification for preservative treatment, Part 1: Sawn and round timber. 2000.
17. American Wood-preservers' Association Standard, U1-08, Use Category System: User Specification for Treated Wood. 2008.
18. 李玉栋.2006.防腐木材应用指南[M].北京:中国建筑工业出版社.
19. 段新芳.2005.木材变色防治技术[M].北京:中国建材工业出版社.
20. 王维章,等.1982.贮木场[M].北京:中国林业出版社.
21. 王维章,王士一,赵晓琦.1984.木材科学保管[M].北京:中国林业出版社.
22. 史济彦.1996.贮木场生产工艺学[M].北京:中国林业出版社.

# 第3章
# 木材的生物危害防治处理

**【本章提要】** 本章介绍了理想的木材防腐剂以及常用防腐剂的种类和特点，特别是对最为常用的水载型木材防腐剂进行了重点介绍，同时，从常压处理法和加压处理法两个方面介绍了不同防腐剂相对应的不同的防腐处理方法。并对木材的防霉防变色处理和防虫防白蚁处理进行了补充论述。最后，介绍了防腐剂载药量与透入度、防腐处理材的生物耐久性以及防腐剂的流失性等方面的测试方法。

木材是一种天然生物材料，其主要组成成分（纤维素、半纤维素和木质素）可以为危害木材的生物提供营养。因此，木材在生长和使用的各个环节都会受到微生物和昆虫等的侵袭。为了提高木材的使用性能，扩大木材的使用范围，必须对木材进行防腐、防虫蚁、防霉等处理。下面将介绍在防治木材生物危害中用到的各种药剂及其处理方法，同时也列出相应的性能检测方法以供参考。

## 3.1 木材防腐剂

木材防腐剂是一类防治木材生物危害的药剂，通常这类药剂不仅可以达到抵制腐朽菌的效果，对于其他的危害木材的昆虫和白蚁等也有很好的防治作用。所以，一种好的木材防腐剂往往包含几种不同的有效成分，这些成分可以作用于不同的生物类型。

### 3.1.1 理想木材防腐剂的性能

对于木材防腐剂来说，对生物危害的防治作用并不是唯一的条件，作为一种理想的木材防腐剂，应当同时具备以下条件。

(1) 对危害木材的生物具有很强的毒性，同时具有广谱抗菌性

如第2章中所述，危害木材的生物种类繁多，有的防腐剂中的化学成分只对单一的微生物有较强的毒性，而对其他微生物或虫蚁毒性不大。那么这种防腐剂适于与其他防腐剂成分进行复配，以提高其广谱抗菌性。

(2) 对人类及哺乳动物的毒性低

防腐木材的生产和使用过程中，会不可避免地与人或哺乳动物接触，因此，为了保证其安全性和环保性，木材防腐剂应该对人类及哺乳动物低毒或无毒。有的木材防腐剂虽然防腐效果优良，但是由于其对人类及哺乳动物的健康存在威胁，因此被逐渐

淘汰或限制使用，如含有汞、铅、砷、铬等的防腐剂。

(3) 对木材的处理性能优良

木材是一种多孔性的材料，但是木材的孔隙较小，并且不同树种构造可能存在很大差异。如果木材防腐剂不能有效地渗透到木材中，则很难保证防腐木材的防腐效果。一般来说，木材心材的渗透性较差，因此在规定防腐木材的渗透深度时，对于木材边材的渗透深度要求较高，而心材的要求则较低。

(4) 稳定性及抗流失性优良

理想的木材防腐剂在进入木材后应与木材产生牢固的结合，不易从处理木材中流失。同时木材防腐剂本身也应具备稳定的化学性质，在室外使用时不易挥发，不易降解，从而保证防腐木材的性能稳定。

(5) 对木材性质影响小

木材自身的性质包括外观(颜色、纹理、色泽等)、物理性质(吸湿性、吸水性、尺寸稳定性、密度等)、力学性质(强度、弹性模量、握钉力、抗冲击力等)和表面性质(表面润湿性、表面耐磨性、表面硬度等)几个方面。经过防腐处理的木材，不应对木材的性质产生明显的负面影响。

(6) 对金属的腐蚀性小

在木材的防腐处理中，金属腐蚀性包括两方面的内容，一是木材防腐剂对金属的腐蚀，如在防腐处理过程中对金属罐体的腐蚀；二是防腐处理木材对金属的腐蚀，如防腐木材在使用过程中对金属连接件的腐蚀等。不同的防腐剂由于成分不同，pH 值也存在很大差异，因此对于金属的腐蚀性也存在很大差异。木材防腐剂本身对金属的腐蚀性不等同于防腐木材的金属腐蚀性，因此要区别对待。

(7) 价格低廉，原料易得

作为一种工业化的产品，理想的木材防腐剂必须价格低廉，对木材进行处理的成本占防腐木材自身的价格的比例较低。另外，生产木材防腐剂的原料必须容易获取，并且原料的来源广泛。

在实际情况中，很少有防腐剂能同时满足以上这些要求。因此，对于一种防腐剂的评价也应该根据以上几个要求综合评价，并针对防腐剂所存在的缺陷进行技术改良。

## 3.1.2 木材防腐剂的种类和特点

木材防腐剂的种类可以根据以下不同方法进行区分：

(1) 按防腐剂载体的性质分类

木材防腐剂可以分为油类防腐剂、油载型防腐剂、水载型防腐剂这三大类。

(2) 按防腐剂组成成分分类

木材防腐剂可以分为单一物质防腐剂与复合防腐剂，单一物质防腐剂中有效成分是单一的，而在复合防腐剂中含有多种有效成分。

(3) 按防腐剂形态分类

木材防腐剂根据其自身的存在形式不同可分为固体防腐剂、液体防腐剂与气体防腐剂。通常液体防腐剂比较常用。

通常按照防腐剂载体的性质来进行分类,即采用第一种分类方法。

以下将介绍主要的油类防腐剂、油载型防腐剂和水载型防腐剂。

### 3.1.3 油类防腐剂

由于能源危机的影响,油类防腐剂的来源有限,另外经过油类防腐剂处理的试材表面经常有"渗油"(bleeding)现象,因此油类防腐剂的应用范围受到很大限制。油类防腐剂主要用于铁路枕木、电杆等公共设施的木材处理,很少用于民用的场合。我国自大规模采用水泥轨枕替代木枕以来,油类防腐剂处理的木材产量逐渐下降。

主要的油类防腐剂见表3-1所列。

表3-1 油类防腐剂的种类和特点

| 油类防腐剂种类 | 制备方法 | 主要特征及成分 | 毒性浓度(%) |
| --- | --- | --- | --- |
| 煤杂酚油(creosote) | 烟煤经高温(1350℃)或低温(450~650℃)热解而得到的焦油中200~400℃之间的馏分 | 黄绿色油质液体,氧化后成深黄褐色。由100多种化合物组成,主要成分有20~30种 | 0.1 |
| 煤焦油(coal tar oil) | 高温炼焦(900℃以上隔绝空气)时从煤气中冷凝得到 | 黑褐色黏稠状液体,由多种芳香烃和含氧、氮、硫的化合物组成的复杂混合物 | 2.5~3.0 |
| 石油(petroleum oil) | | | 对腐朽菌的毒性非常低 |

#### 3.1.3.1 煤杂酚油

煤杂酚油也称为克里苏油,是煤焦油中防腐效果最优良的馏分,主要是200~400℃之间的馏分。由于各馏分所含的主要成分不同,因此煤杂酚油中对于各馏分所占的比例都有严格的规定。表3-2和表3-3所列为此温度范围内各馏分中所含的主要成分以及国内《木材防腐油》行业标准及美国木材保护协会标准AWPA中所规定的比例。在国内标准中,将煤杂酚油(木材防腐油)分为两种级别,即一级品和二级品,不同级别的煤杂酚油在馏分比例上的规定不同。在AWPA标准中,P1/P13-16规定了CR(creosote)的馏分比例,P2-16规定了CR-S(creosote solution)的馏分比例。

表3-2 不同温度范围的馏分的主要成分

| 序号 | 温度范围(℃) | 主要成分 |
| --- | --- | --- |
| 1 | <210 | 甲酚、吡啶和苯类 |
| 2 | 210~235 | 萘、二甲酚、三甲酚等 |

(续)

| 序号 | 温度范围(℃) | 主要成分 |
|---|---|---|
| 3 | 235~275 | 甲基萘、二甲基萘、喹啉、异喹啉等 |
| 4 | 275~320 | 苊、芴、联苯酚和萘酚等 |
| 5 | 320~360 | 菲类、蒽类、甲基芴 |
| 6 | >360 | 萤蒽、芘和䓛等 |

表 3-3　不同标准中对不同馏程的成分比例的规定

| 序号 | 温度范围 | 国内标准 | | AWPA 标准 | |
|---|---|---|---|---|---|
| | | 一级品 | 二级品 | CR | CR-S |
| 1 | 210℃前馏出量,%(V/V) | ≤5 | ≤5 | ≤2 | ≤5 |
| 2 | 235℃前馏出量,%(V/V) | ≤10 | ≤10 | ≤12 | ≤25 |
| 3 | 270℃前馏出量,%(V/V) | ≥10 | ≥8 | 10~40 | — |
| 4 | 315℃前馏出量,%(V/V) | ≥30 | ≥25 | 40~65 | ≥32 |
| 5 | 360℃前馏出量,%(V/V) | ≥75 | ≥65 | 65~77 | ≥52 |

#### 3.1.3.2　煤焦油

煤焦油和煤杂酚油相比毒性较低(表3-1),而且黏度比较大,不容易浸注入木材中,因此在我国通常与煤杂酚油混合使用,从而降低防腐处理的成本,并且可以起到防开裂的作用。在美国的AWPA标准中没有列入煤焦油。我国现行的煤焦油标准为冶金行业标准 YB/T 5075—2010。

#### 3.1.3.3　石油

将石油与煤杂酚油混合使用的主要目的也是为了降低防腐处理的成本,并缓解煤杂酚油的供应困难。石油对于木材腐朽菌的毒性非常低,因此不能单独作为木材防腐剂使用。我国对防腐剂中的石油没有相关的国家或行业标准,在美国AWPA P3-14 和 P4-03 中分别对 CR-PS(煤杂酚油-石油混合防腐剂)的比例和用作防腐剂成分的石油的性质进行了规定,其中包括 CR-PS 中煤杂酚油的比例不得低于 50%,石油的比重不能低于 0.96 等。

### 3.1.4　油载型木材防腐剂

油载型木材防腐剂是将含有杀虫剂、杀菌剂或二者的复合物溶解于有机溶剂载体中所形成的木材防腐剂,也称为有机溶剂型木材防腐剂或油基木材防腐剂。根据所采用的有机溶剂不同,油载型防腐剂中又包含轻有机溶剂型防腐剂(Light Organic Solvent Preservatives),简称 LOSP,即以沸点较低的轻质石油溶剂如煤油等作为溶剂制备的木材防腐剂。与使用重油(heavy oil)作为溶剂的传统型有机溶剂防腐剂相比,LOSP 的优点在于处理材的干燥速度快,不用进行后期干燥,提高生产效率,另外还能保留木材的天然材色,并具有一定的尺寸稳定性。但是,LOSP 处理材由于使用轻质有机溶剂作为载体,和以重油作为载体的防腐剂相比一般其防腐效果较差。另外,由于溶剂易于挥发且闪点较低,因此生产场所的 VOC 问题及防火安全问题等较为突出。因此,在与地面接触的场合,要选择重油作为溶剂。而 LOSP 只能处理不与地面接触场合使用的木材,如高档建筑的外部接合件、工程木、集成材、门窗部件、屋架、外墙板、户外家具、特色栅栏等木制品。

下面介绍几种主要的用于有机溶剂配方的木材防腐剂,其中五氯酚虽现在国内已禁止使用,但由于其使用历史较长,并在国外标准中仍有列出,因此在此仅作简单介绍。

#### 3.1.4.1　五氯酚(PCP)

五氯酚(Pentachlorophenol,PCP)是由氯气与酚发生反应形成的一种结晶状化合物,其分子式为 $C_6Cl_5OH$(图 3-1)。1928 年英国颁布了相关的专利,将二氯苯酚、三氯苯酚及其他多氯苯酚用作木材防腐剂。五氯酚的毒性较大,对腐朽菌和虫蚁都有很强的防治效果。我国就曾在电杆和古建修复木材中大量使用。但由于其化学性质稳定、残留时间长,在人体内易产生蓄积而导致癌症,且生产过程被认为存在二噁英的污染问题。因此,目前包括我国在内的许多国家和地区已禁止或限制使用五氯酚作为与人体接触木材的防腐剂。

#### 3.1.4.2　环烷酸铜(CuN)

环烷酸铜(Copper naphthenate,CuN)的化学结构式是 R—COO—Cu—OOC—R(图 3-2),其中 R 为碳原子数在 10~40 之间的包含环戊烷或(和)环己烷基团的饱和烃类。该化合物呈深绿色,它自 1889 年起就开始用于木材防腐剂,1911 年开始商业化应用。但是直到 20 世纪 80 年代开始,环烷酸铜才开始被广泛使用于桥梁、电杆、围栏等工业用材的处理。这主要是由于环烷酸铜对腐朽菌和虫蚁具有广谱抗菌性,可以应用于不同的生物危害等级,如接触土壤的场合等。环烷酸铜除了用于真空-加压处理木材外,也可以用于木材的非压力处理,如涂饰等。

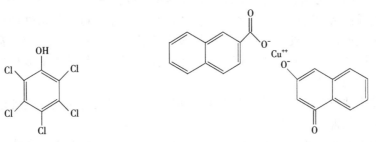

图 3-1　五氯酚　　　　　图 3-2　环烷酸铜

在 AWPA P8-14 的标准中规定用于制备环烷酸铜的环烷酸应该来源于天然石油,其酸值不低于 180。环烷酸铜的浓缩液中铜(以环烷酸铜形式存在)的含量为 6%~8%,其中水的含量不能超过 0.5%。其溶剂应为石油馏分或者是石油馏分和助溶剂的混合物,对溶剂的具体要求可参考 AWPA P9-10 标准。

油载型环烷酸铜防腐剂的缺点和其他油载型防腐剂大致相同,即价格相对较高,并且处理材有一种难闻的气味。现在已开发水载型的环烷酸铜防腐剂,通过以水作为载体可以降低处理的成本,同时降低有机挥发物的含量,但其耐腐效果仍有待考察。另外,也有研究者用锌代替铜制备环烷酸锌防腐剂,结果表明油载型环烷酸锌的效果和 CuN 相当。

### 3.1.4.3 8-羟基喹啉铜(Cu-8)

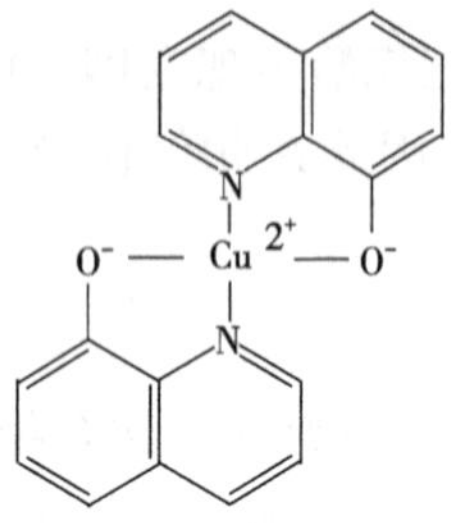

8-羟基喹啉铜(Copper 8-quinolinolate,Cu-8)是铜与 8-羟基喹啉的螯合物,其分子式为 $C_9H_6ON—Cu—NOH_6C_9$(图 3-3)。Cu-8 最显著的优点是低毒性,可用于与食品接触的场合,现通常用于防治蓝变和霉变及不接触土壤的应用场合,如户外餐桌等。Cu-8 的价格较贵,影响了其推广使用。

图 3-3 8-羟基喹啉铜

另外,油载型防腐剂中还包括异噻唑类(isothiazolones)、百菌清(Chlorothalonil,CTL)、毒死蜱(Chlorpyrifos,CPF)、烷基铵盐(Alkyl Ammonium Compound,AAC)以及一些防蓝变和防霉剂配方,如噻唑(thiazoles)、氨基甲酸盐(carbamates)、三唑(triazoles)等。

## 3.1.5 水载型木材防腐剂

水载型防腐剂是指以水作为载体或溶剂的防腐剂。与油类和油载型防腐剂相比,有以下几方面的优点:

①水载型防腐剂的载体是水,来源广泛,价格便宜;
②水载型防腐剂在处理木材时的渗透性较好;
③水载型防腐剂处理木材的表面洁净,对胶接、涂饰等后期处理无明显影响。

但同时也存在以下不足:

①油类或油载型防腐剂的性质稳定,耐候性好,处理材的抗流失性好,效果持久;而水载型防腐剂由于有效成分多为水溶性的,因此处理材在户外使用时易发生流失,因此水载型防腐剂处理的木材的后期固着处理非常重要;
②油类或油载型防腐剂处理木材在使用时尺寸稳定性好,与未处理材相比吸湿性下降;而水载型防腐剂处理木材的吸湿性没有改善,且木材经水载型防腐剂处理后会发生膨胀,必须经过干燥后才能使用,而干燥又会引起木材的收缩变形,从而影响处理木材的尺寸稳定性;
③油类或油载型防腐剂对金属的腐蚀性低,而水载型防腐剂及其处理材对金属的腐蚀问题不容忽视。

从能源的角度考虑,水载型木材防腐剂具有非常广阔的发展前景,有的油载型木材防腐剂近年来也纷纷推出了水载型配方。在我国国家标准《木结构工程施工质量验收规范》(GB 50206—2012)中列举了铜铬砷(CCA)、季铵铜(ACQ)、氨溶砷酸铜(ACA)、酸性铬酸铜(ACC)和铜唑(CA)等 11 种防腐剂的适用范围及推荐剂量,在我国国家标准《木材防腐剂》(GB/T 27654—2011)中也规定了 CCA、ACQ、CA 等 8 类水载型防腐剂的适用范围和指标。在美国木材保护协会标准"Standard for Waterborne Preservatives"（AWPA P5-15）中，列举了 CCA、ACQ、CA 等共 16 类水载型木材防腐剂。

根据水载型防腐剂中是否含有金属元素以及含金属元素的种类可将其分为三类：含砷或（和）铬的水载型防腐剂、含其他金属元素的水载型防腐剂、不含金属元素的水载型防腐剂。

**3.1.5.1　含砷或（和）铬的水基防腐剂**

（1）铬化砷酸铜

铬化砷酸铜（Chromated Copper Arsenate，CCA），又称铜铬砷，是 20 世纪应用最为广泛的水载型木材防腐剂，可用于处理铁道枕木、煤矿坑木、通信电杆、海港桩木、园林景观木材等。CCA 的有效成分为铜（Cu）、铬（Cr）、砷（As）的氧化物或盐类。这三种主要成分在防腐处理中起到不同的作用：铜可以抵制腐朽菌的侵入；砷可以抗虫蚁同时抵制一些具有耐铜性的腐朽菌的侵入；而铬可以增强处理材的耐光性和疏水性。这几种成分可以与木材的组成成分结合，从而使抗流失性增强。

根据铜、铬、砷的比例不同，CCA 包括 CCA-A、CCA-B 和 CCA-C 三个配方，其中的有效成分含量及允许范围见表 3-4 所列。由表可见，CuO 的含量差别不大，主要的区别在于氧化铬（$CrO_3$）和五氧化二砷（$As_2O_5$）的含量。A 型的 $CrO_3$ 含量最高，$As_2O_5$ 含量最低；B 型相反，而 C 型则位于 A 型和 B 型中间。由于铬具有疏水作用且可促进固着反应，因此 $CrO_3$ 的含量增大可以使处理材的抗流失性增强，因此 CCA-A 的抗流失性最优。而 $As_2O_5$ 含量的增大可以提高抗虫蚁性，因此 CCA-B 的抗虫蚁性最强。作为两者平衡点的 CCA-C 木材防腐剂折中了这两方面的性能，经过大量的实践表明，该配方的综合性能最优。因此目前在国内及 AWPA 的最新标准中，都只保留了 CCA-C。

表 3-4　不同 CCA 配方的有效成分组成比较

| CCA 配方 | 有效成分含量（%） | | |
|---|---|---|---|
| | CuO | $CrO_3$ | $As_2O_5$ |
| CCA-A | 18.1(16.0~20.0) | 65.5(59.4~69.3) | 16.4(14.7~19.7) |
| CCA-B | 19.6(18.0~22.0) | 35.3(33.0~38.0) | 45.1(42.0~48.0) |
| CCA-C | 18.5(17.0~21.0) | 47.5(44.5~50.5) | 34.0(30.0~38.0) |

CCA 防腐剂具有以下特点：①对腐朽菌、虫蚁和海生钻孔动物都有效；②与其他水载型防腐剂相比抗流失性好，有效成分能固定在木材中不易流失；③对处理材的力学性能影响小；④处理材表面呈黄绿色，防腐剂对处理材的表面润湿性影响小，对涂饰和胶合等后续工艺基本无影响。但是，CCA 中含有的砷和铬对人体健康及环境质量存在潜在的威胁，并且 CCA 防腐处理材在废弃后没有有效的处理途径，因此很多国家开始禁用 CCA。2002 年 2 月 12 日，美国环境保护署 EPA（Environmental Protection Agency）宣布了一项工业界自愿作出的决定，即从 2003 年 12 月起将含砷的压力处理木材撤出民用木材市场。这意味着 CCA 处理材在美国防

腐处理材市场将大幅度削减。其他很多欧洲国家和日本等国也已经禁止或限制 CCA 处理材的使用。

不同国家的公司生产的 CCA 防腐剂的商品名是不同的，如英国、瑞典、新西兰有 K33、Tanalith 等 CCA 产品，我国和美国、日本等则直接称为 CCA。

在配制 CCA 防腐剂时所用的原料如下：

六价铬：三氧化铬、重铬酸钠、重铬酸钾等；

二价铜：氧化铜、硫酸铜、氢氧化铜、碱式碳酸铜等；

五价砷：五氧化二砷、砷酸、砷酸钠等。

以上这些原料要求纯度都要超过 95%（以无水化合物计）。在配制时将这三种原料按照一定的比例混合，但要注意不能选择硫酸铜、铬酸和五氧化二砷（或砷酸）作为一组复配的原料。

（2）酸性铬酸铜（ACC）

酸性铬酸铜（Acid Copper Chromate，ACC）是一类含铬的水载型木材防腐剂，其有效成分是铜和铬的氧化物或盐类，处理后的木材呈褐色。与 CCA 相比，其配方中不含有砷，因此对于昆虫、耐铜性腐朽菌及海生钻孔动物的防治效果差，不宜用在与土壤、淡水、海水接触的场合。但由于铬酸铜是不溶于水的重金属盐，因而 ACC 具有耐腐性强、在木材中的固着性能好、不易流失的特点。

在配制 ACC 防腐剂时所用的原料如下：

二价铜：氧化铜、硫酸铜、氢氧化铜、碱式碳酸铜等；

六价铬：三氧化铬、重铬酸钠、重铬酸钾等。

以上这些原料要求纯度都要超过 95%（以无水化合物计）。在配制时将原料按照表 3-5 所列的比例混合，但要注意不能选硫酸铜和铬酸作为一组复配的原料。在配制时可选择醋酸作为溶剂，但为了提高 ACC 的阻燃性能，可用硼酸代替醋酸，并添加磷酸盐和氯化锌。比如用硫酸铜与重铬酸钠（或重铬酸钾）配制 ACC，以醋酸为溶剂，其成分为：硫酸铜 45%，重铬酸钠（重铬酸钾）55%，醋酸 5%。

表 3-5　ACC 中有效成分含量及允许范围

| 有效成分 | 来源 | 含量(%) | 允许范围(%) |
| --- | --- | --- | --- |
| 铜（以氧化铜计） | 硫酸铜，碱式碳酸铜，氧化铜，氢氧化铜等 | 31.8 | 28.0~36.7 |
| 六价铬（以氧化铬计） | 三氧化铬，重铬酸钠，重铬酸钾等 | 68.2 | 63.3~72.0 |

（3）氨溶砷酸铜（ACA）和氨溶砷锌铜（ACZA）

氨溶砷酸铜（Ammoniacal Copper Arsenate，ACA）和氨溶砷锌铜（Ammoniacal Copper Zinc Arsenate，ACZA）是两种含砷的水载型木材防腐剂。ACA 于 1950 年开始列入美国 AWPA 标准，其有效成分为铜和砷的氧化物或盐类。从 20 世纪 80 年代开始，ACA 配方中的砷部分被锌取代，形成了一个新的防腐剂配方，即 ACZA。目前，ACA 的使用已逐步被淘汰，在某些场合使用时也被 ACZA 所取代。由于 ACA 和 ACZA 是碱性配方，因此处理材的颜色较鲜艳，通常用于工业产品以及处理一些难处理的木材树种。表 3-6 和表 3-7 分别列出了 ACA 和 ACZA 中有效成分的含量和允许范围。

表 3-6　ACA 中有效成分含量及允许范围

| 有效成分 | 含量(%) | 允许范围(%) |
| --- | --- | --- |
| 铜(以氧化铜计) | 49.8 | >47.7 |
| 砷(以五氧化二砷计) | 50.2 | >47.6 |

表 3-7　ACZA 中有效成分含量及允许范围

| 有效成分 | 含量(%) | 允许范围(%) |
| --- | --- | --- |
| 铜(以氧化铜计) | 50.0 | 45.0~55.0 |
| 锌(以氧化锌计) | 25.0 | 22.5~27.5 |
| 砷(以五氧化二砷计) | 25.0 | 22.5~27.5 |

以上这些含砷或(和)铬的木材防腐剂由于考虑到安全和环保方面的因素，目前在使用上呈逐渐减少的趋势。但是由于它们的一些优异性质还不能完全被其他水载型防腐剂取代(比如在用作海港桩木时，由于要与海水接触，在水载型防腐剂中只有含砷的 CCA 才能达到要求)，因此还是有部分的使用。

#### 3.1.5.2　含其他金属元素的水载型防腐剂

除了砷和铬以外，可用于木材防腐的金属还包括铜、锌、铁、铝等。目前在市场上作为环保型水载型防腐剂推广的木材防腐剂，都是不含砷和铬的防腐剂。其中应用最为广泛的是以铜化物为主要有效成分的水载型防腐剂。铜在木材防腐中扮演着重要的角色，从最初的硫酸铜到现在市场上使用的各类木材防腐剂，很多配方中都含有铜。铜化物在单独使用时容易流失，并且对耐铜腐朽菌的抑制效果不好。因此为了增强木材防腐剂的防腐效果和抗流失性，通常将铜的氧化物或盐类与不同的有机生物杀灭剂进行组合，从而可以产生很多种不同类型的木材防腐剂。这些有机生物杀灭剂包括烷基胺类、苯胺类、苯并咪唑类、拟除虫菊酯、取代苯、取代木质素、氨磺酰类、秋兰姆类、三唑类、2,4-二硝基苯酚、苯并噻唑类、甲氨酸酯类和胍基衍生物等。目前在工业上应用的主要是几种铜系水基防腐剂，其中包括氨/胺溶季铵铜(ACQ)(季胺铜)和铜唑(CA)等。

(1) 氨/胺溶季铵铜(ACQ)

氨/胺溶季铵铜(Alkaline Copper Quat, ACQ)是 20 世纪 70 年代瑞典一家木材防腐公司开发并申请专利的木材防腐剂，80 年代美国化学工业公司(CSI)(现更名为 Viance 公司)购买了该专利并对其进行了大量的实验和改良，形成了商业化的 ACQ 木材防腐剂并在全世界范围内推广使用，并在 2002 年获得了美国总统绿色化学挑战奖。

在 ACQ 的配方中不含有砷和铬，含有的唯一金属元素为铜。根据配方中季铵盐种类、溶剂种类以及成分比例的不同，ACQ 包括四种不同类型的配方，即 ACQ-A、ACQ-B、ACQ-C 和 ACQ-D，见表 3-8 所列。由表可见，ACQ-A、ACQ-B 及 ACQ-D 中采用的季铵盐均为二癸基二甲基氯化铵（DDAC），而 ACQ-C 则用十二烷基二甲基苄基氯化铵（BAC）代替 DDAC。另外，在溶剂的选用上，除了 ACQ-B 采用氨水作为溶剂，其他三种类型一般都以乙醇胺作为溶剂。而在有效成分铜与季铵盐的比例上，除了 ACQ-A 采用了 1:1 的比例，其他三种类型均选择了 2:1 的比例。

表 3-8 不同类型的 ACQ 有效成分含量及允许范围

| ACQ 类型 | 季铵盐种类 | 溶剂 | 铜<br>[以氧化铜(CuO)计] | 季铵盐<br>（以 DDAC 计） | 季铵盐<br>（以 BAC 计） |
| --- | --- | --- | --- | --- | --- |
| ACQ-A | DDAC | 乙醇胺或(和)氨水 | 50<br>(45.5~54.5) | 50<br>(45.5~54.5) | |
| ACQ-B | DDAC | 氨水 | 66.7<br>(62.0~71.0) | 33.3<br>(29.0~38.0) | |
| ACQ-C | BAC | 乙醇胺或(和)氨水 | 66.7<br>(62.0~71.0) | | 33.3<br>(29.0~38.0) |
| ACQ-D | DDAC | 乙醇胺或(和)氨水 | 66.7<br>(62.0~71.0) | 33.3<br>(29.0~38.0) | |

在配制 ACQ 防腐剂时所用的原料如下：

二价铜：氧化铜、氢氧化铜、碱式碳酸铜；

季铵盐：根据不同的配方类型选择 DDAC 或 BAC。由于这两种季铵盐中的氯离子会影响防腐剂的金属腐蚀性，因此也有用碳酸根离子取代 DDAC 中的氯离子，从而形成新的季铵盐用于 A，B 或 D 型 ACQ 的制备。

以上这些原料要求纯度都要超过 95%（以无水化合物计）。在配制时将原料按照表 3-8 所列的比例混合，如以氨水作为溶剂，氨水重量至少应为氧化铜重量的 1 倍；如以乙醇胺为溶剂，则乙醇胺的重量为氧化铜的 $2.75\pm0.25$ 倍。为了增大溶解性，如果二价铜源采用的是氧化铜或氢氧化铜时则需引入碳酸根离子（如碳酸氢铵），碳酸盐的重量（以二氧化碳计）应为氧化铜的 0.25 倍。

(2) 铜唑（CA）

铜唑（Copper Azole，CA 或 CuAz）是美国 Arch 木材保护公司的前身 Hickson 木材保护公司于 20 世纪 80 年代初开发的水载型木材防腐剂。铜唑木材防腐剂分为 A 型和 B 型，A 型因其成分中含有硼因此又称铜硼唑（CBA），简称为 CBA-A 或 CuAz-1。这种防腐剂的主要成分为铜、硼及有机唑化合物。经处理的木材表面呈绿色，对木材的力学性能，对金属的腐蚀性及导电性均无明显的影响。该配方具有高效、广谱、低毒的特点，处理材中的铜不易流失，在木材中有良好的固着性能。但在对 CBA-A 防腐木材的野外耐腐性试验中发现，经过几年的野外试验后，处理材中的硼已经完全流失，并没有起到防腐的作用。因此，CBA-A 配方中的硼被去除，从而形成了一种新的铜唑木材防腐剂配方，即 CA-B 型（CuAz-2）防腐剂。此外，还有以丙环唑、环丙唑醇或几种三唑组合为有机生物杀灭剂的 CuAz-3、CuAz-4 和 CuAz-5。表 3-9 中列出了上述几种不同的铜唑中主要成分的比例。

表 3-9 CA 的主要成分含量及允许范围

| 序号 | 主 要 成 分 | 比例(%) | | | | |
| --- | --- | --- | --- | --- | --- | --- |
|  |  | CuAz-1 | CuAz-2 | CuAz-3 | CuAz-4 | CuAz-5 |
| 1 | 铜，以铜(Cu)计 | 49 | 96.1 | 96.1 | 96.1 | 98.6 |
| 2 | 硼，以硼酸($H_3BO_3$)计 | 49 |  |  |  |  |
| 3 | 戊唑醇(Tebuconazole) | 2 | 3.9 |  | 1.95 |  |
| 4 | 丙环唑(Propiconazole) |  |  | 3.9 | 1.95 |  |
| 5 | 环丙唑醇(Cyproconazole) |  |  |  |  | 1.4 |

在配制 CA 防腐剂时所用的原料如下：

二价铜：氧化铜、氢氧化铜、碱式碳酸铜；

硼：硼酸；

唑：戊唑醇等三唑类化合物。

CA 防腐剂的配制方法是将上述主要成分溶解于乙醇胺中，乙醇胺质量至少应为铜盐的 3.8 倍，二价铜、硼酸、三唑应使用无水状态下纯度超过 95% 的原料化合物配制。

(3) 微化季铵铜（MCQ）和微化铜唑（MCA）

微化铜木材防腐剂是最近发展起来的木材防腐剂，目前包括两个已经商业化的木材防腐剂体系，即微化季铵铜（Micronized Copper Quat，MCQ）及微化铜唑（Micronized Copper Azole，MCA）。其主要区别是前者以季铵盐作为杀菌杀虫剂，以提高木材抵抗菌类及昆虫侵蚀的能力，而后者以唑类化合物作为杀菌杀虫剂。微化铜防腐剂与 ACQ 及 CA 防腐剂在配方上的主要区别是二价铜源，另外需要配合乳化技术才能形成稳定的木材防腐剂。不同于传统含铜木材防腐剂中大多使用含氨/胺的碱性溶剂溶解铜成分，容易使建筑用材长霉，对金属有较强的腐蚀性，颜色灰暗和抗流失性较差，微化铜木材防腐剂中不再采用产生负面作用的碱性溶剂来溶解铜，而是将铜源"微化"成极小的微粒，在压力作用下注入木材中，而不再使用水溶性铜化合物或混合物。因为是将不可溶的微粒注入木材中，而不是注入可以流动的胺铜溶液，因而可显著改善铜的抗流失性。但对于微化铜木材防腐剂的使用仍存在一定争议，微化铜中铜颗粒的粒径大小为 1~700nm，这种微米或亚微米级的颗粒较难进入细胞壁，因此其防腐效果受到质疑。此外，还有研究者对微化铜防腐剂中部分纳米级铜颗粒存在担忧，认为其可能会对使用者的健康产生安全隐患。

(4) 柠檬酸铜（CC）

柠檬酸铜（Ammoniacal Copper Citrate，CC），也是一种不含铬和砷的木材防腐剂，对人畜低毒性，对环境友好。是由氧化铜与柠檬酸组成，以氨作为溶剂。表 3-10 中列出了 CC 有效成分的含量和允许范围。

表 3-10  CC 的主要成分含量及允许范围

| 序号 | 主要成分 | 含量(%) | 允许范围(%) |
| --- | --- | --- | --- |
| 1 | 铜，以氧化铜(CuO)计 | 62.3 | ≥59.2 |
| 2 | 柠檬酸 | 37.7 | ≥35.8 |

CC 防腐剂中二价铜及柠檬酸要使用无水状态下纯度超过 95% 的化合物。处理溶液中氨水的重量至少应为氧化铜的 1.4 倍。为了增加其溶解性，溶液中必须加入碳酸，其重量(以二氧化碳计)至少为氧化铜重量的一半。

(5) CX-A(Cu-HDO)

CX-A 防腐剂是由德国巴斯夫(BASF)公司研发，1989 年德国首先批准使用，至今已经在大多数欧洲国家使用(图 3-4)。CX-A 的主要成分为铜、硼以及 HDO(环己基重氮二噁)。表 3-11 中列出了 CX-A 有效成分的含量和允许范围。

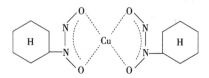

图 3-4  Cu-HDO 结构

表 3-11  CX-A 的主要成分含量及允许范围

| 序号 | 主要成分 | 含量(%) | 允许范围(%) |
| --- | --- | --- | --- |
| 1 | 铜，以氧化铜(CuO)计 | 61.5 | 55.3~67.7 |
| 2 | 硼，以硼酸计 | 24.5 | 22.1~26.9 |
| 3 | HDO | 14.0 | 12.6~15.4 |

CX-A 防腐剂配置时将上述主要成分溶解于乙醇胺中，乙醇胺的质量应为铜质量的 4.1±0.3 倍。二价铜、硼酸以及 HDO 应使用无水状态下纯度超过 95% 的化合物。

### 3.1.5.3 不含金属元素的水载型防腐剂

由于对环境问题的日益关注，防腐剂配方中的金属成分因为对环境不利终将被淘汰。因此，专家们预测未来的木材防腐剂应该是不含金属成分的水载型防腐剂。这其中包括无机硼类和有机类。无机硼类的防腐防虫性能良好，但其不能在木材内产生良好的固着，因而，只能用于处理一些室内用的防腐产品，对于主要针对室外用途的木材防腐产品来说，效果很不理想。因此，最具有开发潜力的应该是由几种物质组成的混合物，这几种不同的物质将有不同的针对性，如有的针对腐朽菌，有的针对虫类等。国外目前已经有商品化的有机木材防腐剂。影响其推广使用的主要问题是：①价格比较高；②需要添加耐光和防水添加剂，并且需经济适用；③抗霉能力有待提高；④与地面接触时的防腐性能有待增强；⑤对不同木材性质如对金属的腐蚀性、可涂饰性、胶合性、导电性、强度的影响以及回收处理的便利性等方面仍有待考察。

(1) 无机硼类（SBX）

硼酸盐作为木材杀虫防腐剂已经有80多年的历史，通常用于处理锯材、胶合板、定向刨花板、门窗、家具等。作为木材防腐剂，它具有以下优点：对腐朽木材的细菌、真菌以及虫蚁具有很好的防治功效；对哺乳动物的毒性特别低，对环境质量没有影响，使用安全；硼酸盐处理的木材表面干净，不改变木材原有色泽，不影响木材的力学性能；渗透性强，处理木材容易达到一定的深度；高浓度时可以赋予木材一定程度的阻燃性；易溶于水，使用方便；原料来源广，价格便宜等。但是硼酸盐最大缺点就是不能在木材中固定，在户外或与土壤接触的环境中使用时，很容易流失，因此不能起持久的防护作用，这是硼酸盐未能作为广谱性木材防护剂而被广泛应用的主要原因。

国内外报道的可作为木材防腐剂使用的硼酸盐，以及我国国家标准木材防腐剂（GB/T 27654—2011）中规定的可以作为木材防腐剂使用的硼酸盐，主要有包括硼砂、硼酸和八硼酸钠等及其混合物，其有效成分以 $B_2O_3$ 计。

硼砂（$Na_2B_4O_7 \cdot 10H_2O$）：常为大块无色透明的单斜晶体或白色结晶粉末，无嗅，味咸，在空气中易风化。易溶于水，20℃时在水中的溶解度为2.58g/100g，随着温度升高溶解度增大，100℃时达到39.1g/100g，溶液呈碱性。硼砂对真菌有一定的防治作用，但防腐能力较差，因此很少单独使用硼砂作为木材防腐剂，大多与硼酸混合使用。但是，其防治家天牛蛀虫以及窃蠹的效果较好，也是主要的防火剂之一。硼砂对哺乳动物毒性很低，对人的经口 $LD_{50}$ = 5 000~10 000mg/kg。

硼酸（$H_3BO_3$）：白色无臭带珍珠光泽的片状晶体或白色粉末，呈弱酸性，其溶解度大于硼砂，在水中的溶解度为4.87g/100g（20℃），水溶液呈弱酸性，在水中的溶解度随温度升高而增大。硼酸对木腐菌和变色菌具有一定的预防作用，对粉蠹幼虫的极限浓度为0.1~0.2kg/m³。对人身安全，大鼠经口 $LD_{50}$ 为3 000mg/kg。单独使用对金属有腐蚀性，常与硼砂合用，对金属无腐蚀，且毒性有所提高，溶解度增加，如在20℃时，硼酸的溶解度为4.87g/100g，硼砂为2.58g/100g，而1:1的硼酸/硼砂合剂其溶解度可达10~13g/100g。硼酸的渗透性强，常用作扩散性防腐处理湿材及新伐材，亦可配制成浓缩液或栓剂用于木结构的维修。

四水合八硼酸二钠（$Na_2B_8O_{13} \cdot 4H_2O$）：四水合八硼酸二钠（DOT）是无金属硼类防腐剂中研究较早的一类，对多种木材腐朽菌、干材害虫及地下白蚁有很好的防治作用。易溶于水，20℃时在水中的溶解度可达24g/100g。对木材进行处理可用扩散法，也可用加压法，是一种性能良好的木材防腐防虫剂。用DOT进行扩散法处理时，木材的含水率最好保持在50%~70%之间，药剂用量一般为2~4kg/m³。DOT抗水流失性差，其处理材只能在不与土壤接触的场合及室内使用。

为了克服SBX防腐剂抗流失性差的缺点，研究人员尝试在硼酸盐中添加各种助剂来制成复合型硼基木材防腐剂以增强其耐腐性和硼元素的抗流失性，这些助剂多为高分子单体或聚合物如乙烯单体、甲基丙烯酸甲酯、聚乙二醇等；还有用一些天然物质如蛋白质和单宁等；也有用各种防水剂来降低硼的流失；也有采用简单的物理方法，仅在处理材表面涂上清漆、醇酸酯漆等涂料；另外，还有用不同的防腐处理工艺如气相硼处理法来处理木材等。这些方法都能不同程度地降低处理材中硼的流失。

(2) 烷基铵化合物(AAC)

烷基铵化合物(Alkyl Ammonium Compound, AAC)，是20世纪70年代末开发出来的防腐剂，1978年起在新西兰投入生产使用，但由于某些原因，不太成功，致使其应用受到很大影响。目前许多国家在研发应用新型AAC，其化学性质稳定，对危害木材的各种菌虫都有效，对人畜的毒性低，属于高效、低毒的防腐剂，且不易流失，处理材表面干净，不影响油漆。但在接触土壤的条件下，会产生分解与流失，因而不适于与土壤接触的地方使用。

AAC的防腐效果主要取决于此类化合物中烷基链的长度及阴离子的种类，当AAC中只有一个长链烷基时，以$C_{12}$或$C_{14}$时的AAC的杀菌力最强。阴离子对其毒效的影响比较复杂，与其酸性成反比。AAC属阳离子表面活性剂，具有和蛋白质发生作用的性质，因此具有良好的杀菌性能。常用的AAC类防腐剂包括二癸基二甲基氯化铵(DDAC)和十二烷基二甲基苄基氯化铵(洁尔灭，BAC)等。将二者混合使用，组成复合配方，会更好地提高防腐剂的耐腐性，如可将90%的DDAC和10%的BAC复配使用，配制时要用短链醇(<C4)和水一起配制，以便其有效成分能充分地溶解在水中。

(3) 微乳液型有机防腐剂

除了上述各类防腐剂外，还可将有机生物杀灭剂与水混合，在表面活性剂存在的条件下，制备微乳液作为水载型防腐剂。如PTI(Propiconazole Tebuconazole Imidacloprid)防腐剂，有效成分和允许范围见表3-12所列。吡虫啉可以使用菊酯代替，无白蚁危害的情况下可以不使用吡虫啉。此外，3-碘-2-丙炔基丁基氨基甲酸酯(IPBC)、异噻唑啉酮类杀菌剂、三丁基氧化锡(TBTO)、百菌清等也可作为有机相制备微乳液型有机防腐剂。

表3-12 PTI的主要成分含量及允许范围

| 序号 | 主要成分 | 含量(%) | 允许范围(%) |
| --- | --- | --- | --- |
| 1 | 丙环唑 | 47.6 | 42.8~52.4 |
| 2 | 戊唑醇 | 47.6 | 42.8~52.4 |
| 3 | 吡虫啉 | 4.8 | 4.3~5.3 |

### 3.1.6 防腐剂载药量与透入度要求

根据不同的防腐剂种类及使用环境的生物危害等级，防腐剂能有效保护木材的最低载药量也各不相同。表3-13所列为几种主要的水载型防腐剂的有效成分的载药量。对于含有多种有效成分的防腐剂来说，该载药量是几种有效成分的总量。

表 3-13 不同生物危害等级时几种常用防腐剂处理木材应达到的载药量  kg/m³

| 防腐剂 | 硼化合物 | 氨(胺)溶季铵铜 ACQ 和微化季铵铜 MCQ | | | | | 铜唑 CuAz | | | | 柠檬酸铜 CC | 铜铬砷 CCA-C | CuHDO | 戊唑醇 TEB | 唑醇啉 PTI | 8-羟基喹啉铜 Cu8 | 环烷酸铜 CuN |
|---|---|---|---|---|---|---|---|---|---|---|---|---|---|---|---|---|---|
| | | MCQ | ACQ-2 | ACQ-3 | ACQ-4 | | CuAz-1 | CuAz-2 | CuAz-3 | CuAz-4 | | | | | | | |
| 有效成分 | 三氧化二硼 | 氧化铜 DDACO | 氧化铜 DDAC | 氧化铜 BAC | 氧化铜 DDAC | | 铜 硼酸 戊唑醇 | 铜 戊唑醇 | 铜 丙环唑 | 铜 戊唑醇 丙环唑 | 氧化铜 柠檬酸 | 氧化铜 三氧化铬 五氧化二砷 | 氧化铜 硼酸 HDO | 戊唑醇 | 戊唑醇 丙环唑 吡虫啉 | 铜 | 铜 |
| C1类 | ≥2.8 | ≥4.0 | ≥4.0 | ≥4.0 | ≥4.0 | | ≥3.3 | ≥1.7 | ≥1.7 | ≥1.0 | ≥4.0 | NR | ≥2.4 | ≥0.24 | ≥0.21 | ≥0.32 | NR |
| C2类 | ≥4.5 | ≥4.0 | ≥4.0 | ≥4.0 | ≥4.0 | | ≥3.3 | ≥1.7 | ≥1.7 | ≥1.0 | ≥4.0 | NR | ≥2.4 | ≥0.24 | ≥0.21 | ≥0.32 | NR |
| C3.1类 | NR | ≥4.0 | ≥4.0 | ≥4.0 | ≥4.0 | | ≥3.3 | ≥1.7 | ≥1.7 | ≥1.0 | ≥4.0 | ≥4.0 | ≥2.4 | ≥0.24 | ≥0.21 | ≥0.32 | ≥6.4 |
| C3.2类 | NR | ≥4.0 | ≥4.0 | ≥4.0 | ≥4.0 | | ≥3.3 | ≥1.7 | ≥1.7 | ≥1.0 | ≥4.0 | ≥4.0 | ≥2.4 | ≥0.24 | ≥0.29 | ≥0.32 | ≥6.4 |
| C4.1类 | NR | ≥6.4 | ≥6.4 | ≥6.4 | ≥6.4 | | ≥6.5 | ≥3.3 | ≥3.3 | ≥2.4 | ≥6.4 | ≥6.4 | ≥3.6 | NR | NR | NR | NR |
| C4.2类 | NR | ≥9.6 | ≥9.6 | ≥9.6 | ≥9.6 | | ≥9.8 | ≥5.0 | ≥5.0 | ≥4.0 | NR | ≥9.6 | ≥4.8 | NR | NR | NR | NR |
| C5类 | NR | NR | ≥24.0 | NR | NR | | NR | NR | NR | NR | NR | ≥24.0 | NR | NR | NR | NR | NR |

注：NR 代表不推荐使用。

透入度(penetration)是指防腐剂(有效成分)透入木材的程度。包括防腐剂透入木材的深度和防腐剂在边材的透入率。边材透入率是防腐剂(有效成分)渗透到木材中的深度与木材(同侧)边材的总深度之比。根据 GB/T 27651—2011《防腐木材的使用分类和要求》，防腐剂在木材边材中的透入率应达到表 3-14 规定的要求。

表 3-14 防腐剂在木材边材中的透入率

| 使用分类 | 边材透入率(%) | 使用分类 | 边材透入率(%) |
| --- | --- | --- | --- |
| C1 | ≥85 | C4.1 | ≥90 |
| C2 | ≥85 | C4.2 | ≥95 |
| C3.1 | ≥90 | C5 | 100 |
| C3.2 | ≥90 | | |

## 3.2 木材防腐处理方法

木材防腐处理就是借助于处理设备和适当处理工艺(或方法)将木材防腐剂浸注到木材内部，使防腐剂分布均匀，并固定在木材内，形成不溶于水的、对菌虫有一定程度的毒性或抗性的保护层，起到防菌抗虫的作用。从理论上来说，木材内部整体得到防腐剂的渗透，其含量达到菌虫的抑制浓度，比较理想。经大量的试验表明，衡量木材防腐处理品质的主要指标有防腐剂的载药量和透入度。木材加压处理借助于木材内外的巨大压力差，通常将防腐剂浸注到木材较深的内部，分布均匀，能保证防腐处理的质量，其产品得到广泛应用。非加压处理，由于防腐剂的载药量低，透入度浅，适用于木材临时保管和特殊用材(如单板、木片)的处理。此外，加压处理时，防腐液处于密闭的系统内，不暴露于大气中，对工人及周围环境的影响较小。因此，目前工业上使用的防腐处理要求采用加压处理。

每种木材防腐处理方法各具特点，即有各自的优缺点，适用于一定的范围，并且防腐处理的成本差别也很大。

### 3.2.1 常压处理方法

木材防腐常用的常压处理方法见表 3-15 所列。

表 3-15 木材防腐常压处理方法

| 处理方法 | 原理 | 适用的防腐剂 | 处理的对象 | 特点 |
| --- | --- | --- | --- | --- |
| 浸泡法 | 木材直接浸泡在防腐剂溶液中，防腐剂渗透进入木材中 | 常用防腐剂 | 单板和补救性防腐处理 | 简单易行，但防腐剂渗透度较差 |
| 扩散法 | 木材直接浸泡在防腐剂溶液中，或用高浓度防腐剂喷涂处理，利用浓度梯度，防腐剂扩散进入木材中 | 扩散性防腐剂 | 湿材(含水率高于30%) | 处理效果好，可解决难处理材的防腐问题，但处理时间长 |

(续)

| 处理方法 | 原理 | 适用的防腐剂 | 处理的对象 | 特点 |
| --- | --- | --- | --- | --- |
| 热冷槽 | 木材在热槽中加热,使材内气体膨胀,排出;转入冷槽中,木材骤然冷却,产生负压,防腐剂溶液进入木材中 | 扩散性防腐剂 | 干材和细木工制品 | 设备投资低,处理效果较好,但处理效率低,单位能耗大 |
| 熏蒸法 | 在密闭的系统内,通入低沸点的熏蒸杀菌剂或杀虫剂,对木材内的菌虫进行毒杀处理 | 熏蒸剂 | 受害木(包括风倒木和火烧木)、古建筑木结构杀虫(菌)处理和木材免疫处理 | 能在现场就地处理,避免菌虫和疫情蔓延 |

#### 3.2.1.1 浸泡法

在常温常压下,将木材浸泡在盛防腐剂溶液的槽或池中,木材始终处于液面以下部位。浸泡时间视树种、木材规格、含水率和药剂类型而定,具体以达到规定的药剂保持量和透入度为准。为了改善处理效果,在浸泡液中可设置超声波、加热装置,以及添加表面活性剂,改进木材的渗透性。

视浸泡时间的长短,浸泡法可分瞬间浸渍(时间数秒至数分钟)、短期浸泡(时间数分钟至数小时)和长期浸泡(时间数小时至1个月)。适用于单板和补救性防腐处理,以及临时性的木材保管用的处理。

#### 3.2.1.2 扩散法

该法处理木材的原理,主要借助于木材中的水分作为水载防腐剂成分的扩散介质。根据分子扩散定律,水载防腐剂的成分由高浓度(木材表面)向低浓度(木材内部)扩散,从而将防腐剂成分输送到木材中,因此,扩散法处理的先决条件包括:①木材的含水率足够高,通常要求在35%~40%以上,生材更优;②防腐剂在水中溶解度高,因为需要配制成较高浓度溶液使用;③防腐剂成分在木材中固着速度慢;④环境的温度较高,以利于防腐剂扩散。

其处理方法是将高浓度的防腐剂附着在处理木材的表面,然后密集堆放,外用塑料膜或防雨帆布包严,以保持其湿度,利用扩散原理进行处理。根据木材的种类、规格大小和环境条件,扩散法处理需一周至数十天不等。

根据施加防腐剂方法的不同,扩散法又可分为浆膏扩散法、浸渍或喷淋扩散法、绷带扩散法、钻孔扩散法和双扩散法等。

#### 3.2.1.3 热冷槽处理法

热冷槽处理法是常压法中最有效的处理方法之一。该法是基于气体的热胀冷缩原理所产生的压力差,把防腐剂吸入到木材中。即将木材放置在盛有热防腐剂的热槽中加热,木材中的空气受热膨胀,同时木材中的水分也有部分蒸发,木材内部的压力高于大气压,所以空气和水蒸气逸出液面。等到这些气体排除的差不多的时候,即看到液面冒出的气泡很少的时候,迅速地将木材转移到盛有冷防腐剂的冷槽中。木材因为冷却，木材内残留的空气冷缩，未排出的水蒸气也冷凝，就在木材内形成局部真空。这样，木材内和木材外的防腐剂之间形成压力差，冷槽中的防腐剂溶液就在该压力差的驱动下进入木材中，达到防腐处理的目的。

防腐剂的种类不同，热槽的温度也不同，水载防腐剂的热槽温度为 60~80℃，油质防腐剂的热槽温度为 90~110℃。为了避免木材突然受热而发生弯曲、变形和开裂，一般认为先将要处理的木材放在热槽内温度较低的防腐剂溶液中，从低温慢慢加热到所需的热槽温度。尤其是冰冻材更应注意，先让木材解冻后，再缓慢升温。

水载防腐剂的黏度随温度的变化较小，冷槽的温度可以降到常温。而油质防腐剂的黏度随温度的变化很大，如果温度太低，则黏度过大，不利于浸注，所以一般冷槽温度在 50~60℃左右。一般热槽加热浸泡时间为 6h 以上，冷槽的时间为 2~4h；若用单槽冷置法，冷浸的时间可达 1~2d。如果要达到同样的浸注效果，热冷槽法所需要的时间约为常温浸泡法的 1/5~1/3。

### 3.2.1.4 熏蒸法

熏蒸法是指在适当的温度、密闭的场所内，利用低沸点的药剂（可以为气体、液体或固体）挥发所产生的蒸汽扩散到木材中，毒杀木材菌虫的方法。熏蒸的药剂称熏蒸剂，常用的有溴甲烷、磷化铝、氯化苦、硫酰氟、二硫化碳、四氯化碳等。

熏蒸法在木材保护中主要用于已受昆虫危害木材的杀虫处理，如带虫原木、板方材、木器制品、木结构建筑等，处理时将虫害木材置于密闭场所，如密封容器、帐幕、房屋等。短期内使熏蒸剂蒸发的气体达到能使菌虫死亡的浓度。这种方法虽能同时杀虫灭菌，但大多只能暂时起到杀虫、灭菌作用，等这些药剂发挥后，如木材保存条件不当，仍将遭受昆虫和微生物侵害。

### 3.2.1.5 涂刷、喷雾、喷淋处理法

涂刷、喷雾、喷淋处理法是依靠木材细胞和表面防腐剂之间的毛细管作用，使防腐剂渗入到木材中，由于大多数木材的细胞都是沿纵向排列的，所以沿端部渗入的防腐剂量总是大于沿侧面渗入的防腐剂。但是，与其他方法相比，这些方法的防腐剂保持量和透入深度都比较低，对于比较容易渗透的木材，横纹理的透入深度可能为 1~5mm，而对于难渗透的木材，可能小于 1mm。

为了达到比较好的处理效果，要求处理木材的表面干燥且洁净，并且通常都要涂刷和喷雾三次，待前一次喷涂的防腐剂被吸干后，再喷涂后一次防腐剂，尽量喷涂得均匀，但量不要太多，尽量不要遗漏死角。

涂刷和喷雾主要用煤杂酚油和油载型防腐剂。当真空/压力法处理的木材由于加工而暴露出未处理的木材时，也可以用水载防腐剂进行喷涂作为修补处理。但由于这些处理后木材中防腐剂的保持量和透入度都比较低，所以不推荐处理在与地面接触、露天的环境中使用，以及腐朽、虫蛀危害严重地区的木材。

喷淋处理法是一种板方材机械化的处理方法，将被处理的木材放在输送带上以 15~60m/min 的速度通过一个长约 1~1.5m 的短隧道，在隧道的进口处的上方，防腐剂溶液像液帘一样喷在移动的木材表面上，使木材得到处理。在隧道出口的下方，用循

环泵将多余的防腐剂抽回到隧道进口处上方的防腐剂贮槽中循环使用。这种方法的优点是快速、方便和清洁,但其防腐的效果和喷雾、涂刷的方法差不多。

#### 3.2.1.6 树液置换处理法

树液置换处理法只适合处理活立木和刚采伐的立木,利用树液的流动来实现将防腐剂引入木材中起到防腐的作用。而防腐剂则要求水溶性好,溶液中不得有沉淀物和灰尘杂质等,常用的防腐剂有硫酸铜、硼氟合剂、八硼酸二钠、ACQ 等。

根据具体作业方法不同,树液置换法又可分为:落差式树液置换法、树叶的蒸腾置换法、活立木树液置换法和用压力帽强迫防腐剂置换树液的方法等。

(1) 落差式树液置换法

新伐的原木(生材)基部端头固定一个帽子,用橡胶管与高于地面 10m 以上的贮液槽相连,利用液位差产生液压(静压),将药液从原木大头压入,挤压原木边材的树液,使树液从梢头溢出,如图 3-5。

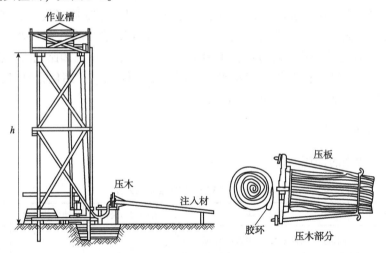

图 3-5 落差式树液置换法

(2) 树叶的蒸腾置换法

保留新伐木、竹材的部分或全部枝叶,将基部插入贮液池中,并将木、竹材固定(梢部朝上,以免被风吹倒),借助于枝叶蒸腾作用,药液替补散发的树液,由基部向梢部逐渐置换。

(3) 活立木树液置换法

在立木期间(砍伐前 1~2 年),在树干基部适当部位钻孔或锯切锯口(类似于钻孔扩散法),将药液滴挂入孔内,或在孔内置放粉状、棒状和膏状药物,药剂溶于树液,借助于活立木的树液流动,将药剂带到整棵树木上。国外(如日本)利用该法用于人工林木材的染色处理,如图 3-6。

(4) 压力帽法

将汽车内胎或压力帽卡套在原木基部,注入药剂,并通气压,最高达 300~500kPa,将药剂压入木材内,同时又借助树液流动作用,替换树液。

树液置换法所用的药剂只限于水溶性、扩散型药剂,要求溶液中不得有沉淀物和

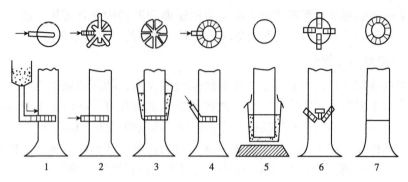

**图 3-6 活立木树液置换法**
1~5. 使用药液  6、7. 使用膏状药剂

灰尘等杂质，常用 5%~10%硫酸铜、3%~5%硼氟合剂。处理季节以 4~10 月较好，冬季因气温低，树木生理机能降低树液流动受阻，处理受季节性限制。从采伐到树液置换处理的时间间隔应尽可能的短，一般不宜超过 3~5d，并在基部截去 3~5cm 厚的圆盘，露出新的断面处理，以避免木材干燥，细胞纹孔闭塞影响处理。处理时间较长，一般 1~3 周。判定处理终了的方法：①梢头全透后再放置 2d；②比色法：在滴下的溶液中加入药剂显示剂，根据颜色初步确定药剂含量，如 $Cu^{2+}$、硼化合物等，不同颜色具有不同的含量标准；③槽内药液的计量。

### 3.2.2 加压处理方法

木材防腐常用的加压处理方法见表 3-16 所列。

**表 3-16 木材防腐加压处理方法**

| 处理方法 | 原理 | 适用的防腐剂 | 处理的对象 | 特点 |
| --- | --- | --- | --- | --- |
| 满细胞法或全浸注法 | 对木材施加前真空；注入防腐剂；施加压力，提高防腐剂的载药量和透入度；卸压，排出防腐剂；施加后真空，排出木材表层的多余的防腐剂 | 水载型防腐剂和防腐油 | 干材(气干) | 处理质量高，生产力大，应用广泛 |
| 空细胞法或吕宾法或定量法 | 与满细胞法不同之处，是施加气压替代前真空，令罐内的压力高出大气 0.2~0.6MPa，其目的是使木材细胞内的空气压缩，以便在药液排泄时将木材细胞腔内的残余液体反弹出去 | 有机溶剂型防腐剂和防腐油 | 干材和细木工制品 | 同满细胞法。但是，防腐剂得到定量，木材内多余的防腐剂可回收 |
| 半空细胞法或劳莱法或半定量浸注法 | 与空细胞法类似，仅仅以大气压替代空细胞法的空压 | 有机溶剂型防腐剂和防腐油 | 干材和细木工制品 | 同空细胞法 |
| 震荡压力法或真空—压力交变法 | 满细胞法的改良，在完成一次满细胞法作业后，以加压(液压)—真空循环施加，其作用相当于空细胞法的多次叠加 | 水载型防腐剂 | 难处理材或湿材 | 拓宽处理木材的范围，提高工作效率 |

(续)

| 处理方法 | 原理 | 适用的防腐剂 | 处理的对象 | 特点 |
|---|---|---|---|---|
| 频压法或压力交替法 | 满细胞法的改良,在完成一次满细胞法作业后,以脉冲加压(压力迅速降到0,或由0迅速升压),这种加压方式循环进行。与震荡压力法的区别在于有无真空 | 水载型防腐剂 | 同震荡压力法 | 同震荡压力法 |
| 脉冲法 | 与频压法类似,脉冲的压力值不同,由高压变为低压(不为0),并且,随着循环次数的增加,低压值也随之增加 | 水载型防腐剂 | 同震荡压力法 | 同震荡压力法 |
| 双真空法 | 满细胞法的改良,即满细胞法加压的压力为很低(0.1~0.2MPa)或为0(通大气)时的特例 | 有机溶剂型防腐剂 | 细木工制品 | 简化设备,降低生产成本 |
| 高压树液置换法或Gewecke加压-吸收法 | 满细胞法的改良,即在进行满细胞法处理的同时,木材的一端安装压力帽,压力帽与处理罐外的真空系统相连,施加真空 | 扩散性防腐剂 | 湿材(圆材) | 免除处理前的木材干燥 |

### 3.2.2.1 满细胞法(贝塞法、真空/压力法)

满细胞法是指使木材细胞中充满防腐剂溶液,使木材保留有最大量的防腐剂。这种方法最适合于采用水载型木材防腐剂处理木材,也适用于采用煤杂酚油处理海港桩木、枕木等。其工艺过程如图3-7所示,可以分为5个阶段:

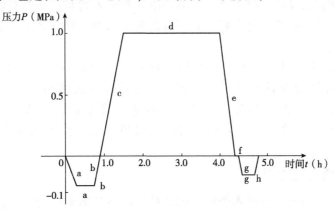

**图 3-7 满细胞法压力—时间曲线图**

a. 前真空　b. 注入药液　c. 加压　d. 保压　e. 卸压与排液
f. 排液完成　g. 后真空　h. 解除真空

(1) 前真空阶段

将木材放入压力浸注罐中,关好罐门后,开启真空泵,向浸注罐抽真空(一般为 -0.080~-0.095MPa),保持15~60min(一般30min以上),以抽出木材细胞腔中的空气,使得木材容易被防腐剂浸注,并且减少在卸压时防腐剂反冲出来,保留较多的防腐剂在木材中。这是此法不同于空细胞法和改良空细胞法之处。

(2) 加防腐剂阶段

在不关闭真空泵的情况下,即保持原有真空度的条件下,加入防腐剂溶液。如果在防腐剂加满压力浸注罐之前关掉真空泵,那么浸注罐中残留下来的空气,或由处理溶液产生的蒸汽就被压缩到浸注罐的上部,那么当继续加防腐剂溶液时,这些气体就会充填材堆上部木材在抽真空时被抽空了的空间,这样,就使这部分木材吸收较少数量的防腐剂溶液,造成同一批次处理的木材上下不均匀的结果。

(3) 加压阶段

当防腐剂加满浸注罐后,关闭真空泵,恢复常压,施加压力(可以用液压,也可以用空气压),达到所需要的压力(一般为0.8~1.5MPa),并保持一段时间(一般为2~6h),直到达到所需防腐剂载药量,然后卸压。当加压阶段终了,排除压力时,由于被压缩在木材中的少量空气的膨胀作用,在加压阶段被木材吸收的防腐剂溶液达5%~15%时,会从木材中反冲出来,回到浸注罐中。

(4) 排液阶段

在解除压力后,利用防腐剂溶液的重力作用,或用排液泵,将压力浸注罐中的防腐剂溶液返回到防腐剂溶液贮槽中。

(5) 后真空阶段

排尽防腐剂溶液后,关闭所有阀门,接通真空泵,开始后真空阶段。后真空的真空度可以和前真空一样(-0.080~-0.095MPa),或稍低一些,保持10~30min。然后解除真空,放出在后真空阶段抽出的防腐剂溶液。打开罐门,取出经处理的木材,防腐处理的一个周期就已完成。由于从浸注罐中刚取出的木材可能还会有滴液现象,为了不污染环境和回收防腐剂,可以将刚处理好的防腐木材在滴液区中存放一段时间,直到不再滴液为止。

满细胞法是最常用的一种木材加压处理方法,因设备的技术含量和自动化程度不同,国内外处理设备相差很大。但是,主要部件大体相似。加压处理设备主要包括处理罐、防腐剂调制罐、防腐剂贮存罐、真空泵、压力泵、空气压缩机、储气罐、冷凝器、计算仪表、阀门、管路与管道、工艺控制系统和安全监测系统等(图3-8)。

### 3.2.2.2 空细胞法(吕宾法)

空细胞法和满细胞法的最大不同是经处理后,木材细胞腔中基本上不存在防腐剂溶液,但细胞壁已经得到充分的处理。因为细胞腔基本上是空的,所以称为空细胞法。该法的目的是在保证一定透入度的情况下,用较少数量的防腐剂。为了达到这样的效果,用前空压取代满细胞法中的前真空,使得在后真空阶段有较多的防腐剂反冲出来。空细胞法的工艺过程如图3-9所示,也分为5个阶段:

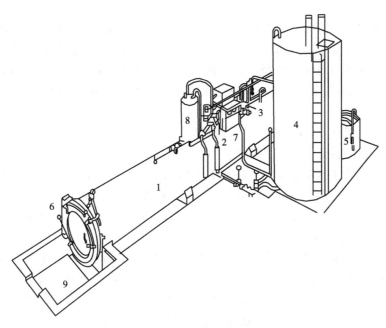

**图 3-8 单罐浸注处理设备**
1. 处理罐  2. 真空泵  3. 液压泵  4. 储液罐  5. 调制罐
6. 快开门  7. 控制盘  8. 冷凝器  9. 集液槽

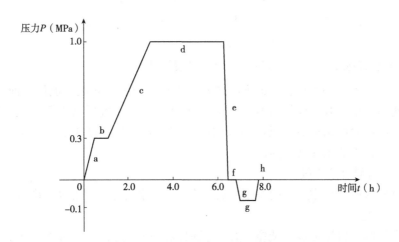

**图 3-9 空细胞法压力—时间曲线图**
a. 前空压  b. 压力下注入药液  c. 加压  d. 保压
e. 卸压  f. 排液  g. 后真空  h. 解除真空

（1）前空压

向装载好木材的浸注罐中施加 0.2~0.4MPa 的空气压，保持 10~60min。所加入的压缩空气进入木材细胞，并压缩细胞中原有的空气。所加空气压的大小取决于木材的渗透性和所要求的防腐剂保持量。一般而言，木材越容易处理，保持量越低，所加的空气压就越高，那么在卸压排液时反冲出来的防腐剂就越多。

(2) 加防腐剂

在维持前空压的情况下，向压力浸注罐加防腐剂溶液。该过程可以用两种方式实施：①用液压泵从浸注罐底部注入防腐剂，罐内的空气通过罐顶的阀门逸出，逸出的速度控制在保证罐内的压力不变；②如有吕宾罐(机动罐)的设备组，可以通过防腐剂的落差而流入浸注罐，因为吕宾罐和浸注罐内防腐剂所受的压力是相同的。

(3) 加压阶段

通过空气压缩机或液压泵向压力浸注罐施加 0.8~1.5MPa 的压力，并保持该压力一段时间，直到所要求的防腐剂吸收量达到为止。保持压力的大小和持续时间视树种、使用环境、木材尺寸的规格以及防腐剂的性质而定。一般而言，针叶材等易浸注的木材为 0.8~1.2MPa，持续时间为 2~4h；难浸注树种的木材和湿材为 1.0~1.5MPa，持续 4~6h；对于特别难浸注的树种，可视具体情况选择保压的压力和时间。

(4) 卸压，排出防腐剂阶段

当所规定的总吸收量达到后，开始卸压。由于压力下降，木材细胞内的压缩空气膨胀，将木材细胞腔中的防腐剂溶液反冲出来，这部分防腐剂的量远大于满细胞法该阶段反冲出来的防腐剂量。有时，为了加大反冲量，还施以膨胀浴处理，即将防腐剂溶液(一般为油类防腐剂或油载型防腐剂)的温度升高 10~15℃，借助热膨胀的作用，反冲出更多的防腐剂，以减少防腐材的溢油现象。

(5) 后真空阶段

一般采用后真空的真空度为 -0.08~-0.09MPa，持续时间为 30~60min，目的是为了抽出木材表面的防腐剂，以减少防腐木材的滴液现象。最后打开罐门，取出防腐木材，由此完成空细胞法的整个处理周期。

### 3.2.2.3 半空细胞法（劳莱空细胞法，半定量浸注法）

该法与满细胞法和空细胞法的不同之处在于没有前真空阶段，也没有前空压阶段，防腐剂溶液是直接用泵，或靠自身的重力作用流入处于大气压状态下的浸注罐内。由于这样，在加压阶段结束后，反冲出来的防腐剂溶液要比空细胞法少，但要比满细胞法多。其工艺过程如图 3-10 所示。

(1) 加防腐剂溶液阶段

当木材放入浸注罐中，关闭好罐门后，在大气条件下，加入防腐剂溶液。

(2) 加压阶段

关闭排气阀，可用加液泵或空气压缩机向浸注罐内防腐剂溶液施加压力，所施加的压力与空细胞法和满细胞法相似，即 0.8~1.5MPa，保持 2~6h。

(3) 卸压，排除防腐剂阶段

达到所要求的总吸收量后，卸压，排出防腐剂溶液。

(4) 后真空阶段

当浸注罐中的防腐剂溶液全部返回到贮液槽中后，关闭阀门，接通真空系统，向浸注罐中施加真空，真空度为 -0.08~-0.09MPa，维持 0.5~1h，清除木材表面多余的防腐剂，以免滴液。最后打开罐门，取出防腐木材，由此完成改良空细胞法的整个处理周期。

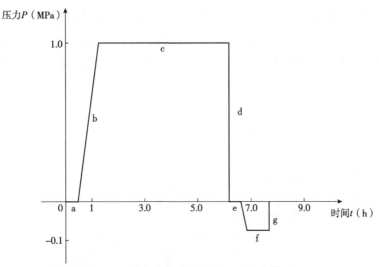

**图 3-10 改良空细胞法压力—时间曲线图**
a. 常压下直接注入药液　b. 加压　c. 保压　d. 卸压
e. 排液　f. 后真空　g. 解除真空

以上三种加压处理工艺是基本的操作方法，在这三种方法的基础上，可以衍生出许多操作方法。

### 3.2.2.4 循环浸注法（双空细胞法）

此法实际上是两个空细胞法串联起来的一个操作方法，主要适用于较潮湿的木材和较难浸注的木材。其工艺过程如下：

将木材置于压力浸注罐内，关闭罐门和其他通道，施加 0.2～0.4MPa 的空气压，并保持 10min 左右。在保持该压力的情况下注入防腐剂溶液，升压至 0.8～1.5MPa，保压 1h 左右，然后解除压力，排出防腐剂溶液。接着抽真空，持续大约 10min 后，解除真空，放出剩余防腐剂，恢复大气压。紧接着进行第二次空细胞法的操作过程。二次循环浸注法的操作曲线如图 3-11。

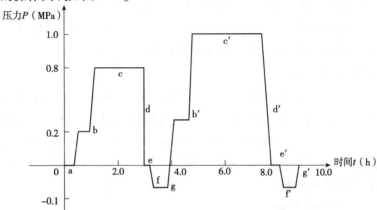

**图 3-11 循环浸注法压力—时间曲线图**
a. 注入药液　b、b'. 加压　c、c'. 保压　d、d'. 卸压、排液
e、e'. 排液结束　f、f'. 后真空　g、g'. 解除真空

#### 3.2.2.5 真空-加压交替浸注法(震荡压力法，又称 OPP 法或 OPM 法)

该法实为满细胞法的改良，可看作多次满细胞浸注法的叠加，以提高木材中防腐剂的保持量和透入度。适用于难浸注的木材和湿材。真空-加压交替法、频压法的工作原理图如图 3-12。

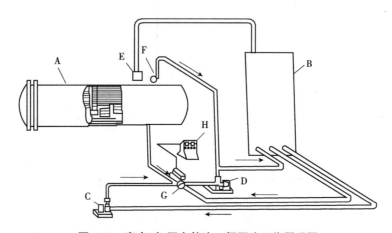

**图 3-12 真空-加压交替法、频压法工作原理图**
A. 处理罐　B. 贮槽　C、D. 泵　E. 阀门　F. 压力调节器
G. 四通阀门　H. 真空和加压或卸压与加压时间自动调节装置

其工艺过程如下：将木材置于密闭的压力浸注罐中，加防腐剂(加满罐为止)，加压到 1MPa 左右，约保持 1min 左右，用泵抽出少量防腐剂溶液，使浸注罐内产生真空，或用真空泵抽真空，持续一段时间后借助自动调控装置改变四通阀门的方向，使防腐剂依靠加液泵又返回到浸注罐中，并使浸注罐内的压力达到 1MPa。经规定的时间后再次改变四通阀的方向，又由循环泵抽出防腐剂，使浸注罐形成真空。这样反复进行多次。四通阀是由凸轮机构，或用计算机程控自动调节，实现真空、加压频繁转换。真空-加压法一次为一个周期。从处理初期到整个过程结束，每一周期中真空-加压的时间比也是逐渐变化的，从初期时，一个周期时间为 1min，真空-加压时间比 = 2/1，到结束时，一个周期的时间为 6~7min，真空-加压时间比 = 1/5.5。大规格、难浸注的木材，整个处理过程可长达 22h 以上，处理周期达到 400 余次。

#### 3.2.2.6 频压浸注法(APM 法)

该法是对真空-加压交替浸注法的一种改良，即在加压和卸压之间频繁交替。压力在 0MPa 和 0.8~1.0MPa 之间交替变化，这样对设备的要求要比真空-加压交替浸注法简单一些。新西兰采用该法浸注辐射松湿板材，压力为 0~0.8MPa，由大气压到 0.8MPa 压力交替，处理前有 10min 左右的喷蒸处理，之后用 CCA 处理，每个周期数分钟，整个操作过程约需 4~6h。

#### 3.2.2.7 MSU 改良空细胞法

此法是密西西比州立大学的科研人员为了加速 CCA 木材防腐剂的固着而发明的一种浸注方法，其过程的压力-温度-时间的曲线图如图 3-13，具体的操作方法如下：

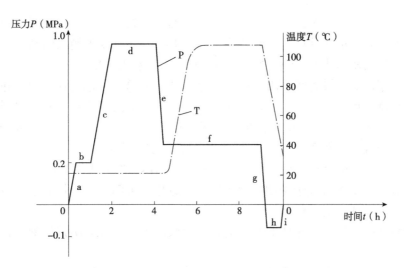

**图 3-13 MSU 法压力-温度-时间曲线图**
a. 前真空  b. 注药液  c. 加压  d. 保压  e. 卸压、反冲
f. 加热固着  g. 卸压  h. 后真空  i. 解除真空

(1) 前空压

将木材置于密闭的浸注罐中后,施加 0.1~0.2MPa 的空气压。

(2) 加入防腐剂溶液

在保持前空压的情况下,用泵向浸注罐内加入防腐剂。

(3) 升压

将罐内的压力升至 1.0~1.2MPa,并保持该压力,直到达到规定的吸收量的要求。

(4) 排液

在保持浸注罐内的压力稍高于前空压($\Delta P = 0.1~0.2$MPa)的情况下,排出防腐剂,但保证木材内的防腐剂不反冲出来。

(5) 加热固着

向压力浸注罐注入热水或通入蒸汽,加热木材至 50℃ 以上,使防腐剂的成分固着在木材中。

(6) 卸压

用泵将浸注罐中的热水抽出,热水中含有防腐剂,可以用来调配防腐剂溶液,然后将压力降至大气压,此时木材内未被固着的防腐剂溶液和木材的热水提取物一起反冲出来,这部分液体要经特殊的处理才能再利用或排放。

(7) 后真空

在较高的温度下,向浸注罐施加后真空,排出残留的液体,并使木材得到一定程度的干燥。

### 3.2.2.8 双真空浸注法

双真空浸注法实际上是一种满细胞浸注法,只不过该法的压力要比满细胞法低得多,或用大气压,或用 0.2MPa 左右的压力。所以,用这种方法浸注的木材中防腐剂吸收量和透入度比较低,但与浸泡法相比仍有显著提高。

双真空浸注法适合用低黏度的有机溶剂防腐剂来处理细木工、家具木料。因为采用有机溶剂防腐剂浸注处理后不改变原来构件的尺寸，所以可制成精确的尺寸后再处理，且处理后的木料比较干燥，处理后可直接拿来组装成产品。

双真空浸注法的设备常采用箱式密闭容器(图3-14)，一端装快开门，并由气压或液压元件控制。罐体的外侧装有许多加强筋，一方面加强浸注罐耐真空的强度；另一方面也会起冷却的作用。方/矩形断面面积一般为1.6~2.0m²，长度为4~6m，甚至10m以上。做成矩形截面的目的是为了提高设备的装载效率。

双真空浸注法的操作曲线如图3-15所示，其具体操作方法如下：

①前真空　将木材置于密闭的双真空浸注罐中，关闭罐后，抽真空，当真空度达到-0.07~-0.08MPa时，保持15~30min。

②加防腐剂溶液　在保持前真空的真空度状况下，加入防腐剂溶液，直到充满整个浸注罐。

③加压　关闭真空泵，接通大气，或施加0.1~0.4MPa的压力，保持30~60min。

④排出防腐剂　在大气压下排出防腐剂溶液。

⑤后真空　抽后真空，真空度为-0.08~-0.09MPa，保持20~30min，这样可以排除木材表面多余的防腐剂。

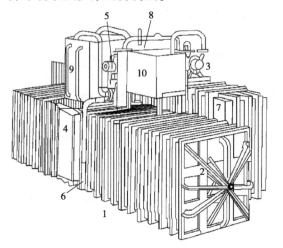

**图3-14　双真空浸注法设备装置图**

1. 处理罐　2. 快开门　3. 真空泵　4. 自动控制板
5. 四通气动阀门　6. 排气管　7. 贮槽　8. 空气压缩机
9. 计量槽　10. 真空泵用冷却水槽

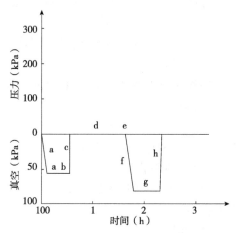

**图3-15　双真空处理法操作曲线图**

a. 前真空　b. 注入药液　c. 升压
d. 保压　e. 排液
f、g. 后真空　h. 解除真空

### 3.2.3　防腐处理材的前处理和后处理

#### 3.2.3.1　防腐处理材的前处理

(1) 木材的渗透性

传统木材防腐处理是通过将防腐剂渗透进入木材内部而达到防腐的目的，如何能使防腐剂均匀渗入木材，达到一定的透入度就成了木材防腐处理效果的一个关键指标，也是前处理最主要的目标。因此，在介绍前处理方法之前，我们先对木材的渗透性进行简单介绍。

不同的木材渗透性不同，其渗透性受到下列因素影响：

①木材种类与结构　木材中细胞的空腔构成了内部的毛细管系统，在轴向上由于导管或管胞的存在，其渗透性要高于横向。导管间存在穿孔板，液体更易通过，因此阔叶材的渗透性一般优于针叶材。对于同一树种，边材的渗透性优于心材。纹孔是流体在木材中渗透的重要通道，因此防腐剂向木材内渗透受到纹孔的形态与分布、有效纹孔的大小与数量等的影响。纹孔膜偏移导致纹孔闭塞、抽提物沉积导致纹孔膜上的小孔堵塞、细胞腔中树脂或树胶的存在等均不利于防腐剂向木材内的渗透。

②木材含水率　过高的含水率会降低防腐剂向木材内部渗透的驱动力，不利于防腐剂的渗透；但含水率过低会导致木材中闭塞纹孔数量增加，也会对木材的防腐处理造成不良影响。

③防腐剂的性质　防腐剂黏度越低，浓度越低，分子空间体积越小，极性参数与木材越接近越易渗透。

④处理工艺　与渗透有关的工艺影响因子一般包括温度、压力、渗透时间等。一般而言，升高温度可降低液体黏度从而提高液体的渗透性，施加压力（包括前真空和压力处理）和延长渗透时间都可不同程度地提高木材渗透性。图 3-16 显示了不同处理工艺，防腐剂在木材中的渗透深度。

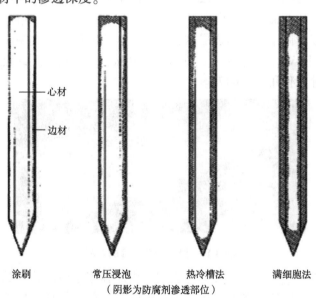

图 3-16　不同处理工艺对防腐剂渗透的影响

（2）防腐处理前的准备

原木采伐后一般不能直接进行处理，需要经过去皮、干燥、调温调湿处理、机械加工等步骤。

①去皮　原木采伐后带有树皮，树皮上缺乏可渗透的通道，且树皮的存在会提高木材遭受生物侵害的可能性，因此在处理前需要去除树皮与内树皮。此外，如果木材

经过了某种涂饰处理，还应将表面的涂层去除，以避免对于渗透性的不良影响。

②干燥　木材含水率是影响木材浸注性的一个重要因子，防腐处理前应对木材进行干燥并测量木材含水率。对于满细胞法、空细胞法等常用加压浸渍法而言，一般处理前含水率应控制在18%~25%左右。

③调温调湿处理　对于寒冷地区的冰冻木材，还需要进行一定的调温调湿处理，在热蒸汽的作用下使冰冻的水分从木材中散失。

④机械加工　尺寸较大的木材很难做到完全渗透，因此在理想的情况下，处理前应根据使用的尺寸预先进行机械加工。但经过处理后，木材的尺寸往往会发生一定的变化，且不同的尺寸木材会影响处理效率，因此在实际操作中，一般将木材加工成尺寸合适的板材进行处理。

(3) 提高木材渗透性的方法——预处理

对于难处理的木材，通过预处理改善木材渗透性能是必然的选择。一般而言，预处理方法有以下几类：机械式破损木材组织，如对木材进行压缩处理及对木材进行机械刻痕或激光切割；以化学或微生物方式融解、侵蚀阻碍渗透性的成分或要素；用热处理等方式改善。

①刻痕　刻痕的目的是为了使防腐剂易于浸透（主要对心材及难以浸注的树种），提高防腐剂浸透深度和增加干燥速度。刻痕是在木材的表面用刀具或激光按适当的间距刻成一定大小裂缝状凹穴。刻痕之所以能使药剂浸透深而均匀，是由于药剂在端面顺纹方向的透入度比侧面横纹方向大得多，一般纵向透入深度是横向的20倍以上。木材经刻痕后，等于暴露了许多非表层木材端面，这些密集分布的端面就大大提高了药剂的透入度。美国AWPA标准规定，铁杉、落叶松、北美黄杉、红松等难处理木材必须经过刻痕处理才能使用(图3-17)。

图 3-17　经过刻痕处理的木材

②压缩　压缩是使木材的纹孔局部破裂，增加细胞壁中的孔眼数，从而使液体在木材中的流动增加，以便更容易、更均匀地吸收防腐剂，并且加快了木材防腐处理后的干燥速度。

③蒸汽爆破　蒸汽爆破处理是将试件放入压力容器中，通入饱和蒸汽，当温度和压力达到预定值后，迅速打开卸压阀，波动或瞬间卸压直至常压，对木材内部产生冲击，破坏纹孔膜及薄壁细胞，使导管内的侵填体剥落，以增加木材的渗透性。

④细菌处理　细菌侵蚀处理也称做水存处理，将木材贮存于贮木池中，池水里的细菌会对木材细胞的纹孔塞和具缘纹孔膜结构及射线薄壁细胞进行分解或造成其降解，

增加其孔隙,从而改善木材的渗透性。能够侵蚀木材、破坏木材纹孔膜结构的细菌主要是格兰氏阳性杆菌,如多黏菌、蜡样芽胞杆菌和其他杆状菌。木材的渗透性与贮木池中水温及木材在水池中贮存的时间有关。水温升高,水中微生物的数量会显著增加,因此要得到理想的渗透性就要保证木材在水中贮存的时间,不同树种贮存的时间也不同。

⑤真菌处理 真菌处理木材是在木材上接种真菌的孢子。真菌会侵入木材,其菌丝穿过细胞腔向木材内部扩散,并且分泌酶,这些酶可以降解纹孔膜的组分,打通闭塞的纹孔,提高木材的孔隙度,从而提高木材的渗透性。真菌的种类很多,有变色菌、霉菌、白腐菌等,生物侵蚀的过程随树种、菌种及侵蚀的时间不同而不同。但由于多数真菌处理木材改善其渗透性的同时都会影响木材的力学强度,因而这种方法在实际应用中受到很大的限制。

⑥酶处理 酶处理是在木材上接种各种酶,利用酶可以分解木材的具缘纹孔或射线薄壁细胞的主要成分,打通闭塞的纹孔,使木材的渗透性得以提高。果胶酶、纤维素酶和半纤维素酶是常用酶。但酶对心材的渗透性没有改善,此外,对干材进行处理的效果也比对生材处理的效果差。

⑦微波处理 高强度微波辐射可使木材细胞内的蒸汽压增高,破坏木材细胞壁上的纹孔膜及一些径向薄壁细胞而形成液体和蒸汽易于通过的通道,其数量、尺寸及分布情况可通过微波功率的大小来控制,从而提高其渗透性。提高的幅度主要由试件的初含水率及微波处理的功率和时间决定。

⑧热处理 直接热处理或水热处理是用水蒸煮或用不同压力和温度的饱和水蒸气处理木材,以改善其渗透性。

⑨抽提处理 采用一些化学药剂抽提,如用氢氧化钠溶液或苯-醇溶液对木材进行抽提处理,也可以在一定程度上改善木材的渗透性。

### 3.2.3.2 防腐处理材的后处理

水载型防腐剂处理木材后,如果直接进行应用,有效成分极易流失,从而会影响防腐处理材的长期使用效果。因此往往需要进行一定的后处理,使有效成分和木材发生反应或在木材内部生成不溶性物质,从而增加药剂的抗流失性,这样的过程一般被称为固着。对于常用防腐剂而言,固着可以通过以下机理进行:

①防腐剂的有效成分和木材发生化学结合,如 $Cu^{2+}$ 等金属离子可通过纤维素中的羟基及胺基氮形成氢键,或在纤维素的无定形区内反应生成化合物;$Cu^{2+}$、$Cr_2O_7^{2+}$ 或 $CrO_3$ 也可与木质素中的愈创木基发生化学结合。

②木材是一种弱酸性的、可以进行离子交换的材料,具有很多带有不同电离常数的官能团,可以为离子交换提供反应介质。如 DDAC 可以与木材木质素和纤维素中的羧基及酚基发生离子交换,实现固着。

③防腐剂各有效成分间发生化学反应,生成不溶性物质。如在木材中,$Cr^{6+}$ 转化为 $Cr^{3+}$,从而与 $Cu^{2+}$ 发生反应,生成不溶性的产物。

对于微化铜中的铜颗粒或微乳液型有机防腐剂中的有效成分,可直接通过干燥去除处理材中的水分,破坏防腐剂本身的分散体系,使不溶性的有效成分沉积在木材内,实现减少流失的目的。但对于其他需要通过反应实现固着的防腐剂,处理完后直接进行干燥会导致上述各类反应无法充分进行,因此一般不会直接干燥,而是在避雨的场所陈化几天,随后再进行干燥。高温干燥有助于固着反应的进行,但如果进行气干,不同的环境温度所对应的固着时间也有所不同。研究表明,对于CCA处理材而言,在3℃的条件下,需要固着55d;在10℃的条件下,需要固着30d;在21℃的条件下,需要固着4~14d;而如果在50~60℃的窑干条件下,只需要12h即可完成固着。

#### 3.2.3.3 防腐处理材的废弃

不同国家在防腐木材的废弃物管理方面存在着很大的差别,从严格规定到完全没有规定,并且处理方案也不尽相同。我国在《废弃木质材料回收利用管理规范》中也明确指出,应鼓励对废弃木质材料实行充分回收、复用、循环利用、再生利用和能源利用,鼓励对废弃木质材料回收和合理利用的科学研究、技术开发和推广。废弃木质材料应优先考虑资源再利用,采取节约材料和综合利用的方式,优先选择对环境更为有利的途径和方法。如作为木制品加工和能源用原料。其次作为废弃物处置。按照"大材大用、优材优用、综合利用"的原则进行。废弃木材的回收、利用途径应遵循复用、循环利用、再生利用、能源利用、特殊利用、特殊处理的顺序进行。

近年来,国外在研究处理废弃木材上花费了较大精力,如焚烧及重金属的回收,微生物分解后重金属的吸附回收等。国内在CCA废弃物的处理方面还尚未有研究,随着CCA防腐废弃木材的量越来越大,对其进行无害化处理将成为一个亟待解决的问题。以下几种方法是目前国外对CCA防腐废弃木材处理的主要方法。

(1)直接丢弃

经CCA处理的防腐废弃木电杆在国外绝大部分是随地丢弃,而没有采取恰当的处理措施。但这种情况最近也引起了相关部门的密切关注,要求相关部门掌握废弃电杆的特性,并采取适当的处理措施。随意丢弃这些防腐废弃电杆存在很多潜在的问题。尽管直接丢弃有处理成本低和过程简便的优势,但同时也意味着对这些废弃电杆失去控制。这些废弃物很有可能被随意丢弃在人们居住的环境周围,造成对地下饮用水的污染。因此,应对随意丢弃CCA防腐废弃木材引起足够的警觉。

(2)土地填埋法

土地填埋是从传统的堆放和填地处置发展起来的一项处置技术,它是目前处置固体废弃物的主要方法之一。一般可分为卫生填埋和安全填埋。安全填埋法是卫生填埋方法的改进,对场地建造技术的要求更为严格。要求土地填埋场必须设置人造或天然防渗漏的衬里;填埋时,最下层的废弃物要位于地下水位之上;要采取适当的措施控制和引出地表水;要配备浸出液收集、处理及监测系统;采用覆盖材料或衬里控制可能产生的气体,以防止气体释出;要记录所处置的废弃物的来源、性质和数量,并把不相容的废弃物分开处置。目前,国外对CCA防腐废弃木材的填埋主要采用安全填埋的方式。处理这些日益增加的防腐废弃木材要花费大量的资金包括土地占地费用、运输费用以及填埋费用等,并且还存在安全隐患。另外还受到日益严格的环保规章限制,目前这种方式已不再是首要选择。

(3) 焚烧和能源回收

丢弃和填埋的不利之处在于废弃木材占有较大的场地，并且有可能对环境造成很大的潜在危害。焚烧处理可实现危险废物的减量化和无害化，并可回收利用其余热，在实现废弃木材体积最小化的同时也产生了热量或电能，理论上这是一种可行的办法。焚烧厂产生的灰渣，可以作为生产水泥的原料，也可以将灰渣进行深度填埋处理。

焚烧法是固体废弃物高温分解和深度氧化的综合处理过程。采用焚烧的方法处理固体废弃物并利用其热能已成为必然的发展趋势之一。以这种方法处理防腐木材废弃物，占地少，处理量大，在保护环境、提供能源等方面均可取得良好的效果。例如，利用焚烧炉产生的热量可以供居民取暖，用于维持室温等；另外，焚烧过程获得的热能还可以用于发电。

但是对防腐废弃材采用焚烧处置时，对焚烧炉等设施也有很高的要求。如焚烧炉温度应达到 1 100℃ 以上，烟气停留时间应在 2.0 s 以上，燃烧效率大于 99.9%，焚烧去除率大于 99.99%，焚烧残渣的热灼减率小于 5%；焚烧设施必须有前处理系统、尾气净化系统、报警系统和应急处理装置；危险废物焚烧产生的残渣、烟气处理过程中产生的飞灰，须按危险废物进行安全填埋处置。危险废物的焚烧宜采用以旋转窑炉为基础的焚烧技术，可根据危险废物种类和特征选用其他不同炉型，鼓励改造并采用生产水泥的旋转窑炉附烧或专烧危险废物。同时，焚烧法也有其缺点，如初期投资规模较大，焚烧过程的排烟将可能造成二次污染，设备锈蚀现象严重等。在国外木材防腐行业，由于煤杂酚油处理的防腐木材占整个防腐木材总量的 15%~20%，因此，对防腐处理废弃木材采取焚烧的方式也仅仅局限于煤杂酚油处理的废弃木材，如铁路枕木、电杆和规格废弃木材等，而不能在整个防腐木材行业推广应用。

另据研究表明，焚烧 CCA 防腐处理废弃木材的过程中，$Cr^{3+}$ 能被转化成 $Cr^{6+}$，而 $Cr^{6+}$ 的流动性和毒性较 $Cr^{3+}$ 更大，尤其在碱性条件下，这种转化更为显著。个别工业发达国家焚烧此类废弃木材时，一般使用配有抑制有害气体装置的焚烧炉。例如，加拿大是把废弃的 CCA 防腐木材粉碎后放进回转炉内进行长时间的高温焚烧，待灰中的有害物沉淀后再收集在一起经固化后进行安全填埋。2000 年，美国佛罗里达州立大学的研究人员研制出一种新技术，在进行焚烧时加入石灰岩，使之与砷发生作用形成较大的颗粒。燃烧完全后，这些颗粒就会落入烟囱里，而不会跑到大气中。加入石灰岩还有一个好处就是能减少废灰中砷微粒被地表吸收的数量。但目前该方法还只停留在实验室研究阶段。

采用焚烧法处理固体废弃物，占地少，处理量大，在保护环境、提供能源等方面均可取得良好的效果。在我国，废旧木材燃烧产生的大气污染物排放应符合 GB 16297 有关规定。

(4) 重复利用

重复利用的一种最常见形式是将电线杆和铁路枕木用于风景美化以及其他类似的最终用途。大型电线杆的完整部分可以重新用于较低的线路中，也可以作为护栏柱使用。建筑过程中切削的木材边角料可以用于一些比较小型的用途，如播种筒、运输用板条箱、货盘和人行道的围栏等。废弃木材中的很大部分都可以被重新使用，这是因为在很多情况下，木材被废弃是出于美观原因，而不是结构原因。但是，只能在允许使用防腐处理木材的场所重复利用被废弃的防腐木材。如果防腐木材废弃后被重复利用于结构性（承载）用途，则必须保证这些木材可以满足相关标准或建筑法规中有关强度级别的规定。

对于防腐处理规格材的重复利用，也会遇到不同的困难。因为这些废弃木材之前已被加工成一定的规格形状，在重复利用时必须考虑现有的榫卯、槽孔等可能影响重复使用的结构。防腐废弃木材中有螺钉等金属可能对木工机床的刀具造成破坏。除此之外，这些废弃木材大都经过风吹、日晒和雨淋，甚至有些已经开裂、翘曲等，作为建筑用材显然不太实际。另外，这些废弃木材大多外表呈暗灰色，不美观。还有很重要的一点就是目前防腐废弃木材的回收利用成本很高，经济上不太合理，致使很多企业实际操作起来不太可行。另外，即使作为防腐木材二次使用，因这些废弃木材之前已经被使用过，防腐剂可能有一定量的流失，其载药量也可能不完全符合现有的载药量要求；有人提出对其进行二次防腐处理，以保证其载药量达到要求，这样又可能导致其载药量过高，或者出现因加压处理严重降低木材的力学性能。

(5) 循环利用

回收利用是指将废弃的防腐处理木材制成复合材料或进行除毒处理并制成其他一些功能材料。木质复合材料包括木基复合材料、木-水泥复合材料、木-石膏复合材料和木-塑料复合材料。

防腐木材应用较多的国家，特别是美国，近年来在有关废弃的防腐木材复合材料的研究方面投入了大量的努力，但截至目前还没有形成规模生产。造成这种局面的一个原因是木质复合材料的制造商不愿意用循环利用的 CCA 防腐木材。因为当复合材料产品含有化学处理成分时，可能产生工人安全和环境问题。

(6) 生物处理

生物处理技术是针对 CCA 防腐木材开发的，使用了真菌和细菌两个微生物。高浓度的 CCA 具有毒性，在加入微生物前一般要对其中的金属进行化学提取。美国开发的工艺具有两个步骤，先利用草酸进行化学提取，再利用奶金属的细菌（*Bacillus licheniformis*）进行生物渗出。利用该工艺可以提取 CCA 防腐木材（美国长叶松）碎屑中 70% 的铜，81% 的砷和全部的铬。为了降解经过 CCA 处理的木材，科研人员专门分离出了若干个真菌的菌株。例如，斯洛文尼亚的研究人员发现可以促进防腐木中的金属与草酸形成草酸盐，而且形成的草酸盐是真菌对铜具有耐候性。

(7) 化学提取

化学提取是在酸的作用下，从防腐处理木材中提取金属。柠檬酸对提取铬和铜最有效，硫酸对提取砷最为有效。

(8) 电渗析提取

通过电渗析提取防腐木材中所包含的 Cu、Cr 和 As 的工作原理是利用低压直流电，是电离后的金属穿过阳离子交换膜，并因此而脱离木材纤维。这种工艺要求将木材完全浸没在一种液体中，如草酸。丹麦技术大学在这个领域开展了大量的研究工作。利用这种技术，可以从木材或者焚烧底灰中清除高达 90% 的砷。

(9)液化

利用有机溶剂和酸，在120~250℃的条件下可将木材液化。通过这种方法可以将防腐木材转化成一种黏性液体，在利用絮凝剂进行沉淀后，液化木材中的金属可以被分离出来。剩余的木材液化物可以用于制备聚合物材料（如聚氨酯泡沫和酚醛树脂），而CCA沉淀物将得到最终处理。

### 3.2.4 其他处理方法

传统的木材防腐处理主要依赖防腐剂的毒性达到防腐的目的，现在一些国家正在研究不依靠防腐剂的毒性而保护木材的方法。归纳起来有两个基本途径：①化学改性处理法。用化学改性的方法处理木材，从而改变其组成与性质，难以满足微生物的食物链而使微生物不再栖息于木材中；②生物法防腐处理。采用生物或微生物，达到防腐的目的。

#### 3.2.4.1 破坏和断绝微生物的生存之本

目前正在研究不采用毒性药剂而是通过破坏生物新陈代谢时所必需的生存条件来抑制它们的生长和繁殖。众所周知，危害木材的生物要在木材中栖息和生存下去，就必须满足他们对氧气、水分、温度、酸碱度和营养等条件的需求，这些条件恰恰均在木材及其使用的环境中具备。因此可以说，木材是一些微生物天然而合格的寄主。如果设法破坏微生物生存的任何一个条件，微生物就不宜在木材中生长和发育了，这样就可以使木材得以长期保存。例如，1972年于湖南长沙马王堆发掘的一号汉墓，距今已2100多年，墓中的棺木为楸木，椁室木材为杉木，至今材质完好，尚保持有杉木之清香。这充分表明，如果将木材或木材制品深埋于地下，由于断绝了空气和保持低温，使菌、虫等生物不能生存，因而木材可以保存数千年之久。

据有关资料介绍，木材中含有一种微量成分——硫胺素（维生素$B_1$），是绝大多数木腐菌必不可少的代谢物质。若采用适宜的办法，将木材中的这种成分除去或破坏掉，断绝了木腐菌的生存之本，便可使它们死亡或驱散，使木材免遭腐朽。有研究表明这种物质在pH为7，温度为100℃的溶液中加热2h，或在该温度下于pH为8的溶液中加热1h，或在pH为9的溶液中加热15min即可使其破坏。此外，氨水或氢氧化钠溶液处理木材也可破坏硫胺素。研究者们用氨水或氢氧化钠溶液在不同温度、压力和时间条件下浸注处理北美黄杉、桦木、长叶松和胶皮糖香树等木材，然后将这些木材试样感染洁丽香菇（*Lentinus lepideu*）和变色多孔菌（*Polystictus versicolor*）进行室外土壤—木块法试验，结果表明，经上述处理的木材能抵制褐腐菌的危害。

木材中含氮0.03%~0.1%，含氮化合物也是菌类赖以生存的营养物质之一，有人研究用盐酸溶液处理木材可排出这些含氮化合物，使木材免遭腐朽。木腐菌孢子发芽和生长的环境喜于酸性，而木材的pH值恰恰符合木腐菌生长的要求。若采用碱性溶液处理木材使其pH≥7，破坏了菌类寄生和繁殖时所必需的酸性环境，从而使它们不能生长，达到防腐目的。

综上所述，从实际出发若破坏或断绝木腐菌生长所必要的条件之一（硫胺素、含氮化合物、酸碱度等），使木材不能作为微生物生长、繁殖的食物源，木材中的微生物将因饥饿而死或离散迁移。

**3.2.4.2 采用微生物和抽提物防治木材腐朽**

1970 年美国曾公布了一项采用微生物来防治木材腐朽的专利。据报道，有人曾试验在新伐桦木生材木段的端部，喷以绿色木霉的孢子悬浮液，两周后再喷以烟色的多孔菌的孢子与菌丝的悬浮液，然后存放 7 个月后进行检查，结果发现绿色木霉完全阻止了烟色多孔菌的生长。

微生物破坏木材是通过酶潜入木材结构将木材组分分解为可溶性的简单化合物作为摄取的食物。其中，纤维素酶是破坏木材使木材分解腐朽的主要酶系统。这种酶能将坚硬的木材骨架物质——纤维素分解成为容易吸收的单元。人类不具有这种酶系统，所以不能分解和消化含有纤维素的物质，可见高级生命形式与微生物之间新陈代谢作用是不尽相同的。利用这一原理，一些研究者试验采用一些化合物来抑制纤维素酶系统，藉以保存木材。如有研究者发现，柿树的未成熟的果实或杨梅的叶子中的抽提物对抑制纤维素酶非常有效。现在，尚需进一步研究纤维素酶本身的属性和探索新的物质作为控制纤维素酶的专用抑制剂。

**3.2.4.3 使用驱散剂减少生物危害木材**

驱散剂对微生物是否有效尚在研究和试验中。但是它们已被成功地应用于防护"高一级"生物对于木材的危害，比如能驱散一些啮齿类动物、鹿和鸟等使木材得以保护。

针对不同生物采用不同的驱散剂，将选择好的药剂溶液或膏剂涂刷在木材表面上，依靠这些药剂的气味、滋味或其他特性使接近木材的生物驱散，使这些生物不再以木材为食而不是杀死它们。由于驱散剂未与木材组分形成化学结合，所以这些药剂容易流失、挥发、分解和风化变质，使效力降低。当前新的研究动向是：采用薄膜密封驱散剂，当一些生物与木材接触时薄膜破裂，使驱散剂释放逸出驱走它们。驱散剂的释放速度取决于密封薄膜的稳定性和耐候性。在使用驱散剂时有人将密封好的化学剂掺加分散剂或涂料，然后涂刷在木材表面上，当密封薄膜达到足够薄时，也可用压力法深注于木材。

**3.2.4.4 通过化学改性提高木材防腐性能**

木材的化学改性系指采用某些化学药剂，在有催化剂存在时与木材组分——纤维素、半纤维素和木质素中的活性基团发生反应形成共价键联结，改变了木材的化学结构与化学组成，改善或提高了木材的某些特性。

纤维素、半纤维素和木质素分子上的游离羟基是化学反应最活泼、吸湿性最强的基团，与所选择的化学药剂发生反应形成醚键、酯键或缩醛联结，封闭了羟基，从而改变了木材的亲水性。水是腐朽菌必不可少的代谢物质，而通过某些化学改性使木材的吸湿性降低，有助于保持木材干燥后的含水率，断绝微生物所需要的水分。用来改性的化学药剂不一定要对微生物有毒性，但是由于它们与木材的作用，使木材再不能成为维持微生物生长的基质，因而采取这种方法处理木材，既能防止微生物的侵蚀，并且对人类又无害。一般来说，经化学改性后的木材，力学强度、体积稳定性和耐久性均有提高。处理后的木材应保留未处理材所固有的优点，对胶合、油漆、钉着及加工性能无不利影响。

化学改性的方法很多，关键在于根据防腐目的，筛选出适宜的化学药剂。所选择的化学药剂应符合下述条件：①能与木材组分上的羟基产生化学结合；②不腐蚀设备，对人畜无毒；③反应条件温和，不使木材降解；④具疏水性，结合稳定；⑤能使木材结构膨胀，增加渗透性；⑥不破坏原木材所固有的优良性能；⑦价格低廉，保证供应。

化学改性木材的工艺过程和所需用的设备与目前防腐厂所采用的无多大差别，可充分利用现有的生产条件投入工业生产。近年来出现的化学改性木材的方法包括树脂浸渍处理、交联处理（甲醛、环氧烷类、异氰酸酯等）、乙酰化、塑合木等，具体将在第五章、第七章中进行介绍。

## 3.3 木材防霉防变色处理

### 3.3.1 木材防霉处理

#### 3.3.1.1 木材霉变概述

新采伐的木材从运输储存，直到加工成材以及使用过程中，如果没有采取适当的保护措施，容易发霉，不仅影响外观质量，降低经济价值，而且还为其他菌种的侵入创造条件。霉菌属于微生物中的真菌，主要污染木材表面，对木材的重量和强度影响不大。

霉菌常常与其他真菌一起出现在木材上，这使得霉菌与腐朽菌、变色菌分离遇到困难。但是由于霉菌繁殖很快，常常会阻碍其他真菌的生长。霉菌侵入木材主要是吸收木材中的糖分、淀粉等养料，并不破坏细胞壁，对木材强度无影响，但可增加木材的渗透性。霉菌可以使木材形成各种颜色污斑，在木材表面形成灰、绿、红黄、蓝绿等变色霉斑。这些真菌之所以能引起霉斑是由于具有色素的孢子或菌丝积聚在木材表面，或由代谢作用的产物造成木材的污染，这些黄、红、绿和暗褐的霉斑多附着在材表，通常可以用漂白、钢丝刷除掉，或经干燥后即可褪色。

#### 3.3.1.2 木材防霉

木材霉变由微型真菌引起，使木材及木制品降等，严重时造成重大经济损失。我国胶合板、薄木、家具及装饰木制品的质量标准，对蓝变和霉变均有限制，出口产品要求更严，不允许有霉变。国外对防蓝变和防霉比较重视，我国对橡胶木、竹材和某些出口产品的防蓝变防霉处理也比较重视，但对其他大量易蓝变易霉的木竹制品，尚未推广普及。随着天然林保护工程的实施，人工林木材和竹材的进一步开发利用以及加入世贸组织引起的木材市场变化，木材防蓝变和防霉措施将会更加重要。国家标准GB/T 18621—2013《防霉剂对木材霉菌及变色菌防治效力的试验方法》的公布实施，为人类进一步研究开发新型防霉剂提供了动力。

针叶树材遭到霉菌侵害，在材面上一般肉眼便可见很多孢子群，呈黑色，也有淡绿色；在阔叶材表面为黑色斑点。多数霉菌在大气相对湿度90%以上时生长最旺盛。

有的霉菌能在含水率20%的气干材上发生,因此木材霉菌比木腐菌对不良条件更具有抵抗能力。霉菌的耐药性也超过腐朽菌,如防腐剂处理过的松木(Pinus spp.),对于多数木腐菌能起到防治效力,而对很多霉菌不但不能预防,甚至会刺激霉菌的生长,很多霉菌还能耐高温。霉菌对针、阔叶树材的显微结构的危害,与变色菌相似。在适宜的条件下,也和变色菌一样能引起木材软腐。有的霉菌对木材细胞壁有微小的损害。霉菌与变色菌主要是摄取木材细胞内的多糖,菌丝通常在很多射线薄壁细胞中出现。菌丝的穿透主要是通过纹孔,在适当的条件下,有时也能在管胞壁上形成很小的孔眼,这种孔眼不会再扩大。

(1)防霉剂

防治木材霉菌与变色菌的药剂统称为防霉剂。卤代酚及其钠盐(如五氯酚及五氯酚钠)是过去几十年最常用的防霉剂,自从在五氯酚中发现有致癌物质二噁英之后,许多国家(地区)先后完全禁止或限制与人体接触的木材使用卤代酚防霉剂,并致力于研究开发低毒防霉剂。目前国内外较常用的防霉剂见表3-17。

表3-17 常用的木材防霉剂

| 类别 | 药剂名(商品名) | 药剂 | $LD_{50}$(mg/kg) |
|---|---|---|---|
| 苯骈咪唑及苯骈噻唑 | 苯噻氰(TCMTB. Busan)<br>*噻菌灵(TBZ, Tecto, 涕必灵)<br>*多菌灵(BCM, Derosal) | 30%乳剂<br>45%悬浮剂, 60%可湿性粉剂<br>悬浮剂, 可湿性粉剂 | 873<br>5 260<br>>10 000(原粉) |
| 有机碘 | IPBC(Wood Life)<br>Amica 48<br>IF-1000 | 油剂或乳剂 | 1 580<br>10 000<br>1 250 |
| 腈 | *百菌清(Daconil. TPN) | 可湿性粉剂, 乳剂 | >10 000(原粉) |
| 硫氰酸酯 | *二硫氰基甲烷(灭菌灵. MBT. MBTC, 7012) | 粉剂, 10%乳剂 | 100 |
| 季铵盐 | *DDAC(D1021)<br>*洁尔灭(1227) | 液体<br>液体或固体 | 450 |
| 三唑类 | 安康唑<br>(Azaconazole. Rodewod-200EC) | 浓缩液体或粉剂 | 1 126 |
| 喹啉类 | 8-羟基喹啉铜(Cu-8. PQ-8) | 油溶性溶液 | 15 000 |
| 环烷酸盐 | *环烷酸铜<br>(CuN. Copper Naphethenate) | 有机溶剂溶液 | 5 000 |
| 有机锡 | *氧化双正三丁锡(TBTO)<br>环烷酸三丁锡(TBTN)<br>*醋酸三丁锡(TBTA) | 有机溶剂溶液 | 127<br>224 |

注:①*国内已经大量生产;
②$LD_{50}$指对大鼠急性经口半数致死剂量。

大量防霉和蓝变试验表明：室内毒性试验结果与实际应用常有较大距离，筛选木材防霉剂必须进行野外试验；霉菌种类较多，抗药性变化较大；霉菌抗药性常比变色菌强；不同地区不同树种防治蓝变菌和霉菌的药液浓度可能不完全相同。为了扩大防霉剂的广谱性、功能性，提高杀菌效果，国内外还研究开发了不少复配防霉剂，比较著名的如 TCMTB+MBT（商品名 MECT、Busan1009、Antihlu20EC）、IPBC+DDAC（商品名 Kopper NP-1，Wood life、chapo SA-1）、百菌清+多菌灵（商品名 Antihlu246）和 AAC+TBTO（商品名 Permapraf T）等。我国在防霉剂复配方面也做了不少工作，取得了显著成绩，有些产品正在推广或试用，效果良好。

（2）新鲜锯材防蓝变防霉方法

新鲜针叶树锯材，最好的防霉方法是及时干燥。如不能及时干燥，在高温高湿条件下很快长霉变色，如出口产品的包装箱木板，未经干燥，在长距离运输途中易发生霉变，影响出口贸易，因此需采用防霉剂处理。新鲜锯材防霉处理可采用以下的方法：将锯材堆成适于浸泡的材堆，每层板之间加垫条隔开，用吊车或铲车直接放入药液池内浸泡，一般浸泡 1~2h，依板材尺寸而异，浸泡后在气干棚内气干，不能淋雨，气干到木材含水率20%以下方可进仓库存放。对于易蓝变、易长霉又易发生粉蠹虫蛀的锯材，如橡胶木、黄桐、球花豆等，制材后应迅速加压防腐处理，选用具有防腐、防虫、防蓝变和防霉的多功能防腐剂。

（3）木地板的防霉处理

防霉型木地板的生产应具有操作安全简便，防霉效果高，便于实现质量控制，适应工业化生产的要求。

木地板防霉的处理方法一般可采用常压法或真空加压法，常压法包括涂刷法、喷淋法、常压浸泡法、扩散法及热冷槽法（或称热冷浴法）等。真空-加压法可参考木材防腐加压处理方法。

对于木地板的防霉处理，推荐使用隧道喷淋法和真空处理法。

①隧道喷淋法　隧道喷淋法对木地板而言是特别适用的一种方法。处理过程为：将加工好的板材放置在输送机械上，并以一定的速度通过隧道；同时，药液从板材的上下两个方向喷淋出来，达到板材表面。处理后多余的防霉剂在底部收集，导回贮液槽，可以循环使用。

该方法的优点是：吸药量可以通过调节输送带的运行速度和隧道长度来控制；设备使用简单，可以自行设计和制造；药液流失很少，污染小；方便、快速，适合工业化生产。

②真空处理法　真空处理法的原理是：在真空下使木材细胞中的空气逸出，细胞腔内形成负压条件，防霉剂溶液在负压下进入处理容器，并且在大气压下进入木材细胞中。

真空处理的特点是：木地板吸药量较大，药剂透入比喷淋法、涂刷法深，所以防霉的效果更好；真空处理设备比加压设备简单，调节好真空度和真空时间，就可以实现质量控制。与隧道喷淋法相比，这种方法的缺点是：设备较复杂；生产方式为间歇式生产（相对隧道喷淋法），因此生产效率低。

**(4) 非木材人造板防霉方法**

非木材人造板指以竹、甘蔗渣和一些农作物秸秆为原料制造的刨花板和中密度纤维板 (MDF)，由于这些原料含较多的淀粉和蛋白质，产品在使用过程中遇高温高湿气候容易霉变。刨花板的防霉处理，最好在生产过程中进行，原料中的髓最易长霉，要尽量除去。目前，非木材人造板防霉方法主要分以下3种：①将防霉剂与胶黏剂混合；②将防霉剂喷洒在刨花、纤维、单板等原料单元上；③用防霉剂对成品板进行防霉处理。具体处理工艺依原料和防霉剂种类及性质而异，试验后方可确定。选用的防霉剂要求耐高温、防霉效果好，而且不影响胶黏剂的胶合性能和产品的物理力学性能。

近年来，我国在木材工业防霉领域虽然取得了一些可喜的成绩，但与我国当前经济发展的形势仍不相适应。国产防霉剂所占市场份额较小，不少产品尤其是合资企业仍在大量使用进口的防霉剂处理产品，并且，一些毒性大的品种尚在使用，新型防霉剂的应用还未普及，防霉剂远未成为我国在木材工业产品的生产中"保证产品质量不可缺少的添加剂"，这样每年由于霉菌侵染造成的木质材料降等损失仍然很大。在研究开发新的杀菌防霉剂的同时，要加强经济型及应用技术的研究，加强对霉菌体系及其变化规律等基础性的研究。在研制和推出商用药剂配方的同时，还需针对不同树种的木材，不同处理方法，探索各种条件下木材的处理工艺条件；同时辅以相应的吸药量和透入度检测，制定出一套系统的木材及其制品防霉、防腐处理质量标准。防霉技术涉及多个行业，是一门多学科跨行业的技术，各有关行业要加强协作，国家有关部门也要重视并给予支持，以促进我国工业防霉剂和防霉技术的发展，更好地为我国的经济建设服务。

### 3.3.2 木材防微生物变色处理

#### 3.3.2.1 木材微生物变色概述

木材在保管、加工和使用过程中，常会发生由变色菌、腐朽菌、霉菌等微生物引起的变色。如木材长期保存在温湿环境中，木材表面就会出现许多由霉菌引起的变色；运输未经干燥的刨切单板，其表面会出现由木腐菌或变色菌引起的变色；长期放在室外的原木横截面会出现棕变色。最常见的微生物变色是由变色菌和霉菌引起的。它们能够引起木材发生青、褐、黄、绿、红、灰、黑等变色，不仅影响木材外表的美观，还影响木材的物理力学性能，造成木材降等。因此，有必要进行防变色处理。控制微生物变色可采取迅速干燥以减少木材中的水分，或用化学药剂防止，即采用杀菌药液浸蘸或喷涂木材表面防止真菌的侵入。当变色严重时，药剂保护和干燥等措施要同时使用。

#### 3.3.2.2 木材微生物变色防治方法

(1) 抑制微生物的生长

为了有效地防止木材发生微生物变色，首先要抑制微生物的生长，可采取下列措施：

①活立木要防治小蠹虫，防止它传播青变菌的孢子；

②使木材置于通风良好易干燥之处存放。菌类发育一般在10~50℃时盛行，故可在制材后采用低温保管；

③为避免与空气中的氧气接触，可水存木材或用水定期喷淋；

④为创造不利于微生物生长的温湿环境也可将木材存放在雪中或用锯屑、塑料泡沫覆盖，锯制或刨切的单板应保持低温或迅速干燥；

⑤减少木材和真菌接触的机会。

(2) 化学药剂处理

为了防止微生物变色，木材锯解后应尽快使用化学药剂进行处理。在户外存贮前，处理材应避免阳光照射或雨水淋溶至少一天。木材由于微生物侵害而导致变色，拟采用涂覆、喷淋、浸泡或加压浸注等手段，将防腐剂或防霉剂附在木材材面上。药剂应该低毒、色浅并具有良好的渗透性。

近年来，木材防变色和防霉技术发展很快，防变色和防霉剂品种越来越丰富。木材的变色和发霉是由变色菌和霉菌引起的，变色菌、霉菌和腐朽菌同属于真菌门的微生物，但它们属于不同的菌纲。变色菌和霉菌属于子囊菌纲、半知菌纲和接和菌纲，而腐朽菌则属于担子菌纲和半知菌纲，所以它们对化学药剂的敏感性和耐药性既相同又不同，因此不能简单地用防腐剂对木材进行防霉和防变色处理。

国内外常用的木材防变色防霉剂的主要成分及用途见表3-18。

表3-18 国内外常用木材防变色防霉剂

| 商品名 | 主要成分 | 主要用途 |
| --- | --- | --- |
| PCP | 五氯酚 | 防腐、防变色、防霉 |
| NaPCP | 五氯酚钠 | 防腐、防变色、防霉 |
| TBTO | 三丁基氧化锡 | 防腐、防变色、防霉 |
| Cu-8 | 8-羟基喹啉铜 | 防腐、防变色、防霉 |
| Cuprinol | 环烷酸铜 | 防海蛆、防腐、防霉 |
| TCMTB、苯噻清 | 2-(硫氰基甲基硫代)苯并噻唑 | 防变色、防霉 |
| MBC，Hylite 711 | 2-苯并咪唑基氨基甲酸 | 防变色、防霉 |
| Benlate、苯菌灵 | 1-正丁氨基甲酰-2-苯并咪唑氨基甲酸甲酯 | 防变色、防霉 |
| Folpet、灭菌丹 | N-三氯甲硫基邻苯二甲酰亚胺 | 防变色、防霉 |
| TBZ、噻菌灵 | 2-(4-噻唑基)苯并咪唑 | 防变色、防霉 |
| CTL、百菌灵 | 2,4,5,6-四氯-1,3苯二甲腈 | 防变色、防霉 |
| IPBC，Wood life | 3-碘-2-丙炔丁基氨基甲酸酯 | 防变色、防霉 |
| Amica 48 | 二碘甲基-对-甲苯基砜 | 防变色、防霉 |
| IF-1000 | 氯苯碘丙烯基醛 | 防腐、防变色、防霉 |
| Sanplas | 溴二碘丙烯氨基甲酸乙酯 | 防腐、防变色、防霉 |
| DDAC | 二癸基二甲基氯化铵 | 防腐、防变色、防霉 |
| MBT、MTB、MBTC | 亚甲基双硫代氰酸酯 | 防腐、防变色、防霉 |

(续)

| 商品名 | 主要成分 | 主要用途 |
| --- | --- | --- |
| Rode wood | 1-[2-(2′,4′-二氯苯基)-4-丙基-1,3-二噁茂烷基-2甲基]-(1H)-1,2,4-三唑 | 防腐、防变色、防霉 |
| BP 合剂 | 0.5%五氯酚钠+1.5%硼砂 | 冷浸各种木材防变色、防霉、防腐 |
| BBP 合剂 | 0.8%五氯酚钠+0.8%硼砂+0.4%硼酸 | 冷浸各种木材防变色、防霉、防腐 |
| NaTrBrP | 三溴酚钠 | 冷浸各种木材防变霉 |
| TBTO | 三丁基氧化锡 | 乳剂,多与其他药剂混合冷浸防变色、防霉 |
| TWP-1 | 多灵菌 | 冷浸、橡胶木防变色、防霉 |
| ABTM | 季铵盐+多菌灵+硼化物 | 冷浸、橡胶木防变色、防霉 |
| Antiblu 3738 | 20%苯噻清乳油+MBT 配制 | 瞬时浸渍,各种针、阔叶材防变色、防霉 |
| 马来西亚防霉剂 | 3%硼砂+2%Bosili+SAB | 橡胶木防变色、防霉 |
| Rezax 50AX | IF-1000+TBZ+AAC | 各种锯材防变色,防霉 |
| Busan 30 | 30%TCMTB 乳油 | 各种锯材防变色,防霉 |
| Blue-7 | 氨溶铜-氟-硼 | 桉木防软腐、防变色、防霉 |
| Permapruf T | TBTO+AAC | 各种锯材防变色、防霉 |
| Basilit SAB | Basilit SAB | 各种锯材防变色、防霉 |
| PQ-10 | 5.0%八羟基喹啉铜+20%五氯酚钠 | 各种木材防腐、防变色、防霉 |
| TCP-VW | 24%三氯酚钠 | 使用浓度不超过1%,各种木材防变色、防霉 |
| Rentokil | 季铵盐 | 各种木材防变色、防霉 |
| D-115 | 7.5%MBC+37.5%Captan | 各种木材防变色、防霉 |
| Basan 1009 | TCMTB+MBC(1∶1) | 各种木材防变色、防霉 |
| AP-143 | IPBC+安康唑(1∶1) | 防变色、防霉 |
| NP-1 | IPBC+DDAC | 防变色、防霉 |
| F-2 | DDAC+硼砂 | 防变色、防霉 |
| Ecobrite | 碳酸钠+硼砂 | 防变色、防霉、防虫 |
| Celbrite M | MBT+AAC | 防变色、防霉 |
| Antiblu 246 | 百菌清+多菌灵 | 防腐、防变色、防霉 |
| Antiblu 555 | 百菌清+多菌灵+安康唑 | 防腐、防变色、防霉 |
| Rode Wood 300SC-TU | 百菌清+安康唑(1∶1) | 防腐、防变色、防霉 |

## 3.4 木材的防虫、防白蚁处理

### 3.4.1 木材的防虫处理

木材作为生物有机体，既容易受到真菌败坏，又易受到昆虫的袭击。特别是非健全材，诸如火烧木、雷击木等更容易受到伤害。虫害不仅会影响树木的生长，还会严重影响木材的品质。因此，为了能更好地利用木材，必须对木材虫害进行合理的防治。

#### 3.4.1.1 理想木材防虫剂

作为一种理想的杀虫剂，应具备以下的条件：
①工艺简单，易于大量生产；
②价格便宜，用来防治害虫时，费用不至于超过蛀虫危害造成的损失；
③化学性质稳定，维持毒性作用的时间较长；
④对木材害虫有较大的毒性，且具有能毒杀多种害虫的作用，而对人畜则无毒或低毒；
⑤不易爆炸或引起燃烧，不腐蚀金属；
⑥可以与其他防腐防虫剂实验，不致改变性质。

#### 3.4.1.2 常用的木材防虫剂

通过喷雾、涂刷或浸注到木材中，然后因害虫接触木材或取食木材而被杀死，这类化学药剂称为木材防虫剂。一般来说，常用的木材防腐剂多少都有一些防虫的作用，有时为了增加防腐剂对某种木材害虫的毒杀能力，可在木材防腐剂中加入一些防虫剂。

根据害虫吸收药剂的部位，可以将防虫剂分为三大类。

(1) 触杀剂

触杀剂即虫体接触该种药剂时，可由虫体表面进入体内而侵害其神经或其他器官细胞，制止新陈代谢而造成昆虫死亡。可用于表面处理把害虫杀死，防止成虫产卵，所以作为表面处理剂使用效果较大。表面处理时，需要在处理材的表面保持一个药剂层，要求表面处理剂对人体的毒性要小，而残效期要长。有机磷类、有机氯类防虫剂等均属此类型。

(2) 胃毒剂

胃毒剂是指害虫蛀食药剂处理过的木材后中毒死亡的药剂。这种药剂一般用来防治咀嚼口器害虫。它和带毒木材同时进入害虫的消化器官内，药剂到达肠道后，被肠细胞层所吸收，然后通过肠壁进入体腔，与血液接触，很快被运转至全身，引起中毒。

一种有效的胃毒剂应具备两个条件：第一，害虫吃后不会引起呕吐或腹泻，因为呕吐或腹泻对害虫或多或少有保护作用，会降低药剂的效力。例如砷剂对一些害虫会引起呕吐或腹泻，而氟化物和鱼藤酮则没有这个缺点。第二，容易溶解于肠胃液，且易被吸收。一些有机磷杀虫，例如敌百虫符合这个条件。

用这类药剂处理木材时，当木材吸收药剂量足够大时，幼虫蛀蚀处理材时就会中毒死亡。这类药剂只要不被流水冲洗掉，就能够长久地维持其防虫的效果，且具有对人体安全性高的特点。

（3）熏蒸剂

这种药剂在常温下能挥发，可以从昆虫的呼吸器官进入体内使其中毒死亡。可以作为驱除剂用于熏蒸处理。但它没有持续的防虫作用，不适宜用作木材害虫的预防剂。主要的熏蒸剂有氯化苦、溴甲烷、硫酰氟。

常用的木材防虫剂的主要化学药剂的类别和化合物见表3-19。

表3-19　木材防虫剂的类别与化合物

| 类别 | 化合物 | 备注 |
| --- | --- | --- |
| 有机氯类 | 氯丹、七氯、狄氏剂、丙体六六六、艾氏剂、滴滴涕 | 残毒大，有防治和驱除作用，丙体六六六、滴滴涕等多数此类药剂已禁用 |
| 固定型无机防腐防虫剂 | 卜立顿盐、吉林盐、华尔门盐 | 大多含有砷化物，用于加压法或扩散法 |
| 硼化物 | 硼酸、硼酸钠、四水合硼酸钠 | 防治粉蠹虫，采用加压法和扩散法 |
| 氯萘类 | 一氯萘、二氯萘、三氯萘 | 多氯体防虫效果好，残毒大 |
| 有机磷类 | 杀螟松、倍硫磷、毒死蜱、敌敌畏、辛硫酸、氯化辛硫磷 | 速效，特别适用于烟雾剂 |
| 氨基甲酸酯类 | 西维因(1-N-甲基-氨基甲酸酯)、仲丁威(2-仲丁基苯基-N-甲基-氨基甲酸酯) | 一般残毒较小 |
| 有机锡类 | 氧化双古丁基锡(丁蜗锡)、三丁基锡的邻苯二甲酸盐 | 作胃毒剂，有残毒 |
| 酚类 | 五氯酚、五氯酚纳 | 防腐剂，防虫作用较弱(胃毒剂) |
| 焦油类 | 煤焦油 | 污染严重 |
| 合成除虫菊酯类 | 胺菊酯(Phthalthrin)、ES-56、二氯苯醚菊酯(Permethrin) | 对人体无害，有发展前途 |
| 驱除剂 | 邻苯二氯苯、对位二氯苯、二溴乙烷 | 只有驱除作用，无预防作用 |
| 熏蒸类 | 溴甲烷、硫酰氟 | 能彻底驱除害虫，但无残毒 |

### 3.4.1.3　木材防虫处理方法

木材虫害主要指鞘翅目中的长蠹和粉蠹等科的昆虫，它们对原木和成材均有严重的危害，均需要进行防治。

（1）原木处理

对于原木而言，采伐原木应立即运出林区，尤其在春、夏昆虫产卵季节，要尽量做到随采随运，并注意合理保管和采用化学药剂处理以防止菌虫危害，使原木变质等。

①原木的合理贮存和保管　原木的合理贮存和保管方法分干存、湿存和水存3种。干存法是通过采取剥皮和归垛通风(加高楞脚、层间加垫木)等措施，把边材的含水率

尽快降到25%以下，使木材缺乏菌虫活动必需的水分而保存木材。湿存法是通过采取简易的遮阴、实堆、保护树皮、原木端头涂药以及人工降雨等措施，使边材保持较高的含水率。水分高的木材缺乏空气，不利于昆虫的生长，木材可长期保存。水存法是将原木浸没于水池中，其质色如新，既无腐朽、虫害，也无开裂。如水存法可以使天牛因缺氧窒息而死，一般需要1~3个月时间。未剥皮原木内天牛的死亡率偏低；蛹和成虫比幼虫的死亡率高。

②化学药剂喷涂 采用化学药剂进行喷、涂处理，如采用硼酸、硼酸钠、四水合硼酸钠水溶液对原木进行喷涂，对防治粉蠹害虫具有良好效果；若采用10%二氯苯醚菊酯，稀释成100~250μg/g浓度后进行喷涂，可有效预防白蚁；也可采用硼氟酚复合剂进行喷涂处理，其配方是：硼砂20%，氟化钠30%，五氯酚钠50%，使用浓度8%。

③熏蒸处理 熏蒸也是常用的方法，木材熏蒸处理可以杀死木材中的害虫和寄生在木材中的害虫虫卵，防止检疫害虫的传播，防止木材非生物性变色，提高木材保管质量。同时带有检疫性害虫木材，按照国家检疫法的规定，不进行除害处理不得调运。否则，不但会造成经济损失，也直接影响林业生产的发展。对进出口的原木、木材、竹材、藤材及其制品以及松材线虫病等疫区生产的木材、火烧原木的保管等都应进行熏蒸处理，防止木材害虫传播。此外还有研究发现，采用溴甲烷化合物对新伐的原木进行熏蒸处理可以防止木材变色。熏蒸处理能够杀死边材中的薄壁组织细胞，同时杀死存在于薄壁组织细胞中的酶以及木材中变色的前体。试验结果表明，从熏蒸原木上锯下的木材都没有发生非微生物边材变色，而且这一方法已成功地用于红栎、糖朴、密西西比的白蜡木以及加拿大的红桤木材。对于那些经过熏蒸后，在温暖的气候下保存几个月的原木，也没有发现木材变色。

对不同种类的木材害虫，其熏蒸杀虫药剂选择、药剂用量不同（表3-20），要了解各种害虫的生活习性、活动规律及寄生条件，确定选择用药。如对杉木毁灭性危害的皱鞘双条杉天牛于4月中、下旬，初孵幼虫可采用溴甲烷或磷化铝片剂熏蒸处理。

表 3-20 熏蒸木材害虫用药量及密闭时间表

| 害虫种类 | 药剂名称 | 平均气温(℃) | 用药量(g/m³) | 密封时间(d) |
| --- | --- | --- | --- | --- |
| 杨吉丁虫 | 溴甲烷 | 13.0以上 | 10 | 2 |
| 杨吉丁虫 | 磷化铝 | 13.0以上 | 30 | 2 |
| 柳蛎蚧 | 溴甲烷 | 1~12 | 30 | 2 |
| 杨圆蚧 | 溴甲烷 | 13.0以上 | 10 | 2 |
| 白杨透翅蛾、杨干象 | 磷化铝 | 13.0以上 | 10 | 2 |
| 云杉大黑天牛、云杉小黑天牛 | 溴甲烷 | 10~25 | 20 | 3 |
| 松小蠹虫 | 磷化铝 | 14~36 | 20 | 4 |

在施药前需先准备熏蒸堆垛。熏蒸堆垛最好选择在坚实的平地上，以免地面土壤疏松，过多吸附药剂。堆垛前在地面上放置垫木，整齐密集堆垛。根据覆盖布的形状大小和木材长度，一般堆垛体积20~30m³为宜。堆垛完成后，修整表层木材的尖角枝刺，然后在距30cm处，四周挖一个宽30cm、深20cm的小沟，并用土压实帐幕。堆垛顶部和四侧用绳缚牢，防止大风将帐幕掀开。

溴甲烷按计算的用药数称量后，用乳胶管将药瓶与熏蒸堆相连，一端接到出药嘴上，另一端通入帐幕上的进药孔内（在帐幕上方打一个直径1cm的孔洞），用胶布黏牢孔口连接处，旋转钢瓶阀的开关，待1~2min，导管内药液挥发后，抽出乳胶管，并立即将进药孔用胶布封闭。从密闭时间开始记录投药时间。磷化铝则是药片倒入瓦片或其他器皿里，放置到堆垛两端木材空隙间，然后封闭两端帐幕。施用磷化铝片剂要平铺在不能燃烧的器皿中，不得置叠堆积，以免磷化氢燃烧起火。

④热处理　对木材进行热处理消灭木材中的害虫，这也是国际上常用的检疫处理技术。采用高温木材干燥设备，以过热蒸汽处理和热风处理对带有害虫的木材及木质包装物进行处理。如过热高温蒸汽热处理带有杨干象幼虫的杨木新伐木材、带有落叶松八齿小蠹成虫的落叶松和带有云杉大黑天牛幼虫的桦木，其含水率为90%~110%，待木材中心温度达到60~70℃以后测定过热蒸汽除害灭虫处理时间与效果的关系：处理时间越长，除虫效果越好；而随着温度的增加，木材害虫的除虫率也越高。经4h干燥处理，温度达到80℃以后，害虫全部死亡。

木材干热风处理除虫灭害是利用干燥窑，其所用的热源是煤气发生炉（其煤气发生的原料为木材加工剩余物）生成的一氧化碳经过再次燃烧所产生的180~200℃的高温干燥热风。将上述同样的带有害虫的木材放入窑内后，经加热，材料很快就达到100℃以上，经1h将试验材料从窑内取出，发现所有虫体全部死亡，除虫率达100%。

(2) 成材处理

为了避免木材在使用过程中发生虫害，可使用喷涂、浸泡、压力浸渍等方式使用杀虫剂处理木材，具体方法和防腐剂处理木材相类似。但对于已发生虫害的成材，可以使用硼酚复合剂等涂刷、喷涂或浸渍对木材进行处理，以达到除虫的目的。对建筑材和家具材，可用2.5%硼砂、2.5%硼酸、4%氟化钠水溶液或5%硼酚复合剂处理。如果在木结构上发现虫蛀，可在新蛀粉末掉下的木材部位喷涂5%硼酚复合剂进行处理。对于竹材害虫的防治，民间常采用石灰水浸泡或烟熏法，现在常用1%五氯酚钠和1.5%氟化钠复合剂，或硼砂与硼酸（比例1.5:1）复合剂，浓度为3%~5%的水溶液浸泡，均有一定效果。

### 3.4.2　木材的防白蚁处理

在有白蚁分布的地区，白蚁的防治一直是人们非常关注的问题。国家建设部和水利部多次发出通知，要求凡是有白蚁危害的地区，特别是长江以南各地都须积极贯彻预防为主，防治结合的方针，认真做好建筑物和水利堤坝的白蚁防治工作，以确保国家和人民生命财产的安全。建设部1993年下达的《认真做好新建房屋白蚁预防工作的通知》还对新建房屋不同部位、不同构件白蚁防治时所用药物及其使用浓度、用量、施药方法等作了具体说明。白蚁防治的方法很多,大致可分为预防和除治两方面。

#### 3.4.2.1 白蚁的预防

白蚁的预防方法可分为生态防蚁法和化学防蚁法。生态防蚁是通过创造不利于白蚁生存的环境来达到预防的目的,如从建筑设计上考虑建筑物的防蚁措施,使用药物对建筑物场地进行处理,消除潮湿来源,选用抗白蚁性能较强的木材等。化学防蚁是采用化学药剂处理木材、电缆和土壤等,使之对白蚁产生抗性。

木材防蚁处理时使用木材防腐防蚁药剂涂刷、浸渍或加压浸注木材使其抵御白蚁及其他有害生物的侵害,常用的防白蚁药剂如铜铬砷(CCA)、氨溶砷酸铜(ACA)、五氯酚与林丹油剂或乳剂以及防腐油等。为了有效防止白蚁,一般防腐油(克里苏油)加压浸注保持量为 $128\sim140kg/m^3$,防腐油与煤焦油混合油保持量为 $130\sim180kg/m^3$,CCA 为 $12\sim16kg/m^3$,而环烷酸铜为 $195kg/m^3$,五氯酚石油溶液为 $12\sim16kg/m^3$(干药量)。

#### 3.4.2.2 白蚁的除治

①挖巢法 挖巢法必须先找到蚁巢,然后用简便的工具将蚁巢挖取出来。对家白蚁可寻排积物、分飞孔等将主、副巢清除。对土栖白蚁可根据蚁路及生长于活蚁巢上的鸡枞菌等挖取蚁巢。挖出蚁巢后,通常向蚁路和巢穴周围的土壤施撒灭蚁药物,以杜绝后患。

②毒杀法 对家白蚁等的治灭关键在于找巢和灭蚁两个步骤。我国目前使用的防治白蚁的药物主要是有机氯的氯丹和含砷化合物,使用它们灭蚁时,可沿蚁路或通过开在蚁巢中心部位的洞口向巢内施药。多年的实践证明两类药物的灭蚁效果都令人满意,但是由于它们对环境中造成的潜在危险,许多发达国家,如日本(1986)、美国(1987)等已相继禁用氯丹。目前国内开始推广使用的乐斯本 TC[Dursban TC,又名毒死蜱(chlorpyrifos)]、桂百灵(Silaluofen)、白蚁灵(Sumialfa 5FL)以及几丁质合成抑制剂卡死克乳油等灭蚁效果良好,对环境安全,但残效期较短,很难达到目前提出的预防要求,多次施药技术是克服这一缺陷的一个方法。

③诱杀法 一般在找不到蚁巢时,尤其在防治散白蚁危害时,采用此法,可分坑诱、箱诱和光诱等。所谓坑诱和箱诱是将白蚁喜食的松木、杨木、高粱秆、甘蔗渣等放入坑内或箱内,引诱白蚁,然后施放灭蚁药物进行毒杀。灯光诱杀只适用于有翅成虫,在蚁群分飞时节,利用繁殖蚁的趋光性,用农用黑光灯或其他灯光诱杀。

④熏蒸法 干木白蚁的除治常用此法,常用药剂为溴甲烷、硫酰氟等。采用此法杀灭干木白蚁时可将受害木质器具放在熏蒸箱或密闭良好的房间内进行熏蒸,也可用塑料薄膜封起来进行熏蒸。

### 3.4.2.3 防治白蚁的药剂

(1) 家白蚁

家白蚁是我国南方危害建筑物的主要白蚁种类,这个属已经出现的有十余种。灭家白蚁的方法很多,粉剂毒杀法用的最多。此法是将慢性胃毒药粉直接喷在蚁巢、分飞孔或蚁路内,使尽可能多的白蚁沾染药粉,靠中毒白蚁互相传递,达到杀灭全巢的目的。常用的灭蚁粉有两种,即以亚砒酸为主的砷素剂和六氯环戊二烯的系列杀虫剂,如灭蚁灵(Mirex)。以亚砒酸(三氧化二砷)为主的灭蚁粉配方很多,常用的配方有两种:①亚砒酸85%、水杨酸10%、三氧化二铁5%;②亚砒酸70%、滑石粉25%、三氧化二铁5%。以亚砒酸为主的灭蚁粉配方,在世界各地广泛使用,毒性大,效果好,在干燥环境中只要部分白蚁中毒,即能将毒剂传递给整个群体。如处理得当,能使巢内白蚁全部中毒死亡。

灭蚁灵粉剂一般含有效成分50%~70%,喷粉时可直接使用。这种粉剂毒性比砷素剂低,作用缓慢,传递性好,导致全巢白蚁死亡约需一个月的时间,特别适用于治灭地下巢和树巢。灭蚁灵性质稳定,它的半衰期为6~12年,摄入人体后易于脂肪、肝和脑的组织中积聚,使用时应佩戴面具防护。

(2) 散白蚁

散白蚁广泛分布于温带及亚热带地区,是我国白蚁最大的一个属,现已定名50余种。它为土木两栖性白蚁,群体小而栖居分散,不筑大型巢居,故称散白蚁。主要危害房屋木构架和某些木质材料。就危害房屋的特点而言,黄肢散白蚁蛀蚀接近地面的木材,如地板、门框、楼梯脚、柱基等处,黑胸散白蚁和黄雄散白蚁蛀蚀楼房直达屋顶。各地广泛采用液剂喷雾,即喷洒5%~10%亚砷酸钠、3%~5%五氯酚钠或1%的氯丹水乳液来治灭散白蚁。大面积的喷洒药液,可收到良好效果,但对环境污染严重。

杭州市白蚁防治所研制的8201-R灭蚁灵诱饵剂对治灭黄肢散白蚁有效。这种诱饵剂由灭蚁灵、食糖和松木屑以1:2:5比例混合而成。混合拌匀后进行包装,每包净重1g。使用的具体步骤是:选取历年有白蚁分飞活动的地方作为诱饵投放地,首先在投放处轻轻拨开一定容积的空间,大小以能投放诱饵为宜。诱饵剂放妥后,用废纸、湿土封闭孔口,保持其原来环境。一个月后检查诱饵被食等级和白蚁死亡情况。实践证明,用皱纹纸包装的诱饵剂,平均防治效果达87%以上。

(3) 堆砂白蚁

堆砂白蚁属于木白蚁科,该属已定名的有9种,分布在北纬约28°以南地区。堆砂白蚁主要危害室内木构件和野外的林木和果树。灭治堆砂白蚁最有效的方法是熏蒸法。常用的熏蒸剂有:溴甲烷($CH_3Br$)35~40g/m$^3$、氯化苦($CCl_3NO_2$)40g/m$^3$、硫酰氟($SO_2F_2$)30g/m$^3$、磷化铝(AlP)8~12g/m$^3$和敌敌畏等。其中硫酰氟是纺织堆砂白蚁的优良药剂,不但能有效地杀死堆砂白蚁,而且能治灭黑翅土白蚁和散白蚁等。这种药剂具有不燃不爆,易扩散,渗透性强,不腐蚀和适于低温使用等特点。

各种有机氯杀虫剂也适用于杀灭白蚁,可根据防治白蚁的用途来选择相应的有效杀虫剂(表3-21)。

表 3-21 防治白蚁常用的有机氯杀虫剂

| 杀虫剂名称 | 分子式及相对分子量 | 口服毒性 $LD_{50}$ (mg/kg) | 理化性质 | 防治白蚁用途 |
|---|---|---|---|---|
| 狄氏剂 (Dieldrin) | $C_{12}H_8Cl_6O$ 380.92 | 60 | 纯品为白色结晶体,熔点175~176℃,不溶于水,易溶于苯和二甲苯,光、酸和碱稳定 | 国外使用最广泛的防治白蚁药剂,残效期长,可用于毒土和处理树巢,或压入塑料电缆和木材中 |
| 艾氏剂 (Adrin) | $C_{12}H_8Cl_6$ 364.92 | 50~60 | 纯品为白色结晶体,熔点104~104.5℃,不溶于水,溶于石油、丙酮和苯,化学性质稳定,耐高温、光、酸和碱 | 用途与狄氏剂相仿,防治白蚁效果稍逊于狄氏剂 |
| 氯丹 (Chlordance) | $C_{10}H_6Cl_8$ 409.78 | 250~590 | 黄色或褐色粘稠状液体,熔点103~105℃,不溶于水,能溶于脂、酮和醚类,原油含60%~70%有效成分,对碱不稳定 | 乳剂广泛用于防治散白蚁和农作物白蚁,用于毒土处理地基和防蚁电缆,药剂可保持10年以上 |
| 林丹 (Lindane) | $C_6H_6Cl_6$ 290.83 | 125 | 纯品为白色粉末或结晶,熔点310℃,不溶于水,溶于丙醇和苯,在碱性土壤中分解较快 | 对白蚁毒性大,用于毒土或压入塑料电缆及木材中,残效期稍逊于上述药剂 |
| 五氯酚 (PCP) | $C_6Cl_5OH$ 266.33 | 125~210 | 纯品为白色晶体,熔点190.2℃,不溶于水,溶于醇、醚和苯等溶剂,对光和高温稳定,遇强酸易分解 | 常用的木材防蚁防腐剂,与狄氏剂或林丹等复合使用效果更好 |
| 灭蚊灵 (Mirex) | $C_{10}Cl_{12}H_6$ 546 | 306~600 | 白色结晶体,熔点48.5℃,不溶于水,溶于苯和四氯化碳,性质稳定 | 粉剂用于防治家白蚁和散白蚁,效果良好,对潮湿环境药效尤为显著,制成白蚁诱饵剂可诱杀家白蚁、散白蚁和黑翅土白蚁 |
| 开蓬 (Kepone) | $C_{10}Cl_{10}O$ 491.08 | 114~140 | 白色结晶体,工业品纯度为90%,约在350℃升华,不溶于水,易溶于丙酮、微溶苯和石油醚 | 用途与灭蚊灵相仿,但对白蚁击倒较快,毒性较大 |

## 3.5 防腐处理材的质量及性能检测

### 3.5.1 防腐处理材中有效成分检测

近些年，国内防腐木材的使用量增长非常迅速，防腐木材所用的防腐剂主要是水载型木材防腐剂，如CCA和ACQ等。国内木材防腐行业也制定了相关的标准，如GB/T 27654—2011《木材防腐剂》及GB/T 27651—2011《防腐木材的使用分类和要求》等，这些标准规定了防腐剂中各组分的含量以及防腐处理材在不同场合应用时所需的载药量。因此，对防腐处理材中有效成分含量进行检测十分有必要。

对水载型防腐剂中各组分的含量以及防腐剂在处理材中的载药量检测，主要参照GB/T 27652—2011《防腐木材化学分析前的预处理方法》和GB/T 23229—2009《水载型木材防腐剂分析方法》进行，具体如下：

#### 3.5.1.1 防腐木材化学分析前的预处理

防腐处理材中的防腐剂有效成分含量往往无法直接测量，需要在取样后进行一定的预处理。样品应取自距端头300mm以上的具有代表性的木材试样，取样部位应避开节子、开裂和应力木。将上述样品粉碎，通过30目的筛子，125℃条件下烘2.5h至衡重。预处理方法包括过氧化氢-硝酸消化法、高氯酸消化法、微波-硝酸消化法和过氧化氢-稀硫酸水浴法。

(1) 过氧化氢-硝酸消化法

样品经过氧化氢-硝酸分解后，使待测元素变成可溶态，然后进行定量测定。所需的试剂主要有浓硝酸(70%，分析纯)和过氧化氢(50%，分析纯)。

操作过程如下：将木粉试样在烘箱中干燥至恒重，用灵敏度为0.1mg的分析天平准确称取约5g试样，放置在500mL的烧瓶中，沿瓶壁慢慢加入75mL的浓硝酸，使木粉完全润湿(相当于每克木粉试样加入15mL浓硝酸)。加入3~5粒玻璃珠，在电热板上慢慢加热；在形成棕色烟雾的初始反应过后，继续加热，直到溶液变为清澈透明；降温，逐滴加入5mL过氧化氢。若消解处理后溶液未达清澈，再逐滴加入5mL过氧化氢，继续加热至溶液变清。

根据所称试样的多少，将消解液全部转移至100mL或200mL的容量瓶中，用去离子水稀释并定容后即可用于下一步分析；建议同时制备一个消解空白试样，以便在以后的分析中扣除空白值。

(2) 高氯酸消化法

高氯酸消化法所用的试剂主要有：浓硝酸(70%，分析纯)；浓硫酸(98%，分析纯)；浓高氯酸(70%，分析纯)。酸氧化剂：在装有100mL蒸馏水的烧杯中缓慢地加入185mL浓高氯酸，再一边搅拌一边加入270mL浓硫酸，混合搅匀。

操作过程如下：粉碎后样品在烘箱中以105℃干燥至恒重，准确称取5g木粉样品(精确至0.1mg)置于称量瓶内，然后转移到500mL凯氏消解瓶中，加入3~5颗玻璃珠，沿消解瓶内壁慢慢加入30mL硝酸，低温加热，并在抽气状态下(如通风橱中)缓慢消解(100℃);或者加入硝酸后,将样品静置过夜,第二天再继续加热消解。消解约 20min 左右,棕色烟消失,木材样品已基本消解完全;如果还没有,再次加入 10mL 硝酸,继续消解。通常需要多于 30mL 的硝酸用量,但应避免加入过量的硝酸。消解完全后,用滴管或注射器往凯氏消解瓶加入 10mL 酸氧化剂;约 40min 后,可以看到瓶口有白色浓烟,消解液变成绿色;如果溶液变成黑色,此时需将消解瓶冷却,再次加入 10mL 硝酸,加热直至出现浅绿色澄清溶液。如果防腐木材样品中没有铬元素,消解到此结束(如 ACQ、MCQ 等防腐处理木材样品)。否则,继续消解直至溶液变成橙色(如 CCA 防腐处理木材样品)。消解完成后立即将凯氏消解瓶移出加热装置,待冷却至室温,将消解液转移到容量瓶并定容后即可作下一步分析。

(3) 微波-硝酸消化法

微波-硝酸消化法所需的试剂主要有浓硝酸(70%,分析纯)和过氧化氢(50%,分析纯)。

操作过程如下:将木粉试样在烘箱中干燥至恒重,用灵敏度为 0.1mg 的分析天平准确称取约 0.2g 试样,放置在微波消化管中。同时准备一个空白消化管,随同木粉样品进行同样处理(方便在以后的操作中扣除空白值)。加入 5mL 的浓硝酸,把消化管放进消化罐,拧紧盖子固定好,再把消化罐放进微波消解仪,进行消化。消化完成后,冷却,打开微波消解仪的门,移开消化罐,如溶液呈黄色,则表明有残余有机物存在,需逐滴加入过氧化氢溶液直至澄清为止。如溶液已经澄清,则直接冷却并用蒸馏水定容至 100mL。

(4) 过氧化氢-稀硫酸水浴法

将木粉试样在烘箱中先以 125℃ 的条件烘约 2.5h 至恒重,称取约 1.5g 粉末(精确至 0.1mg)置入一个 250mL 的三角瓶中,加入 40mL 2.5mol/L 的硫酸溶液,8mL 30% $H_2O_2$ 溶液。用水浴加热三角瓶,在 75℃ 条件下保持 30min,并不时地摇动,最后冷却至室温。将消解液全部转移至 200mL 容量瓶,并加入蒸馏水定容并过滤,滤液可直接用于原子吸收分光光谱仪的测定。

取一个 250mL 的三角瓶,用加入 40mL 2.5mol/L 的硫酸溶液和 8mL 30% $H_2O_2$ 溶液;随同木粉样品按前面叙述的步骤进行同步处理,制备一个消解空白试样,以便在以后的分析中扣除空白值。

### 3.5.1.2 含铜防腐剂及防腐木材中铜含量的测定

(1) 滴定分析法

①主要试剂 浓氨水(25%,AR)、浓盐酸(36%,AR)、浓硫酸(98%,AR)、甲醇或乙醇(AR)、20%的碘化钾水溶液、20%的硫氰酸钠水溶液。

1%淀粉指示剂溶液的配置:称取 1.0g 可溶性淀粉,用少量水调成糊状,慢慢加入到沸腾的 100mL 蒸馏水中,继续煮沸至溶液透明为止。

0.1000mol/L 硫代硫酸钠溶液的配置:取 26g 硫代硫酸钠($Na_2S_2O_3 \cdot 5H_2O$),溶于新煮沸经冷却的蒸馏水使之溶解,加 1.0g $Na_2CO_3$ 作为防腐剂并稀释至 1000mL,充分混匀,保存在棕色瓶中,在暗处放置 8~12d 后标定。

0.05mol/L 硫代硫酸钠溶液的配置:准确量取 0.1000mol/L 硫代硫酸钠溶液

25mL，加入新煮沸经冷却的蒸馏水至50mL。该溶液通常在使用前制备并标定。

0.01mol/L 重铬酸钾标准溶液的配置：用差减法准确称取干燥的(180℃烘2h)分析纯 $K_2Cr_2O_7$ 固体 0.7~0.8g 于 100mL 烧杯中，加 50mL 水使其溶解之，定量转入 250mL 容量瓶中，用水稀释至刻度，摇匀。

硫代硫酸钠溶液的标定：用移液管移取 25.00mL $K_2Cr_2O_7$ 溶液置于 250mL 锥形瓶中，加入 3mol/L HCl 5mL，1g 碘化钾，摇匀后放置暗处 5min。待反应完成后，用蒸馏水稀释至 50mL。用硫代硫酸钠溶液滴定至草绿色。加入 2mL 淀粉溶液，继续滴定至溶液自蓝色变为浅绿色即为终点，平行标定三份，计算 $Na_2S_2O_3$ 溶液的浓度。

②操作过程　取适量经消解并定容后的样品溶液至一个 300mL 的锥形瓶中，加 10mL 水、10mL 盐酸和几粒玻璃珠，小心加入 15mL 乙醇，慢慢加热至沸腾，继续加热至溶液的黄绿色完全消失，这表明所有的铬已经被还原（如果样品中不含铬，该步骤可以省略），此时，溶液应该是清澈的蓝绿色（如果样品是氨溶砷酸铜锌，应在通风橱中进行煮沸操作）。

用水冲洗锥形瓶瓶壁，煮沸 1min，冷却，小心地用浓氨水中和至刚刚产生永久性沉淀（当样品中含铜量较少时，可能不会产生沉淀。此时，用浓氨水调节 pH 值，直至用 pH 试纸检测溶液略呈碱性），再逐滴加入浓硫酸至溶液变成酸性(pH=3~4)。将溶液煮沸蒸发至约 30mL，冷却至室温（约20℃），然后稀释至 125mL。

加 10mL 20%碘化钾溶液和 5mL 20%硫氰酸钠溶液，充分摇匀，用 0.05mol/L 硫代硫酸钠溶液滴定，在碘的浅棕色消失前加入 2mL 淀粉溶液，当溶液颜色从深蓝色变为浅绿色时，停止滴定。对于氨溶砷酸铜锌样品而言，终点则是从深蓝色变成乳白色。

③计算方法

$$R_{CuO}=\frac{7.96\times v\times C\times V_1\times d}{m\times V_2}\times 10$$

式中　$R_{CuO}$——防腐剂加压处理木材中氧化铜（CuO）的保持量，$kg/m^3$；

$v$——滴定时所用硫代硫酸钠标准溶液的体积，mL；

$C$——硫代硫酸钠标准溶液的浓度，mol/L；

$V_1$——防腐剂加压处理木材预处理后稀释定容体积，mL；

$V_2$——测定时所取预处理后稀释液体积，mL；

$m$——预处理时所取防腐剂加压处理木材样本质量，g；

$d$——防腐剂加压处理木材的基本密度，$g/cm^3$。

(2) 原子吸收分光光谱法

原子吸收分光光谱法是基于样品所产生的原子蒸汽对特定谱线（待测元素的特征谱线）的吸收作用进行定量分析的一种方法。以测定试样中铜的含量为例：将试液喷雾进入燃烧的火焰中，挥发、解离成铜的原子蒸汽；将光源（铜空心阴极灯）辐射出的具有铜的特征谱线的光(324.8nm)通过一定宽度的铜原子蒸汽；此时部分光被蒸汽中铜基态原子吸收而减弱；通过检测器测得铜的特征谱线光被减弱的程度即可测得样品中铜的含量。吸收该波长的光能随着光路中特定元素的原子数的增加而增加。根据吸光度和标准溶液中已知元素浓度之间的关系，可以通过测定待测元素溶液的吸光度大小来确定该溶液中待测元素的浓度。可以校正仪器，直接读出所测元素的浓度。除了测试铜元素外，该方法还可测试锌、砷和铬。

具体方法为称取 0.9825g 分析纯的五水硫酸铜，加蒸馏水定容至 500mL，配置溶液再分别稀释 100、50、25、12.5 倍，测定铜含量，绘制标准曲线。随后将含铜防腐剂原液或防腐处理材消化液充分摇匀，取适量使用原子吸收光谱仪测定溶液浓度。最后计算防腐木材中铜的载药量或防腐剂中铜的含量。

锌、砷、铬的测量方法类似，需要配置不同的标准溶液。标准铬溶液：将 1.414g $K_2Cr_2O_7$ 溶解在 10mL 热蒸馏水中，并用 2mol/L HCl 稀释至 50mL，该溶液则含有 1 000μg/g Cr。标准砷溶液：将 1.320g As(在 105~110℃ 条件下干燥 2h)，溶解于 10mL 20% 的氢氧化钠溶液中，用 2mol/L HCl 稀释至 500mL，该溶液含有 2 000μg/g As。标准锌溶液：将 0.500 0g 纯锌溶解在 20mL 的 2mol/L HCl 中，如有必要，可加热，用 2mol/L HCl 稀释至 500mL，该溶液含 1 000μg/g Zn。

(3) X 射线能谱仪法

X 射线能谱仪适用于测定原子序数大于 5，并且在防腐处理木材含量高于 0.05% 的元素测定。根据仪器安装的软件不同，可以测定目前主要用于木材防腐剂和阻燃剂的几种特定元素，如硼(5)、磷(15)、硫(16)、氯(17)、铬(24)、铜(29)、锌(30)、砷(33) 和碘(53) 等。最为常用的是测定经 CCA 或 ACQ 防腐加压处理木材中活性成分的含量，如 $CuO$、$CrO_3$ 和 $As_2O_5$ 三种有效成分的含量。

按下述步骤进行检测：

试样粉碎：全部试样应被粉碎成木粉，并足以通过 30 目标准筛，大颗粒木粉应被重新粉碎。粉碎后，应尽可能收集全部试样，并清理粉碎机。

试样干燥：试样应干燥到含水率为 0。干燥时间随试样的初含水率以及样品量不同而变化。

试样压片：试样压片前，应将粉碎的试样充分混合均匀。试样干燥后或在干燥器中存放一段短时间后，将大约 1.5g 左右的样品装入做好的样品杯中，保证样品杯上的薄膜无皱褶，并按照仪器使用说明书的要求，利用专用压片机尽快压实试样。样品的含水率不得超过 3%~5%，因为试样的含水率增加时，会导致测定误差的产生。样品饼要均匀并有足够的厚度，否则会影响检测结果。

在进行测量前，最好进行仪器校准，以保证仪器的状态保持在设定校正曲线时的状态。

选择相应的测定模式(SELECT MODE)，其中 CCAW 为 CCA 处理木材，CU-W 为 ACQ 处理木材。并设定记数时间(COUNT TIME) 为 200s。将相应的校准样品放置在 X 射线能谱仪的样品座上，进行仪器校准。

仪器校准成功后，即可进行样品分析。此时将记数时间调整为 100s。将盛有样品饼的样品杯放到已经安装调试标准化、校正好的 X 射线荧光分析仪的检测窗口，按仪器商提供的操作说明的检测程序进行分析。建议每个试样分析 3 次，取平均值作为测定值。若试样中活性成分含量过高时，不适合用该仪器进行检测。当待测样品中各组分之间的比例与校准样品相差较大时，测定结果也将不准确。

计算：根据检测得到的样品中 $CuO$、$CrO_3$、$As_2O_5$ 的百分含量和处理木材的基本密度，按下式计算防腐剂加压处理木材中活性成分的保持量。

### 3.5.1.3 防腐木材中硼含量的测定

电感耦合等离子原子发射光谱(ICP-OES)检测法适用于未固着硼类化合物含量的测定，包括八硼酸氢二钠四水化合物(DOT)、铜唑防腐剂体系中作为添加剂的硼化合物等。对于防腐处理木材中的硼含量的测定，在采用电感耦合等离子原子发射光谱对其进行分析前，应先将样品进行消化预处理。配制系列浓度梯度的硼标准溶液($10\mu g/g$、$25\mu g/g$、$50\mu g/g$、$100\mu g/g$)，用电感耦合等离子体原子发射光谱仪先对标准溶液进行测定，绘制标准曲线，然后测量样品溶液。用去离子水代替2%稀硝酸溶液[含曲拉通100(Trition X-100)]作为空白溶液，并且每测定 5 个样品盒测量结束后，用标准溶液重新校准标准曲线，保证测量的准确性。该方法测量速度快，灵敏度高，不需要其他试剂，操作简单，但检测费用较高。

### 3.5.1.4 滴定法测定 DDAC 和 BAC

(1) 仪器

微量滴定管(10mL)、具塞分液漏斗(125mL)、超声波水浴等。

(2) 试剂

十二烷基硫酸钠标准溶液(0.004 mol/L)：称取 1.14~1.16g 十二烷基硫酸钠到 250mL 烧杯中，用 100mL 蒸馏水溶解，加入 1 滴三乙醇胺，并全部转入 1L 容量瓶中，用蒸馏水定容至刻度线。

海明 1622 标准溶液(苄基二甲基-2-[2-对-(1, 1, 3, 3-四甲丁基)苯氧-乙氧基]-乙基氯化铵单水合物，0.004mol/L)：称取 1.75~1.85g 的海明 1622(精确至 0.000 1g)，在 105℃条件下干燥至恒重，用蒸馏水溶解，然后全部转入 1 L 容量瓶中，用去离子水定容至刻度线。

混合酸性指示剂原液：准确称取 0.5g(精确至 0.000 1g)溴代米迪翁(3, 8-二氨基-5-甲基-6-苯溴化氮杂菲)至 50mL 烧杯中，再将 0.25g(精确至 0.000 1g)酸性蓝-1 [4, 4-双(二乙氨基)三苯基脱水甲醇-2, 4-二磺酸单钠]盛到另一烧杯，在每只烧杯中分别加入 20~30mL 热乙醇(10%体积比)，搅拌直到溶解，将两只烧杯中溶液均转移到 250mL 容量瓶中，用热乙醇(10%体积比)洗涤烧杯，洗液也并入容量瓶中，用热乙醇(10%体积比)定容至刻度线，储存在棕色瓶中，避光保存。

混合酸性指示剂：准确吸取 20mL 混合酸性指示剂原液于 500mL 容量瓶中，加入 200mL 水、20mL25 mol/L 的硫酸，用蒸馏水稀释至刻度，储存在棕色瓶中，避光保存。0.1 mol/L 盐酸-乙醇提取液：加入 8.3mL 浓盐酸(36%，分析纯)到 1 000mL 容量瓶中，加入 800mL 无水乙醇(AR)，用去离子水定容至刻度线。

(3) 操作程序

①样品萃取 用植物粉碎机将待测防腐木材样品粉碎，至通过 30 目标准筛，在 125℃条件下干燥至恒重，准确称取木粉样品 1.25g(精确至 0.1mg)置于 50mL 具塞螺纹提取瓶中，用移液管准确加入 25mL 0.1mol/L 盐酸-乙醇提取液，旋紧塞子。放置在超

声波水浴中处理 3h，每隔 0.5h 摇动具塞螺纹提取瓶，使提取充分。样品取出后静置冷却（必要时用离心机分离）。

在测定 ACQ 防腐处理材中季铵盐含量时，样品前处理时的萃取是直接影响测定准确度的重要因素。因此，萃取过程要求尽可能地将样品中的季铵盐提取出来。需要考虑样品的颗粒度、所用的萃取溶剂用量、萃取温度及萃取时间等因素对 ACQ 处理材中季胺盐萃取率的影响。由于乙醇浸提的选择性好，渗透性强，浸出率较高。因此，选择 0.1mol/L 盐酸溶液（8.3mL 浓盐酸+991.7mL 乙醇）作为萃取溶液，并利用超声波辅助萃取。

②滴定空白十二烷基硫酸钠溶液　用移液管准确移取 5mL 0.004 mol/L 十二烷基硫酸钠标准溶液至 125mL 分液漏斗。用量筒加入 20mL 蒸馏水，15mL 氯仿和 10mL 酸性指示剂溶液之后。用 0.004 mol/L 海明 1622 标准溶液滴定，每加入一次液体后，塞上塞子，摇动分液漏斗，使得溶液充分混合，用蒸馏水冲洗塞子，以免样品流失。终点前氯仿层将变成粉红色，随着滴定终点的接近，氯仿/水乳液将很快分离，水相颜色从灰白色变为绿色，继续缓慢滴定直到粉红色开始转变。终点出现在粉红色完全消失，氯仿层呈现浅灰蓝色，记录此时的海明 1622 溶液体积 $V_1$。随着海明 1622 标准溶液的过量，氯仿层将变为蓝色。

③ACQ 防腐处理木材样品的分析　用 0.05 mol/L 氢氧化钠滴定 3mL 萃取液至酚酞终点，用此预定量中和木材萃取溶液至 pH 值接近 7。用移液管准确吸取 3mL 萃取液样品至含有 20mL 蒸馏水的 100mL 具塞量筒中，加入预定中和量的 0.05mol/L 氢氧化钠溶液，加入 15mL 氯仿和 10mL 酸指示剂，用移液管准确加入 5mL 0.004 mol/L 的十二烷基硫酸钠溶液。盖上塞子用力摇晃分液漏斗 10~15s，然后待溶液在漏斗中出现分层（底层的氯仿溶液应该是呈浅粉红色。如果不是，则加入十二烷基硫酸钠的量不够）。在这种情况下，要再加入 5.00mL 的 0.004M 的十二烷基硫酸钠，但在计算中应该计算入内，过量的十二烷基硫酸量用 0.004mol/L 海明 1622 溶液滴定，每滴入一定的量就用力摇晃 10~15s，直到氯仿层的颜色由粉红色变为浅灰蓝色。起初，水层会变成灰蓝色，随着终点的接近再转变成绿色。当氯仿层的粉红色完全转变成淡灰蓝色的时候，即达终点。记录此时的体积 $V_2$。

(4) 计算

$$W = (V_1 - V_2) \times N \times M_W / 10(m \times V_0 / V)$$

式中　$W$——季铵盐（DDAC 或 BAC）质量分数，%；

　　　$V_1$——滴定空白耗海明 1622 标准溶液体积，mL；

　　　$V_2$——滴定样品耗海明 1622 标准溶液体积，mL；

　　　$N$——海明 1622 标准溶液的浓度（海明 1622 质量 g/448.1）；

　　　$M_W$——季铵盐的摩尔分子量，对于 DDAC 而言，$M_W$ = 362.08，而对于 BAC 而言，$M_W$ = 354；

　　　$m$——木粉样品质量，g；

　　　$V_0$——样品量，mL；

　　　$V$——萃取液的总量，mL。

### 3.5.1.5 高效液相色谱(HPLC)测定防腐处理木材中戊唑醇

(1) 方法概述

对木材抽提物,采用甲醇用索氏抽提器抽提。样品中的活性成分采用高效液相色谱(HPLC)分离,UV检测器检测。活性成分浓度用外标法进行计算。

(2) 仪器

液相色谱仪的主要配置为:色谱柱为$C_{18}$柱,长250mm、内径4mm的不锈钢柱,填充料位5μm颗粒的十八烷基硅胶。为延长色谱柱的使用寿命,可以在色谱柱的前面配置一支含相同填充材料(十八烷基硅胶)的保护柱、UV检测器(225nm)。

(3) 试剂

主要有甲醇(色谱纯)、超纯水、戊唑醇(分析纯)。

(4) 标准样的准备

称取25mg(精确到0.01mg)戊唑醇,置于50mL瓶中。加入一定量的甲醇,使其浓度达到大约500mg/L。为准确计算溶液的浓度,需考虑戊唑醇的纯度。用同样的方法配制一组标准样品(每组至少4个),标样浓度范围10~100mg/L之间为宜。

(5) 样品的制备

木材抽提物:将木材样品烘干,用电钻钻取木粉,将木粉混合均匀。称取2.5g(精确到0.01g)木粉,置入索氏抽提器中,用120mL甲醇抽提。然后,用0.45μm有机相过滤头进行过滤。最终使得待测物的浓度处于30mg/L左右。

(6) 色谱条件

流动相:甲醇/水(9/1)混合液;

流速:1mL/min;

检测波长:225nm;

戊唑醇保留时间约为3min。

(7) 计算

采样外标法对样品进行定量分析。利用标准样制作校准曲线,其相关系数应大于0.99。

### 3.5.1.6 防腐剂透入度检验

(1) 含铜防腐剂透入度检验

将0.1g铬天青和1g乙酸钠加入100mL蒸馏水溶解后作为显色剂备用。用直径5mm或10mm空心钻或生长锥取样,CCA、ACQ、CuAz防腐木材含铜木芯部分滴加或喷洒显色剂后显示深蓝色。或将次溶液喷到新锯开的木横截面上,木材颜色显示深蓝色,根据显色部分长度(mm)判断防腐剂在木材中的透入度。

(2) 含硼防腐剂透入度检验

将10mL盐酸与80mL乙醇混合,然后用乙醇将其稀释100mL,加入0.25g姜黄素,再加入10g水杨酸,摇匀作为显色剂备用。用直径5mm或10mm空心钻或生长锥取样,防腐木材含硼木芯部分滴加或喷洒显色剂后显示淡红色。或将次溶液喷到新锯开的木横截面上,木材颜色显示亮红色,根据显色部分长度(mm)判断防腐剂在木材中的透入度。

(3)其他防腐剂显色剂

①三价铬盐　配置两种溶液：2g 醋酸铝溶于 80mL，蒸馏水中，再加 20mL 冰醋酸；1g 铬青颜料溶于 100mL 蒸馏水中。先后涂上两种溶液，木芯或木试样在 100℃烘干，含铬则由红变蓝色。

②六价铬盐　将 0.5g 二本卡巴肼加到 15g 冰醋酸中，再加蒸馏水 125mL，作为显色剂备用。涂于木芯或木试样断面 20min 后，有铬呈紫红色，含量低呈浅紫色，无铬呈木材本色。

③砷盐　配置两种溶液：5g 可溶性淀粉溶于 100mL 刚开的水中，存入棕色瓶；各取 1g 碘化钾和碳酸氢钠溶于 300mL 蒸馏水中。两溶液 1∶1 混合涂于木芯或木试样断面上，有亚砷酸时由蓝色变成无色。

### 3.5.2　防腐处理材的生物耐久性检测

防腐处理木材或未处理木材的耐久(腐)性主要是参照一些标准规定的实验环境条件下，致病真菌(如褐腐菌、白腐菌、软腐菌等)或昆虫(如白蚁、留粉甲虫等)对防腐处理木材或未处理木材的降解而引起的木材重量损失来评定该种木材的耐久(腐)性。

防腐处理木材或未处理木材在外界使用环境耐久性评定方法，按实验进行的场地不同可分为实验室实验方法和野外实验方法，野外实验方法按试样与实验地面的距离不同分为野外埋地实验方法和野外近地实验方法；其中，实验室实验方法又可以称为快速实验方法，因为它相对野外实验方法比较而言，实验周期较短，一般在 3~4 月左右，即可以得出实验结果；而野外实验方法一般要 1 年以上，通常为 3~5 年或 10 年左右或更长。从二者的实验数据可靠性来看，野外实验方法更加接近实际防腐处理木材或未处理木材实际使用情况，所以实验结论的可靠性更强。

实验室法(laboratory test)：即在实验室内人工模拟的腐朽条件下进行木材耐腐性实验的统称，由于树种不同而采用的实验微生物有所不同，而且由于各个国家根据本国国情制定的耐腐性实验标准的不同，实验室实验方法各不相同。目前，按照地域或国家可以分为欧洲实验室法、美国实验室法、加拿大实验室法和日本实验室法等。按实验材料可以分为琼脂木块法和土壤木块法(如土床实验法)等，琼脂木块法(agar-block test)是为测定防腐剂毒性效力的一种生物试验方法。以麦芽汁和琼脂作培养基，用试块重量损失测定防腐剂的毒效。土壤木块法(soil-block test)是促使木腐菌在试验木块上生长的一种生物试验方法，以土壤为培养基，用试块重量损失测定药剂的毒性效力。土床实验法或称为菌窖实验法(fungus cellar test)是常用的土壤木块实验法之一，它是实验室评价防腐剂毒效的生物扩大试验。在可控制温、湿度的室内，分隔成若干个窖槽装以土壤。将试条(木材)用防腐剂处理后，插入土壤中，以后即定期检查其腐朽程度，作为评价防腐剂的依据。

野外实验法(field test)：通常是在野外选择试验场，将各种类型的试材插入土壤中(如野外埋地实验方法)或不与土壤接触(如野外近地实验方法)，直接在大气中进行耐久性暴露试验。这类实验方法实验周期比较长，一般要 2~5 年或更长，但这类实验方法得到的数据更接近于防腐处理后木制品的实际防腐效果。目前，我国现行的抗生物危害性能检测标准，见表 3-22。

表 3-22　我国现行的抗生物危害性能检测标准一览表

| 标准号 | 标准名称 | 适用范围 |
| --- | --- | --- |
| GB/T 13942.1—2009 | 木材耐久性能 第1部分：天然耐腐性实验室试验方法 | 该标准规定在实验室条件下，木腐菌对木材的侵染而引起的木材重量损失，以评定木材的天然耐腐等级的试验方法。该标准适用于在实验室条件下评定木材的天然耐腐等级 |
| GB/T 13942.2—2009 | 木材耐久性能 第2部分：天然耐久性野外试验方法 | 该标准规定了木材在野外暴露条件下，抗微生物败坏或白蚁蛀蚀的性能及评定天然耐久性等级。该标准规定了木材在野外与土壤接触条件下的抗生物破坏性及等级评定方法 |
| LY/T 1283—2011 | 木材防腐剂对腐朽菌毒性实验室实验方法 | 该标准规定了在最适宜的实验室条件下，通过测定经防腐剂处理的木材受腐朽菌侵染后造成木材重量损失，确定所试验的防腐剂能有效防止所选定的腐朽菌对所处理木材腐朽的最小用量（即毒性极限值）的方法。用这种方法测得的这种防腐剂的毒性极限值可视为该防腐剂在地面以上（包括与地接触）野外试验时所应达到的最小载药量 |
| GB/T 29900—2013 | 木材防腐剂性能评估的野外近地面试验方法 | 该标准规定了各种木材防腐剂野外近地面试验评价方法。测试条件为 GB/T 27651—2011 规定的 C3.2 类防腐木材。该标准适用于各种木材防腐剂 |
| GB/T 27655—2011 | 木材防腐剂性能评估的野外埋地试验方法 | 该标准规定了根据木材试样在野外埋地条件时经菌虫侵害后的完好指数确定木材防腐剂处理的木制品的耐久性能的方法。该标准适用于评估户外与土壤接触时的木制品处理的木材防腐剂的防腐朽及抗白蚁蛀蚀性能 |
| GB/T 29902—2013 | 木材防腐剂性能评估的土床试验方法 | 该标准规定了快速评价木材防腐剂的抗微生物降解性能的室内土床试验方法。该标准适用于各种木材防腐剂 |
| LY/T 1284—2012 | 木材防腐剂对软腐菌毒性实验室试验方法 | 该标准规定了在实验室条件下，通过测定经防腐剂处理的木材受软腐菌侵染后造成的木材重量损失，确定该防腐剂毒效的试验方法。该标准适用于测定木材防腐剂对软腐菌的毒性极限 |
| GB/T 18261—2013 | 防霉剂对木材霉菌及变色菌防治效力的试验方法 | 该标准规定了防霉剂对木材霉菌及变色菌防治效力的实验室及户外试验方法。该标准适用于实验室条件下确定防霉剂对木材霉菌及变色菌的毒性极限及户外试验评估防霉剂防治木材霉菌及变色菌的效果。木制品、人造板、竹材及藤类的防霉和防变色试验亦可参照使用 |
| GB/T 18260—2000 | 木材防腐剂对白蚁毒效实验室试验方法 | 该标准规定了木材防腐剂在实验室条件下真空处理的试块对家白蚁的毒性试验方法，适用于处理木材中防腐剂经流失老化后的毒性范围的测定，还可用于不同防腐剂对台湾白蚁毒性大小比较的测定，也适用于木材防腐剂用加压处理试块的毒性试验 |

### 3.5.2.1 木材抗真菌性的实验室检测方法：

木材抗真菌性的实验室检测方法包括木材天然耐腐性实验室试验方法（GB/T 13942.1—2009）、木材防腐剂对腐朽菌毒性实验室实验方法（GB/T 27655—2011）、木材防腐剂性能评估的土床试验方法（GB/T 29902—2013）、木材防腐剂对软腐菌毒性实验室试验方法（LY/T 1284—2012）、防霉剂对木材霉菌及变色菌防治效力的试验方法（GB/T 18261—2013），具体参见表3-23。

表 3-23 抗木腐菌危害性能实验室检测方法

| 实验室法名称 | 试材 | 试样 | 试菌 | 危害时间 | 具体实验步骤参见 |
|---|---|---|---|---|---|
| 木材耐久性能第1部分：天然耐腐性实验室试验方法 | 取自3~5株树木胸高部位以上长1m的原木段（胸径180~350mm）2~3根。试材均等取自每株树木原木段心材横截面均匀分布处，在无缺陷的健康树种靠近髓心的心材部位取样 | 取自2~3株原木段心材横截面均匀分布处。尺寸：20mm×20mm×10mm（纹理方向）的外部心材至少12块（均等取自2~3株原木）。年轮宽度在该树种平均年轮宽度±20%范围内。饲木可采用马尾松或毛白杨的边材，尺寸同试样或略大于试样，厚度为3~5mm | 试验针叶树材：绵腐卧孔菌 [ Poria placenta (Fr.) Cooke ]（菌种编号：CFCC5608）或密粘褶菌 [ Gloeophyllum trabeum (Pers.) Murrill ]（菌种编号：CFCC86617）。试验阔叶树材：采绒革盖菌 [ Coriolus versicolor (L.) Quél. ]（菌种编号：CFCC5336）或密粘褶菌 [ Gloeophyllum trabeum (Pers.) Murrill ]（菌种编号：CFCC86617） | 12周 | GB/T 13942.1—2009 |
| 木材防腐剂对腐朽菌毒性实验室实验方法 | 供试验用树种，针叶材选用马尾松（ Pinus massoniana Lamb.）、辐射松（ P. radiate D. Don）或樟子松（ P. sylvestris var. mongolica Litv.）等，阔叶材选用毛白杨（ Populus tomentosa Carr.）等不耐腐树种。每种树各2~3株，胸径200~300mm，每株在胸高部位向上截取长1m的试材一段 | 取自2~3株试材边材，年轮应均匀。各面均应平整，不允许有可见的缺陷如节子、树脂包或开裂等，未经霉变或木腐菌感染及任何化学药剂处理。尺寸为20mm×20mm×10mm（顺纹方向）。饲木：饲木应与试样取自同一树种的边材，尺寸为22mm×22mm×3mm（顺纹方向） | 褐腐菌：密粘褶菌 [ Gloeophyllum trabeum (Pers.) Muffill ]；绵腐卧孔菌 [ Poria placenta (Fr.) Cooke ]；白腐菌：彩绒革盖菌 [ Coriolus versicolor (L.) Quel. ]；乳白耙菌 [ Irpex lacteus (Fr.) Fr. ]；黄孢原毛平革菌 [ Phanerochaete chrysosporium Burdsal ] | 12周 | GB/T 27655—2011 |

（续）

| 实验室法名称 | 试　材 | 试　样 | 试　菌 | 危害时间 | 具体实验步骤参见 |
|---|---|---|---|---|---|
| 木材防腐剂性能评估的土床试验方法 | 优先选择的阔叶材树种为毛白杨，优选选择的针叶材树种为马尾松。如试验需要，其他树种也可以使用。所试验的材种应有正确的中文名和拉丁文名、产地和简要的立地条件说明。试验用材应全部为边材，或全部为心材，应选用健康才。同一树种的试材的年轮宽窄适中，偏差应不超过20%，密度偏差不应超过15% | 同一批试验用的试样，应从不少于3块不同的板材里取样。板材应尽量方正和纹理一致，以减少早晚材对腐朽评估的影响。首先从大尺寸板材截取尺寸为5mm×20mm×450mm（长度为轴向）的小板条后，先作防腐处理，然后锯成尺寸 5mm×20mm×200mm（长度为轴向）的两块试样，和一块尺寸约为5mm×20mm×50mm（长度为轴向）的小木块作为化学分析用 | 土床用的土壤应采自林下表层土，具有一定的腐殖质，保持新鲜，并经过4目的筛网筛选，在筛选过的土壤里允许存在树根和石块。不应将土壤压实，土壤pH值应为5~8，土壤含水率应在20%~40% | 3个月为试样检查周期间隔，观测期限至少为3年时间或至试样90%以上已经腐朽为止 | GB/T 29902—2013 |
| 木材防腐剂对软腐菌毒性实验室试验方法 | 供试验用树种为毛白杨（*Populus tomentosa*）或枫香（*Liquidambar formosana* Hance），共2~3株，胸径200~300mm，每株在胸高部位向上截取长1m的试材一段 | 取自2~3株试材段横截面边材均匀分布处。各面均应平整，不允许有可见的缺陷。尺寸为5mm×25mm（宽面是弦切或径切面）×50mm（顺纹方向）的边部材至少6块(均等取自2~3株原木) | 球毛壳菌（*Chaetomium globosum* Kunze ex Ft.） | 8周 | LY/T 1284—2012 |

(续)

| 实验室法名称 | 试 材 | 试 样 | 试 菌 | 危害时间 | 具体实验步骤参见 |
|---|---|---|---|---|---|
| 防霉剂对木材霉菌及变色菌防治效力的试验方法 | 针叶材选用马尾松（Pinus massoniana Lamb.）、辐射松（P. radiate D. Don）或樟子松（P. sylvestris var. mongolica Litv.）等，阔叶材选用橡胶木［Hevea brasiliensis（H. B. K.）Muell-Arg.］或毛白杨（Populus tomentosa）等树种。竹材选用3~5年生毛竹（Phyllostachys heterocycla var. pubescens） | 取试材树种中一种的2~3株树，胸径200~300mm，每株树在胸高部位向上截取长1.2m试材一段。试样从新鲜边材中选取，要求无虫蛀、无变色、无霉斑。不需干燥，湿材刨光，制成试样。尺寸为：50mm（顺纹长）×20mm×5mm。试样做好后迅速药剂处理。如暂时不用，应装入塑料保鲜袋内放在冰箱中0℃以下保存，防止真菌感染，待使用时取出解冻后再进行药剂处理。竹材从地面基部1.3m以上截取1m作试材，需刨去竹青和竹黄，以竹肉层作试样。尺寸为：50mm（顺纹长）×20mm×5mm | 蓝变菌：可可球二孢（Botryodiplodia theobromae Pat.）；串珠镰刀菌（Fusarium moniliforme Sheldon）；链格孢霉［Alternaria alternate（Fries）Keissl］；异名细交链格孢（A. tenuis Nees）。霉菌：黑曲霉（Aspergillus niger V. Tiegh）；枯青霉（Penicillam citrinum Thom）；绿色木霉（Trichoderma viride Pers. ex Fr.） | 4周 | GB/T 18261—2013 |

总体而言，木材抗真菌性的实验室检测方法的基本试验步骤如下：①根据各种试验的具体试验目的，选择适合试材，加工成规定尺寸和数量试样；②根据各试验方法中规定的处理试样的方法和要求的浓度以及载药量来处理试样，并经过后处理使处理试样达到试验所需要的条件如含水率等；③选取各试验方法中相应规定选取的试菌，并为试菌制备适宜生存的菌瓶或土壤环境，菌瓶经灭菌处理后接种试验所选用的木腐菌并扩大培养；④经处理好的试样放入试验菌瓶（或浸染孢子悬浊液）或相应试验环境（如土壤环境）中开始木腐菌的危害侵蚀试验，并定期观察或检验；⑤待完成相应实验周期后，通过试样的重量损失率或侵染面积或腐朽程度观察，来评定抗木腐菌危害性能的等级或腐朽等级以及防腐剂的毒性极限，从而客观评价处理材或未处理材在实验室条件下抗木腐菌的耐久（腐）性。

#### 3.5.2.2 抗白蚁实验室检测方法

木材防腐剂对白蚁毒效实验室试验方法参照 GB/T 18260—2015 进行，该试验方法规定了木材防腐剂在实验室条件下真空处理的试块对家白蚁的毒性试验方法，适用于处理木材中防腐剂经流失老化后的毒性范围的测定，还可用于不同防腐剂对台湾白蚁毒性大小比较的测定，也适用于木材防腐剂用加压处理试块的毒性试验。具体方法如下：

①试样准备　选用白蚁喜食的马尾松边材。试材要求选自生长旺盛的健康的马尾松2~3株，取没有节疤和开裂的边材。有年轮2.5~8个/cm。整个年轮中，晚材部分不超过30%。试材不应经过水运、水存或60℃以上高温干燥，也不应经过任何化学处理。预先将试材气干至当地平衡含水率，制成截面为25mm×15mm刨光的木条，要求直角准确，边缘通直，表面光洁，年轮切线与宽边的夹角为45°±15°，最后截成长为50mm的试块。试块在平衡含水率下尺寸为：50mm($L$)×25mm($R$)×15mm($T$)。一般每种药剂浓度选择至少3个试块，试块应无腐朽、变色及虫蛀等缺陷，原则上这些试块应取自不同的树干。

②试验白蚁　试验使用取自诱杀坑或蚁巢的家白蚁（*Coptotermes formosanus* Shiraki.）可自接取自分后的蚁巢或诱杀坑。在室内饲养不超过一周。同一批试验用的白蚁应该取自同一个诱杀坑或同一个蚁巢。

③试验方法　将规定数量试样，按真空法工艺要求处理后备用，并根据溶液浓度计算出试块的吸药量，同时还要准备空白对照组试样。处理后，试块至少经过4周的室温干燥。准备白蚁试验容器，每一试验容器中放入3g（精确至0.05g）白蚁，其中兵蚁不应超过10%，幼蚁和弱蚁不应超过5%。白蚁称量时不应有其他杂质。称好后直接倒入试验容器，盖好盖子，试验多余的白蚁做好妥善处理，以免逃逸。接入白蚁的试验容器，置于26~28℃，相对空气湿度为75%~80%的环境中培养。试验期8周。在整个试验的8周过程中，最初一周每天做观察，此后，每周观察至少1~2次。在不影响白蚁活动的情况下，做观察记录。

④结果评定　试验结束后将试块从容器中取出，在取出时一些被蛀蚀严重的试块，注意勿使其破碎。试块取出后小心地清除表面杂质，然后做肉眼观察，并按下述特征评定被蛀等级（表3-24）。

表3-24　试材被蛀等级

| 级别 | 被蛀情况 |
| --- | --- |
| 0级 | 没有蛀蚀 |
| 1级 | 表面轻微蛀蚀。表面仅有不可测量的蛀蚀痕迹，或个别蛀蚀部位深及0.5mm，但范围直径不超过3mm，这样的部位不允许超过3个 |
| 2级 | 轻微蛀蚀。表面蛀蚀深度在0.5~1mm，而且范围不超过表面的1/10，或个别蛀蚀深及3mm |
| 3级 | 中度蛀蚀。表面蛀蚀深度不大于1mm，范围超过表面积的1/10，或蛀蚀深度达1~3mm，范围不超过表面积的1/10或蛀蚀成洞，深及3mm，但空洞未再继续发展 |
| 4级 | 严重蛀蚀。蛀蚀面积超过试块表面积的1/10，或深及3mm的蛀道在试块中联成片，或成空洞，或使整个试块片状破损 |

当三个对照试块中至少有 2 个为 4 级，且实验结束时白蚁存活率在 50% 以上，则整个试验为有效。防腐剂的毒性范围是由下述两个防腐剂浓度来决定的：①木材得到保护的最低防腐剂浓度，即在该浓度下的 3 个试块没有 1 个超过被蛀等级 1 级；②在该浓度系列中的相邻下一个较低的浓度，在该浓度下的 3 个试块有 1 个或更多的试块为被蛀等级 2 级或更高。防腐剂的毒性范围即在这两个浓度之间。毒性范围用防腐剂的吸药量(3 个试块的平均吸药量)用千克(干药质量)/立方米(木材)来表示。

### 3.5.2.3 木材耐久性的野外实验方法

木材耐久性的野外实验方法包括木材天然耐久性野外试验方法(GB/T 13942.2—2009)、木材防腐剂性能评估的野外近地面试验方法(GB/T 29900—2013)、木材防腐剂性能评估的野外埋地试验方法(GB/T 27655—2011)，具体参见表3-25。

表 3-35　抗真菌危害性能野外实验检测方法

| 野外实验法名称 | 试材 | 试样 | 试验场地 | 检测时间 | 具体实验步骤参见 |
| --- | --- | --- | --- | --- | --- |
| 木材耐久性能第2部分：天然耐久性野外试验方法 | 所试验的木材应有正确树种名称(中文名和拉丁学名)、产地和简要的立地条件说明。并说明是天然林，还是人工林。每一树种的试样应选自3~5株的树干上，从胸高处往上木段上截取，取其心材部分。对心边材不易分辨的，则取外部心材。试材应是健康无缺陷，同一树种试材的年轮宽窄适中，偏差不应超过20%，密度也大致接近 | 试样可从木段径切板上锯取，试样尺寸为25mm×50mm×500mm(长度方向为纵向)或20mm×20mm×300mm(长度方向为纵向)，试样断面呈矩形，年轮与长边平行。每根试样不应边心材兼有。每一树种制试样至少20根。每一批试验应有一种常见树种木材如马尾松、毛白杨或其他不耐久的树种作对比，以便对行批试验之间作比较，并验明各批试验的可靠性，必要时可作为结果校正的参考 | 从我国热带、亚热带和温暖带大气候区选择有代表性的场地。试验场地应注明地点和气候区。试验场地要地势平坦，土壤水分适中，不致干旱或内涝，土层较厚，富有腐殖质。若选择以白蚁活动为主的场地，在试验前半年，按情况需要可放置适量诱导白蚁的木段，以确保场地内白蚁的活跃性和分布均匀性。场地应选择没有施过农药、未曾作过防腐处理材试验的场地。场地选定后应长期保留，同一批试样不应随意更换。场地上绿色植物对试验无影响的可任其生长衰败，若过于茂密，可用人工除去，不用化学除草剂。应有当地气象记录，按月记录该地平均气温、湿度、降雨量、日照等 | 试样损毁(受损到0级)根数达到总根数60%，即完好指数约达 1.6 时，该树种试样的检测可终止，并以此年为该树种木材的天然耐久平均年限 | GB/T 13942.2—2009 |

(续)

| 野外实验法名称 | 试材 | 试样 | 试验场地 | 检测时间 | 具体实验步骤参见 |
|---|---|---|---|---|---|
| 木材防腐剂性能评估的野外近地面试验方法 | 试材取自马尾松或湿地松边材部分。试材应健康无缺陷,不存在节疤、应力木、幼龄材、过多斜纹理或其他明显缺陷,无明显霉变、变色、腐朽或虫蛀且未经过任何化学药剂处理 | 制取试样的样木不少于3株。试样尺寸为50mm×20mm×125mm,长度为顺纹方向。试样间密度偏差不超过15% | 该试验需采用野外近地面试验装置。每一个试验点的多个试验装置所处环境应保持一致,或完全暴露或完全被树木遮盖,或湿润或干燥。试验点土壤应选择黏性土壤 | 试样暴露时间长短根据暴露位置和气候条件确定,至少在野外暴露5年。具体暴露时间参考未处理对照的腐朽情况,至少应为未处理对照样平均腐朽程度达到等级4所需时间的2倍 | GB/T 29900—2013 |
| 木材防腐剂性能评估的野外埋地试验方法 | 可选择马尾松、湿地松边材。试材应是健康无缺陷,同一树种试材的年轮宽窄适中,偏差不应超过20%,密度也大致接近。所试验的木材树种应有正确的中文名和拉丁名、产地和简要的立地条件说明 | 试样尺寸为A.25mm×50mm×500mm(长度方向为纵向)、B.20mm×20mm×450mm(长度方向为纵向)及C.4mm(弦向)×38mm(径向)×250mm(纵向)3种 | 从我国热带、亚热带和温暖带大气候区选择有代表性的场地。试验场地应注明地点和气候区。试验场地要地势平坦,土壤水分适中,不致干旱或内涝,土层较厚、富有腐植质。试验场应该选择边远地方,适当围栏,以避免人畜活动的干扰破坏,保证试验长期进行 | 逐年定期检测1~2次至设定年限或到大部分均已经完全腐朽 | GB/T 27655—2011 |

木材耐久性的野外实验方法的基本试验步骤如下：①根据各试验的具体试验目的,选择适合试材,加工成规定尺寸和数量试样；②根据各试验方法中规定的处理试样的方法和要求的浓度以及载药量来处理试样,并经过后处理使处理试样达到试验所需要的条件如含水率等；③选取各试验方法中相应规定的试验场地,这些试验场地我国热带、亚热带和温暖带大气候区有代表性的场地,场地环境或土壤中蕴含着腐蚀木材的微生物、白蚁等以及有着独特的地理气候；④经处理好的试样放入这些场地环境中或直接埋如土壤中；⑤待完成相应实验检测周期后,通过式样破损程度或力学强度或腐朽程度的观察,来评定抗木腐菌危害性能的等级或腐朽等级,从而客观评价处理材或未处理材在野外环境条件下抗木腐菌的耐久性。

### 3.5.3 防腐剂流失性检测

水基防腐剂虽具有诸多优点,但由于其中的有效成分是溶于水的,在防腐处理材的使用过程中容易流失到外界,给人畜安全带来威胁,并污染土壤、水资源等,造成严重的环境危害。同时,过多的防腐剂流失也会削弱木材的耐腐性,因此,有必要对其流失性进行检验。为了对防腐处理材中有效成分的固着程度,及其在室外的应用提供评价标准,并为与土壤接触的防腐处理材所采用的木材防腐剂的相对稳定性提供参考,国内外采用的防腐处理材中防腐剂成分流失性的测定方法主要包括抗水流失性测定及抗土壤流失性测定两部分。纵观国内外相关研究,抗水流失性的测定采用了许多不同的方法,如实验室内较小试件的加速流失试验以及较大试材的喷淋试验等。相比较而言,实验室内加速流失试验由于采取较小尺寸的试件,可以保证在较短时间内初步确定防腐剂成分的流失性,具有周期短、易操作等特点。我国相关标准包括GB/T 29905—2013《木材防腐剂流失率试验方法》和GB/T 29896—2013《接触土壤防腐木材的防腐剂流失率测定方法》。

#### 3.5.3.1 抗水流失性测定

(1)试样准备和防腐处理

选择马尾松(*Pinus massoniana*)或湿地松(*Pinus elliottii*)树种,也可根据需要选择特定树种。试样应为未经化学药剂处理过的健康、无缺陷边材。试样尺寸为20mm×20mm×20mm。每种待测防腐剂选择使用2~4个浓度,对木材进行处理,处理方法为真空浸渍,真空压力为-0.08~-0.085MPa,时间为20min。在试件浸注后,称重,并选择适合防腐剂固着的条件,以及与防腐剂提供者推荐相一致的试件的后续干燥过程。固着阶段可以包括几个限制干燥或其他特定要求的升温过程,这取决于防腐剂及其制品已确定的加工程序。试件干燥一般可以在室温下将试件置于托盘或架子上,以避免表面沉淀的形成。干燥后,将试件放到调湿室里放置21d。可使用原子分光光度法等方法测量并计算防腐处理材的载药量。

(2)流失方法

将载药量相近的6块试样作为一组,置于500mL烧杯中,加入180mL去离子水,试样应浸没在去离子水液面以下,用搅拌子搅拌,每隔6h、24h、48h更换去离子水一次,后每隔48h更换去离子水一次,共计14d。收集每次更换的滤液,用于含量分析。

(3)分析

可使用原子分光光度法等方法测量滤液中防腐剂的含量,或测量流失后木材中防腐剂的含量,利用流失的防腐剂量或木材中残余防腐剂含量计算流失率。

#### 3.5.3.2 接触土壤木材防腐剂流失性测定

(1)试样准备和防腐处理

选择杉木(*Cunninghamia lanceolata*)、马尾松(*Pinus massoniana*)或樟子松(*Pinus sylvestris var. mongolica*)的边材,无节子、变色及其他可见缺陷。试样尺寸为250mm($L$)×14mm($R$)×14mm($T$)。每个实验中需要采用2~3种代表不同地域及类别的土壤,土壤应取自未开发的场所,即未用于农业、园艺或是工业生产等活动。把土壤表层覆盖的草皮等杂物去除后取离地表8 cm厚度以上的土壤作为试验用土壤,测试土壤的构成、有机物含量、酸度、可交换离子、金属、保水能力等参数。除了土壤外,还需准备40~60目的细砂。

除了待测防腐剂外,还需采用CCA和五氯酚分别作为水载型防腐剂和油载型防腐剂的对照防腐剂。预计将木材处理至C4A等级,对应每个防腐剂的载药量,选择25块试样，进行真空/压力浸注，真空度为-0.09MPa，保持15min；随后加压，压力达到0.8MPa以上，保压30min。同样，提供一定的工艺使防腐剂在木材内固着，随后可使用原子分光光度法等方法测量并计算防腐处理材的载药量。

(2) 流失方法

首先制备土壤基制备。将一个可以移动的塞子塞进容器底部的孔里。将一层10mm厚的细砾倒入底部，并用塑料网盖住(10目)。将土壤加入到容器中至顶部边缘10mm处，并用足够的离子水润湿至使土壤完全浸透，使水与土壤接触保持24h。将塞子从容器底部移出，使水从容器中排出，保持16h。

将5块处理过的试件垂直插入每个容器的土壤中，每一块都取自不同的板材，使每一个锯切面都朝下，以使木桩端部与土壤平齐，试件之间的距离一致。将一个合适的盖子盖在容器上，如带有弹性袋儿的装食物的塑料碗，称重并记录其初始重量。将容器放入室内或调湿箱中，使温度保持在22~28℃之间。容器需要每周被称重两次，并加入足够的水以保持土壤基床的初始重。

(3) 分析

将试件与土壤接触12周后，将试件移出，并用没有土壤的潮湿纸巾包起来，称重精确至0.01g，气干。从每块试件的顶端和末端分别取下40mm长的木段，并扔掉。剩下的70mm木段用于分析。对于未与土壤接触的用于对比的试件，从木桩的锯切端面取出70mm木段用于分析。可使用原子分光光度法等方法测量并计算流失后防腐处理材的载药量。计算流失试样的水分增加率和有效成分的流失率。

## 本 章 小 结

使用木材防腐剂对木材进行防腐处理是提高木材生物耐久性最直接有效的方法。根据介质的不同，木材防腐剂可以分为油类防腐剂、油载型防腐剂、水载型防腐剂三类。而防腐剂处理木材的方法也可以分为常压处理和加压处理两大类。为了控制防腐处理材品质，需要从防腐剂载药量与透入度、防腐处理材的生物耐久性以及防腐剂的流失性几个方面对防腐处理材进行测试。

## 思 考 题

1. 理想的木材防腐剂应满足哪些条件？
2. 木材防腐剂可分为哪几类？各有什么优缺点？
3. 水载型防腐剂包括哪几类？各有什么优缺点？
4. 为了提高木材的渗透性，可以进行哪些预处理？
5. 常压处理法包含哪些种类？
6. 满细胞法、空细胞法和半空细胞法有何异同？
7. 如何测试防腐处理材的载药量和透入度？
8. 如何测试防腐处理材的生物耐久性？

## 推荐阅读书目

1. 木材防腐. 周慧明. 北京：中国林业出版社，1991.
2. 防腐木材应用指南. 李玉栋. 北京：中国建筑工业出版社，2006.

3. 木材工业实用大全(木材保护卷). 汤宜庄, 刘燕吉. 北京: 中国林业出版社, 2003.
4. 木材科学. 李坚. 北京: 高等教育出版社, 2002.
5. 木材变色防治技术. 段新芳. 北京: 中国建材工业出版社, 2005.
6. 木材功能性改良. 方桂珍. 北京: 化学工业出版社, 2007.
7. 木材保护学. 李坚. 北京: 科学出版社, 2006.

## 参 考 文 献

1. 李玉栋. 2006. 防腐木材应用指南[M]. 北京: 中国建筑工业出版社.
2. 王凯. 2002. 木材工业实用大全木材保护卷[M]. 北京: 中国林业出版社.
3. 孟紫强. 2003. 环境毒理学基础[M]. 北京: 高等教育出版社.
4. 陆开形. 2004. $Cu^{2+}$和$Zn^{2+}$对雨生红球藻的毒性效应[J]. 宁波大学学报(理工版), 17(2): 397-400.
5. 刘智. 2006. 季胺铜防腐剂处理和热处理后人工林杉木的耐腐性研究[D]. 保定: 河北农业大学硕士论文.
6. 唐镇忠, 于丽丽, 等. 2008. X射线在防腐木材有效成分测定中的应用[J]. 木材工业, 22(5): 39-41.
7. 余丽萍. 2009. 抗流失硼基木材防腐剂配方遴选及优选配方处理材的性能[D]. 北京: 北京林业大学博士学位论文.
8. Havermans J B G A, Homan W J, Boonstra M J. 1993. The shower test method: A leaching test for assessing preservative losses from treated timber under simulated open storage conditions. In 24$^{th}$ annual meeting of the International Research Group Wood Preservation. Orlando, USA. Doc. IRG/WP/93-50001-04.
9. Boonstra M J, Pendlebury A J, Esser P M. 1995. A comparison of shower test results from CCF, CC-ZF, CCB and Cu-quat treated timber. In 26$^{th}$ annual meeting of the International Research Group Wood Preservation. Helsingør, Denmark. Doc. IRG/WP/95-50054.
10. Walley S, Cobham P, Vinden P. 1996. Leaching of copper-chrome-arsenic treated timber: Simulated rainfall testing. In 27$^{th}$ annual meeting of the International Research Group Wood Preservation. Guadeloupe, France. Doc. IRG/WP/96-50074.
11. Crawford D. 2002. Laboratory studies of CCA-C leaching influence of wood and soil properties on extent of arsenic and copper depletion. In 33$^{th}$ annual meeting of the International Research Group Wood Preservation. Cardiff, Wales U. K. Doc. IRG/WP/02-50186.
12. Wang J H, Nicholas D D, Sites, Pettry D E. 1998. Effect of soil chemistry and physical properties on wood preservative leaching. In 29$^{th}$ annual meeting of the International Research Group Wood Preservation. Maastricht, Netherlands. Doc. IRG/WP/98-50111.

# 第 4 章

# 木材阻燃处理

【本章提要】 木材及木质资源材料与人类生活密切相关,但其是一类可燃材料,在火灾发生时可使火焰蔓延,使用量越大则火灾隐患越大。而利用阻燃剂通过不同方式对其进行处理之后,可以改变木材的热解和燃烧反应的途径和产物,或使木材与热空气和火焰隔绝,从而将木材及木质材料转化为难燃性材料,降低其燃烧速度,延缓或阻止火势扩大、蔓延,可使木材及木质材料在更广泛的领域中得到应用。因而对木材进行阻燃处理具有重要意义。

从古至今,木材一直是备受人们青睐的家具和室内装饰材料,与金属、钢筋混凝土及塑料相比,木材具有纹理美观、色泽柔和、隔音性能良好、可调温调湿、并能散发特殊香味等优点。除此以外,木材的独特优势还在于木材是唯一的可再生、可永续利用、易回收和循环利用的材料,也是有利于可持续发展和生态环境的。因此木材被大量使用在建筑、室内装饰、家具等方面,未来的人类也将越来越多地倚靠于像木材这样的可再生绿色生物质材料。

然而,木材是一种易燃材料。据消防部门及有关专家分析,建筑的火灾发生率在各类火灾中居首位。火灾起因各异,但火势扩大、人员伤亡、财产损失都与建筑内部装修中使用塑料、纺织品、木材等易燃、可燃材料有直接关系。建筑中大量采用木质材料装修,直接加大了火灾荷载和火灾时火势蔓延速度;木材燃烧过程中产生的有害烟气也给人员疏散带来了潜在压力。因此,如果木材不经过阻燃处理就应用到人们的日常生活中的话,则其使用量越大,所存在的火灾隐患就越大。世界上许多国家对公共建筑、高层建筑、工业建筑等都规定有防火及防火等级的要求及规定。我国在 1995 年 10 月 1 日,由公安部和建设部等部门公布了的强制性国家标准 GB 50222—1995《建筑内部装修设计防火规范》,并在 1999 年和 2001 年进行了两次修订。该标准中明确规定:墙面、地面及其他装饰材料中所使用天然木材、胶合板、木地板及其他木制品均被列为 B2 级可燃材料,未经阻燃处理限制使用,在某些公共场所,必须经过阻燃处理方可使用。因此,为了减少火灾造成的损失,可通过各种方法对木材进行阻燃处理,使其能够遇小火自灭,在大火中也能明显延缓燃烧,从而赢得人员逃生时间及灭火时机。

当阻燃木材遇火时,其中的阻燃剂通过改变木材的热解反应历程,通过将木材转化为炭、二氧化碳和水,或将可燃气体稀释等方式,使木材在火灾中可保持一定强度更长时间。与很多不燃建筑装饰材料相比,阻燃木材与未处理木材一样,具有易加工、安装、施工,且质轻、费用低等优点,可设计成各种各样的形式,既安全又能达到使用者的目的。

本章主要介绍木材及木质材料的燃烧性质、木材阻燃机理、木材阻燃剂种类、木材阻燃处理方法及阻燃木材检测方法等内容。

## 4.1 木材的热解和燃烧过程

构成木材的基本元素是碳、氢、氧,其含量分别为49.5%、6.4%、42.6%左右,此外还有1%的氮及一些其他微量元素。植物通过叶绿素的光合作用,将二氧化碳和水合成为碳水化合物,将太阳能转变为化学能,并将它贮存在植物体内。而木材的燃烧是上述反应的逆反应,是将植物通过光合作用缓慢贮积的能量突然释放,是一种放热反应。在燃烧过程中木材的主要成分发生热解,生成二氧化碳和水,伴随着光和烟的产生,并释放出大量的能量。在高温条件下,木材的热解、燃烧、无焰燃烧和发烟四种热分解现象同时进行。

### 4.1.1 木材的热解

#### 4.1.1.1 木材整体的热解

木材是天然高分子有机化合物,属于固体可燃物质。木材在高温环境中会发生化学变化,即发生热解。根据木材热解过程的温度变化和生成物的情况等特征,木材的热解过程大致分为5个阶段:

(1) 干燥阶段

温度在100~150℃以下,主要是木材中的自由水和吸着水依靠外部供给的热量逐步蒸发释放,并有微量的二氧化碳、蚁酸、醋酸等放出,此阶段木材热解速度非常缓慢,木材的化学组成几乎没有变化,以吸热反应为主。

(2) 吸热降解阶段

温度为150~200℃,木材的热解反应比较明显,木材的化学组成开始变化,较不稳定的组分如半纤维素开始分解生成二氧化碳(占70%)、甲酸、乙酸、乙二醛及少量一氧化碳。此阶段也要外界供给热量来保证热解温度的上升,仍以吸热反应为主,木材变化缓慢。

(3) 热分解阶段

温度为220~290℃,热分解反应以放热为主,产生的气体中二氧化碳、一氧化碳量减少,而甲烷、乙烷、烯烃等可燃气体量增加,生成烟。此时的木质材料可以自燃或被外火源点着,产生光热和火焰,形成气相有焰燃烧。放出的热量再传递到木质材料使其温度继续上升,热分解不断加速,形成燃烧链反应,使火越烧越旺。

(4) 炭化阶段

温度为260~450℃,木材急剧热分解,生成大量的分解产物。液体产物中含有较大量的醋酸、甲醇和木焦油,气体产物中二氧化碳量逐渐减少,而甲烷、乙烯等可燃性气体逐渐增多。在空气中氧气的作用下,这些可燃气体遇到火焰立即燃烧。燃烧产生的热进一步使周围木材受热分解，连续放出可燃气体，使燃烧扩大蔓延。这一阶段形成大量木炭。因为此阶段放出大量的反应热，又称为放热反应阶段。

(5)煅烧阶段

温度上升到450℃以上，此时木材的热分解基本结束，这个阶段依靠外部供给热量进行木炭的煅烧，排出残留在木炭中的挥发物质，提高木炭中的固定炭含量，液体产物很少。木材燃烧时的发热量可达4 186.8kJ/kg，温度可达1 000~1 500℃。

木材燃烧具有可燃产物多、火焰大、温度高、蔓延快等特性。木材燃烧和蔓延的速度，主要取决于木材的结构、密度、含水率等物理性质及化学成分以及环境温度、通风条件等因素。如湿材不易点着；轻的木材易点燃，燃烧速度快；针叶树木材因含挥发性成分多而比阔叶树木材易燃；断面小的木材比断面大的木材易燃；有棱角的木材比圆形的木材易燃等。但是作为生物质材料的木材，其本身存在较大的变异性，这种关系就变得比较复杂了。

#### 4.1.1.2 木材主要成分的热解

木材的热解反应实质上是木材细胞壁中3种主要化学成分即纤维素、半纤维素和木质素热解反应的总和。

纤维素被加热到300℃以上时，纤维素分子链中的苷键迅速裂解，在葡萄糖分子中一个游离羟基的参与下，经过葡萄糖基转移作用发生解聚，主要生成较稳定的1,6-脱水-β-D-吡喃葡萄糖和其他焦油状产物。在更高的温度下(350℃以上)，纤维素热解产物可进一步裂解生成一系列易挥发的羰基化合物，如醋酸、甲醇、乙醛、乙二醛和丙烯醛物质。

半纤维素最不稳定，在150℃的条件下即可发生降解，200℃以上降解剧烈，当温度超过300℃时即可基本完全降解。代表半纤维素的木聚糖的热解反应和纤维素相类似，木聚糖热解时生成约16%的焦油，其中含17%的低聚糖混合物。

木质素的热解反应发生在250~500℃较宽的温度范围内，此过程中木质素逐步分解。气体产物和馏出产物的产量表明，木质素在310~420℃分解最快。将木质素均匀地加热到250℃时，开始分解出含氧气体($CO_2$，CO)，温度进一步升高到320~340℃时，木质素热分解生成大量气体产物，其中含有醋酸、甲醇、木焦油等。木质素是芳香族高聚物，其碳含量比纤维素和半纤维素高得多，因此木质素热解时炭的产率也比纤维素和半纤维素大得多。

### 4.1.2 木材的有焰燃烧

可燃物、氧气和温度是燃烧发生的3个必要条件。木材是一种可燃性物质，木材在空气中加热至260℃以上时发生剧烈的热分解反应，释放出的可燃性挥发物如一氧化碳、氢气、甲烷、乙烷及其他碳氢化合物在木材表面形成一层可燃气体层，在有足够的氧气和一定的温度条件下，可以被点燃而燃烧。可燃性气体的燃烧引起木材固相表面的燃烧，然后将这种热传导给相邻部位，并重新开始加热、热分解、着火燃烧，造成火焰向周围蔓延扩大。因此，可以认为，木材的燃烧实质上是木材在热分解过程中产生的可燃性产物的燃烧。在氧气含量较低的部分，木材燃烧热解可产生炭层，可以

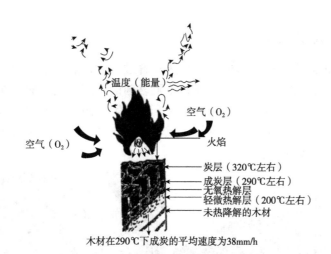

**图 4-1　木材燃烧机理**

阻碍温度进一步向木材内部传导，起到天然阻燃剂的作用。木材燃烧过程可如图 4-1 所示。

文献上把 260℃ 作为木材热学上的不稳定温度。不同树种的木材燃烧性能不同，燃点在 200℃ 到 400℃ 之间。木材燃烧的难易程度与以下一些因素有关：

（1）加热时间

在 200℃ 的有氧条件下，木材加热 12~40min 会燃烧；然而在 300℃ 的同样条件下，燃烧只需要 1.5~3min。

（2）木材含水率

湿材比干材更难燃烧。这是由于湿材的导热性高于干材，有助于热量向木材内部传递，减少木材表面热量；同时，高温条件下，液态水转化为气态，相转变过程中会吸热；此外，水蒸气还可以稀释木材表面的可燃性气体。

（3）木材表面积和体积的比例

该比例越小，木材越不易燃烧。即使局部着火，表面炭层的隔绝作用和有限的燃烧热能也不足以使木材内部发生热降解。因此，大型木梁、木柱虽未经阻燃剂处理，他们本身就是很好的阻燃建筑材料。

（4）木材表面粗糙程度

木材表面越粗糙，木材越易燃烧。

（5）木材密度

木材密度越高，木材越不易燃烧。这是由于，密度高的木材导热性好，有助于热量向木材内部传递；同时，较高的密度和较低的空隙度会减少木材中氧气的含量，也有助于燃烧的终止。

（6）木材化学组成

木材的低分子量抽提物，特别是萜烯类，具有较高的燃烧热（32.2~35.6kJ/g），受热后极易蒸发逸出，并在气相发生燃烧产生火焰。含有大量此类物质的木材，如含有大量松脂的松木，更易燃烧。此外，木材中灰分含量越大，木材越难燃烧。

### 4.1.3 木材的无焰燃烧

木材的无焰燃烧和炭层的形成是木材热降解过程中最后一个环节。炭层的形成可以有效地阻碍燃烧的进一步蔓延，起到天然阻燃剂的作用。炭层的密度仅为木材密度的20%左右，因此导热性要远低于木材本身，可以有效地阻碍热量进一步向内部传递。同时，炭层的产生意味着木材不再分解生成可燃性气体，也减少了可燃物，从而阻止了有焰燃烧的进行(图4-2)。

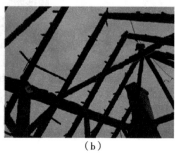

(a)　　　　　　　　　(b)

图 4-2　被火灾毁坏的木质屋顶及残留的炭层

炭层的无烟燃烧一般认为是按照下列两个步骤进行的：

$$C + 1/2O_2 \rightarrow CO + 110.74 kJ/mol \tag{4-1}$$

$$CO + 1/2O_2 \rightarrow CO_2 + 284.75 kJ/mol \tag{4-2}$$

第一个反应是炭氧化称为一氧化碳并释放出热能，第二个反应使一氧化碳氧化成二氧化碳，并释放出更多的热能。燃烧和无焰燃烧释放出的大量热量，可以在造成木材开始热解的外来热源消失的情况下，让木材继续发生热解。

### 4.1.4 木材的发烟

木材经过完全燃烧，最终产物为二氧化碳、水汽和灰分，但如果在燃烧过程中存在大量无焰热解或未完全燃烧的情况，则会产生大量悬浮空中的浓烟，浓烟包含有热分解的气体、液体及固体。在通风良好的条件下，木材可以产生 $25 \sim 100 m^2/kg$ 的烟气。一般而言，木材燃烧过程中产生的烟的成分很复杂，存在有上百种不同的化合物。烟里的气体除了二氧化碳和水汽外，一般还有一氧化碳、甲烷、甲醛、醋酸、乙二醛及其他各种饱和及不饱和的碳氢化合物气体，其中很多都是有毒性的气体。而烟里的液态物质为相对分子质量较小的焦油滴，固态物质则为高分子量的焦油、炭粒及灰分。木材燃烧产生的浓烟，降低了能见度，从而降低了人员从燃烧的建筑物逃生的可能，同时浓烟降低了空气中的氧气含量，且具有毒性和刺激性，因此在火灾中释放的烟雾对建筑物内的居民的生命安全构成严重的威胁，是火灾中造成人员伤亡最主要的原因之一。添加阻燃剂和抑烟剂可以通过减缓燃烧速度降低烟雾的产生速率，但当用含卤素的阻燃剂处理的木材燃烧时，会释放额外的有毒的氰化氢、卤化氢及可致癌的二噁英。因此在一些场合，含卤阻燃剂已经禁用。硼酸锌、钼和锡化合物等具有一定抑烟功能的试剂可以添加到阻燃剂中以减少烟雾的产生。

## 4.2 木材阻燃机理

如前文所述,木材燃烧过程包括一系列复杂的、互相影响的物理或化学反应,既可热分解为甲烷、乙烷、醋酸、甲醇、木焦油等可燃性产物,也可以分解为具有隔热隔气作用的焦炭和水。对于木材的阻燃处理主要是通过向木材中添加阻燃剂实现的,阻燃剂可通过不同的化学成分改变木材的热分解过程,通过物理作用(覆盖作用、热作用、气体稀释作用)或化学作用(脱水炭化作用、自由基捕捉作用)对木材的燃烧性能进行延缓或抑制,以阻止木材燃烧和火焰的传播。

### 4.2.1 覆盖机理

一些阻燃剂在低于木材燃烧温度下熔融或分解形成不挥发的玻璃状或泡沫状物质覆盖在木材表面形成保护层,这种致密的保护层对火焰具有屏蔽作用,这样不仅抑制了从木材中逸出一氧化碳、甲烷、乙烷等可燃性气体,同时也隔绝了木材燃烧所需的氧气的供给,还可以将木材与高温和火焰隔离,防止热量传入基材,从而阻止了木材的进一步燃烧,也抑制了火焰的传播。发泡型涂料、双氰胺、三聚氰胺、尿素、胍类、硼系、卤化磷类及含有 Al、Si、Ti、Zr 等元素的阻燃剂在阻燃过程中所形成的泡沫或耐热膜都具有这种作用。如硼类化合物受热则形成玻璃状的隔热、隔氧层,从而抑制火焰传播。有学者认为,泡沫状的物质所起到的阻燃覆盖作用还要优于玻璃状物质,这是由于泡沫状的物质可以捕捉逸出的挥发性焦油物质及可燃性气体,对木材有隔绝作用,并使木材因热分解产生的可燃性气体难以逸出,从而延缓木材的燃烧过程。

### 4.2.2 热作用机理

木材的燃烧过程就是一个吸热与放热的过程。而阻燃剂的热作用机理则可以分为隔热、吸热及热传导 3 个方面。

①隔热　通过阻止热量向未燃烧的部分木材传导,从而实现阻燃作用。前文所述的阻燃剂通过熔融或分解覆盖在木材表面,即可起到隔热的作用;此外一些阻燃剂还可加速纤维素脱水炭化,形成炭化保护层,达到隔热绝气的作用。

②吸热　在木材燃烧过程中,某些阻燃剂在熔融或分解过程中吸收大量热量,降低木材的温度,防止木材表面达到燃点状态,延缓了木材温度升高到热分解温度的时间,从而抑制木材表面着火。含有大量结晶水的化合物作为阻燃剂,也可通过物理变化和化学变化放出结晶水来吸收热量,并且水蒸发时要吸收汽化潜热,可以降低木材表面和燃烧区域的温度,从而减缓木材的热解反应,进而减少了可燃性气体的挥发量,达到阻燃目的。

③热传导　木材是一种导热率很低的材料。如果木材的导热率足够高,使木材表面的散热速度大于热源的供热速度,从理论上也可以达到延缓或抑制燃烧的目的。有研究使用金属合金浸渍木材,经过金属浸渍的木材导热率大幅度提高,在温度使合金熔化前,木材温度提升很慢,从而起到阻燃效果,但这种方法目前并不具有实践意义。

### 4.2.3 气体稀释机理

由于木材的燃烧实质上是木材在热分解过程中产生的可燃性产物的燃烧，并且木材的燃烧热大部分是气相反应阶段生成的，因此如何减少可燃气体的产生是阻燃的一个关键，抑制气相反应即可大大减少燃烧生成的热量而起到阻燃作用。多数阻燃剂在略低于木材正常燃烧温度下受热分解，释放出二氧化碳、二氧化硫、氨气、水蒸气、氯化氢等难燃性气体，或由于阻燃剂的化学作用使得木材释放出难燃性气体，这不仅稀释了混合气体中可燃性气体的浓度，使之降到着火极限以下，也将木材与周围的空气隔绝，降低了木材周围氧气的浓度，从而抑制火焰在材料表面的传播能力，起到气相阻燃效果。还有一些阻燃剂能够改变木材的热分解模式，使其在较低的温度下分解，以减少可燃气体的生成从而抑制气相燃烧。

### 4.2.4 脱水炭化机理

研究表明，某些阻燃剂在受热过程中，分解产生有吸水或脱水功效的基团或物质，可以改变木材燃烧的反应过程，促使木材表面迅速脱水并炭化，进而形成炭化层。单质碳不进行有焰燃烧，同时，成炭量的增加必然会导致焦油和可燃性气体产量的下降。此外，碳的导热性大大低于木材（约为木材导热系数的 $1/3 \sim 1/2$），抑制了热传递及火焰的传播。这些原因均会导致热释放速率的下降，从而起到阻燃保护的效果。当炭化层达到足够的厚度并保持完整时，即成为绝热层，能有效地减缓热量向内部传递的速度，使木材具有良好的耐燃性。因此，成炭量也是衡量阻燃剂阻燃性能优劣的指标之一。含磷阻燃剂对木材的阻燃作用就是通过这种方式实现的，含磷化合物热分解生成聚偏磷酸，聚偏磷酸是非常强的脱水剂，它能促使纤维素脱水形成炭化层，具有隔热隔气的作用。

### 4.2.5 阻止连锁反应机理（自由基捕获机理）

木材在空气中燃烧，可用下列4个式子表示其燃烧过程：

(1) 木材 $+O_2 \rightarrow CO+CO_2+H_2O+OH\cdot+$ 其他成分；

(2) $HO\cdot+CO \rightarrow CO_2+H\cdot$；

(3) $H\cdot+O_2 \rightarrow HO\cdot+O\cdot$；

(4) $O\cdot+H_2 \rightarrow HO\cdot+H\cdot$。

由此可以看出燃烧传播的基本过程是通过自由基间的链式反应实现的，因此从化学意义上讲，木材燃烧产生的高能量的自由基可以促进气相燃烧反应。如能捕获并消灭这些自由基，切断自由基链锁反应，就可以控制燃烧，进而达到阻燃的目的。在热解温度下，一些阻燃剂可以释放出自由基捕捉剂，减少自由基的形成，可以破坏燃烧过程中的链式反应过程，从而抑制木材的燃烧。卤系阻燃剂是较好的自由基捕捉剂，在燃烧温度下可分解生成卤化氢，捕获木材燃烧过程中产生的自由基，从而起到终止链式反应的作用。

上述的各类阻燃机理不是孤立的，它们相辅相成，相互补充。一种阻燃剂并不局限于一种阻燃机理,常常表现为多种机理的综合作用(图4-3)。有时若干个同时起作用,有时不同的阻燃剂或同一种阻燃剂在燃烧的不同阶段有不同的侧重点。另外,不同成分之间也存在互补、加强的协效作用,故阻燃剂的配方中一般都选用两种以上的复合成分。在磷与氮、磷与卤素、磷与硼、氯与锑之间都存在这种协效作用。例如磷-氮的协效作用非常显著:如单独用含磷的阻燃剂作用于木材,起抑制作用所需的最少磷量为3%~4%;如同时用含磷、含氮的阻燃剂,磷/氮=1/3时,抑制燃烧所需的最少磷量可降低到0.55%~1%。因此不同类型的阻燃剂复配或附加协效组分构成相应的阻燃体系能够起到事半功倍的效果。

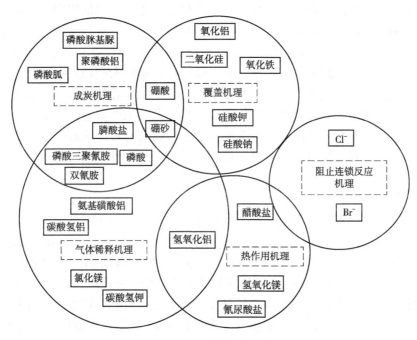

图 4-3 不同的木材阻燃剂及其涉及的阻燃机理

## 4.3 木材阻燃剂

木材阻燃剂是一类能够改善或加强木材耐燃性能的化学药剂。早在公元1世纪,古罗马人就曾用明矾和醋溶液处理木材防止木船着火。我国古代有采用木柱外面涂泥土或将木质巨大梁柱先用漆布包缠后再涂以黏土、石膏等难燃性物质的方法来防火。在沿海地区,也早有用海水(含氯化钠和氯化镁)浸泡木板来防火、防裂。到15~16世纪,阻燃处理的方法都比较简单。直到17~18世纪才开始有获得专利的阻燃剂和处理方法。1821年,Cay-Lussac首先提出用磷酸铵、氯化铵及硼砂对纤维材料进行阻燃处理,开创了化学阻燃剂的历史。其后,相继发现一系列含有卤素、磷、氮、硫、硼以及金属的化合物或混合物具有阻燃作用。木材阻燃作为工业技术则至19世纪末20世纪初,才首先在欧美一些工业先进的国家得到发展,并形成了阻燃处理工业。20世纪40

年代,战争的需要加速了这一工业的发展。50~60年代的阻燃剂仍以无机盐类为主,但采用了更多的、新的复合型阻燃剂,增强了阻燃效果。60年代以后有机型阻燃剂、特别是树脂型阻燃剂得到发展。我国则从20世纪50年代末才开始研究木材阻燃剂及化学阻燃处理技术,目前已形成一定规模,但在产量方面无法与一些先进国家相比,其应用范围也比较有限。

### 4.3.1 理想木材阻燃剂的性能

木材是具有优异的生物学和环境学特性而深受人们喜爱的材料。木材的特点决定了木材阻燃剂的主流品种都是水溶性产品。为使阻燃木材得以推广应用,理想的木材阻燃剂除具备良好的阻燃性能外,还应赋予木材耐腐、抗白蚁等功能,并且不能降低木材原有的优良性能(如强度、调温调湿性、胶合性、涂饰性等),更不能增加额外的负面性能(如毒性、腐蚀性等)。归纳起来,理想的木材阻燃剂应达到相应的基本要求、质量要求、附加功能、安全要求、使用寿命。基本要求包括阻燃木材的难燃等级和烟密度等级;质量要求包括阻燃木材的物理力学性质及加工性质等;附加功能包括阻燃木材的耐腐性能、抗白蚁性能等;安全要求包括阻燃剂的毒性及阻燃剂燃烧产生的气体的毒性;使用寿命是指阻燃木材的可使用年限。理想木材阻燃剂应具备的性能具体如下。

(1) 阻燃性能好

理想的木材阻燃剂应既能阻止木材有焰燃烧,又能抑制无焰燃烧。目前,世界上还没有统一的标准来评价阻燃性,在不同的国家使用不同的评价标准:如我国依据GB 8624—2012《建筑材料及制品燃烧性能分级》,英国依据BS476《对建筑材料和结构的着火试验》,美国依据ASTM E84《建筑材料表面燃烧特性的测试方法》、ASTM E119《建筑及材料防火测试方法》等标准进行评定。一般来说阻燃处理木材的难燃性与阻燃剂的吸收量(即木材的载药量)密切相关,载药量越高,则阻燃性越好。但载药量过高,又可能产生一系列问题,如影响木材的强度、胶合性、涂饰性、装饰性等,同时也增加了成本。

(2) 毒性低

理想的木材阻燃剂本身应对人畜无毒或低毒,在生产和使用过程中不污染环境,阻燃木材的热分解产物少烟、低毒、无刺激性和腐蚀性。

(3) 抑烟性好

在火灾中,对人的生命威胁最大的通常不是明火,而是材料燃烧所产生的烟尘和一氧化碳等毒性气体。因此,理想的阻燃木材应发烟量低,能抑制一氧化碳等有毒气体的产生,且不能增加其他种类的毒性气体。所以在检测材料阻燃性能时,不仅要检测烟尘产生量,还需考虑木材阻燃剂在火灾中是否产生有毒气体。

(4) 渗透性好

阻燃剂必须能透入木材达到相当的深度。如仅分布在木材表面,一旦表面破坏或剥落,或因干燥而发生开裂,暴露出无阻燃剂透入的木面,则火灾发生时的阻燃效果就较差,因此要求阻燃剂对木材的渗透性要好。

（5）阻燃性能持久

木材阻燃剂是否稳定、在使用过程中是否会发生热分解、光分解、水解和流失而导致失效，将直接影响阻燃木材在使用过程中的阻燃效果和使用寿命，因此木材阻燃剂应能保证持久的阻燃效果。

（6）吸湿性低

吸湿性是衡量木材性能的一个非常重要的指标，而阻燃剂的加入可能在一定程度上会增加木材的吸湿性。在实际使用过程中，如果阻燃木材的吸湿性高，则阻燃剂就会随着不断吸收的空气中的水分，逐渐析出，从而造成阻燃剂流失，阻燃性能也就逐步丧失。因此理想的木材阻燃剂一定要具备吸湿性低，抗流失性好的特征，这样才能在室外和湿度较高的环境中使用。

（7）不影响木材的力学性能

阻燃木材的力学性质是评价其性能的又一个重要方面。如有些传统阻燃剂所含的磷酸铵、硫酸铵等酸性化合物，可导致木材发生降解，从而降低阻燃木材的强度。因此，理想阻燃剂应能尽量克服此方面的缺点。

（8）不影响木材的工艺性能

理想阻燃剂处理应不影响木材表面涂饰、胶合等性能，不影响处理材的后加工性能。

（9）对处理设备和金属连接件无腐蚀作用

理想阻燃剂不应对处理设备、金属连接件、紧固件、结构件、建筑五金件等产生腐蚀。

（10）不影响木材的视觉、触觉和调温、调湿等环境学特性

理想的木材阻燃剂应无色、无嗅，不改变木材的颜色，不产生结晶或其他沉积物，并不影响处理材的调温调湿等性能。

（11）成本低廉、原料来源丰富、易于使用

现有的木材阻燃剂虽然不能完全满足上述条件，但其各具优点，所以在选用时，应根据处理木材的性质和使用场合来选择合适的木材阻燃剂。

## 4.3.2 木材阻燃剂的种类

木材阻燃剂种类繁多，为便于研究常按照阻燃剂的某一特点将其进行分类。

①按阻燃剂的基本化学性质分为无机阻燃剂和有机阻燃剂；

②按照阻燃剂含有的阻燃元素或阻燃元素组合分为含磷化合物、磷-氮化合物、磷-卤化合物、含卤化合物、硼化物等；

③按阻燃剂引入木材的方法分为添加型阻燃剂和反应型阻燃剂；

④按阻燃处理的方法可分为阻燃浸注剂和阻燃涂料；

⑤按阻燃剂的化合物类型分为酸类、碱类、醚类、酯类以及氧化物等；

⑥按阻燃剂的作用机理分为物理作用或具化学活性的阻燃剂、气相作用或凝聚相作用阻燃剂。

基于木材的结构、性质和应用特点，木材阻燃剂主要含有磷、氮、硼和卤素的化

合物或混合物组成。在本章中按阻燃剂的性质、制备和应用特点，将木材阻燃剂分为如下三类：①无机阻燃剂；②有机阻燃剂；③其他类型阻燃剂：包括树脂型阻燃剂、膨胀型阻燃剂等。

### 4.3.3 无机木材阻燃剂

无机阻燃剂是历史最悠久的阻燃剂。它具有价格低廉阻燃性好，经过其处理的制品燃烧时释放烟和有毒气体少的优点；但有吸湿性大，易流失的缺点。按其发展又可分为3个阶段。

第一阶段：各类铵盐、磷酸盐、硫酸盐、卤化物及硫酸铝钾等盐类。

第二阶段：具有协同作用，能提高阻燃效果的复合阻燃剂，如氮-磷复合、磷-卤复合、磷-氮-硼复合、磷酸铵盐+硼砂、钼酸铵+硼砂等高效阻燃体系为特征的无机阻燃剂。

第三阶段：抗流失型的无机阻燃剂，即采用水溶性、较大分子量低聚物，如聚磷酸铵代替磷酸铵，或采用不同的无机盐溶液先后浸注木材，使各种盐在木材内发生化学反应沉积成为不溶性化合物的原位合成法等改善易吸湿和易流失等缺点。

#### 4.3.3.1 磷系阻燃剂

磷系阻燃剂是各类阻燃剂中最复杂，也是研究较充分的一类。磷系阻燃剂大都具有低烟、无毒、低卤、无卤等优点，符合阻燃剂的发展方向，具有很好的发展前景。

磷系阻燃剂的阻燃机理是遇热时分解得到磷酸或聚磷酸，并最终生成聚偏磷酸，而这些是强脱水剂，可促进燃烧物表面迅速脱水炭化，形成多孔质的发泡炭化层；并且磷系阻燃剂在燃烧温度下分解生成不挥发的高黏度熔融玻璃状物质，包覆在聚合物的表面，这种致密的保护层起隔离层的作用。同时含磷阻燃剂也是一种自由基捕捉剂，任何含磷化合物在聚合物燃烧时都有PO·等自由基形成，它可以与火焰区域中的氢原子结合，起到抑制火焰的作用。此外，磷系阻燃剂在阻燃过程中产生的水分，一方面可以降低凝聚相的温度；另一方面可以稀释气相中可燃物的浓度，从而更好地起到阻燃作用。用于木材及木质材料阻燃处理的无机磷系阻燃剂主要有磷酸（$H_3PO_4$）、磷酸氢二铵[$(NH_4)_2HPO_4$]、磷酸二氢铵（$NH_4H_2PO_4$）、磷酸三铵[$(NH_4)_3PO_4 \cdot 3H_2O$]及聚磷酸铵[$(NH_4)_{n+2}P_nO_{3n+1}$]等。

磷酸氢二铵（DAP）和磷酸二氢铵（MAP）是两种常用的无机磷系阻燃剂，在水中的溶解度很高，可用来做阻燃浸渍剂，也可以用来生产阻燃人造板。在热的作用下，DAP和MAP会产生如图4-4所示的化学反应。反应过程中生成的氨气和水可以起到气体稀释的作用；生成的磷酸和五氧化二磷则可和木材中的羟基反应引起脱水，促进炭的形成。研究表明，增重率为15%的MAP处理的欧洲赤松，其成炭量可以增加17%。此外，阻燃剂中的铵根离子还可以与纤维素发生反应，改变木材的热降解途径，减少可燃性气体的产生。但是，这两种阻燃剂会提高木材的吸湿性，使处理材更易受到腐朽菌的侵害，且抗流失性差，因此只适合室内环境下使用。同时，由于DAP和MAP自身的酸性，会对木材的力学性能造成负面影响，因此可在其中添加硼化合物，起到pH缓冲作用。

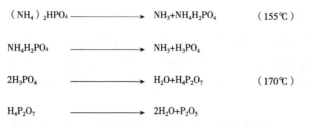

图 4-4　磷酸氢二铵和磷酸二氢铵热分解反应过程

聚磷酸铵(简称 APP)是近 30 多年来发展起来的一种高效无机阻燃剂,为白色粉末,分解温度高于 256℃。APP 价格便宜、毒性低、使用方便、阻燃效果好,可单独使用或与其他阻燃剂复配。其中的磷氮阻燃元素含量高,热稳定性好,产品近于中性,阻燃性能持久,因而发展很快。APP 有多种生产方法,应用广泛,作为灭火剂可用于森林和油田等大面积灭火;也可配成膨胀型防火涂料用于火车、船舶、电缆和高层建筑等防火处理。作为阻燃剂主要用于橡胶、塑料、纤维、木材和纸张等阻燃处理。APP 有水溶性和难溶性两种。短链 APP(聚合度 $n=10\sim20$)为水溶性,用作浸渍剂;长链 APP($n>20$)为难溶性,可用于阻燃涂料、阻燃胶黏剂或直接添加于纤维、刨花中生产阻燃纤维板、阻燃刨花板。虽然 APP 优点较多,但随着应用领域的不断开拓,也暴露了它的一些缺点,如在空气中容易吸潮、手感发黏、用于木材会增加木材的吸湿性等。

#### 4.3.3.2　卤系阻燃剂

卤系阻燃剂是阻燃剂中一个重要系列,也是使用最早的一类阻燃剂,具有高效、适用范围广、价格低廉、添加量少、原料充足、与材料相容性好以及稳定性好等优点。同时卤系阻燃剂也是目前倍受争议的一类阻燃剂。

卤系阻燃剂的阻燃机理是典型的自由基捕获及气相阻燃机理。该系阻燃剂在受热时分解产生卤化氢,卤化氢具有捕获 HO·自由基并使之转化为低能量 X·自由基和水的能力。X·自由基可通过与烃类反应再生为 HX,如此循环起到了延缓或终止链锁反应的作用。而且卤化氢是一种难燃气体,密度比空气大,可在处理材表面形成屏障,稀释周围的空气并隔绝新鲜空气的补充,降低可燃性气体的浓度,从而起到阻燃效果。

卤系阻燃剂包括氟、氯、溴、碘的盐类,阻燃效果按此顺序递增。但由于碘化物不稳定,容易分解,所以起不到阻燃作用;而氟化物离解所需能量高,又过于稳定,所以阻燃效果不佳,因此能用作阻燃剂的只有溴化物和氯化物。而溴化物成本高,毒性较大,因此基本只有氯化物适合于做木材阻燃剂。但是要达到同样的阻燃效果,氯化物添加量需为溴化物的两倍。

卤系阻燃剂中的无机化合物如氯化钙、氯化镁、氯化钠、氯化锌、氯化钡、氯化铵、溴化铵、溴化镁等无机盐均可以溶于水,可用于配制阻燃浸渍剂来对木材进行处理。经过卤系阻燃剂处理的木材还具有一定的防虫和防腐作用,但卤系阻燃剂处理材的吸湿性会上升,力学性能有所下降。此外,该系阻燃剂会降低被阻燃材料的抗紫外线稳定性,燃烧时生成较多的烟、且释放出的卤化氢气体具有强腐蚀性,潜藏着二次危害。同时产生的 X·自由基,对大气层中的臭氧层有影响。可见,卤系阻燃剂的使用与日趋高涨的环保要求不符,这是导致国外含卤素阻燃剂用量锐减的重要原因。

#### 4.3.3.3 硼系阻燃剂

硼系阻燃剂因阻燃效果好、安全无毒、价格低廉、原料易得、对木质材料物理力学性能影响小并兼有防腐、防虫功能而倍受欢迎。我国的硼资源丰富，硼矿储量在美国、俄罗斯、土耳其之后，位居世界第4位。因此硼酸盐阻燃剂具有一定的开发及应用前景。

硼系阻燃剂的主要阻燃机理是硼酸盐遇热时熔化，产生黏稠玻璃状物质，封闭燃烧物表面，隔绝氧气和热的传播；一些硼化物在燃烧温度下能放出结合水，起冷却、吸热作用；并且硼化物可以改变某些可燃物的热分解途径，抑制可燃性气体生成。纤维素的主要热解产物是左旋葡萄糖，再进一步分解产生一氧化碳、烷烃、乙醇、乙醛等。加入硼系阻燃剂之后，硼系阻燃剂在火焰中熔化，沿纤维形成玻璃体外层，凝聚相中的硼和纤维素中的羟基反应，生成硼酸酯，从而抑制了左旋葡萄糖的形成，使可燃性气体大大减少。此外，硼酸还能促使木材脱水，因此当硼酸盐与纤维素一起热分解时，往往有大量的炭生成。木质材料阻燃剂配方中常用的无机硼系化合物有硼酸、硼砂、硼酸铵、偏硼酸铵、五硼酸铵、偏硼酸钠、氟硼酸铵、偏硼酸钡、硼酸锌等。

硼酸和硼砂皆为最常用的无机硼类阻燃剂，如果硼酸与硼砂配比合适，可以完全阻止木质材料的有焰燃烧，但是由于在常温下硼酸与硼砂在水中的溶解度较低，难以达到良好的阻燃效果。虽然提高温度可以使溶解度提高，但处理木材后会随着温度的下降产生析出现象，给木材的胶合、装饰等进一步加工带来困难。此外，与硼类防腐剂处理材的缺点相类似，硼类阻燃剂处理材也面临着易流失等问题。由于硼化物的这些缺点，因此很少单独用作阻燃剂，经常与有机化合物或高分子化合物共用，例如硼酸与双氰胺、磷酸混合反应制成复合阻燃剂。

硼酸锌也是该系阻燃剂的一个代表，是一种多功能添加剂，具阻燃、成炭、抑烟、抑制无焰燃烧等效能。硼酸锌阻燃剂主要有 $ZnO \cdot B_2O_3 \cdot 2H_2O$、$3ZnO \cdot 2B_2O_3 \cdot 5H_2O$、$2ZnO \cdot 3B_2O_3 \cdot 3.5H_2O$、$2ZnO \cdot 3B_2O_3 \cdot 7H_2O$、$4ZnO \cdot B_2O_3 \cdot H_2O$ 等。水合硼酸锌中最常用的品种是 $2ZnO \cdot 3B_2O_3 \cdot 3.5H_2O$。其热稳定性好，毒性低，没有吸入性和接触性毒性，对皮肤、眼睛不产生刺激，也没有腐蚀性，是无毒、无污染的无机阻燃剂。硼酸锌不溶于水和一般的有机溶剂，可溶于氨水生成络合盐，作阻燃浸渍剂成分，还可用作防火涂料原料，并可以添加到刨花和纤维中生产阻燃人造板。此外，硼酸锌还经常与氧化锑、氢氧化铝等复配使用，在阻燃的同时起到抑烟的作用。

#### 4.3.3.4 金属系阻燃剂

金属系阻燃剂以金属氧化物及其氢氧化物为主，包括氢氧化铝、氧化铝、三氧化二铝、氢氧化镁、氧化镁、碱式碳酸镁、氧化锑、氧化钛等。金属氧化物阻燃剂中用途最广的主要是氢氧化镁和氢氧化铝，是填充型的阻燃剂，受热时可分解出的水分子大量吸热，可延缓材料的热降解速度，减缓材料的燃烧速度；同时放出的大量水汽可稀释可燃气体的浓度，有助于抑制燃烧，并减小发烟量，还可促进炭化；此外反应中生成三氧化二铝或氧化镁，还可起到表面覆盖的作用。有研究表明将纳米银浸注于木材中，能提高木材的耐火性能，且在提高木材的阻燃性能方面有很大潜力，但仍需深入研究。该系阻燃剂无毒、抑烟、价廉,但其添加量大,因此较少用于木材的阻燃处理。但仍可用于木材防火涂料,或直接与纤维、刨花混合生产阻燃人造板。

### 4.3.4 有机木材阻燃剂

由于多数无机木材阻燃剂具有吸湿性大、易流失,处理材不能用于室外、高湿或接触水的环境中、处理材表面容易起霜、变色、对金属有腐蚀性、会降低木材的胶合和油漆性能、影响木材的再次加工、甚至降低木材的强度等缺点,因而研究开发了有机阻燃剂。有机阻燃剂比无机阻燃剂出现得晚,但是发展得比较快。常用的有机阻燃剂主要是含磷、氮和硼元素的多元复合体系。

#### 4.3.4.1 有机磷系阻燃剂

有机磷系阻燃剂的品种繁多、用途广泛。包括磷酸酯、亚磷酸酯、膦酸酯、有机磷盐、磷杂环化合物及聚合物磷(膦)酸酯等,其中应用最广的是磷酸酯和膦酸酯。磷酸酯阻燃剂有磷酸三甲酯、磷酸三苯酯、磷酸三异丙苯酯、磷酸三丁酯、磷酸三辛酯、甲苯基二苯基磷酸酯等。膦酸脂的主要产品有甲基膦酸二甲酯、烯烃基膦酸酯、酰胺膦酸酯、环状膦酸酯等。这一类阻燃剂的作用机理是该系阻燃剂受热分解产生正磷酸,具有非常强的脱水作用,能促进材料表面炭化,形成炭膜,或者覆盖在其表面,以阻止火焰的蔓延。有机磷系阻燃剂除了具有良好的阻燃效果外,还兼有增塑剂、润滑剂的功效,所以目前主要用于塑料行业,在木材中也有少量应用。

#### 4.3.4.2 有机卤系阻燃剂

用于木质材料阻燃的卤系有机阻燃剂主要有氯化石蜡($C_{25}H_{30}Cl_{32}$)、氯化橡胶$[(C_{10}H_{11}Cl_7)_n]$、过氯乙烯$[(CHCl=CHCl)_n]$等。其主要优点是抗流失、对木材的物理力学性能影响较小;缺点是阻燃性能不稳定,成本高,燃烧时产生大量烟和有毒气体。其中氯化石蜡($C_{25}H_{30}Cl_{32}$)具有较佳的热稳定性和抗紫外线性能。这类含氯有机阻燃剂可用于阻燃涂料或阻燃胶黏剂的添加剂,或直接被添加于纤维和刨花中,生产阻燃人造板。

#### 4.3.4.3 有机硼系阻燃剂

用作阻燃剂的硼化物中,无机硼酸盐仍占主要地位。但在木材及木质材料上应用较多的硼酸、硼砂等无机硼酸盐的抗流失效果较差,因而阻燃性能不持久。而有机硼系阻燃剂则由于水解稳定性较差和价格较高等问题而使其应用范围受到限制。但与有机磷阻燃剂相比,有机硼阻燃剂具有良好的抑烟性,因此毒性要远小于有机磷阻燃剂。因此从我国硼资源出发,合成新型的抗流失性好的有机硼阻燃剂,开拓一个新的研究领域,具有现实意义。如硼酸三甲酯高温气相处理木材的技术卓有成效,能够集干燥、防腐、阻燃于一体,但因投资较大推广应用尚需一定时间。

#### 4.3.4.4 氨基阻燃剂

相对其他阻燃剂而言,氨基阻燃剂发展较晚。该类阻燃剂具有无卤、低毒、无腐蚀、对热和紫外线稳定、价格低等特点。其阻燃机理是:燃烧生成的硝酸促进木材脱水炭化,形成炭化隔离层而阻止燃烧。许多氨基类的阻燃剂能够与木材纤维或胶黏剂发生化学反应，形成化学交联而形成牢固的结合，因而阻燃效果持久而稳定，并且可以克服无机阻燃剂容易吸湿的缺点。这类阻燃剂单独使用时阻燃效果不太理想，多与其他阻燃剂配合使用。

氨基阻燃剂主要包括双氰胺、三聚氰胺、密胺磷酸盐、密胺焦磷酸盐、胍、碳酸胍、硫酸胍、磷酸胍、缩合磷酸胍、磷酸双胍、氨基磺酸、氨基磺酸胍等。其中双氰胺、三聚氰胺等有机胺类已用于合成难燃树脂以及阻燃胶黏剂和阻燃人造板的生产。胍盐类特别是磷酸胍是继聚磷酸铵后发展起来的新型木材及木质人造板的阻燃剂，不仅阻燃效果好、性能持久，且吸湿性小，装饰性能好，可采用浸渍、喷涂或掺入胶黏剂中等方法来处理木材，也可以用于制造防火涂料。氨基磺酸及其盐类也都是木材、木质人造板、纸及纸制品、纺织品等材料的优良阻燃剂，既可单独使用，也可与其他阻燃剂结合使用。

### 4.3.5　特殊类型木材阻燃剂

#### 4.3.5.1　树脂型阻燃剂

树脂型阻燃剂就是在配方中加入低聚合度树脂，即采用难燃树脂与水共同做溶剂包覆无机盐类阻燃剂并随树脂固化使原来的易流失阻燃成分固定在木材中，从而提高了阻燃剂的抗流失性，降低了吸湿性。如将磷酸二铵溶于低分子量脲醛树脂中，然后用这种混合液浸渍处理木材，树脂固化成为不溶状态，木材中的阻燃剂就不易流失。再如将硼酸、聚磷酸铵等阻燃剂溶于水溶性的丙烯酸树脂中，其中水作为一种载体，当药剂进入到木材内，水分完全蒸发后，药剂固定在木材上。其后将处理材暴露在水中或潮湿环境中，只能引起木材润胀而阻燃剂不会流失。

用氮源(尿素、三聚氰胺等)和甲醛可制得氨基树脂型木材阻燃剂。其原理是在甲醛、尿素、双氰胺、三聚氰胺树脂制造过程中加入磷酸或磷-氮系化合物，通过树脂的固化形成抗流失的阻燃剂，如尿素-双氰胺-甲醛-磷酸(UDFP)树脂，密胺-双氰胺-甲醛-磷酸(MDFP)等。与 MDFP 相比，UDFP 通常更稳定，贮存期更长，其抗流失性也优于 MDFP。UDFP 阻燃剂的贮存期取决于甲醛：(尿素+双氰胺)的摩尔比，当此摩尔比≥2 时，贮存期长。UDFP 的用途广泛，当其固含量<20%时可用于加压浸渍处理，当固含量>40%时，可用作胶黏剂或掺入涂料中，作防火涂料。用该阻燃剂处理的木材还具有一定的防腐功效。

#### 4.3.5.2　反应型阻燃剂

反应型木材阻燃剂通过化学反应，形成稳定的化学键，将阻燃元素或含阻燃元素的基团与木材分子相结合。所得的阻燃木材不仅具有抗流失、耐久的优点，而且由于阻燃元素以单分子状态分布在木材上，单位物质量阻燃剂的阻燃效率高。木材大分子上的羟基和苯环是适合于阻燃处理的常用官能团，通过酯化、酯交换、醚化、酰化和卤化等反应，可与阻燃元素或含阻燃元素并有反应性基团的化合物进行反应实现阻燃。例如，通过磷酸酯化(磷酰化)可将磷元素与木材发生化学结合；采用较低分子量的硼酸酯对木材进行气相处理，通过硼酸酯与木材羟基之间的酯交换反应，可将硼元素以形成硼酸酯的方式与木材结合。而将氮元素与木材结合的最简单的方法，就是通过氨基化合物与木材酸性磷酸酯反应生成盐。日本用含有磷酸和脲或胺类或酰胺类的磷酸酯化试剂浸渍木材，在高于100℃而低于木材降解温度的条件下加热，生成稳定的酸性磷酸酯盐，所得材料具有很高的阻燃性。

另外，也可以利用具有阻燃效果聚合物的单体，浸注到木材内部，然后在一定条件下引发聚合，使聚合物沉积在木材细胞腔或细胞壁内部制成难燃木材。

#### 4.3.5.3 膨胀型阻燃剂

膨胀型阻燃剂是近年来受到高度关注的新型复合阻燃系统，具有独特的阻燃机制和无卤、低烟、低毒的特性。这一类型的阻燃剂是阻燃剂无卤化的重要途径。此类阻燃剂在受热时发泡膨胀，所以称膨胀型阻燃剂。

膨胀型阻燃剂以磷、氮为主要成分，含有成炭剂、脱水剂、发泡剂和改性剂等成分，成炭剂为含碳高的多羟基化合物，如淀粉、蔗糖、糊精、季戊四醇、二季戊四醇、乙二醇、酚醛树脂、聚己内酰胺等，它们燃烧时能产生$CO_2$、水蒸气和焦油，其作用是形成炭化层；脱水剂一般是无机酸或加热后能生成无机酸的化合物，包括磷酸、磷酸铵、聚磷酸铵、硫酸、硼酸、硼酸盐、尿素和硫酸铵等；发泡剂的作用是形成泡沫层，为含氮的多炭化合物，如双氰胺、三聚氰胺、聚酰胺、尿素和胍等；有时可加入一定改性剂，加入改性剂的目的是最大程度地形成炭化层。

膨胀型阻燃剂主要用于木材的表面及油漆处理，其作用机理是在较低温度下，由脱水剂即酸源放出能酯化多元醇和可作为脱水剂的无机酸；之后在稍高于释放酸的温度下，无机酸与多元醇(成炭剂)进行酯化反应，而体系中的胺则作为酯化反应的催化剂，加速酯化反应；整个体系在酯化反应前或酯化过程中熔化；在反应过程中发泡剂受热分解出不燃性气体(氨气、水蒸气等)，产生的不燃气体使已处于熔融状态的体系膨胀发泡，与此同时，多元醇和酯脱水炭化，形成无机物及碳残余物，且体系进一步发泡膨胀，体积能够膨胀50~200倍；当反应接近完成时，体系固化，最后于材料表面形成海绵状的、厚厚的多孔炭质泡沫层。该泡沫化炭化层可以起到隔热、隔氧、抑烟的作用，既可阻止内层木材的降解，又可阻止热源向木材传递以及隔绝氧源，从而能有效地阻止火焰的蔓延和传播，达到阻燃的效果。典型的膨胀型阻燃体系有聚磷酸铵/季戊四醇/三聚氰胺三者的复配体系。

该类阻燃剂虽有良好的阻燃性能，并满足少烟、低毒的发展趋势，但由于这类阻燃剂只是涂覆木材表面，一旦表面受损，其阻燃作用便会显著降低。

#### 4.3.5.4 复合型阻燃剂

当两种具有阻燃作用的化合物同时使用时，其观察到的效果可能是各自单独使用实测结果的相加，称加和效应；也可能高于各自作用的和，称协同效应；还可能低于各自作用的和，称反协同效应。

为了降低阻燃剂用量及成本，并提高阻燃性能，很少使用单一的化合物对木材进行阻燃处理，通常将两种或多种阻燃成分进行复配，达到协同效应，同时可以弥补吸湿性高等方面的不足。

阻燃剂的复合可以在有机类、无机类及它们相互之间进行。其中有机和无机类阻燃剂的复合使用更广泛，这类复合体系兼具有机阻燃剂的高效和无机阻燃剂的低烟、无毒功能，能有效降低成本和减少无机阻燃剂的用量，改善材料的功能。复合型阻燃剂成为阻燃剂发展方向之一。其中，磷类化合物常与硼类、氮类化合物以及卤化物并用，如美国Hickson公司生产的Dricon木材阻燃剂，是双氰胺与磷酸和水的不完全反应产物，主要成分为脒基脲磷酸盐同硼酸复配而制得的阻燃剂。它具有阻燃性好、发烟低、防腐防白蚁、吸湿性低（在高相对湿度环境中的吸湿性与未处理材相当）、对木材的物理力学性能影响小、无毒、不污染环境、耐热性好、不腐蚀金属连接件等优点。

#### 4.3.5.5 抑烟剂

如前所述，木质材料燃烧产生的烟尘和一氧化碳对人体有很大危害，据资料统计，火灾中死亡人数有80%是烟窒息所致。因此在阻燃技术中"抑烟"和"阻燃"同样重要。经含磷-氮系、硼系阻燃剂处理的木质材料的发烟等级与未处理材基本相同并略有降低。含铝、锌等金属的阻燃剂有较好的抑烟作用。三氧化钼和钼酸铵等钼类化合物具有良好的抑烟效果，且与一些其他阻燃剂有协同效应，常进行复配使用，该类抑烟剂的开发与应用成为目前阻燃剂领域的一个研究热点。

#### 4.3.5.6 防火涂料

防火涂料是一种专用涂料，将其喷涂到木材表面不仅具有阻燃作用，而且还具有装饰、防腐、耐磨等功能。据报道，早在古罗马时代就有人用醋和黏土作为木材表面的涂料，后来，用无机物如石膏、灰泥、水泥等为原料，用水调制成涂料，涂于木材表面，用以防火隔热。我国古代许多寺庙、宫殿，采用各种黏结剂加入黄泥、黏土、石膏等物质调成糊状，涂抹到木质的梁柱表面，以防止火灾的发生。

当代的防火涂料一般具有如下组成：基料、分散介质、阻燃剂、颜料、填充剂、助剂（增塑剂、稳定剂、防水剂、防潮剂）等。其中，阻燃剂是防火涂料的关键物质，它赋予了涂料阻燃性能，一般占配方的20%~40%。当失火或环境温度过高时，防火涂料中的阻燃剂可在所涂物体表面形成隔热涂膜或炭化层，保护物体不与火焰直接接触；或在受热后释放出不燃性气体以稀释可燃性气体，抑制燃烧的气相反应；或参与基材热分解阶段的化学反应，控制可燃物的生成等。

防火涂料中的基料主要起到成膜作用，可以把涂料中各组分紧密地黏结在一起，干燥后形成坚韧的涂层，牢固附着在基材表面，一般占配方的10%~20%。其必须在高温（700~1 000℃）下与基材（木材、人造板等）有较强的黏结强度，且其阻热隔热性能不受影响；其次应当使涂料有良好的理化性能，并对基材不产生腐蚀作用；当涂料为膨胀型涂料时，其基料还要考虑炭化膨胀层的高度及泡沫状炭化层的强度，同时基料的熔融物应当有高的黏度、可以使泡沫状炭化层形成均匀致密结构。常用的基料为合成树脂，如氨基树脂、聚丙烯酸酯乳液（苯丙乳液）、聚醋酸乙烯树脂、酚醛树脂、环氧树脂、过氯乙烯树脂、氯化橡胶、氨基树脂、丙烯酸树脂等。通常可以将两种或两种以上的树脂复合使用，使树脂之间互补长短，使防火涂料的性能更加优越。

分散介质也称为溶剂，它的作用是将防火涂料的各个组分均匀地分散在溶液中，对涂料起到稀释作用，可以使涂层均匀而连续，一般占配方的15%~30%。分散介质分为有机溶剂和水两种。使用有机溶剂的涂料称为溶剂型防火涂料（也称油性涂料），有机溶剂包括苯、二甲苯、乙醇、酮、卤代烃等。有机溶剂具有挥发性，待溶剂挥发后，涂层干燥成膜。使用水为溶剂的涂料称为水性防火涂料，具有环保性。

颜料、填充剂和助剂均为涂料中的辅助成分。颜料是赋予涂料不同颜色的成分，常用的着色颜料有钛白粉、三氧化锑、氧化锌、铁黄、铁红等。填充剂可提高防火涂料涂层的强度和耐火极限，并对涂料的耐候、耐磨、耐酸碱、耐水的理化性能有改善作用的添加剂，一般占配方的5%~10%。涂料中经常加入一些无机物作为填充剂，如分子筛、黏土、滑石粉、玻璃纤维、石棉纤维等。助剂则包括增塑剂、防老化剂、防腐蚀剂、稳定剂、防水剂，能增加涂料的柔韧性、附着力、弹力、光热稳定性、防虫防霉性等，只占配方的1%~5%。

防火涂料有多种分类方法，按防火涂料中基材类型可分无机防火涂料和有机防火涂料两类，前者性能稍差些，有时为了满足某些要求，向无机防火涂料中加入一些有机树脂进行改性；也可按分散介质划分为水性防火涂料和溶剂型防火涂料两类，前者对环境污染少，但某些性能稍差；后者防火性能较优良，但对环境有一定污染，价格较贵；还可按装饰性能分成透明防火涂料和非透明防火涂料；或按阻燃性能分成难燃防火涂料和不燃防火涂料。但最常用的分类方法，是将防火涂料按遇火时是否发生膨胀划分为非膨胀型防火涂料和膨胀型防火涂料两类。

非膨胀型防火涂料受热后涂层体积不变，通过涂料本身的难燃性、不燃性，或者通过涂层在火焰下释放出不燃气体，并在表面形成釉状物的绝氧隔热膜来保护基材。但它不能阻止木材的温度上升，且由于涂层较薄，受火时间稍长就可能破裂，并且木材细胞空隙中的空气被加热膨胀后会破坏漆膜，使其丧失阻燃作用。另外，漆膜长时间在环境因素作用下会老化，需定期维护漆膜才能保持效果。醇酸树脂防火涂料、聚氨酯防火涂料、环氧防火涂料、聚氯乙烯防火涂料等都属于非膨胀型防火涂料。膨胀型防火涂料较非膨胀型防火涂料品种多、性能优越，是防火涂料的发展方向，具体原理已在"膨胀型阻燃剂"部分进行介绍。

## 4.4 木材和木质材料的阻燃处理方法

### 4.4.1 木材阻燃处理方法

木材阻燃是用物理、化学方法提高木材抗燃性能的加工处理技术，是使木材不易燃烧，被点燃时火焰不沿其表面延烧或延烧速度减慢，脱离外火源后自熄、不续燃的方法和措施。木材阻燃处理方法可分为物理和化学处理两大类，选择合适的阻燃剂和合理的处理工艺，既能提高阻燃性能又不破坏木材物理力学性能和工艺性能，是木材的阻燃技术的关键所在。

#### 4.4.1.1 物理阻燃法

物理阻燃法是不用化学药剂，不改变木材细胞壁、细胞腔结构及木材化学成分的结构而提高木材阻燃性的方法，主要包括：

①采用大断面木构件，遇火不易被点着，燃烧时易生成炭化层，因炭的导热系数仅为木材的1/3~1/2，炭化层可部分限制热传递，抑制木构件的继续燃烧，同时炭化层下的木材又能保持它的原始强度。

②把木材与其他不燃性材料复合制成各种不燃或难燃的复合板材如水泥刨花板、石膏刨花板、木材-岩棉复合板、木材-金属复合板等。应用于建筑隔断墙或其他装修材料，具有良好的阻燃效果。

③贴面法，将石膏板、硅酸钙板、铁皮及金属箔等不燃物覆贴在木材或木材表面起阻燃作用。但该法仅限于表面处理，会覆盖木材原有纹理及特性。

#### 4.4.1.2 化学阻燃法

这是一种主要的也是普遍应用的阻燃处理方法，即将具有阻燃功能的化学药剂以不同的方式注入木材表面或细胞壁、细胞腔中，或与木材的某些基团发生化学反应从而提高木材的阻燃性能。化学阻燃法处理木材与前面章节介绍的防腐剂处理木材的方式相类似，也可以使用表面涂刷法、常压浸泡处理法、热冷槽处理法、真空浸渍法、加压浸渍法、真空加压浸渍处理法等方法对木材进行处理。

表面涂刷的方法一般用于表面涂覆防火涂料，或使用阻燃剂处理易渗透的薄型木材及木制品，也可以处理单板，通过层积作用，药剂保持量增加，能保证有一定的阻燃作用。根据所应用的木材种类及密度、厚度确定涂敷的次数及阻燃剂或防火涂料的增重率，然后用羊毛排刷或其他排刷蘸上阻燃产品沿木材纹理反复均匀地涂刷在木材的表面，并使之渗透到木材内部，直至阻燃剂不再被吸收为止，这样计为一遍。可反复多刷涂几遍，每次处理要待上次干燥后方可进行，间隔以2~3h以上为宜。另外在处理对阻燃性要求不高的产品或古建筑木构件不便浸渍处理时，也可采用涂刷或喷涂阻燃涂料方式，隔离热源，阻止材面接触空气，降低燃烧性能，但也覆盖了实木原有纹理及质感。

常压浸泡处理法、热冷槽处理法、真空浸渍法、加压浸渍法、真空加压浸渍处理法等方法则需关注不同阻燃剂在不同防火等级下所需的载药量，来进行方法的选择与工艺的设计。具体方法已在第3章中进行介绍。

### 4.4.2 木质人造板的阻燃处理方法

木质人造板是以低质木材（如速生材、小径材、枝丫材等）、木材加工剩余物（如板皮、边角料、锯末等）为原料，将这些木材原料加工成不同形态的木质单元（纤维、刨花、单板）通过施加脲醛树脂或其他合成树脂，在加热加压条件下，压制而成的板材（纤维板、刨花板、胶合板）。因此人造板产品是高效利用木材资源的主要方式之一，人造板的生产与消费对于保护天然林资源、提高森林资源综合利用率、缓解木材资源供需矛盾、满足市场对木材和木制品需求、保护生态环境具有积极意义。目前人造板被广泛应用于家具、装修、建筑行业，但由于木质人造板是一种木质材料，属于可燃材料，因此有必要对其进行阻燃处理。目前国内外研究者提出了多种阻燃木质人造板的制造方法。

**4.4.2.1 胶合板的阻燃处理方法**

胶合板由于性能优良，且能保持天然木材的花纹、质感。因此在进行胶合板阻燃处理时，要考虑以下几个问题：第一，要保持胶合板原有的装饰性，处理后的胶合板应该能适于各种装饰要求；第二，胶合板的主要物理力学性能应该符合使用要求；第三，处理后的胶合板易于加工，对金属的腐蚀性很小或无腐蚀性；第四，处理后的胶合板阻燃抑烟性能好，产生的烟气无毒。

(1) 胶合板成品板的阻燃处理

①浸渍处理　成品板浸渍处理一般可使用无机阻燃剂，还可使用一些聚合度较低的树脂型阻燃剂。阻燃剂一般为水溶性的，要求溶液黏度较低。将胶合板成品置于盛有阻燃剂溶液的容器中进行浸泡。浸渍处理方法有常压浸渍、加压浸渍、真空加压浸渍。常压浸渍时间较长，吸药量不大，表面可能会出现结晶，但设备投资小，操作方便。加压浸渍和真空加压浸渍工艺中阻燃剂可深度浸入胶合板，成品板吸药量较大，阻燃剂扩散渗透到木材管孔和纤维中，阻燃效果较好，处理时间短，效率高，但处理费用较高，需要专用加压设备。浸渍完成后，板材需要进行二次干燥。

②板面涂敷处理　将配制好的阻燃剂液体或各种防火涂料，采用涂刷或喷涂的方法涂敷到胶合板表面，然后自然干燥或者人工干燥，根据需要可进行多次涂敷，可单面或双面处理，使胶合板表面隔离热源、降低燃烧性。这种处理方法简单、经济，防火涂料还可以起到防腐、防老化等作用，但防火涂料会掩盖木材的花纹，降低装饰效果；而涂刷阻燃剂溶液，胶合板吸药量少，阻燃效果较差。

③贴面处理　在成品胶合板表面覆贴具有阻燃性能的材料，或者贴面材料本身就是不燃材料。这种方法简便易行，对胶合板的物理力学性能影响很小，现在市场上一些阻燃胶合板都是通过这种方法生产的。如在胶合板表面贴上阻燃的热固性树脂浸渍纸就是一种成熟的处理工艺，已获得了广泛的应用。这种方法的优点是能有效控制火势蔓延、对木材物理力学性质影响小、操作方便、设备简单。缺点是一旦保护层破损，阻燃性能随即消失。

(2) 胶合板生产过程中的阻燃处理

①单板浸渍处理　此种方法是将胶合板单板浸渍于阻燃剂溶液中，由于胶合板所用单板一般都较薄、材质较软，采用常压浸渍的方法就可以在短时间内渗透阻燃剂。若单板材质较密实，可适当提高阻燃剂溶液的温度，以提高浸渍效率。要求阻燃剂溶液的黏度越小越好，易于渗透，浓度则是尽量提高，在黏度与浓度之间找到平衡点。借助单板裂隙和木材细胞腔等空隙吸入足量阻燃剂，然后对单板进行干燥处理。多使用无机系列阻燃剂。P-N系列应用广泛，此类中磷酸氢二铵和水溶解性较高的聚磷酸铵(APP)的处理效果均很好。用这种方法制得的阻燃胶合板阻燃性能较好，但由于单板表面阻燃剂的存在，会影响胶合板强度。单板浸渍处理中，根据需要达到的阻燃级别和用途，可以分为整板处理、间层单板处理和两层表板处理等类型。

也可以对单板采用加压浸渍处理，这对阻燃效果有保证，但会造成较多单板破损并增加劳动力及成本的投入。

②使用阻燃型胶黏剂　这种方法是对胶合板用脲醛胶、酚醛胶等胶黏剂进行改性

制成难燃胶黏剂，或将阻燃剂加入到胶黏剂中，配制成复合型阻燃胶黏剂，让胶黏剂起到阻燃、胶合的双重功效。单独使用这种方法制得的胶合板阻燃性能较难达到难燃级要求，通常都与表面处理方法相结合，以加强阻燃效果。

#### 4.4.2.2 纤维板/刨花板的阻燃处理方法

结合纤维板/刨花板生产工艺和选用的阻燃剂类型，可以将纤维板/刨花板的阻燃处理分为成品板处理和生产过程中处理两种。成品板处理又分为浸渍和表面涂覆贴面，生产过程中处理主要是加入固体或液体的各种阻燃剂。

(1) 纤维板/刨花板成品板的阻燃处理

① 浸渍处理  浸渍法就是将成品纤维板或刨花板浸泡在阻燃剂液体溶液中，使板材吸收一定量的阻燃剂，然后在一定的温度条件下进行干燥。浸渍法需要专门的设备，并且需增加成板干燥的工序，这就增加了处理难度和板材的生产成本；可能出现的问题是阻燃剂浸渍量有限且不稳定，难以达到较好的阻燃效果；并且经阻燃剂溶液浸渍处理后，板材会因阻燃剂带入的部分水而破坏板内纤维或刨花间的结合，降低板材的强度，这样处理的板材可能还会变形开裂，此外还可能有废液排放污染环境。且用脲醛树脂压制的纤维板/刨花板不适合用这种方法，因为脲胶的耐水性差。

② 板面涂覆处理  成品板的板面处理就是用刷子、喷涂机或辊涂机将阻燃剂粉体或液体均匀施加于纤维板/刨花板表面，使板材表面形成一层阻燃保护层。也可以在板面均匀喷洒阻燃剂粉末或液体阻燃剂后，在一定的热压条件下进行热压，使阻燃剂渗透到板材内部。该法操作简单，对板材的力学性能影响不大。但阻燃剂的施加量有限，一次处理难以达到阻燃要求，并且在板材的砂光工序中容易造成阻燃剂损失。此外在用液体阻燃剂涂刷后热压时，虽然阻燃剂较容易渗入板内，但板材表面容易起泡。此方法适于水溶性阻燃剂，但板面处理生产率低，且可能影响表面装饰质量。

③ 板面喷涂防火涂料  在纤维板/刨花板表面喷涂各种防火涂料，防火涂料可以是无机非膨胀型，也可以是有机膨胀型，根据具体情况来选择。这种方法工艺简单，成本低，与制板工艺关系不大，也便于现场施工应用。

④ 贴面处理  在纤维板/刨花板成品板表面贴覆各种阻燃材料，形成一层阻燃保护层。如阻燃纸、石棉板等。此法是解决纤维板/刨花板阻燃性能的一种行之有效的方法，且又可提高纤维板/刨花板的表面质量，改善其外表观感。

(2) 纤维板/刨花板生产过程中阻燃处理

① 纤维/刨花阻燃处理  在生产过程中把液体阻燃剂喷施到纤维/刨花中与纤维/刨花混合均匀并渗入纤维/刨花，然后干燥、施胶、热压成板。此种方法所制得的板材阻燃性能较好，但需要喷施阻燃剂的专用设备。使用液体阻燃剂还会增加纤维/刨花的含水率，需要对纤维/刨花进行二次干燥，因此该方法操作过程复杂，成本增加。而且某些阻燃剂会在纤维/刨花干燥过程中发生热分解，以致影响最终的阻燃效果。使用易分解的阻燃剂时，应在低于热分解的温度条件下干燥纤维/刨花。另外阻燃剂的加入可能会影响胶黏剂的固化，故可能需调整胶黏剂配方或固化剂用量。

② 阻燃剂与胶黏剂混合喷施  将阻燃剂按一定比例与胶黏剂混合，这样在施胶的同时，也进行了阻燃处理。此法简单易行，不需增添新设备，而且阻燃剂的形态不限，

液态、粉末均可。这个方法对阻燃剂有一定的要求,阻燃剂的 pH 值应与胶黏剂的 pH 值相适应,即阻燃剂和胶黏剂的相容性要好,不然会影响胶黏剂的固化性能和胶合强度。此法的缺点是:不是水溶性的阻燃剂与胶黏剂不能完全混合,会使阻燃效果减弱,如果用液体阻燃剂会带入水分,使板坯的含水率增加。

③铺装过程中加入阻燃剂　此方法是在纤维板或刨花板板坯成型前,用气流铺装设备,将一定量的阻燃剂铺装到板坯中。该法不但能避免砂光时阻燃剂的损失,而且可以使最小量的阻燃剂发挥最大的阻燃效果。此法简单,并且阻燃剂的 pH 值对胶黏剂的影响也不大,但是纤维板或刨花板的物理力学性能有所下降,而且不是所有类型的铺装过程都适于添加阻燃剂,需要特殊的铺装设备。

## 4.5 阻燃处理对其他材性的影响

用阻燃剂处理木材,可能会在处理、加工或使用的过程中对木材的某些物理和力学性能以及加工工艺性能产生不良影响。但是,阻燃剂中的某些元素或成分又可以赋予木材一定的耐腐性能,使处理材的使用寿命更加长久。

### 4.5.1 阻燃木材的吸湿性和尺寸稳定性

与聚合物用阻燃剂不同,木材阻燃剂的一个重要的负面性质是吸湿性,因为吸湿不仅会引起木材的重要性质——尺寸稳定性下降,而且会造成木材的胶合、涂饰等工艺性能劣化,腐朽加剧。

阻燃处理木材的吸湿性与木材的尺寸、树种、环境相对湿度、使用阻燃剂种类及用量有关。用某些无机阻燃剂处理的木材,其吸湿性较大,特别是当环境相对湿度高于 80% 时,吸湿性更加显著,甚至有阻燃剂从木材中渗溢、表面返霜的情况,造成阻燃剂的流失,阻燃木材也就逐步丧失了阻燃性能。如硫酸铵、磷酸铵、聚磷酸铵等,这些无机阻燃剂的水溶性很高,极易吸收空气中的水分,当空气的相对湿度为 81% 时,硫酸铵将吸收大量水分而变成溶液;当相对湿度达到 93% 时,磷酸铵也将变成溶液。因此如果将这类阻燃剂处理的木材用于潮湿的地方,阻燃剂将从木材中析出,还会造成对五金件的腐蚀。大部分有机阻燃剂和树脂型阻燃剂的吸湿性都较无机阻燃剂低很多,使处理材的使用寿命大大延长。并且用硼酸和硼酸盐处理的木材,其吸湿性变化也很小。

### 4.5.2 阻燃木材的力学性能

力学性能是决定阻燃木材是否具有使用价值以及其应用范围的重要性能指标。许多研究结果表明,无机阻燃剂处理后,木材及木质材料的强度有所下降,尤其是抗冲击强度下降最为明显,可达 34%,静曲强度下降 5%~15%,弹性模量下降 1%~5%,断裂模量下降 10%~17%。影响阻燃木材力学性能的因素主要有以下几个:

(1) 阻燃剂的 pH 值

一般阻燃剂的酸性较大,催化木材脱水炭化的能力较大,阻燃效果好。但是阻燃剂酸性大会引起半纤维素主链断裂和侧链降解、纤维素葡萄糖链的降解以及木质素的缩合反应，从而引起木材强度的下降。由于不同树种中半纤维素含量不同，所以阻燃处理材对强度的影响随不同树种而异。如阔叶树材中的半纤维素含量高于针叶树材，因此阔叶树材经阻燃处理后强度下降较针叶树材大。并且木材对酸性阻燃剂的吸药量越高，则木材强度降低越多。为了降低阻燃剂的酸性，可以用硼酸盐作缓冲剂，从而使阻燃剂处理后木材强度的下降得到改善。

(2) 阻燃处理后的干燥温度

木材在经过阻燃剂处理后含水率过高，必须对其进行干燥后才能利用，这是导致木材强度降低的主要原因之一。如果此时的干燥温度过高，则会导致木材强度的下降，这种强度下降与木材的含水量密切相关。美国木材保护协会推荐，木材窑干温度以≤71℃为宜。提高干燥温度后，由于刚进行阻燃处理的木材含水率很高，会使木材发生脱乙酰基反应，致使木材内部产生大量的酸。酸会使木材发生降解，使强度下降，并且酸使木材强度下降的速度与温度有关，温度每增加10℃，木材的强度下降速率会增加2~3倍。

(3) 阻燃处理材在使用环境中强度下降

阻燃处理材在使用环境中，由于日光和雨水引起温度和湿度变化，造成随着使用时间延长，木材变脆、易碎、颜色变暗，木材的强度不断下降。因为温湿度的变化会引起木材内部无机阻燃剂的迁移，加速了木材降解的过程。

### 4.5.3 阻燃木材的金属腐蚀性

阻燃木材在应用时可能需要用钉子或其他金属连接件连接，在潮湿环境中木材内的阻燃剂容易从空气中吸收水分，因此阻燃处理材对金属连接件、紧固件、结构件、建筑五金件等可能产生腐蚀。腐蚀性是由于化学反应引起的。当含水率和温度较高时，这一过程发生得更快。另外阻燃剂的pH值也将对金属有腐蚀。若阻燃剂酸性较强，不仅对木材强度会有损害，对铁器也有腐蚀作用。而碱性较强的药剂，对铝、锌以及木材本身均有腐蚀性。因此凡铜、铁制造的处理设备，如未加保护层，则不能安全使用这类阻燃剂。

### 4.5.4 阻燃木材的涂饰与胶合性能

阻燃木材在应用的过程中往往要经过涂饰、胶合等重要加工工序，工艺性能的好坏在很大程度上决定了阻燃木材的应用范围。由于涂饰与胶合不仅是木质家具及装饰工程中最重要的工艺过程，而且容易受化学物质的影响，因此对阻燃木材的涂饰和胶合性能的评价是十分重要的。在涂饰性能方面，漆膜的干燥时间、附着力和光泽是重要指标，而胶合强度则是评价胶合性能的主要标准。

阻燃处理材在干燥情况下，涂饰性能受影响不大，但在使用过程中，在相对高的湿度下，由于木材内部含水率的增加，引起漆膜的剥离或龟裂，木材内的阻燃剂逐渐迁移到表面形成"返霜"现象，会影响漆膜的胶着，或者使化合物的结晶浮现在漆膜表面，这就影响了装饰性能。所以一般装饰品多不用无机盐类阻燃剂处理，而使用有机阻燃剂等处理的木材一般不影响其涂饰性能。

木材的胶合性能也与阻燃剂的种类、吸药量、处理方式以及胶的种类有关。大多数无机阻燃剂的 pH 值较低，这将对胶黏剂的固化产生不良影响。如铵盐类阻燃剂对脲醛树脂胶、酚醛树脂胶、密胺-甲醛胶及间苯二酚胶的胶合强度均有负面影响。并且随着吸药量的增加，对胶合强度影响更大。硼酸、硼砂单独使用时被认为对胶黏剂几乎没有影响，有机阻燃剂处理材的胶合性能也符合使用要求。

### 4.5.5 阻燃木材的颜色

颜色古朴、柔和、自然是木材的一大优点，而一些阻燃处理可能会使木材颜色发生改变，甚至有些阻燃木材在涂饰前后的颜色变化与素材不同。在阻燃木材的主要应用领域——家具与室内装饰工程中，具天然纹理及颜色的木材无疑更具优势，因此，不使木材颜色改变的阻燃处理也将具有更广阔的发展前景。

### 4.5.6 阻燃木材的抗生物破坏性和毒性

木材作为天然有机材料除有可燃性外，另一方面也存在易受微生物尤其是真菌侵害而腐朽，以及受白蚁等害虫的蛀蚀而大大降低甚至失去使用价值的缺点。很多阻燃剂可以赋予木材一定的防腐和抗白蚁性能，如卤系阻燃剂和硼系阻燃剂以及一些含有卤素、硼元素、甲醛等的阻燃剂。

但也有一些阻燃剂虽然其处理材有良好的阻燃性能，但是其具有一定的毒性，或者处理材在燃烧时会释放出一些有毒气体，如一些含有氯或溴的阻燃剂，燃烧时可以产生氯气、氯化氢、溴化氢或其他氯化物和溴化物，对人身安全会产生危害，对大气环境会有一定污染。特别是含五溴二苯醚及八溴二苯醚类阻燃剂，会释放出有毒致癌的多溴二苯并二噁烷和二苯并呋喃。阻燃木材多用于室内，并且常常和人体接触，因此必须用一些无毒或低毒的阻燃剂进行处理。

## 4.6 阻燃处理材的性能检测与评价

木材及木质材料作为一种建筑、装饰、家具材料，其阻燃性能必须满足建筑部件及材料的耐火性试验。目前，各国均有关于建筑部件及材料的标准燃烧试验方法。为了评价阻燃处理材在实际火灾中的阻燃特性，需要在模拟条件下测试阻燃处理材的各种特性，如阻燃效果、毒性及其他特性。为证明阻燃有效性，通常要考虑材料着火性、火焰传播特性、燃烧特性、释热性、发烟性和毒性等。测试方法大致可分为两类：实用规模试验，用于评价实际火灾情况下的阻燃效果；实验室规模试验，使用小试样研究，评价阻燃效果。

专门针对木材及木质材料燃烧性能的检测方法在国内外标准中并不太多，一般都将其归类于建筑材料，从而采用建筑材料燃烧性能检测方法或借鉴塑料、涂料的某些实验方法进行检测。

### 4.6.1 相关检测标准

目前，木材阻燃在国际上并没有统一的标准。其中 ISO 1182《产品的阻燃防火测试—不燃测试》用于建筑材料难燃性测试，适用范围最广。欧盟采用的是 EN13501《建筑制品和构件的火灾分级》，其中部分根据 ISO 1182、ISO 1716 等标准进行测试，该标准中特别考虑了燃烧热值、火灾发展速率、产烟率等燃烧要素。美国标准 ASTME 84《建筑材料表面燃烧性能的测定方法》为基础，根据试验测得的 FSI（火焰传播指数）与 SDI（烟密度指数）值将材料分类，FSI 值越小的材料，火灾危险性越小。日本标准 JISA 1321《建筑物的内部装修材料及施工方法的不燃性试验方法》中，将材料按其燃烧性能分为不燃级、准不燃级和难燃级，采用锥形量热仪作为试验装置。下面主要介绍我国的标准。

#### 4.6.1.1 建筑材料及制品的燃烧性能分级

各国对建筑结构材料及构件的燃烧性能根据本国的国情划分不同级别。我国自 1988 年起前后共颁发 4 版《建筑材料及制品燃烧性能分级》，分别为 GB 8624—1988、GB 8624—1997、GB/T 8624—2006 和 GB/T 8624—2012。其中最新的 GB/T 8624—2012 是针对 GB/T 8624—2006 在实施情况中存在的燃烧性能分级过细、与我国当前工程建设实际不相匹配等问题，为增强标准的应用性和协调性，对 GB/T 8624 进行的第 3 次修订。该标准明确了建筑材料及制品燃烧性能的基本分级仍为 A、$B_1$、$B_2$、$B_3$，同时建立了与欧盟标准分级 $A_1$、$A_2$、B、C、D、E、F 的对应关系，并采用了欧盟标准 EN 13501-1：2007《建筑制品及构件对火反应燃烧分级》的分级判据。其中 GB 8624 中的 A 级对应欧盟标准中 $A_1$、$A_2$ 级，$B_1$ 级对应 B、C 级，$B_2$ 级对应 D、E 级，$B_3$ 级对应 F 级。

(1) $A_1$ 级

制品不会增长火势且不产生烟气危害。制品按 GB/T 5464《建筑材料不燃性试验方法》试验时炉内温升 $\Delta T \leq 30\text{℃}$，质量损失率 $\Delta m \leq 50\%$，持续燃烧时间 $t_f = 0\text{s}$。且制品按 GB/T 14402《建筑材料及制品的燃烧性能 燃烧热值的测定》进行试验时，总热值 $PCS \leq 2.0 \text{MJ/kg}$。

(2) $A_2$ 级

制品按 GB/T 5464 试验时，$\Delta T \leq 50\text{℃}$，$\Delta m \leq 50\%$，$t_f = 20\text{s}$；且按 GB/T 14402 试验时，$PCS \leq 3.0 \text{MJ/kg}$。或按 GB/T 20284《建筑材料或制品的单体燃烧试验》实验时燃烧增长速率指数 $FIGRA_{0.2MJ} \leq 120 \text{W/s}$，600s 的总放热量 $THR_{600s} \leq 7.5 \text{MJ}$，火焰横向蔓延未达试样长翼边缘（LFS<试样边缘）。

(3) B 级

按照 GB/T 20284 试验，$FIGRA_{0.2MJ} \leq 120 \text{W/s}$，$THR_{600s} \leq 7.5 \text{MJ}$，LFS<试样边缘。且按照 GB/T 8626《建筑材料可燃性试验方法》试验，在火焰轰击试样表面 30 s 的条件下，在 60 s 内焰尖高度 $Fs \leq 150\text{mm}$，且 60 s 内无燃烧滴落物引燃滤纸现象。

(4) C 级

按照 GB/T 20284 试验，$FIGRA_{0.4MJ} \leq 250 \text{W/s}$，$THR_{600s} \leq 15 \text{MJ}$，LFS<试样边缘。

且按照 GB/T 8626 试验,在 6 s 内焰尖高度 Fs≤150mm,且 60 s 内无燃烧滴落物引燃滤纸现象。

(5)D 级

按照 GB/T 20284 试验,$FIGRA_{0.4MJ}$≤750 W/s。且按照 GB/T 8626 试验,在 60 s 内焰尖高度 Fs≤150mm,且 60 s 内无燃烧滴落物引燃滤纸现象。

(6)E 级

仅按照 GB/T 8626 试验,在火焰轰击试样表面 15 s 的条件下,在 20 s 内焰尖高度 Fs≤150mm,且 20 s 内无燃烧滴落物引燃滤纸现象。

(7)F 级

凡按照 GB/T 8626 规定试验,达不到 E 级的制品,则为 F 级。

另外,对于 $A_2$、B、C、D 级制品还有几个附加等级:产烟附加等级 $s_1$、$s_2$、$s_3$;燃烧滴落物/微粒的附加等级 $d_0$、$d_1$、$d_2$;产烟毒性附加等级 $t_0$、$t_1$、$t_2$。

#### 4.6.1.2 阻燃剂检测标准

公安行业标准 GA 159—2011《水基型阻燃处理剂》中规定了水基型阻燃处理剂的定义和分类、要求、试验程序、检验规则、标签、包装、贮存等通用技术条件。该标准适用于以喷涂或浸渍等方式使木材、织物获得一定燃烧性能的阻燃处理剂。

标准中规定了阻燃处理的木材处理吸潮率≤35%,抗弯强度损失率≤35%;并按 GB 8625《建筑材料难燃性试验方法》的规定进行难燃竖炉测试,要求燃烧剩余长度最小值>0mm、平均剩余长度>150mm、平均烟气温度峰值≤200℃;按照 GB 8627《建筑材料燃烧或分解的烟密度试验方法》进行烟密度等级(SDR)测试,要求 SDR≤35;阻燃剂按照能达到标准中规定的阻燃性能时所需的阻燃剂吸附干量分为 3 个等级,其中 1 级阻燃剂要求对木材的吸附干量≤100g/kg,2 级为>100~200g/kg,3 级为≥200g/kg。

#### 4.6.1.3 木材及木质材料燃烧性能检测标准

木材及木质材料的燃烧过程复杂,所以测试方法也是多种多样,根据木材及木质材料的着火性、火焰传播性、燃烧时热量释放及发烟情况将相关检测标准分为以下 4 类。

(1)着火性能测试标准

这是衡量火灾危险性重要因素之一。着火难易可用材料分解温度、闪点和自燃点来衡量。

①GB/T 14523—2007《对火反应试验 建筑制品在辐射热源下的着火性试验方法》

该标准等同采用 ISO5657—1997,是在规定的热辐射条件下,测定试件水平放置时受火面着火性的试验方法。该标准适用于厚度不超过 70mm、表面基本平整的建筑材料,其他材料也可参照适用。

装置主体由支撑框架、辐射锥和引火机构等组成,均用不锈钢材料制作,如图 4-5 所示。

试样尺寸为正方形,边长 165mm,厚度不大于 70mm,包裹上 0.02mm 厚的中间有

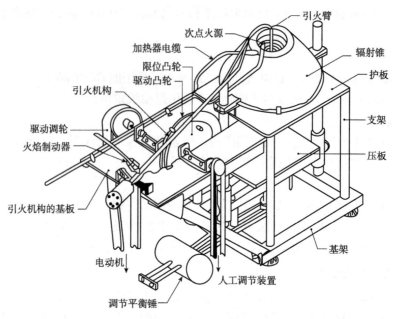

图 4-5　着火性试验装置

直径为 140mm 圆孔的铝箔，用支撑框架固定，用辐射锥提供辐射热源，引火机构提供火焰，观察受火面是否发生持续着火，计时。记录在不同的辐射等级下，5 个试样持续表面着火的时间，作为判断试样着火性能的依据。

②GB/T 2406—2009《塑料用氧指数法测定燃烧行为》 该标准等同采用国际标准 ISO 4589—1996。氧指数是指一定尺寸试样在规定条件，在氮、氧混合气流中，刚好能维持试样有焰燃烧所需的最低氧浓度，即氧气在其与氮气混合气体中所占的最低体积百分数。

氧指数法的优点是所需试样尺寸小，设备便宜，检测成本低，重复性好，可以进行定量比较。所用的设备如图 4-6 所示。在研究工作中，用氧指数来筛选材料的阻燃处理效果是十分方便的。氧指数高，表明材料燃烧时所需的氧气越多，则其在空气中越难被点燃。我国很多厂家制定的企业标准中，阻燃木材以及阻燃人造板氧指数≤45 者，为合格品。

(2) 火焰传播性能测试标准

材料的火焰传播速度是材料燃烧特性的一个主要标志，是衡量表面燃烧特性的一个因素。外焰将材料一端点燃一定时间，火焰沿材料表面蔓延的速度、材料表

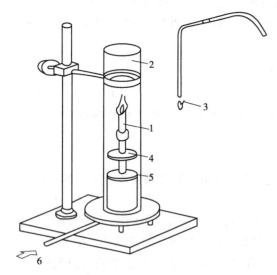

图 4-6　氧指数试验装置
1. 试样　2. 玻璃筒　3. 引燃火焰
4. 金属网丝　5. 玻璃球流体床
6. 可调 $O_2/N_2$ 混合气体

面的炭化长度、炭化面积、烧毁长度及烟气温度等均代表火焰的传播性。

①GB/T 17658—1999《阻燃木材燃烧性能试验——火传播试验方法》 该标准是根据英国标准 BS 476.6《对建筑材料和结构的着火试验 第6部分：产品火焰传播的测试方法》制定的，用于测定阻燃处理后木材燃烧性能。

试验装置包括燃烧装置、显示装置和辅助设备。

试样尺寸为 225mm×225mm×12.5mm，共 3 个，置于燃烧装置中，如图 4-7 所示。在辐射源和明火燃烧的共同作用下，测定试样在燃烧装置内的燃烧烟气温度和失重率。用标准板（硅酸钙板）进行标定。

判定条件为当火传播指数 S≤1.00，燃烧失重率 D≤40.0%，且试验结束，试样从燃烧装置中取出时无明火即判定为该阻燃木材的阻燃性能合格。

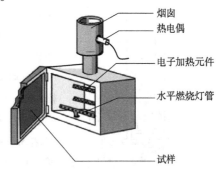

图 4-7 火传播试验燃烧装置

②GB/T 8625—2005《建筑材料难燃性试验方法》 该标准是参照 DIN 4102-16—1998《建筑材料和构件的耐燃性能 第 16 部分：防火竖井筒检验实施过程》中的方法制定的。适用于建筑材料难燃性能的测定。试验装置主要包括燃烧竖炉及测试设备两部分。

试验方法：将厚度小于 80mm 的 1 000mm×190mm 的试样 12 个，分 3 批放入燃烧竖炉，每组 4 个。点燃燃烧器，所用燃气为甲烷和空气的混合气，燃烧 10min。判断条件为：一是试样燃烧后剩余长度平均值≤150mm，且没有一个试样的燃烧剩余长度为零。二是平均烟气温度不超过 200℃。

③GA/T 42.1—1992《阻燃木材燃烧性能试验方法——木垛法》 该标准适用于在规定条件下，检验厚度在 20mm 以上的各种阻燃木材的燃烧质量损失率和有焰燃烧时间。依据受控火焰下试件失重百分比测量阻燃处理木质材料的燃烧性，同时还可以测量温度的升高值和燃烧时间，以用于评价木质材料阻燃处理的相对效果。

试验设备主要由圆形支架、试件支承架、火焰保护罩、燃烧器和温度指示仪组成。

试样尺寸为 76mm×13mm×13mm，每组 24 块，将一组试样呈井字型排列在试件支架上，每层 2 块，共 12 层。将支架放入火焰保护罩内，点燃燃烧器调节燃气流量使其产生大约 250mm 高的火焰，燃烧 3min 后移去燃烧器，观察并记录有焰燃烧持续时间。根据试验前后试样的质量计算燃烧质量损失率。该标准中规定其燃烧质量损失率≤60%，有焰燃烧时间≤6min 的木材可定为阻燃木材。

④GA/T 42.2—1992《阻燃木材燃烧性能试验方法——火管法》 该标准适用于在规定条件下，检验厚度小于 20mm 的室内装修木板及木制品的燃烧质量损失率和有焰燃烧时间。试验设备主要由火管装置、电子天平、单板机和打印机组成，火管由厚度为 1mm 的不锈钢板和金属网制成。火管装置如图 4-8 所示。

试件规格为 1 016mm×19mm×10mm，检测方法与木垛法类似，判定条件为燃烧质量损失率≤60%，有焰燃烧时间≤4min 的木材或木制品可定为阻燃木材或阻燃木制品。

(3) 燃烧热和放热速度的测试标准

燃烧热是单位质量材料完全燃烧时所释放的热量,放热速度是材料燃烧时单位质量、单位时间放出的热量。在估测建筑物内的火灾负荷时,经常需要知道室内可燃物的总热值,但在评价阻燃木质材料的阻燃性能时,最关心的是它们在真实火灾中的热释放速度,因为火焰的传播和持续取决于材料的放热速度,所以它直接关系到火灾的经济损失和人员伤亡。

① GB/T 14402—2007《建筑材料燃烧热值试验方法》 试样被制成粉末状,将被测试样与苯甲酸的混合物放入坩埚内,置于氧弹内,连接点火丝。氧弹内充入氧气直至弹内压力达 3.0~3.5 MPa,并向内筒加入一定量的蒸馏水淹没氧弹,点燃样品,每隔 1min 记录并调节一次内筒水温。计算得到试样燃烧总热值。

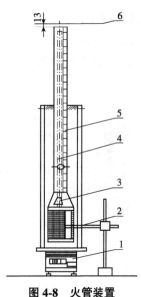

**图 4-8 火管装置**
1. 电子天平 2. 弯管燃烧器
3. 观察窗 4. 火管
5. 试件 6. 热电偶

② GB/T 14403—2014《建筑材料燃烧释放热量试验方法》 试验装置由试验炉、测量设备组成。试样尺寸为 500mm×500mm,厚度视实际使用情况而定。试样经过调温调湿后放入燃烧炉内燃烧 30min 后取出称重,计算出质量损失 $\Delta m$。试样的净热值与单位面积质量损失的乘积即为燃烧释放热量。

③ GB/T 16172—2007《建筑材料热释放速率试验方法》 该标准适用于厚度为 6~50mm 表面基本平整的建筑材料包括木材及木质人造板热释放速率的测定。测定原理为根据耗氧原理,将试样置于可控制等级的外部热辐射条件下,通过测量燃烧产物气流中的氧气浓度计算出的氧消耗量和燃烧产物的流量,来确定材料的热释放速率。

(4) 发烟性能测试标准

① GB/T 20285—2006《材料产烟毒性危险分级》 该标准参照 DIN 53436《通风条件下材料热分解产物及其毒物学检验》制定。材料产烟毒性危险分为 3 级:安全级(AQ级)、准安全级(ZA级)和危险级(WX级);其中,AQ 级又分为 $AQ_1$ 级和 $AQ_2$ 级,ZA 级又分为 $ZA_1$ 级、$ZA_2$ 级和 $ZA_3$ 级。

试验装置包括环形炉、石英管、石英舟、烟气采集配给组件、染毒箱、小鼠转笼、温度控制系统、炉位移系统、空气流供给系统、小鼠运动记录系统。试验所用动物为小鼠,以材料达到充分产烟率的烟气对一组实验小鼠按照烟气毒性的各个等级所规定的烟气浓度进行染毒试验,判断要求有 2 个,其一是麻醉性,要求试验小鼠在 30min 的染毒期内(包括染毒后 1h 内)无死亡,则判定该材料在此级别下麻醉性合格。其二是刺激性,若试验小鼠在 30min 染毒后不死亡及体重无下降或体重虽有下降,但 3d 内平均体重恢复或超过试验前,则判定该材料在此级别下刺激性合格。以麻醉性和刺激性皆合格的最高烟气浓度级别定为该材料产烟毒性危险级别。

② GB/T 8627—2007《建筑材料燃烧或分解的烟密度试验方法》 该标准是参考美国标准 ASTM D2843《塑料燃烧或分解所产生的烟雾密度的标准试验方法》制定的。通

过测定建筑材料在试验烟箱中燃烧或分解时产生的烟对光通量的损失来确定发烟性的大小。

试验装置主体为烟箱、样品支架、点火系统、光电系统、计时、装置和求积仪器。试样尺寸为25.4mm(长)×25.4mm(宽)×6.2mm(厚)，厚度也可以根据具体情况而定。每次试验进行4min，其间每隔15 s记录光吸收率，并绘制曲线，根据曲线面积计算出烟密度等级(SDR)。

(5)其他标准

①GB/T 20284—2006《建筑材料或制品的单体燃烧试验》 该标准规定了用以确定建筑材料或制品在单体燃烧试验(SBI)中的对火反应性能的方法。SBI试验装置包括燃烧室、试验设备(小推车、框架、燃烧器、集气罩、收集器和导管)、排烟系统和常规测量装置。试样的燃烧性能通过20min的试验过程来进行评估。性能参数包括：热释放、产烟量、火焰横向传播和燃烧滴落物及颗粒物。

②GA 87—1994《防火刨花板通用技术条件》 该标准规定了防火刨花板的技术要求、试验方法和检验规则等。该标准适用于建筑物内作为防火装修和隔断用的防火刨花板，用于其他场合的防火刨花板也可参照使用。该标准对防火刨花板的外观质量、尺寸偏差、物理力学性能以及防火性能指标进行了规定。在防火性能中要求按照相应标准燃烧性能应为 $B_1$ 级，烟密度≤50，氧指数≤35，烟气毒性($LC_0$)≤10.0 mg/L。

③GB/T 18101—2013《难燃胶合板》 该标准规定了难燃胶合板的术语和定义、分类、要求、测量和试验方法、检验规则以及标签、包装、运输、贮存。该标准适用于难燃普通胶合板及难燃装饰单板贴面胶合板。标准中规定难燃胶合板 B1-B 级和 B1-C 级的条件与 GB 8624—2012 中相应的 B、C 等级一致。

④GB/T 18958—2013《难燃中密度纤维板》 该标准规定了难燃中密度纤维板的术语和定义、分类、要求、试验方法等。标准中对难燃中密度纤维板的燃烧性能要求与难燃胶合板一样。

⑤GB 14101—1993《木质防火门通用技术条件》 该标准规定了木质防火门的产品分类、规格尺寸、技术要求、试验方法、检验规则、标志包装、运输贮存等。适于采用木材或木材制品作门框、门扇骨架、门扇面板的防火门。木质防火门按耐火极限分为甲级、乙级、丙级，甲级是指耐火极限为1.2h，乙级是0.9h，丙级是0.6h。

#### 4.6.1.4 防火涂料性能检测标准

(1)GB/T 12441—2005《饰面型防火涂料通用技术条件》

该标准规定了饰面型防火涂料的技术要求、试验方法、检验规则等。该标准适用于各种膨胀型饰面型防火涂料。饰面型防火涂料即涂覆于可燃基材(如木材、纤维板、纸板及其制品)表面，能形成具有防火阻燃保护及一定装饰作用涂膜的防火涂料。

(2)GB 15442.1—1995《饰面型防火涂料性能分级及试验方法》

该标准规定了饰面型防火涂料防火性能的分级，分为一级和二级。一级防火涂料的性能指标要求根据 GB/T 15442.2 实验，耐燃时间≤20min；按照 GB/T 15442.3 实验，火焰传播比值≤225；按 GB/T 15442.4 实验，质量损失≤25g，且炭化体积≤225$cm^3$，并且其理化性能指标要按 GB12441 中 4.2 的规定检测合格。

(3) GB 15442.2—1995《饰面型防火涂料性能分级及试验方法——大板燃烧法》

该标准规定了在一定条件下,测试涂覆于可燃基材表面的防火涂料的耐燃特性。

(4) GB 15442.3—1995《饰面型防火涂料性能分级及试验方法——隧道燃烧法》

试样尺寸为600mm×90mm×5mm,置于隧道炉中,点燃试样,记录时间和火焰前沿所到达的位置。以石棉标准板和栎木标准板试验时火焰所达到的位置为基础,根据相关公式算出试样的火焰传播指数。指数越小,说明材料的阻燃性能越好。

(5) GB 15442.4—1995《饰面型防火涂料性能分级及试验方法——小室燃烧法》

该标准参照 ASTM D 1360《涂料阻燃性标准试验方法(小室法)》制定的。该标准可在实验室条件下,测定涂覆于可燃性基材表面上的防火涂料,按照燃烧时质量损失及炭化体积,测定其阻燃性能。

试样为300mm×150mm×5mm 的 5 层胶合板,涂以防火涂料,干燥后放入燃烧箱内的45°角试样架上,在试样下方,放置一个装有5mL无水乙醇的燃烧杯。点燃乙醇,直至烧完。取出试件,测定失量及炭化体积。当重量损失≤5g,炭化体积≤25cm$^3$,为防火性能一级;当重量损失≤15g,炭化体积≤75cm$^3$,为防火性能二级。

任何一种检测方法都不能单独用来评价木材及木质材料的阻燃性,只能作为一种评价的依据,有的产品要用几种方法同时来进行综合评定。

### 4.6.2 阻燃性能检测

阻燃性能检测可以评价一种阻燃木材的使用价值,并且要评价木材阻燃剂的性能和效力必须借助于阻燃木材的性能测试,因此阻燃性能检测是阻燃研究的重要部分,也是新型阻燃剂开发过程中必不可少的工作。测试方法通常采用相应的标准方法或尚未列入有关标准的先进方法,对测试结果的评价依据有关标准或采用对比实验的方法进行。

阻燃性能检测主要是针对木材的着火性、火焰传播性、燃烧热和放热速度以及木材的发烟性能进行测试,这些性能的测试方法在前一节的相关检测标准中已经进行了说明。除了这些性能的检测外,研究者还经常用热分析法和锥形量热仪法对木材的阻燃性能进行检测。

#### 4.6.2.1 热分析法

热分析是测定物质的某些物理参数与温度的关系的方法,是木材阻燃研究方法中应用最多和最广泛的一种。可以研究阻燃木材及木质人造板的热分解、燃烧、阻燃机理及与热相关的物理量(如热容、热导率等)。热分析方法主要有热重分析(TG)、差热分析(DTA)、差示扫描量热法(DSC)、热-力分析法和逸出气体分析法等。是研究木材热解及木材阻燃的主要手段之一,样品用量少、简便、快速。其中 TG 和 DSC 是最主要的两种研究木质材料阻燃机理的方法。TG 是指在程序控制温度下测量待测样品的质量与温度变化关系的一种热分析技术,用来研究材料的热稳定性和组分。测试过程中往往使用氮气等保护气体,使木材在可控的温度条件下(通常为恒定速度的升温过程)无氧热降解,仪器可以监测降解过程中木材样品的重量变化,从而得到温度变化和重量变化之间的关系,木材的热稳定性可以从所产生的数据中评估。DSC 则是在程序升温的条件下，测量试样与参比物之间的能量差随温度变化的一种分析方法，可反应样品吸热、放热的过程与温度之间的关系，并可以测定多种热力学和动力学参数。

#### 4.6.2.2 锥形量热仪法

锥形量热仪（Cone Calorimeter，简称 CONE）是美国国家科学技术研究所（NIST）Babrauskas 于 1982 年发明的，近年来它已发展成为日臻成熟的材料燃烧性测试的先进仪器。用于材料的阻燃性研究时，CONE 实验的结果与大型燃烧实验结果之间存在良好的相关性，并且能够同时取得材料燃烧时有关热、烟、质量变化及烟气成分等多种重要信息，可以对木材或其他材料的燃烧和阻燃性能进行综合评价。

(1) 工作原理

锥形量热仪是建立在氧消耗原理基础上的材料燃烧测试仪器。氧消耗原理指出，材料在燃烧过程中每消耗 $1gO_2$，所释放出的热量是 13.1kJ（误差不大于 5%），并且受材料种类和燃烧程度的影响很小。因此，只要准确地测定出材料在燃烧时所消耗氧的量，就可以精确地计算释放出的热量，进而给出试样在单位时间、单位面积上释放的热量（热释放速率 $RHR$）。通过配备天平、光度测定仪及气体分析等装置和计算机系统，CONE 还能同时给出试样的质量、烟、尾气成分等随时间变化的动态结果。CONE 可模拟多种火强度，能同时提供多个相关的参数。

CONE 仪器如图 4-9 所示，总体由 6 部分构成：①辐照试样用锥形加热器及其控制电路；②通风橱及相关设备；③天平及试样支架；④氧气及尾气分析装置和仪表；⑤激光光度法烟测量系统；⑥计算机系统及辅助设备。

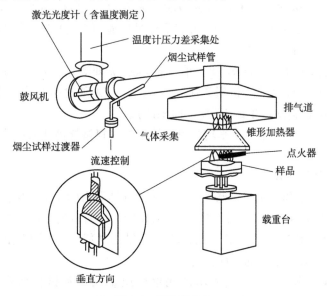

图 4-9　锥形量热仪

(2) 燃烧参数

CONE 给出的材料燃烧时的参数涉及点燃、热释放、烟释放、尾气成分及毒性、质量变化等方面。

① 热释放参数

a. 热释放速率 HRR：HRR 指单位面积试样释放热量的速率，单位 $kW/m^2$。CONE 给出材料燃烧过程中 HRR 随时间的动态变化，HRR 的最大值称热释放速率峰值（pk HRR）。HRR 是最重要的燃烧参数之一，也被称为火强度。HRR 或 pk HRR 越大，燃烧反馈给材料表面的热量就越多，结果造成材料热解速度加快和挥发性可燃物生成量增多，从而加速了火焰的传播。因此，HRR 或 pk HRR 越大，材料在火灾中的危险性就越大。

b. 总热释放量 THR：THR 是单位面积的材料在燃烧全过程中所释放热量的总和，单位 $MJ/m^2$。THR 越大，材料燃烧所释放出来的热量就越多，一般情况下火灾危险就越大。将 RHR 和 THR 结合起来可更为合理地评价材料的阻燃性能。

c. 有效燃烧热 EHC：EHC 指在某一时刻测得的热释放量与质量损失量之比，单位 $MJ/kg$。EHC 反映了材料热解产生的可燃性挥发物在气相火焰中的燃烧程度。与用氧弹法测得的材料在标准状况下、于纯氧中完全燃烧所释放的燃烧热不同，用 CONE 法测得的 EHC，是在模拟实际火情条件下材料燃烧（不一定完全燃烧）释放的热量，因此更接近实际情况。此外，将 EHC 与 RHR 结合有助于研究阻燃机理的类型（气相机理或凝缩相机理）。

② 点燃参数——点燃时间 TTI　点燃时间 TTI 是为达到材料表面产生有焰燃烧所需要的持续点火的时间，单位 s。TTI 越长，表明材料在试验条件下越不易点燃，则材料的阻燃性就越好。TTI 是评价材料阻燃性的重要指标之一。

③ 烟参数

a. 烟比率 SR：SR 即 CONE 测得的瞬时消光系数 $k$，单位 $m^{-1}$，$k = L^{-1}n(I_0/I)$。$I_0$ 表示入射光强度，$I$ 表示透射光强度，$L$ 表示穿过烟道的光路长度（单位 m）。SR 随时间变化，代表某时刻烟的"浓度"。

b. 比消光面积 SEA：$SEA = kV/M$，单位 $m^2/kg$。$k$ 即消光系数（$m^{-1}$），$V$ 是烟道的体积流速（$m^3/s$），$M$ 是样品的质量损失速率（$kg/s$）。SEA 随时间变化，代表在实验条件下消耗单位质量的材料所产生的烟量（以面积计）。

c. 烟灰产率：烟灰产率表示平均每单位质量的材料试样消耗后所产生的烟灰质量，单位 $kg/kg$。

④ 尾气及其毒性参数

a. 一氧化碳浓度 CO：CO 指尾气中一氧化碳气体所占的比例，单位 $\mu g/g$。

b. 二氧化碳浓度 $CO_2$：$CO_2$ 指尾气中二氧化碳气体所占的比例，单位 %。

c. 一氧化碳产率 $Y_{CO}$：$Y_{CO}$ 表示消耗单位质量的材料试样所产生的 CO 气体质量，单位 $kg/kg$。$Y_{CO}$ 越大，烟气的毒性就越大。

d. 二氧化碳产率 $Y_{CO_2}$：$Y_{CO_2}$ 表示消耗单位质量的材料试样所产生的 $CO_2$ 的质量，单位 $kg/kg$。$Y_{CO_2}$ 越大，同时 $Y_{CO_2}$ 越小，则说明燃烧反应越完全，烟气的毒性越低。

以上的 CO 参数和 $CO_2$ 参数均为随时间变化的参数。CONE 也可以配备其他种类的尾气成分检测器，如氢氰酸检测器，因而能获得更为全面的尾气毒性信息。

⑤质量变化参数

a. 质量损失速率 $MLR$：$MLR$ 表示材料在实验过程中质量的变化速率，单位 g/s。$MLR$ 反映了材料在实验热辐射条件下热解反应的速度。从 $MLR$-时间曲线也可方便地求得某一时刻为止材料燃烧损失的质量。

b. 残余物质量 $Mass$：$Mass$ 表示在某一时刻试样的残余质量，单位 g。当各个试样的厚度和密度相同或接近时，用 $Mass$ 比较各个试样之间燃烧剩余物的得率是可行的。

#### 4.6.2.3 其他方法

其他应用于阻燃性能测试和阻燃机理研究的方法还很多，如红外光谱测定物质分子结构，电镜测定药剂的渗透深度等。这些方法有各自的特点，使用时也有不同的重点和范围。因此，在研究时，应根据不同条件选择合理的研究方法。

## 本 章 小 结

本章归纳了木材的热解和燃烧过程，总结了木材的阻燃机理，从无机阻燃剂、有机阻燃剂与其他阻燃剂3个方面介绍了木材常用阻燃剂，并分别介绍了木材和胶合板、纤维板和刨花板等木质材料的阻燃处理方法，阻燃剂与处理方法的选择应根据木材的性质、应用要求等进行。此外，还介绍了阻燃检测标准和阻燃处理材性能检测方法。

## 思 考 题

1. 什么是木材阻燃？
2. 简述木材阻燃的目的。
3. 简述木材燃烧特性。
4. 简述木材阻燃机理。
5. 理想的木材阻燃剂应具备哪些性能？
6. 木材阻燃剂分为哪些种类？
7. 阻燃涂料包括哪些组分？
8. 木材的阻燃处理方法有哪些？
9. 木质人造板的阻燃处理方法有哪些？
10. 评价木材的阻燃性能时应考虑哪几个方面？
11. 阻燃处理对木材哪些性能有影响？

## 推荐阅读书目

1. 木材工业实用大全(木材保护卷). 王恺. 北京：中国林业出版社，2002.
2. 纤维素基质材料阻燃技术. 骆介禹，骆希明. 北京：化学工业出版社，2003.
3. 木材保护学(第二版). 李坚. 北京：科学出版社，2013.
4. 木材阻燃工艺学原理. 王清文. 哈尔滨：东北林业大学出版社，2000.

## 参 考 文 献

1. 白化奎，纪良. 2008. 建筑刨花板阻燃处理新工艺[J]. 林业机械与木工设备，36(9)：49-51.
2. 陈志林，杨彦军. 1997. 木质材料阻燃技术浅论[J]. 河南消防(9)：29，31.

3. 陈志林, Zhiyong Cai, Jerrold E W, 等. 2009. 美国阻燃人造板研究现状与应用[J]. 中国人造板(4): 6-10.
4. 崔会旺, 杜官本. 2008. 木材阻燃研究进展[J]. 世界林业研究, 21(3): 43-48.
5. 高明, 孙彩云, 李桂芬, 等. 2009. 胍类阻燃剂处理木材的热解机理[J]. 北京工业大学学报, 35(3): 391-396.
6. 郭成. 1998. 木质材料阻燃机理研究综述[J]. 东北林业大学学报, 26(6): 71-74.
7. 段旭光, 周崇文, 陈科. 2009. 无卤阻燃剂的研究进展[J]. 塑料科技, 37(6): 87-90.
8. 胡云楚, 刘元, 吴志平, 等. 2004. 木材的化学组成与阻燃技术的发展方向[J]. 木材工业, 18(4): 28-31.
9. 黄律先. 1996. 木材热解工艺学[M]. 北京: 中国林业出版社.
10. 李光沛, 陈强, 刘毅. 2001. 我国阻燃人造板研究与开发的几个问题[J]. 林产工业, 28(2): 17-20.
11. 李光沛, 余丽萍, 刘毅. 2006. BL-环保阻燃剂[J]. 精细与专用化学品, 14(18): 9-10.
12. 李坚. 2013. 木材保护学[M]. 北京: 科学出版社.
13. 李坚, 王清文, 李淑君, 等. 2002. 用CONE法研究木材阻燃剂FRW的阻燃性能[J]. 林业科学, 38(5): 108-114.
14. 李燕芸, 刘霞, 吕久琢, 等. 2000. 木材阻燃剂的现状及发展趋势[J]. 北京石油化工学院学报, 8(1): 29-34.
15. 李玉栋. 1999. 阻燃木材应具备的产品性能[J]. 木材工业, 11(1): 26-28.
16. 梁诚. 2001. 我国阻燃剂生产现状与发展趋势[J]. 化工新型材料, 29(8): 5-7, 11.
17. 刘奇. 2000. 木材加压浸注阻燃处理工艺及设备简介[J]. 消防技术与产品信息(9): 69-71.
18. 刘燕吉. 1997. 木质材料的阻燃剂处理[J]. 木材工业, 11(1): 41-42, 29.
19. 刘燕吉. 1996. 木质材料的阻燃处理——木质材料的燃烧与阻燃系列讲座之一[J]. 木材工业, 11(1): 37-39.
20. 刘燕吉. 1997. 木质材料的阻燃处理——木质材料的燃烧与阻燃系列讲座之二[J]. 木材工业, 10(6): 41-42, 29.
21. 刘燕吉, 陈荔. 1997. 木质材料的阻燃剂——木质材料的燃烧与阻燃系列讲座之三[J]. 木材工业, 11(2): 37-39, 41.
22. 骆介禹. 2000. 木材阻燃的概况[J]. 林产工业, 27(2): 7-9.
23. 骆介禹, 骆希明. 2003. 纤维素基质材料阻燃技术[M]. 北京: 化学工业出版社.
24. 吕建雄, 鲍甫成, 姜笑梅, 等. 1994. 汽蒸处理对木材渗透性的影响[J]. 林业科学, 30(4): 352-357.
25. 吕文华, 赵广杰. 2002. 木材/木质复合材料阻燃技术现状及发展趋势[J]. 木材工业, 16(6): 31-34.
26. 那斌, 周定国. 2002. 国内外阻燃刨花板的研究现状[J]. 世界林业研究(5): 33-40.
27. 欧育湘. 2003. 国外阻燃剂发展动态及对发展我国阻燃剂工业之浅见[J]. 精细与专用化学品(2): 3-6.
28. 王恺. 2003. 木材工业实用大全(木材保护卷)[M]. 北京: 中国林业出版社.
29. 王清文. 1999. 木材阻燃剂技术进展[J]. 东北林业大学学报, 27(6): 85-90.
30. 王清文, 李坚, 李淑君, 等. 2002. 用CONE法研究木材阻燃剂FRW的抑烟性能[J]. 林业科学, 38(6): 103-109.
31. 王清文. 2003. 新型木材阻燃剂FRW[J]. 精细与专用化学品(2): 12-13.

32. 王正平, 王坚. 2003. 木材阻燃处理工艺[J]. 应用科技, 30(9): 51-53.
33. 王晓英, 毕成良, 李俐俐, 等. 2009. 新型环保阻燃剂的研究进展[J]. 天津化工, 23(1): 8-11.
34. 文会兵, 林苗. 2003. 阻燃领域的"绿色"新秀——环境友好阻燃剂[J]. 合成纤维(增刊): 42-44.
35. 夏俊, 王良芥, 罗和安. 2005. 阻燃剂的发展现状和开发动向[J]. 应用化工, 34(1): 1-4.
36. 肖小兵. 2000. 阻燃刨花板生产技术[J]. 木材加工机械(3): 24-25.
37. 谢兴华, 冯道全, 何丕文. 2002. 阻燃材料的绿色化初探[J]. 淮南工业学院学报, 22(2): 54-56.
38. 徐晓楠. 2000. 我国阻燃剂发展现状、存在问题分析研究[J]. 消防科学与技术(4): 45-46.
39. 闫丽, 曹金珍, 余丽萍, 等. 2008. 微生物侵蚀处理对木材渗透性影响研究进展[J]. 林业机械与木工设备, 36(3): 7-10.
40. 阎胜利. 2000. 氨基磺酸的生产及应用[J]. 山西化工, 20(3): 17-18.
41. 杨守生, 陆金侯. 2002. 木材阻燃研究[J]. 装饰装修材料(2): 24-25.
42. 杨文斌, 吴纯初, 顾练百. 2000. 木材阻燃的回顾与展望[J]. 林业机械与木工设备, 28(4): 4-6.
43. 叶文淳, 龙萍, 罗康碧. 2006. 聚磷酸铵聚合度分析方法综述[J]. 云南化工, 33(6): 83-86.
44. 袁振君. 2001. 木材的阻燃处理及应用[J]. 林业科技, 26(6): 40-42.
45. 张培成, 张俊甫. 1994. N-P 系阻燃剂[J]. 精细石油化工(4): 71-74.
46. 赵雪, 朱平, 张建波. 2006. 硼系阻燃剂的阻燃性研究及其发展动态[J]. 染整技术, 28(4): 9-13.
47. 周逸潇, 杨丽, 毕成良, 等. 2009. 磷系阻燃剂的现状与展望[J]. 天津化工, 22(1): 1-4.
48. Ayrilmis N, Korkut S, Tanritanir E, et al. 2006. Effect of various fire retardants on surface roughness of plywood[J]. Building and Environment, 41(7): 887-892.
49. Ayrilmis N. 2007. Effect of fire retardants on internal bond strength and bond durability of structural fiberboard[J]. Building and Environment, 42(3): 1200-1206.
50. Baysal E, Altinok M, Colak M, et al. 2007. Fire resistance of Douglas fir (*Pseudotsuga menzieesi*) treated with borates and natural extractives [J]. Bioresource Technology, 98(5): 1101-1105.
51. Chen Z L, Cai Z Y, Fu F. 2006. Extensive review of fire-retardant wood composites researches [C]. The 40th Annual Meeting of International Research Group on Wood Preservation. Beijing, Chinese, Document No: IRG/WP 09-40471.
52. Kartal S N, Ayrilmis N, Imamura Y. 2007. Decay and termite resistance of plywood treated with various fire retardants[J]. Building and Environment, 42(3): 1207-1211.
53. Nair H U, Simonsen J. 1995. The pressure treatment of wood with sonic waves[J]. Forest Products Journal, 45(9): 59-64.
54. Patrick E W, Kevin C C, Raghunath S C. 1996. Ultrasonic energy in conjunction with the double-diffusion treating technique[J]. Forest Product Journal, 46(1): 43-47.
55. Çolak S, Temiz A, Yıldız U C, et al. 2002. Fire retardant treated wood and plywood: A comparative study Part III. Combustion properties of treated wood and plywood[C]. The 33rd annual meeting of the international research group of wood preservation. Cardiff, South Wales, UK, Document No: IRG/WP 02-40236.
56. Taghiyari H R. 2012. Fire-retarding properties of nano-silver in solid woods[J]. Wood Sci Technol,

46(5): 939-952.

57. Wang Q W, Wang F Q, Hu Y C, et al. 2009. Progress in Fire-Retardant Research on Wood and Wood-Based Composites: a China Perspective[C]. The 40th Annual Meeting of International Research Group on Wood Preservation. Beijing, Chinese, Document No: IRG/WP 09-40476.

58. Winandy J E. 1997. Effects on fire retardant retention, borate buffers, and redrying temperture after treatment on thermal-induced degradation[J]. Forest Product Journal, 47(6): 79-86.

59. Zhu J Q, Liu Y J, Gao C Y. 1997. Serial techniques for producing fire-retardant wood products [C]. The 28th Annual Meeting of International Research Group on Wood Preservation. Whistler, Canada, Document No: IRG/WP 97-30127.

# 第 5 章
# 木材尺寸稳定化处理

**【本章提要】** 木材作为一种重要的建筑和工业原材料,具有很多优良的性能,但同时也存在一些缺陷,因干缩湿胀而导致的变形是木材最主要的缺陷。因此,采用多种尺寸稳定化方法处理木材,提高木材的尺寸稳定性,是科学合理利用木材的重要环节。

木材是四大建筑材料(钢筋、水泥、木材、塑料)中对人类最具亲和力的天然材料。木材工业的发展,特别是我国木制品制造业的飞速发展,加快了木材高效利用的进程。但是,木材作为一种多孔性材料,在环境温湿度条件变化时,会吸收或散失水分,从而发生湿胀或干缩现象,导致尺寸的不稳定,使木材产生内应力,发生翘曲、变形和开裂,这些问题严重影响了木制品的质量。对木材进行尺寸稳定化处理,可以解决上述问题,提高木制品的商业价值,扩展木制品的应用范围。

## 5.1 木材、水分与尺寸不稳定

木材细胞壁主要由纤维素、半纤维素与木质素组成,这些成分中含有大量的羟基以及其他含氧基团,可以通过氢键结合的方式吸着水分。当干燥的木材从湿空气中开始吸收水分时,水分进入木材细胞壁,该部分水为吸着水,木材随之发生湿胀,体积随吸着水的增加成比例增大。当细胞壁中的吸着水达到饱和时,木材的湿胀停止,这一状态下的木材含水率,称为纤维饱和点。对于不同木材,纤维饱和点也不尽相同,变异范围大约为23%~33%。纤维饱和点是木材干缩湿胀的转折点,含水率大于纤维饱和点时,增加的水分存在于木材细胞腔中,因此不会引起木材体积的变化;同样,当湿材干燥时,只有当含水率低于纤维饱和点时才会产生干缩。

如图5-1所示,与木质素相比,纤维素和半纤维素结构中存在更多的羟基,因此具有更强的吸湿性。但并非所有的羟基均能进行吸湿,以往的研究表明,约有60%的羟基可以与水分结合形成氢键。无法吸着水分的羟基主要归属于结晶区的纤维素分子。这是由于在结晶区中,纤维素分子链之间是靠纤维素分子两侧自身的羟基形成氢键而紧密结合在一起的,当水分进入木材细胞壁内部时,纤维素分子间的氢键不会被破坏,因此这部分羟基无法吸着水分。根据以往对桉树(*Eucalyptus regnans*)的研究,木材主要成分对木材吸水量的贡献率如下所示:木质素16%,半纤维素37%,纤维素47%。这表明,少量木质素、几乎全部的半纤维素、非结晶区的纤维素以及结晶区纤维素的表面均可以吸收水分。

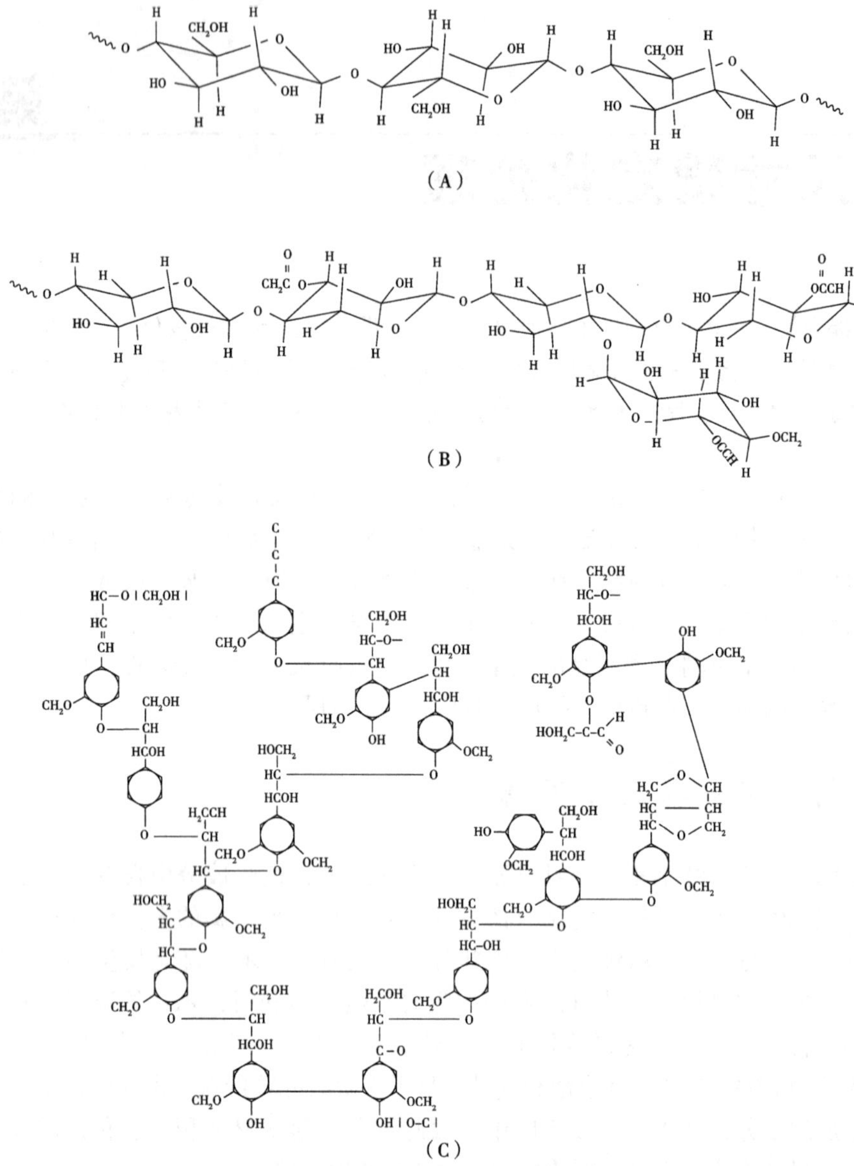

**图 5-1  木材中的纤维素(A)、半纤维素(B)与木质素(C)基本结构**

在自然环境下,木材对水分的吸收存在两种不同的形式。一种是降水等导致的木材与液态水的接触,从而产生的吸水过程,主要是木材对液态水的吸收,首先是细胞腔等大毛细管作用吸收液态水,然后再将细胞壁物质润湿;另一种是由于环境温湿度变化,空气中的水蒸气压力大于木材表面水蒸气压力,木材吸着气体状态的水分子,从而产生吸湿过程,木材中的主要成分的游离羟基以氢键的形式与水分子结合,在木材内表面形成单分子层吸着水或多分子层吸着水。而当空气中水蒸气压力小于木材中水蒸气压力时,木材中的水分会发生逸散。这种逸散过程从细胞腔和细胞间隙中的自由水开始,这主要是由于大毛细管对水分子的束缚力较小导致的;自由水蒸发完毕后,木材含水率降至纤维饱和点，结合水水分进一步向大气中逸散，即发生解吸。木材中水分的吸收或逸散，会导致木材细胞壁内非结晶区的相邻纤丝间、微纤丝间和微晶间水层变厚而伸展或变薄而靠拢，从而导致湿胀或干缩，造成整个木材尺寸和体积的变化。

同时，木材还是一种各向异性材料，这意味着在木材的不同方向上（轴向、径向和弦向）的湿胀和干缩程度不同。三个方向上的干缩率以轴向最小，通常可以忽略不计；而弦向最大，径向干缩通常为弦向干缩的40%～70%。木材纵横向干缩的不同，主要是由于纤丝、微纤丝在初生壁、次生壁的内外层的排列方向与轴向近乎垂直，在次生壁的中间层（$S_2$层）则与轴向近于平行；因$S_2$又占细胞壁的绝大部分，对木材干缩起主导作用。所以，木材向外蒸发吸着水时，纤丝、微纤丝之间的距离减小，使得木材横向收缩很大，纵向收缩很小。木材弦向与径向干缩差异的产生原因较为复杂，最有可能的影响因素有：木材密度、晚材率、纤丝角排列角度、木射线细胞的约束、胞间层在径、弦壁上的数量、纹孔的作用及木素含量等。此外，较大的木材在吸水/吸湿或失水/解吸的过程中，由于表层的木材较易与外部环境发生水分的交换，从而迅速产生形变；而木材内部的水分交换较慢，含水率变化速度赶不上表层，从而产生木材内部与外部的含水率梯度，进而产生内外部的不均匀的形变。以上提到的这些不均匀的干缩与湿胀造成木材及或木制品开裂、翘曲和变形（图5-2），从而导致木材的尺寸不稳定。

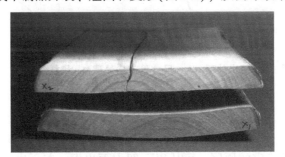

图5-2 木材的由于不均匀干缩导致的开裂与变形

## 5.2 尺寸稳定化处理与防水处理

如前文所述，木材自身在环境温湿度变化时发生湿胀或干缩，而木材的各向异性与内外部差异又使干缩湿胀过程中木材不同部分的尺寸变化不一致，这两方面共同导致了木材的尺寸不稳定。但归根结底，木材的尺寸不稳定是由于无定形区内的游离羟基吸附空气中水分子并与水分子形成氢键结合，水分子的进入使木材各成分之间的距离增大，木材呈润胀状态，导致尺寸不稳定。因此，如何减少木材吸湿与尺寸变化是木材在应用时非常值得关注的问题。

广义而言，所有减少木材吸湿与尺寸变化都可以被称为尺寸稳定化处理，但当考虑不同方法实际的作用模式，可以将其分成两大类：防水处理和尺寸稳定化处理。防水处理是指通过防止或控制木材对液态水的吸收，而达到延缓木材吸湿，降低尺寸变化速率目的的方法。而狭义的尺寸稳定化处理是指通过防止或控制木材细胞壁物质的吸湿，达到减少木材尺寸变化目的的方法。对比防水处理和尺寸稳定化处理，单独的防水处理降低了尺寸变化的速率，但是经过长时间浸泡后，处理材和未处理材的尺寸变化趋于一致[图5-3(a)]；单独的尺寸稳定化处理，减少了最终木材湿胀程度，但对木材湿胀速率没有影响[图5-3(b)]。从二者的对比来看，似乎单独的防水处理缺乏意义——并不能从根本上影响木材的尺寸稳定性。但是，在实际的户外应用中，木材往往面临往复的吸水(降水)和干燥(晴天)过程，每一个过程的持续时间有限，较慢的木材尺寸变化速度往往意味着在有限的吸水/干燥过程中更小的尺寸变化量，这也是为什么使用木材防水剂这种单一的防水处理方法可以有效提高户外用木材尺寸稳定性，减少开裂变形等问题的原因。当然，如能将防水处理和尺寸稳定化处理两者复合，则可同时降低木材尺寸变化的速率和总量，是更好的选择[图5-3(c)]。本章中除进行特殊说明外，所指的尺寸稳定化处理均为广义的尺寸稳定化处理，即包括防水处理、狭义的尺寸稳定化处理或二者的复合。

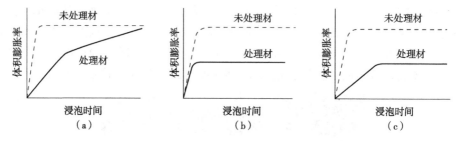

图 5-3　防水处理(a)、尺寸稳定化处理(b)和复合处理(c)

## 5.3　木材的尺寸稳定化原理

根据木材尺寸不稳定的原因，可从以下四方面出发，着手进行木材的尺寸稳定化处理。

(1)适应环境温湿度

在一定的温湿度条件下，如果木材的含水率与其在此条件下平衡含水率一致，则木材不会发生吸湿或解吸，木材的尺寸会保持稳定；反之，则会发生收缩或膨胀。因此，在使用前，将木材预先干燥/调湿至使用地平均相对湿度对应的平衡含水率，可以有效的减少在使用过程中木材的尺寸变化，达到尺寸稳定化的目的。

此方法的关键是选择合适的目标含水率，该含水率的选择取决于多项气候/环境因子，包括当地平均相对湿度、极端相对湿度、是否有表面涂饰、冬季取暖温度及取暖方式等。不同的地点，这些气候/环境因子有所不同，如上海、成都等城市的平衡含水率年变化不大，而北京、乌鲁木齐等城市的不同月份平衡含水率则变化较剧烈(表5-1)。对于此方法而言，在平衡含水率年变化不大的城市更为适用，而在变化大的城市，仍难以避免在极端相对湿度条件下发生木材的干缩或湿胀，导致尺寸的不稳定。此外，此方法不适合于户外用材的处理。

表 5-1 中国主要城市的不同月份的木材平衡含水率及年平均值　　%

| 城市名称 | 1 | 2 | 3 | 4 | 5 | 6 | 7 | 8 | 9 | 10 | 11 | 12 | 年平均值 |
|---|---|---|---|---|---|---|---|---|---|---|---|---|---|
| 北京 | 9.6 | 10.2 | 10.2 | 9.3 | 9.4 | 10.7 | 14.6 | 15.6 | 13 | 12.6 | 11.6 | 10.4 | 11.4 |
| 哈尔滨 | 15.6 | 14.5 | 12.0 | 10.5 | 9.7 | 11.9 | 14.7 | 15.5 | 13.9 | 12.6 | 13.3 | 14.9 | 13.3 |
| 大连 | 12.0 | 11.9 | 11.9 | 11.5 | 12.0 | 15.2 | 19.4 | 17.3 | 13.3 | 12.3 | 11.9 | 11.8 | 13.4 |
| 乌鲁木齐 | 16.8 | 16.0 | 14.4 | 9.6 | 8.5 | 7.7 | 7.6 | 8.0 | 8.5 | 11.1 | 15.2 | 16.6 | 11.6 |
| 西宁 | 10.7 | 10.0 | 9.4 | 10.2 | 10.7 | 10.8 | 12.3 | 12.8 | 13.0 | 12.8 | 11.8 | 11.4 | 11.3 |
| 西安 | 13.2 | 13.5 | 12.9 | 13.4 | 13.2 | 10.0 | 12.2 | 13.7 | 15.9 | 15.9 | 14.5 | 13.7 | 13.7 |
| 呼和浩特 | 12.0 | 11.3 | 9.2 | 9.0 | 8.3 | 9.2 | 11.6 | 13.0 | 11.9 | 11.9 | 11.7 | 12.1 | 10.9 |
| 青岛 | 13.5 | 13.6 | 12.9 | 12.9 | 13.2 | 15.5 | 19.2 | 18.2 | 15.2 | 14.4 | 14.5 | 14.6 | 14.8 |
| 上海 | 14.9 | 16.0 | 15.8 | 15.2 | 15.6 | 17.3 | 16.3 | 16.1 | 16.0 | 15.0 | 15.6 | 15.6 | 15.6 |
| 厦门 | 13.9 | 15.3 | 16.1 | 16.5 | 17.4 | 17.6 | 15.8 | 15.4 | 14.0 | 12.4 | 12.9 | 13.6 | 15.1 |
| 宜昌 | 14.8 | 14.5 | 15.4 | 15.3 | 15.0 | 14.6 | 15.6 | 15.1 | 14.1 | 14.7 | 15.6 | 15.5 | 15.0 |
| 成都 | 16.3 | 17.0 | 15.5 | 15.3 | 14.8 | 16.0 | 17.6 | 17.7 | 18.0 | 17.2 | 18.0 | 18.0 | 16.9 |
| 昆明 | 13.2 | 11.9 | 10.9 | 10.3 | 11.8 | 15.3 | 17.0 | 17.7 | 16.9 | 17.0 | 15.0 | 14.3 | 14.3 |
| 拉萨 | 7.0 | 6.7 | 7.0 | 7.6 | 8.1 | 9.9 | 12.6 | 13.4 | 12.3 | 9.5 | 8.2 | 8.1 | 9.2 |

在一些博物馆等保存贵重木制品的场所，也可以利用控温控湿系统，营造保存木制品的适宜的温湿度条件，但此方法条件苛刻，并不适合在日常生活中使用。

(2) 隔离水分接触

如果能够隔离木材和液态水/水蒸气的接触，就可以阻止木材含水率的变化，从而达到尺寸稳定化的目的。通过木材表面涂饰达到木材表面疏水化，或通过浸渍防水剂达到木材细胞壁表面疏水化，均可以起到此作用。具体的方法将在"5.4.1 表面涂饰/修饰处理"和"5.4.2.1 防水剂浸渍处理"中进行介绍。

(3) 变形机械限制

面对可能产生的木材形变，可采用机械固定的方法，限制变形的产生，如使用金属、塑料等制成的绑带或螺栓固定木材。但更为常用的方法则是利用木材自身在轴向方向上的强度和尺寸稳定性来实现对变形的限制，最典型的例子是胶合板。胶合板通常包含奇数层单板，使相邻层单板的纤维方向互相垂直胶合而成。对于单一单板而言，经过吸湿其轴向尺寸变化极小而弦向尺寸变化明显，但将其压制成为三层胶合板后，由于轴向的极小的尺寸变化对弦向较大的尺寸变化的限制，最终所制得的胶合板尺寸变化不大(图 5-4)。以北美黄杉单板为例，其弦向尺寸变化率为 7.7% 左右，而轴向尺寸变化率仅为 0.1%，将其制成北美黄杉胶合板后，两个方向上的尺寸变化率仅为 0.5%。其他人造板，如纤维板、刨花板等，也可以达到类似的效果。

除了在外部通过机械固定的方式限制木材的变形外，也可通过对细胞壁的润胀作用，实现木材变形的限制。使一定体积的润胀剂分子渗入木材细胞壁，造成木材细胞

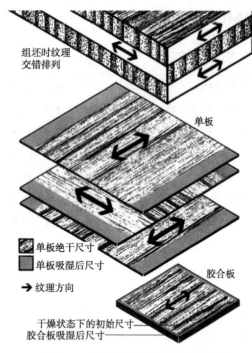

图 5-4 三层胶合板吸湿的尺寸变化

壁的永久膨胀,从细胞壁内部限制木材的膨胀或收缩,从而达到尺寸稳定化的目的。

(4)减少羟基吸着点

未经处理的细胞壁非结晶区的纤维素分子链模型如图 5-5A 所示。a 是相邻的纤维素分子链;b 表示分子链上具有活性的吸附点(羟基);c 表示水分子进入并与吸附点 b 间形成氢键,使原来 b 的羟基间氢键破坏,水分的吸附产生两种结果:①使分子间膨胀,体积增大,分子链 a 向 d 的方向变化;②分子链 a 之间的凝聚力降低,此时,若受外力作用,即对 a 产生剪切应力,分子链 a 会向 e 滑动。其宏观效果是:最初因水分进入而发生 d 方向的膨胀,随之引起 e 方向的机械吸附蠕变,这两个基本现象发生于不同方向,相互无关。因此,如果能够减少木材中的羟基数量,即可实现木材的尺寸稳定化。一般而言,主要是通过向木材细胞壁中引入可以置换羟基的化学物质而实现的,根据引入的物质是否亲水、是否可以增大分子链之间的距离、是否在分子链间形成交联,可以有图 5-5(B~F)等不同的形式,具体的方法将在"5.4.3 化学改性"中进行介绍。此外,高温的作用也可以减少木材中的羟基数量,具体方法将在"5.3.4 高温热改性"中进行介绍。

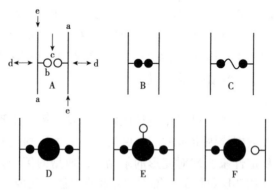

图 5-5 尺寸稳定化处理木材构造图

A. 未经处理情况　B. ○表示羟基,●表示置换了羟基的官能团,它表示分子链 a 之间由于羟基被置换后在干燥状态下形成的交联　C. 表示分子链 a 之间由于羟基被置换,在膨胀状态下形成交联,随后干燥　D. 表示疏水性的大容积官能团(大黑点)置换羟基,分子链 a 之间距离增大,并形成交联　E. 表示亲水性的大容积官能团(大黑点带一个羟基○)置换羟基,分子链 a 之间距离增大,并形成交联　F. 表示疏水性大容积官能团(大黑点)置换羟基,分子链 a 之间距离增大

## 5.4 木材的尺寸稳定化的方法

根据 L. C. Palka 侧重于化学药剂是否与木材细胞壁组分发生化学反应的观点,将尺寸稳定化处理方法分为物理法和化学法两大类(表 5-2)。但是,就处理的实质而言,物理法中常包含化学因素,化学法亦不乏物理作用,很难将两者截然分开。

表 5-2 木材尺寸稳定化的各种处理方法

| | |
|---|---|
| 物理法 | 1. 选用尺寸稳定性好的木材 |
| | 2. 根据使用条件进行调湿处理 |
| | 3. 纤维方向交叉层压均衡组合:a. 垂直相交——胶合板,定向刨花板 |
| | b. 无定向组合——刨花板,纤维板 |
| | 4. 覆盖处理:a. 外表面覆盖——涂饰,贴面 |
| | b. 内表面覆盖——防水剂处理 |
| | 5. 细胞壁的增容:a. 非聚合性物质——聚乙二醇处理 |
| | b. 聚合性物质——酚醛树脂处理 |
| 化学法 | 1. 减少亲水基团——高温热处理 |
| | 2. 置换亲水基团——乙酰化等 |
| | 3. 聚合物接枝——用乙烯基单体制造木塑复合材 |
| | 4. 交联反应——甲醛处理 |

本章中,则根据改性处理手段的不同,将木材的尺寸稳定化分为表面涂饰/修饰处理、浸渍改性、化学改性和高温热改性三大类。

### 5.4.1 表面涂饰/修饰处理

这种方法主要对木材外表面进行处理,通过涂饰涂料或化学修饰,隔绝木材表面与外界空气、水分、阳光、各种液体(化学试剂、饮料)、昆虫、菌类以及其他污染物的直接接触,从而抑制木材对水蒸气的吸着,将膨胀或收缩变形造成的损失减小到最低程度。常用涂料为酚醛树脂漆、醇酸树脂漆、硝基漆、氨基树脂漆等。常用的表面化学修饰可采用二氯二甲硅烷、二氯二苯基甲硅烷、三氯十八烷基硅烷、三甲基氯硅烷等氯硅烷以及硬脂酸锌、氧化锌、二氧化钛等金属盐与木材表面的活性基团发生反应。以上处理方法的局限性在于处理材的可湿性和亲水性并没有本质改变,一旦具有疏水性的表面老化、脱落或因外力作用被破坏,处理材随即失去相应的尺寸稳定性能。但这些方法可以有效提高木材的表面疏水性,将在第 9 章进行详细介绍。

### 5.4.2 浸渍改性

与表面涂饰/修饰处理不同,浸渍/改性是使用真空/加压等浸渍方法或其他液相/

气相方法将改性剂添加至木材内部，使改性剂在木材内部发生物理吸附或填充，从而起到封闭木材细胞腔或润胀木材细胞壁的作用，最终实现木材尺寸稳定化的目的。常用浸渍处理方法包括满细胞法、空细胞法、半空细胞法、震荡压力法、频压法、脉冲法和双真空法等，具体已在第3章有所介绍。下文将按照不同的处理剂分类，对不同的浸渍改性方法进行介绍。

#### 5.4.2.1 防水剂浸渍处理

本节所述的防水剂为狭义的防水剂，即使用非化学结合的疏水物质浸渍处理木材，如蜡状物、沥青、亚麻油类、清漆、松香等，通常用有机溶剂将它们溶解，然后通过浸泡或真空浸渍方式处理木材。使用此类方法，可以使上述疏水物质包覆在木材细胞壁表面上，从而阻碍木材细胞壁上的羟基与水分接触，提高细胞壁表面自由能，降低木材的吸水性，达到提高尺寸稳定性的目的。

含有石蜡成分的防水剂具有最强的防水效果，其处理的木材防水率高达75%~90%，抗胀（缩）率（ASE）为70%~85%。此外，石蜡处理还可以在一定程度上提高处理材的耐光老化性、耐腐性和力学性能。由于石蜡常温下为固体，且不易溶于水和有机溶剂，因此在使用时主要通过两个途径：熔融石蜡和石蜡乳液。使用熔融石蜡需要提前高温将石蜡的融化，在浸渍过程中也需要保持温度，能耗较高，工艺较复杂，因此不适于工业应用。所以，常在乳化剂的作用下将石蜡以极小的颗粒分散于水中形成石蜡乳液，再通过浸渍处理实现对木材的改性。与熔融石蜡相比，石蜡乳液的应用更为简便，还适用于与其他木材功能性改良药剂（如水载型木材防腐剂）的复配处理，符合木材改性向多功能化方向发展的趋势。经过石蜡乳液处理的木材在干燥的过程中，其内部的石蜡颗粒会通过破乳，即发生石蜡与水相的分离，使蜡颗粒均匀吸附在木材内表面上从而起到疏水作用。除了石蜡之外，褐煤蜡、聚乙烯蜡、棕榈蜡等蜡类物质也可以用做木材防水剂，提高木材的防水性，从而延缓木材的吸湿过程及尺寸变化。使用蜡类木材防水剂处理木材，还可以在一定程度上提高木材的耐光老化性、防腐性和抗白蚁性。当使用蜡类木材防水剂和水载型木材防腐剂复配处理时，还可以有效的提高防水剂的抗流失性。

油类是另一类可以有效提高木材防水性的防水剂种类。如在木材防腐领域有所应用的油类防腐剂煤焦油、石油等均可在提高木材防腐性的同时减少水分对木材的影响。但随着石油、煤炭等均为不可再生资源，随着人们环保意识的增强，亚麻油、大豆油、桐油、菜籽油、妥尔油等可再生的植物油类木材防水剂愈发受到重视。植物油的主要组成成分为不饱和脂肪酸甘油酯，根据在空气中是否可氧化干燥成固态膜可分为干性油、半干性油和不干性油三类。由于干性油具有在空气中极易氧化干燥形成坚固薄膜的特性，因此在木材防水领域更受青睐。亚麻油就是一种典型的干性油，是从亚麻（*Linum usitatissimum*）种子中榨取的植物油，被广泛的应用于木材涂料之中。直接使用亚麻油浸渍处理木材可以起到提高木材尺寸稳定性及耐腐性的效果，但是，大量进入木材的亚麻油无法迅速完成固化，在使用过程中存在向外渗透的问题。因此，常利用亚麻油分子链中的双键对其进行环氧化处理（图5-6）。经过环氧化处理的亚麻油固化速度显著提高，且在催化剂的作用下可能会与木材中的羟基发生化学结合，从而显著提高木

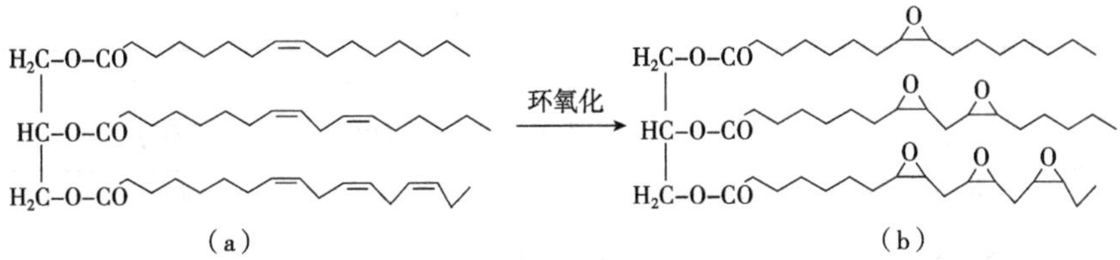

$$\begin{array}{c}\text{H}_2\text{C-O-CO}\\|\\\text{HC-O-CO}\\|\\\text{H}_2\text{C-O-CO}\end{array} \xrightarrow{\text{环氧化}} \begin{array}{c}\text{H}_2\text{C-O-CO}\\|\\\text{HC-O-CO}\\|\\\text{H}_2\text{C-O-CO}\end{array}$$

（a） （b）

**图 5-6　亚麻油的环氧化**

材的尺寸稳定性。研究表明，亚麻油载药量达到 90~120kg/m³ 时，木材的 ASE 可达到 50%~60%。

　　由于自身的疏水性、粒径尺寸以及黏度等方面的问题，防水剂很难渗透木材的所有部分。其防水原理如图 5-7 所示，均匀涂有防水层的细胞包围着一个未经处理的细胞核心。由于在外包覆的经过处理的细胞表面是疏水的，因此除非外部压力大于正在作用的毛细管压力，否则水无法渗入木材内部。然而，木材和防水剂之间并未产生化学结合，当防水剂处理材长期暴露在液态水环境中时，木材和防水剂间较弱的范德华力将被一个更强的木材和水的氢键结合力所取代，疏水性物质可能会在水的作用下迁移，防水处理的作用减弱，从而导致此类方法的长期疏水效果并不理想。此外，由于此方法仅在细胞壁外部形成一层保护层，因此无法有效地阻碍细胞壁对水蒸气的吸附以及结合水在木材细胞壁内的移动，同样也可导致木材长期尺寸稳定性不佳。

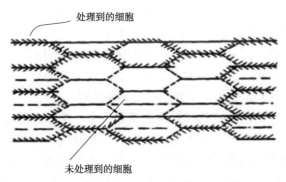

**图 5-7　防水剂浸渍处理材的防水原理模型**

#### 5.4.2.2　聚乙二醇处理

　　聚乙二醇（PEG）是乙二醇的高聚物。平均分子量的不同，性质也有差异。低分子量聚乙二醇为无色无臭的黏稠液体，高分子量的为蜡状固体（表 5-3）。它能溶于水、乙醇、苯和其他有机溶剂，无毒、无刺激性。具有优良的润滑性、分散性及润胀性等特性。聚乙二醇对木材的作用相当于润胀剂，渗入木材细胞壁，使木材细胞壁永久处于膨胀状态，不再收缩。同等重量的聚乙二醇比水对木材的增容效果更好，可以使试件保持很好的尺寸稳定性，因此被广泛用于古木保存，如美国威斯康星州被埋于冰河中长达 3 万多年的古木、瑞典斯德哥尔摩港口沉没的木质战舰瓦萨号、日本奈良唐招提寺的古木建筑群，都采用了聚乙二醇进行处理。

表 5-3 聚乙二醇的性质

| 相对分子质量 | | 比重 | 凝固点 (℃) | 黏度(℃) (100℃) | 水溶性(%) (20℃) | 外观 |
|---|---|---|---|---|---|---|
| 平均 | 分布 | | | | | |
| 200 | 190~210 | 1.13(20/4℃) | 过冷液 | 4.2 | 可溶 | 无色透明液体 |
| 300 | 285~315 | 1.13(20/4℃) | -18~-3 | 5.9 | 可溶 | 无色透明液体 |
| 400 | 380~420 | 1.13(20/4℃) | 2~14 | 7.3 | 可溶 | 无色透明液体 |
| 600 | 570~630 | 1.10(50/4℃) | 20~25 | 10 | 可溶 | 无色透明液体 |
| 1 000 | 950~1 050 | 1.10(50/4℃) | 35~39 | 17 | 80 | 白色固体 |
| 1 500 | 1 500~1 600 | 1.10(60/4℃) | 37~41 | 13~18 | — | 白色固体 |
| 1 540 | 1 300~1 600 | 1.09(70/4℃) | 42~46 | 25~30 | 70 | 白色固体 |
| 4 000 | 3 000~3 700 | 1.09(70/4℃) | 58~61 | 120~160 | 60 | 白色薄片 |
| 8 000 | 7 800~9 000 | 1.10(50/4℃) | 61~64 | 600~900 | 50 | 白色薄片 |
| 300/1 500 | — | | 39~42 | 14~18 | 75 | — |

注：PEG300/1500 是各自相对分子质量的 PEG 等量混合物；pH：4.5~7.0(5%水溶液)。

(1) 聚乙二醇处理方法

聚乙二醇适于处理生材和湿材，处理方法有：涂刷、喷雾、扩散、浸渍和加压注入等，其中以浸渍方法较为简单实用，由于聚乙二醇较好的渗透性，采用常压处理即可达到较好的效果。聚乙二醇浓度、处理温度和时间视处理材料厚度、树种和浸渍量而定。处理时木材含水率高，聚乙二醇的留存率亦大，处理材的 ASE 也高，因此生材比干燥材的处理效果好。需要指出的是，配制聚乙二醇水溶液时，应首先将聚乙二醇放入金属容器中加热融化，之后再加适量水配成一定浓度的聚乙二醇溶液，而不要先加水再加热溶解，在先加水的情况下聚乙二醇不易溶解。

聚乙二醇的分子量也是影响处理效果的重要因素。聚乙二醇处理提高木材尺寸稳定性的最主要原理是使用聚乙二醇置换木材中的水分并使木材保持膨润状态。而随着聚乙二醇分子量的增大，其水溶性逐渐变小，进入木材细胞壁的难度增大，更多的以填充的形式存在于木材细胞腔，不利于木材尺寸稳定性的提高。研究表明，平均相对分子质量为 1 000~1 500 的聚乙二醇，适宜作处理剂；而若平均相对分子质量大于 3 500，由于分子体积、尺寸较大，难于进入细胞壁，不适合尺寸稳定化处理。

除了使用液相的聚乙二醇处理木材，还有研究者使用环氧乙烷在气相中处理木材，即以三甲胺作为催化剂，使环氧乙烷在木材中聚合，在细胞壁中生成乙二醇和聚乙二醇，起到提高尺寸稳定性的作用。但这种处理不可避免地会在木材中残留未反应的三甲胺，造成木材的劣化。

(2) 聚乙二醇处理材的尺寸稳定性

使用 PEG-1000 加压处理黑杨、赤杨、山毛榉、欧洲赤松、云杉和冷杉等木材试件的尺寸稳定性如表 5-4 所列。由表中数据可知，PEG-1000 可以有效地起到增容的作用，ASE 显著提高。聚乙二醇浸入膨润状态的细胞壁内，在低相对湿度时细胞壁中的聚乙二醇保持膨润状态；在高相对湿度下，细胞壁中的聚乙二醇变为水溶液，保持膨

表 5-4　聚乙二醇处理材的尺寸稳定性

| 树种 | 增重率(%) | 增容率(%) | ASE(%) |
|---|---|---|---|
| 黑杨 | 43.43 | 7.25 | 84.93 |
| 赤杨 | 29.38 | 9.12 | 70.33 |
| 山毛榉 | 19.54 | 6.61 | 46.32 |
| 欧洲赤松 | 34.05 | 8.24 | 67.42 |
| 云杉 | 33.79 | 6.97 | 64.61 |
| 冷杉 | 38.40 | 8.23 | 72.00 |

润状态。由于单位重量的聚乙二醇比单位重量水对木材的增容效果要大,所以,在相对于木材纤维饱和点含水率70%~80%的聚乙二醇含量时,就能赋予处理材高的尺寸稳定性。聚乙二醇处理材的尺寸稳定性表现为以增容效应为主,即一定相对分子质量的聚乙二醇溶于水,由于其蒸汽压低,当其浸入细胞壁中置换水分时,以蜡状物质留在细胞壁内,使细胞处于膨胀状态,维持木材的尺寸稳定性,其材性与未处理的生材相似。

(3) 聚乙二醇处理材的其他性能

聚乙二醇处理会在一定程度上影响木材的力学性能,其抗压强度、抗弯强度及耐磨性均随聚乙二醇的留存量增加而下降,韧性升高。由于处理材受 PEG 增容效应的影响,木材细胞壁处于润胀状态,微纤丝的运动比未处理材容易,因而在拉伸、压缩应力下易于发生滑移现象;在横向载荷作用下,细胞壁易于变形,使泊松比提高。

聚乙二醇处理材易于吸湿,难于解吸,因此较难干燥,但同时也能减少快速或高温干燥过程中产生的开裂。由于聚乙二醇可以减少细胞壁中菌类生存所必须的水分,所以聚乙二醇处理材具有一定的耐腐作用。但是,聚乙二醇处理对木材的胶合性能以及表面涂饰性能有一定的不良影响。

#### 5.4.2.3　树脂浸渍处理

树脂处理是一种常用的木材尺寸稳定化的方法。从 20 世纪 30 年代开始,酚醛树脂、脲醛树脂等开始被应用于木材尺寸稳定性的改良,随后如糠醇树脂、1,3-二羟甲基-二羟基-乙烯脲(DMDHEU)树脂等也逐步得到应用。与其他浸渍处理方式不同,低分子量的树脂低聚体或单体进入木材后,还需要一个高温(一般为100℃左右,不同的树脂有所不同)固化的过程,使树脂在木材内部发生缩聚,从而有效地提高木材的尺寸稳定性。

(1) 酚醛树脂(PF)处理

酚醛树脂是最早被应用于提高木材尺寸稳定性的一种树脂,随着木材中酚醛树脂含量的提高,其 ASE 也有所增加,最高可达 60%~70%左右。但是,木材中酚醛树脂的含量超过40%后,ASE 基本不再变化。有研究表明,与三聚氰胺树脂(MF)和脲醛树脂(UF)相比,酚醛树脂对木材的增容效果与尺寸稳定效果最好。在树脂含量为34%的条件下，酚醛树脂、三聚氰胺树脂与脲醛树脂处理材的增容率分别为 14%、12% 与 9%。同样条件下，酚醛树脂和三聚氰胺树脂处理材的 ASE 可以达 70% 左右，而脲醛树脂仅有 50% 左右。

酚醛树脂在木材中的作用包括两方面，一方面是游离的酚醛树脂低聚体可以进入木材细胞壁，在高温固化过程中形成高分子量的酚醛树脂润胀木材细胞壁，同时游离羟甲基酚可以与木材中的羟基形成氢键结合或发生交联反应；另一方面则是部分未能进入木材细胞壁的酚醛树脂在木材细胞腔中自身缩聚，起到疏水作用。其中，第一方面的作用在提高木材尺寸稳定性方面更为显著，但酚醛树脂与木材中的羟基是否能发生交联反应仍存在一定的争议。低分子量的酚醛树脂中羟甲基酚含量较高，且较容易进入木材细胞壁，所处理木材的尺寸稳定性较好；高分子量的酚醛树脂大多沉积在细胞腔内，与内表面覆盖作用类似，因此处理材的尺寸稳定性小于低相对分子质量的酚醛树脂处理材。

除了提高木材的尺寸稳定性外，酚醛树脂处理还可有效地提高木材的耐腐、防虫性，且可提高木材的顺纹抗压强度、抗弯强度、抗弯弹性模量、硬度和耐磨性，但会降低木材的韧性和抗拉强度。使用高分子量树脂的木材比低相对分子量树脂处理的木材的韧性、抗拉强度、静曲强度要好一些。关于酚醛树脂处理对木材力学性能的影响还将在第 7 章中作进一步的介绍。

(2) 糠醇树脂处理

糠醇又称呋喃甲醇，是一种重要的有机化工原料。由于糠醇来源于玉米秆、甘蔗渣以及生物乙醇剩余物，是天然的改性剂，因此使用糠醇处理木材最大的优势是其具有良好的环保特性。简单来说，糠醇进入木材后，在加热和催化剂的催化下，糠醇发生聚合直至形成固体状态的聚合物，期间伴随着糠醇单体或聚合物与木材细胞壁的反应，从而在木材内部形成高度交联的结构，提高了处理材的尺寸稳定性。常用的催化剂包括氯化锌、柠檬酸、甲酸以及硼酸盐等。具体来说，糠醇的缩合反应机理如图 5-8 所示。糠醇分子中的羟甲基可与另一个分子中的 α 氢原子缩合形成亚甲基键 [图 5-8(a)]。呋喃环上的羟甲基也可相互缩合成甲醚键 [图 5-8(b)]，甲醚键可以进一步裂解生成亚甲基键 [图 5-8(c)]。通过以上反应糠醇单体形成不同聚合度的线型分子，随后与之前生成的甲醛共同形成体型结构。与此同时，糠醇分子也可与木材细胞壁中的木质素发生反应(图 5-9)，这一般发生在糠醇聚合的早期。

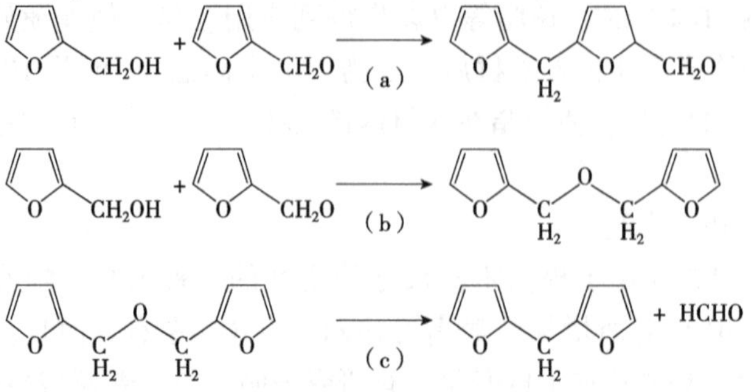

图 5-8 糠醇的缩合反应机理

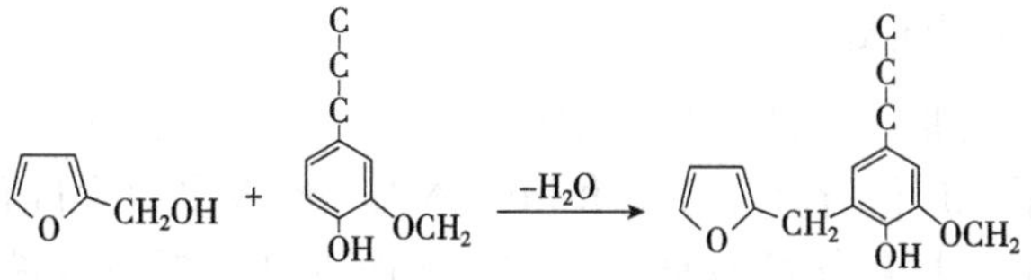

图 5-9 糠醇与木质素愈创木基基团反应机理

有研究表明，使用糠醇混合液处理木材边材，增重率达 32% 时，ASE 可以达 50%；当增重率提高 47% 左右时，ASE 最高可达 70%。在这个增重率范围内，木材的尺寸稳定性与增重率呈正比关系。但当增重率继续增加至超过 50% 时，尺寸稳定性基本不再提高。同时，由于可显著地减少木材的吸水性，高增重率的糠醇处理材可有效地提高木材的抗生物侵蚀性能，特别是可有效地提高对海生钻孔动物的抗性。此外，糠醇处理还可提高木材的静曲强度与表面硬度，但是会降低木材的弹性模量、耐磨性和韧性，这主要是由于在处理过程中酸性催化剂对木材造成的降解作用导致的。

(3) 羟甲基二羟基乙烯脲(DMDHEU)树脂处理

与前述的其他树脂处理不同，羟甲基二羟基乙烯脲(DMDHEU)首先被应用于棉织物防皱整理领域，随后才将该技术借鉴到木材改性工业中来。在木材的处理过程中，一般先将 DMDHEU 配制成不同浓度的水溶液，随后在真空、压力的作用下使 DMDHEU 渗透进木材的细胞壁与细胞腔，随后将木材置于 100~120℃ 的条件下进行干燥，使 DMDHEU 在细胞壁内发生缩合和交联反应，反应机理如图 5-10 所示，反应需在酸或金属盐的催化作用下进行。需要指出的是，浸渍处理后的木材，尤其是大尺寸的木材在干燥过程中容易发生开裂，因此干燥过程中温度应该缓慢逐步升高，或采用特殊的干燥方式。开裂的原因可能是由于 DMDHEU 在木材中分布不均一造成的。

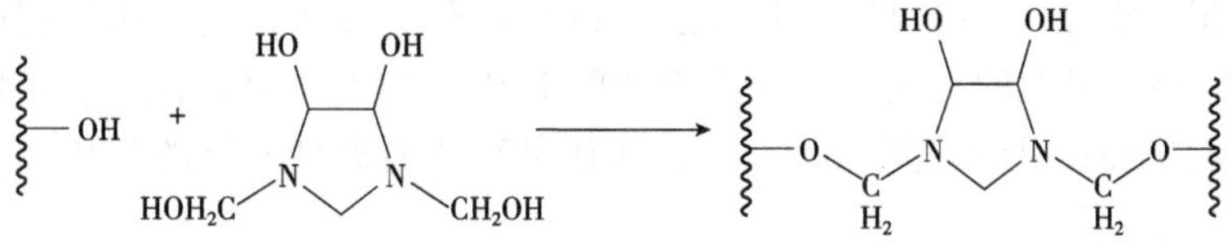

图 5-10 DMDHEU 与木材细胞壁交联反应机理

在不使用催化剂的条件下，DMDHEU 处理仅能略微提高木材的尺寸稳定性。而加入催化剂后，当增重率为 20% 左右时，可达到 40% 左右的 ASE，且随着催化剂用量的上升，尺寸稳定性会进一步的提高。固化温度也对处理材的尺寸稳定性有影响，有研究表明，当 DMDHEU 增重率为 30%~80% 时，随着固化温度的提高尺寸稳定性上升；而增重率超过 80% 时，则出现相反的趋势。DMDHEU 处理材的平衡含水率要高于未处理材，这表明 DMDHEU 处理提高木材尺寸稳定性的主要原因是 DMDHEU 在细胞壁内发生缩合和交联，从而起到润胀细胞壁的作用。此外，DMDHEU 处理还可以提高木材的防腐性能、耐老化性能以及表面涂饰性能，但会显著降低木材的抗拉强度、抗冲击强度以及脆性。处理材力学性能下降的主要原因归结于催化剂对木材主要成分的催化水解，以及 DMDHEU 与微纤丝发生交联反应减少了微纤丝在应力下的活动自由度。

#### 5.4.2.4 含硅化合物浸渍处理

硅元素在地球表面非常丰富，其含量占将近28%，仅次于氧，是地壳中第二多的元素；同时，硅元素也广泛存在于动物和植物体内。绝大多数含硅化合物均不具毒性，因此被广泛的应用于木材功能性改良中。常用的改性剂包括氯硅烷、烷氧基硅烷、有机硅氧烷等。

(1) 氯硅烷

氯硅烷溶于水或者乙醇的时候，可与溶剂中的羟基反应生成硅酸，进入木材后可与木材细胞壁上的羟基反应生成 Si—O—C 键，从而提高木材的尺寸稳定性。常用的改性试剂包括四氯硅烷($SiCl_4$)、甲基三氯硅烷($CH_3SiCl_3$)、二甲基二氯硅烷[$(CH_3)_2SiCl_2$]和三甲基氯硅烷[$(CH_3)_3SiCl$]等。但在反应过程中，会产生副产物盐酸，从而造成木材的酸降解，因此有时会在改性试剂中加入吡啶，从而清除反应过程中的盐酸。

(2) 烷氧基硅烷

烷氧基硅烷可在水中通过水解形成二氧化硅($SiO_2$)溶胶-凝胶网状结构，且不会形成可能破坏木材结构的酸性副产物(图5-11)。如果不使用催化剂，需要达到800℃的高温才可以较好的形成溶胶-凝胶结构。故尝试使用乙酸作为催化剂，促进烷氧基硅烷的水解。处理方法可以浸泡的方式进行，但往往需要较长的时间。有研究者使用正硅酸甲酯(TMOS)、正硅酸乙酯(TEOS)与正硅酸丙酯(TPOS)的丙醇溶液(含有乙酸催化剂)浸泡木材两周，从而使烷氧基硅烷充分浸入木材。结果表明，当处理前木材为饱水状态时，$SiO_2$凝胶仅存在于木材细胞腔中；而当处理前木材仅经过调湿，$SiO_2$凝胶存在于木材细胞壁中。随着处理前木材含水率的提高，增重率上升。在相同条件下，TMOS处理材的增重率最高，TEOS处理材次之，TPOS处理材最低，这说明处理试剂的分子大小对处理效果有很大的影响。随着增重率的上升，木材的ASE提高。当增重率达到10%时，木材的ASE可以达到40%。此方法还可有效地提高木材的阻燃能力，但对耐生物劣化性改变不明显。

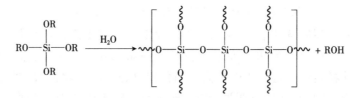

图5-11 烷氧基硅烷的水解过程

(3) 有机硅氧烷

有机硅氧烷在水中水解生成硅醇，硅醇进一步与木材上的羟基反应，生成 Si—O—C 键，从而提高木材的尺寸稳定性(图5-12)。但需要指出的是，在木材中形成的 Si—O—C 键易发生水解，重新生成硅醇。因此，此方法改性的木材经过反复吸水干燥，其中的有效成分易流失，尺寸稳定性也会有所下降。

有机硅氧烷的基本处理方法与烷氧基硅烷相类似，也为溶胶-凝胶法。首先将有机硅氧烷作为前驱体，直接浸渍或真空加压浸渍在木材中，当有机硅氧烷遇到木材中自

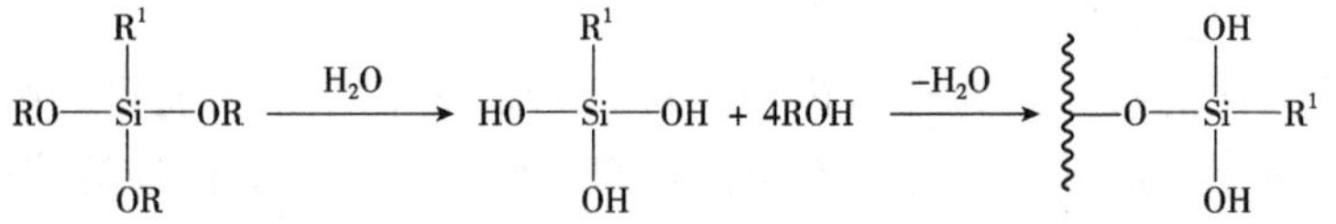

$$\text{RO}-\underset{\underset{\text{OR}}{|}}{\overset{\overset{R^1}{|}}{\text{Si}}}-\text{OR} \xrightarrow{H_2O} \text{HO}-\underset{\underset{\text{OH}}{|}}{\overset{\overset{R^1}{|}}{\text{Si}}}-\text{OH} + 4\text{ROH} \xrightarrow{-H_2O} \sim\!\!\text{O}-\underset{\underset{\text{OH}}{|}}{\overset{\overset{\text{OH}}{|}}{\text{Si}}}-R^1$$

**图 5-12 有机硅氧烷水解与反应过程**

由水或吸着水时开始水解形成硅醇，附着在细胞壁表面，硅醇与其他物质混合凝聚形成溶胶即一些低分子聚合物，然后溶胶再逐渐缩聚形成三维网状结构，同时聚硅醇和木材中羟基形成氢键使得该结构能够先固定在木材中，然后干燥阶段由于水分蒸发导致结构进一步交联，最终高聚合凝胶物质通过共价键结合固着在木材上。

经过此方法处理的木材，细胞壁中的羟基被硅烷修饰，所以处理材吸湿和吸水性降低、尺寸稳定性有所增加。有研究将低分子的烷氧基硅烷与高分子有机硅氧烷复合使用，发现低分子的烷氧基硅烷渗透进木材细胞壁与羟基发生交联，高分子的有机硅氧烷缩聚形成聚硅氧烷的结构覆盖在处理材细胞壁表面。此方法不仅仅减少木材中有效的羟基含量，阻碍了细胞壁中羟基与水分子的接触，也对木材细胞壁造成一定的润胀作用，从而使木材获得了更好的尺寸稳定性。

### 5.4.3 化学改性

化学改性是指通过改性剂和木材细胞壁主要成分发生化学反应，形成稳定的共价键，从而减少木材中羟基数量，实现尺寸稳定化的一系列方法。改性剂有可能与木材中单一的羟基形成单一的共价键，也可能和两个以上的羟基形成化学交联。下文将按照不同的处理剂分类，对不同的化学改性方法进行介绍。

#### 5.4.3.1 乙酰化处理

木材的乙酰化处理利用乙酰化试剂与木材羟基之间的酯化反应，显著提高木材的尺寸稳定性和耐腐性能，具有无毒无害、无污染的优点。早在1865年，为了生产醋酸纤维素就开发了乙酰化工艺，但直到1928年才将其应用在木材功能性改良领域。在乙酰化过程中，一个乙酰基只与一个羟基反应，并不发生聚合反应，乙酸是反应的副产物。常用的乙酰化试剂包括氯乙酰、乙烯酮、硫代乙酸、乙酸酐等，其中乙酸酐最为常用，本节将主要以乙酸酐为例对木材的乙酰化改性进行介绍。乙酸酐与木材的反应机理如图5-13所示。

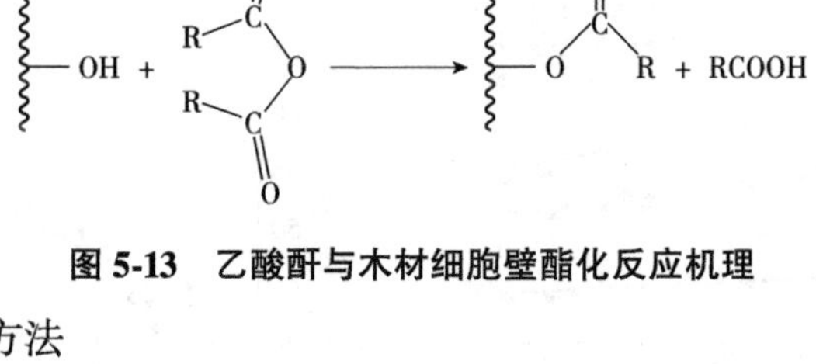

**图 5-13 乙酸酐与木材细胞壁酯化反应机理**

(1) 乙酰化处理方法

对于尺寸较大的木材通常采用的方法为液相法。常用的方法为使用吡啶作催化剂，将木材浸入乙酸酐和吡啶的混合液中，置于密闭的处理罐中，加热 90~100℃，保持数小时(时间随处理材厚度而定),随后排出未反应的处理液,对处理材进行干燥处理。这种方法的缺陷是处理材内吸取的过量药液的排除和催化剂吡啶的回收难度较大,工艺复杂。此外,还可以不用催化剂,用二甲苯或氯化烃等溶剂作稀释剂,将醋酸酐稀释成浓度为25%的处理液,在温度100~130℃时,能使木材很好地乙酰化。因芳香烃没有膨胀木材,木材吸收处理液量减少,但其回收二甲苯的过程比分离催化剂要简单。

除了液相法外,还可使用气相法对木材进行乙酰化处理。采用气相处理时,药品扩散速率与试件厚度平方成反比,因此气相处理只适合于处理薄单板。以下列举了常用的3种方法:①使用吡啶预处理,再于醋酸酐和吡啶的混合蒸汽中处理;②用尿素和硫酸铵的混合液前处理、干燥,再于醋酸酐蒸汽中气相处理;③用醋酸钾溶液前处理、干燥,再用等量的二甲基甲酰胺(DMF)和醋酸酐混合蒸汽处理。

(2)乙酰化处理材的性能

乙酰化处理可提高木材的尺寸稳定性,其原因包含两方面。一方面酰化试剂进入木材细胞壁,起到了一定的润胀作用。但是,与水分子相比,乙酸酐分子体积大但极性小,因此乙酸酐分子不能到达水分子可存在的全部位置,因此润胀作用并不是提高木材尺寸稳定性的唯一原因。另一方面,乙酰基与羟基发生酯化反应,减少了木材上的水分吸着点。图5-14所示为乙酰化杨木的吸水率、阻湿率、湿胀率和ASE随其增重率的变化,结果表明随着乙酰化木材增重率增加,处理材吸水率下降,径向线性湿胀率、弦向线性湿胀率、体积湿胀率均有所降低,而阻湿率和ASE均增大。说明乙酰化可有效地增加木材的耐水性和尺寸稳定性,乙酰化程度越高,效果越显著。此外,还有研究表明,乙酰化处理材的阻湿率比ASE略低;在不同相对湿度下阻湿率与ASE几乎不变,气体的渗透性降低,水分扩散速度减慢。

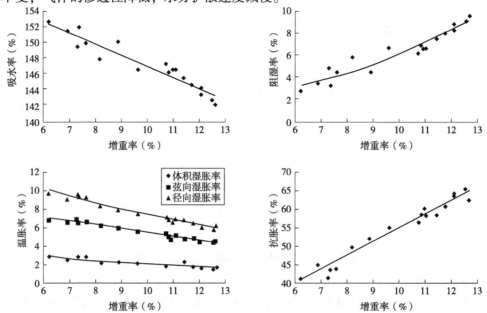

图5-14 乙酰化杨木吸水率和尺寸稳定性随其增重率的变化

乙酰化处理可以略微提高木材的密度。据所用的膨润剂、催化剂及种类，反应条件和树种，乙酰化处理材的力学性能略有不同，总体来说，乙酰化处理可以略微提高木材的横纹抗压强度、硬度、韧性，降低剪切强度。由于乙酰化材中的游离羟基大大减少，当用热固性树脂胶合时木材的胶合性能降低，胶层破坏增多。传统的水基型木材胶黏剂，如脲醛树脂、尿素-三聚氰胺-甲醛树脂、酚醛树脂等，胶接乙酰化木材时内结合强度和木破坏率均比未处理材低。此外，乙酰化处理还可显著提高木材的耐腐性和抗白蚁性，但对防霉性能的改善并不明显。

(3) 影响乙酰化处理材性能的因素

①样品条件　不同的木材化学组分乙酰化反应活性有所不同，因此，木材的化学组分会对木材的乙酰化能力产生影响。当木材去除木质素后，乙酰化处理材的增重率显著下降；而当进一步去除半纤维素后，增重率进一步下降（图 5-15）。研究表明，对于木材的三种主要组分而言，木质素反应活性最高，其次是半纤维素，纤维素最低。木材中的抽提物会对乙酰化处理造成不良影响，降低乙酰化处理材的增重率，因此，在实验室试验中往往在处理前对木材进行抽提。但在工业生产中获得无抽提物的木材是不切实际的。

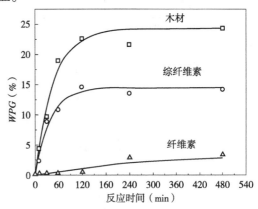

图 5-15　木材的不同组分乙酰化增重率

木材的含水率也对乙酰化有极大的影响。乙酸酐分子的尺寸为 0.7nm，而一般认为润湿状态下的微纤丝间隙为 2~4nm。在全干状态下，微纤丝之间空隙极小，乙酸酐无法进入，因此过低的含水率不利于乙酰化试剂充胀木材细胞壁。但同时，过高的木材中的水分会使乙酸酐水解生成乙酸。有研究表明，在木材含水率为 0~26% 的范围内，增重率会随着含水率的增加呈降低趋势。

②处理条件　处理温度、处理时间与处理液中乙酸酐的含量均会显著影响乙酰化处理材的增重率。如图 5-16 所示，在所试验的温度范围内（80~120℃），增重率与温度呈线性关系，二者的相关系数在三种木材中均超过 0.99。当固定处理温度与处理液中乙酸酐含量时，延长处理时间亦可显著提高处理材的增重率。而当处理温度和处理时间固定时，乙酸酐含量在 25%~50% 范围内，处理材的增重率随乙酸酐提高而升高，但当乙酸酐含量超过 50% 后，再提高乙酸酐浓度无法得到更佳的效果。

催化剂也会对乙酰化处理材的增重率有显著影响。以吡啶作为催化剂，不仅可以催化乙酰化反应，还可以作为溶剂与木材的润胀剂。随着吡啶浓度的提高，乙酰化处理材的增重率显著上升（图 5-17）。

使用乙酸酐在乙酰化过程中会不可避免地生成乙酸，而乙酸酐中乙酸含量对乙酰化反应有影响。乙酸酐本身对木材细胞壁的膨胀能力有限，而乙酸具有膨胀木材细胞壁的能力，这对促进酸酐进入木材细胞壁有利。但乙酸的存在会使酸酐的反应活性降低，对乙酰化反应产生不利影响，降低增重率。图 5-18 表示的是乙酸浓度对乙酰化反

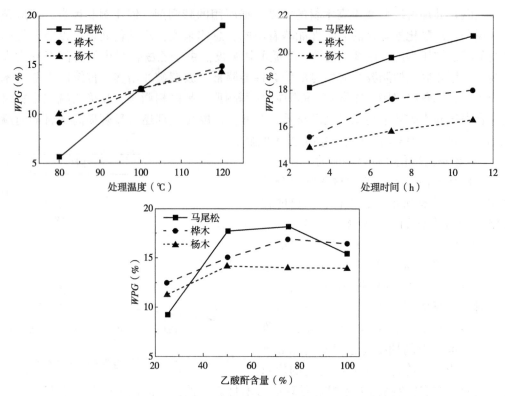

图 5-16 处理温度、处理时间与处理液中乙酸酐的含量对处理材增重率的影响

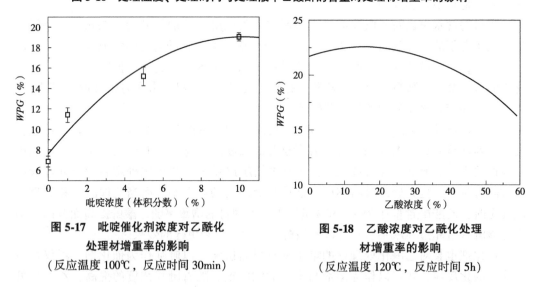

图 5-17 吡啶催化剂浓度对乙酰化
处理材增重率的影响
（反应温度 100℃，反应时间 30min）

图 5-18 乙酸浓度对乙酰化处理
材增重率的影响
（反应温度 120℃，反应时间 5h）

应增重率的影响。酸酐中乙酸浓度在 15% 以下时，随着浓度的增加增重率略有增加，超过 15% 以后增重率开始明显降低。

③木材中过量药剂和反应副产物去除工艺 在乙酰化过程完成后，必须尽快去除处理材内的过量药剂及反应副产物乙酸，否则会加速木材降解，使木材本身强度下降。对于小试样来说，可以采用抽提的方法将过量乙酸酐和乙酸从木材中去除，但这种方

法对于较大的试样来说难以实现。在生产中，可以使用以下工艺去除过量药剂和反应副产物：苯胺后处理、石油醚共沸蒸馏处理、脂肪醇共沸蒸馏处理、二甲苯有机气相分离处理、真空加热水洗处理、蒸汽后处理以及微波-真空联合处理等方法。

(4) 其他酰化改性

除了使用乙酸酐对木材进行酰化改性外，还可以使用如丙酸酐、正己酸酐等直链酸酐处理木材，但长链的直链酸酐反应活性较低，因此与木材发生反应时增重率较低。环状酸酐也可应用于木材的酰化改性，使用环状酸酐的优势在于反应过程中不会产生多余的副产物，且环状酸酐可以在木材中形成交联结构。图 5-19 说明了琥珀酸酐与木材反应的过程。此外，马来酸酐、邻苯二甲酸酐等环状酸酐也可应用于木材的酰化改性，有研究表明，增重率为 25.7% 的马来酸酐处理材 ASE 可达 38%，而增重率为 29.3% 的邻苯二甲酸酐处理材 ASE 可达 45%。但处理材经过浸水-干燥的循环实验后，尺寸稳定性下降，这是由于在泡水过程中酯键水解，导致酰化试剂流失。

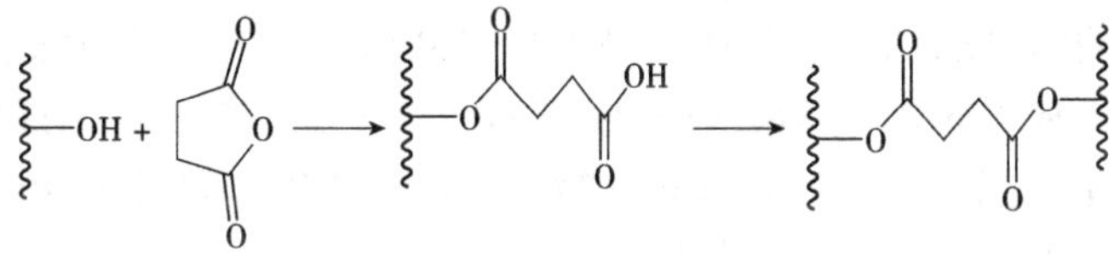

图 5-19　琥珀酸酐与木材反应过程

### 5.4.3.2　甲醛处理

甲醛在强酸或无机盐的催化作用下，可与木材中的羟基发生交联反应，形成亚甲基醚结构(图 5-20)，从而封闭了木材中的游离羟基，减少木材与水分的结合机会，最终达到尺寸稳定化的目的。在这里润胀作用并不重要，亚甲基醚的交联作用则是决定性因素。

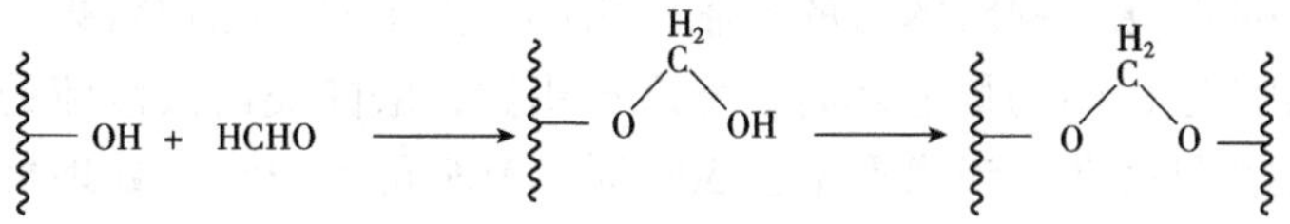

图 5-20　甲醛与木材细胞壁的交联反应

(1) 甲醛处理方法

甲醛处理一般使用甲醛水溶液或固体的聚合体——多聚甲醛作为改性剂。在甲醛处理过程中，催化剂是必不可少的，可以选用氯化氢、硝酸、二氧化硫、苯磺酸以及氯化锌等作为催化剂。当使用氯化氢为催化剂时，反应温度为 95℃，处理时间为 2h 以上；而若以 1%~2% 的氯化锌为催化剂时，则反应温度为 120℃，反应时间亦需要延长。由于酸性的催化剂会对木材细胞壁物质造成降解，因此，也有研究者使用伽玛射线催化甲醛与木材的反应。甲醛处理还可应用于中密度纤维板(MDF)或华夫板的尺寸稳定化处理。

(2) 甲醛处理材的性能

在较低的增重率下，甲醛改性处理就可以显著的提高木材的 ASE，增重率为 2%~4% 时，ASE 即可达到 60%~70%。同时，甲醛改性处理还可以显著的降低木材的平衡含水率，在增重率为 3.5% 时，甲醛处理材的平衡含水率下降了 50%。甲醛处理材还体现出了较好的耐腐性，其声学性能也有所提高。在干燥状态下，甲醛处理材能略微增加木材的抗压和抗弯强度。但在饱水状态下，处理材与未处理材相比，抗弯强度增加0.6倍，弹性模量增加0.3倍，硬度也有显著上升。但甲醛处理材的韧性与耐磨性均随ASE的增加而急剧下降。此外，处理材中未反应的甲醛对环境有不良的影响，也是甲醛处理的一个不可忽视的缺点。

(3) 其他醛类处理

乙醛和苯甲醛也可以在硝酸或氯化锌的催化作用下，和木材中的羟基发生反应，但无法形成交联结构。乙二醛、戊二醛、三氯乙醛等则可以在氯化锌、氯化镁、苯基二甲基氯化铵等催化剂的作用下，在木材中发生与甲醛类似的交联反应，提高木材的尺寸稳定性。

#### 5.4.3.3 异氰酸酯处理

异氰酸酯处理是指使用含有异氰酸酯基团的试剂处理木材，使之与木材中羟基反应，生成氨基甲酸酯（图 5-21），从而提高木材尺寸稳定性的一种方法。此方法的机理与乙酰化相类似。常用的处理剂包括一异氰酸酯、二异氰酸酯、异氰酸苯酯（TDI）、4,4-二苯甲烷二异氰酸酯（MDI）、异氰酸甲酯、异氰酸丁酯、氨基甲酸酯的预聚物或异氰酸甲酯与甲基丙烯酸甲酯的混合物等。

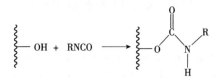

图 5-21　异氰酸酯与木材细胞壁的反应

由于异氰酸酯类化合物对木材的润胀作用小，为了提高处理效果，往往先用催化剂，如二甲基甲酰胺（DMF）膨胀木材，然后再用异氰酸酯类溶液浸渍处理。处理后的木材尺寸稳定性高且持久，当增重率达 30% 时，ASE 可达 70%。处理材的抗压强度和抗弯强度都有所提高，但韧性略有下降。此外，处理材还具有优良的抗生物劣化能力，尤其适合于在海水环境中使用。但此方法所需原料的价格高，且有毒性，必须有严格的操作技术、设备和作业条件，因此其应用受到一定限制。

#### 5.4.3.4 其他处理

除上述方法外，还有如下的处理方法，用于提高木材的尺寸稳定性。

(1) 羧酸处理

使用羧酸处理木材，是羧酸中的羧基在酸性催化剂的作用下，与木材上的羟基发生酯化反应，从而提高木材的尺寸稳定性（图 5-22）。如可使用三氟乙酸、硫代乙酸处理木材。

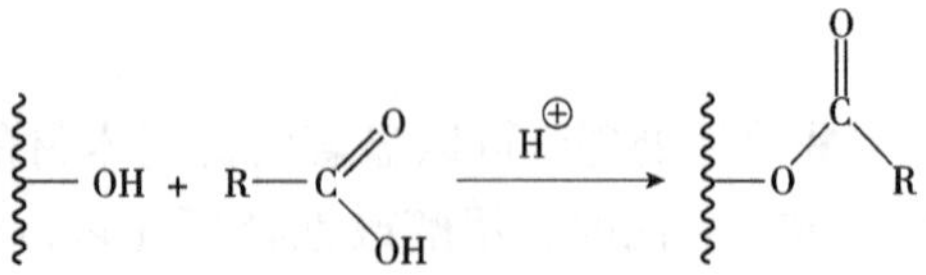

图 5-22　羧酸与木材细胞壁的反应

(2) 环氧化物处理

使用环氧化物处理木材时，环氧化物会在催化剂(以胺类为主)的作用下发生开环反应，进而与木材细胞壁上的羟基发生醚化反应(图 5-23)。在反应过程中，会有新的羟基产生，因而可以进一步与环氧化物发生反应，形成一定的交联结构，提高木材的尺寸稳定性。

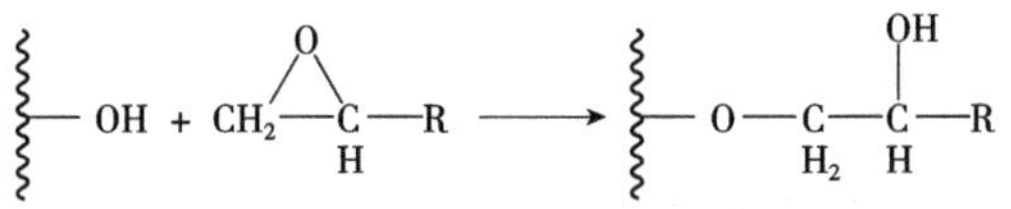

图 5-23 环氧化物与木材细胞壁的反应

(3) 丙烯腈处理

丙烯腈可以在碱性催化剂的作用下，与木材细胞壁上的羟基发生氰乙基化反应(图 5-24)。研究表明，当处理材增重率达到 30% 时，木材的 ASE 可达 60%，且处理材具有很强的耐腐性。

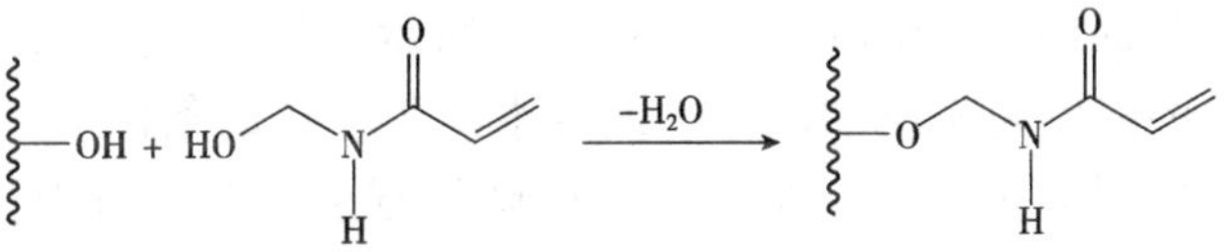

图 5-24 丙烯腈与木材细胞壁的反应

(4) β-丙内酯处理

β-丙内酯在碱性或酸性的环境中，会与木材细胞壁上的羟基发生不同的反应(图 5-25)，提高木材的尺寸稳定性的同时还可提高木材的耐腐性。但此方法使用的药剂具有致癌性，因此研究较少。

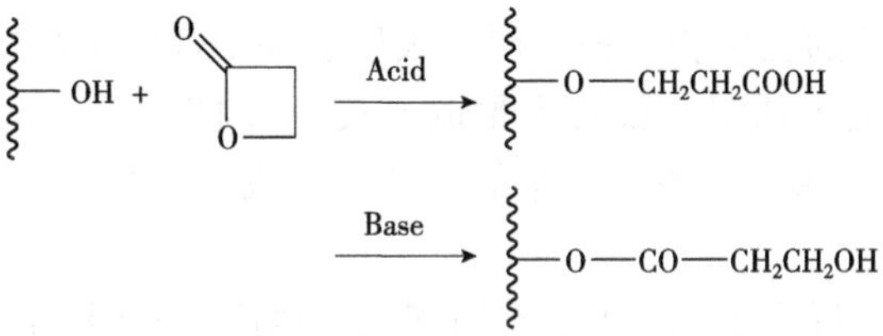

图 5-25 β-丙内酯与木材细胞壁的反应

## 5.4.4 高温热改性

利用高温热改性技术处理木材很久之前就被认为是一种潜在的提高尺寸稳定性和耐腐性的有效方法，Tiemann 第一次公开介绍了高温处理材的物理性质，他用过热蒸气(150℃)加热气干木材 4h，发现其吸湿性降低了 10%~25%，而力学性质只是略微有所下降。随后，在一个世纪的时间里，由于高温热改性技术优良的环保性能，使其得到了广泛的关注，并逐步应用到工业生产之中。高温热改性一般是在 150~260℃ 的高温范围内处理木材，获得尺寸稳定性优良的高温热处理材。如果温度低于 140℃，材料性质几乎没有改变，而温度过高将会不可避免地降低木材力学性能。若处理温度达到 300℃ 以上，木材力学性能会急剧下降，因此几乎没有意义。

### 5.4.4.1 高温热处理材的化学变化

高温会降解木材细胞壁主成分及抽提物，因此会影响木材的化学组成，进而影响高温热处理材的性质。当处理温度在 20~150℃ 之间时，是干燥阶段，主要是木材中自由水的蒸发，木材化学组分变化很微弱。木材高温热处理中的化学成分变化主要发生在 180~250℃ 之间，而当温度超过 250℃，木材则开始明显的炭化和热解过程，产生大量的 $CO_2$ 及其他热解产物。

(1) 半纤维素

在高温热处理过程中，半纤维素首先受到影响，木糖、阿拉伯糖、半乳糖、甘露糖含量逐渐减少，其分解产生了甲醇、乙酸和各种挥发性的杂环化合物（呋喃、$\gamma$-戊内酯等），降解过程中亲水的羟基基团大量减少。

木材半纤维素的降解始于去乙酰化，该过程中释放出的乙酸催化后续反应，从而进一步促进多糖的分解。酸催化降解在木材中产生了甲醛、糖醛和其他醛类。其中，糖醛和羟甲基糖醛是戊糖和己糖降解的产物。在 230℃ 的条件下，木材中的木糖和甘露糖含量降低，阿拉伯糖和半乳糖消失。如图 5-26 所示。伴随着温度的升高和处理时间的增加，半纤维素的降解越发剧烈。在水或者水蒸气存在的条件下，会加速有机酸的生成，从而加剧半纤维素的降解。半纤维素的降解程度也与树种有关，有研究表明，欧洲白桦的半纤维素降解程度要高于樟子松。还有研究者使用傅里叶红外光谱等方法研究了高温热处理材化学组分的变化，结果表明高温热处理对加拿大白桦的影响要大于欧洲山杨。

(2) 纤维素

由于纤维素具有结晶结构，因此热处理对纤维素的影响要小于对半纤维素的影响。纤维素中的无定形区对高温热处理更加敏感，这部分在高温热处理过程中出现的变化与半纤维素中己糖成分的变化相类似。研究表明，在 260℃ 且无氧的条件下处理木材，结晶区中的纤维素变化不明显，仅有少量的左旋葡萄糖产生；而只有温度达到 300~340℃，纤维素中结晶区域才会发生大量的降解，生成左旋葡聚糖、脱水葡萄糖、呋喃和呋喃衍生物等物质。

随着温度的变化，纤维素结晶度也有所变化。温度上升到 200℃ 以上后，非结晶区物质的降解导致纤维素结晶度上升。除此之外，高温热处理也会引起木材结晶结构的变化经过高温热处理，木材中晶胞结构也由单斜结晶结构转换为三斜结晶结构，三斜晶结构/单斜晶结构比例随着高温热处理的进行逐渐升高。

(3) 木质素

高温热处理过程中多糖物质的分解导致木材中木质素的相对含量增多。有研究表明，在 260℃ 的条件下分别热处理 0.5h、1h 和 4h，海岸松的木质素含量从 28% 依次上升到 41%、54% 和 84%。而对比云杉、冷杉和白杨高温热处理前后木质素含量的变化，也证实了高温热处理材比未处理材的木质素含量要高。

木质素是木材中热稳定性最好的物质，但是在较低的温度下，木材中的木质素也会发生一定的降解，生成酚类分解产物。木质素中愈创木基部分更易发生热降解，紫丁香基/愈创木基的比例随着高温热处理的进行逐渐升高。在热处理过程中，木质素中

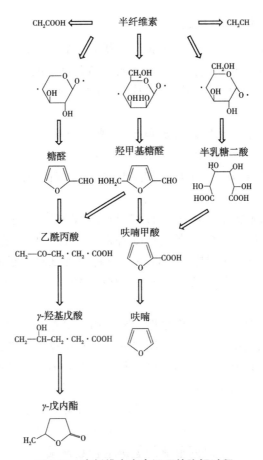

图 5-26 半纤维素在高温下的降解过程

醚键的断裂，特别是 β-O-4 键的断裂，生成了酚羟基和 α- 与 β-羰基。同时，木质素中的甲氧基的减少和芳香环上基团的反应会导致进一步的缩合反应。

（4）抽提物

伴随着木材高温热处理的进行，大部分木材抽提物都会消失或者降解，特别是大部分挥发性抽提物。同时，由于细胞壁结构物质的降解，新的抽提物也会产生。有研究者从经过 240~290℃ 条件下高温热处理的海岸松中提取出了蜡、碳水化合物、单宁、树脂和少量的半纤维素。另一项研究使用气象色谱-质谱联用的方法，检测了气干材和高温热处理材挥发性有机物质（VOC）的不同。实验结果表明，经过 230℃ 条件处理 24h 的欧洲赤松，其 VOC 的主要成分为醛类和羧酸，而气干材 VOC 的主要成分是萜烯类，试验中一共检测到 41 种化合物，其中只有 14 种是高温热处理木材和气干材所共有的。这一切说明，经过高温热处理过程，木材中的萜烯类物质及其他小分子物质挥发，而木材中的主成分被降解和氧化。

经过高温热处理后，木材中大部分原始的有机抽提物都已消失，但是在抽提含量下降一段时间以后，随着质量损失的增大，木材中抽提成分逐渐增多。增多的抽提物成分主要是多糖水解得到的水溶性和醇溶性抽提物。

#### 5.4.4.2 高温热处理材的尺寸稳定性

高温热处理会使木材尺寸稳定性的提高。研究者研究了高温热处理前后云杉、冷杉和白杨的径向和弦向尺寸稳定性，结果表明，高温热处理使各种树木的湿胀性能降低，如高温热处理可以使山毛榉的湿胀率从7.3%降低到5.7%，而使樟子松的湿胀率从4.7%降低到2.8%。

尺寸稳定性的提高程度与处理温度和处理时间有关。Yildiz 在130℃、150℃、180℃和200℃的条件下分别处理山毛榉2h、6h 和10h，结果表明，在相对湿度为65%的环境下所测量的 ASE 随着时间的增长和温度的升高逐渐增大，在200℃处理10h 的条件下 ASE 达到50%。

尺寸稳定性提高的程度与处理材的树种和纹理方向有关，一般而言弦向 ASE 要高于径向 ASE。研究者研究了高温热处理对山毛榉、樟子松、辐射松尺寸稳定性的不同影响，结果表明在同样的条件下，三种树种试材的径向 ASE 分别为10%、33%、35%，而弦向 ASE 则分别为13%、41%、40%，高温热处理材的各向异性仍然存在。

高温热处理技术提高木材尺寸稳定性主要是由于高温热处理过程中木材内部化学变化所致。研究者在研究中提出，在高温热处理过程中糖类分解出的化合物的吸水性要低于半纤维素。还有研究通过对热处理木材的水分吸着特性的研究，获得了有关木材细胞壁中无定形区变化的某些信息，从而探究了高温热处理技术提高木材尺寸稳定性的机理。结果表明，随着热处理温度的升高，水分吸着量减少，这是由于吸湿性半纤维素变化导致的；而且，从微分吸着热和微分吸着熵的变化可以得出结论，经过高温热处理，水分子和木材分子之间形成的氢键结合数量减少。这些研究证实了高温热处理提高木材尺寸稳定性的原因有以下几点：①高温热处理导致了木材细胞壁化学成分与结构的变化，木材细胞壁中羟基数目减少，从而吸着的水分减少；②由于纤维素结晶度提高导致水分子不容易接触羟基基团；③由于木质素缩聚反应而引起的交联反应也在一定程度上降低了木材的平衡含水率。

高温热改性提高木材的尺寸稳定性具有环保性能优良的突出优点：由于在处理中不需要使用有害的化学物质，因此在使用过程中并不会对环境产生危害；同时，废旧的高温热处理木材可以直接使用燃烧的方法处理。此外，高温热处理技术还可以显著地提高木材的耐腐性，并使木材的材色变深，具温暖感与贵重感。高温热处理技术对木材其他性能的影响将在下节做进一步介绍。

#### 5.4.4.3 高温热处理材的其他性能

(1) 质量与密度

经过高温热处理的木材，其质量会减轻，这是木材高温热处理的一个重要特征，也是判断木材高温热处理程度的一个重要标准。高温热处理木材的质量损失率的大小取决于树种、传热介质、处理温度、处理时间等因素。一般认为，针叶材的质量损失率要低于阔叶材。在惰性气体保护下、在无氧环境下或者真空状态下，质量损失率低；而在空气环境下，质量损失率高。在开放的、干燥的环境下，质量损失率低；在封闭

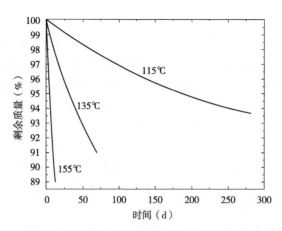

**图 5-27　不同处理温度与处理时间对高温热处理材质量损失的影响**

的、潮湿的环境下，质量损失率低。而随着高温热处理温度的升高以及处理时间的延长，木材的质量损失率显著增大(图 5-27)。

高温热处理会降低木材密度。研究表明，在 130℃ 的条件下处理 2h，木材的密度会有微小的上升，山毛榉上升 2.25% 而云杉上升 1.73%；但是当温度升高到 200℃ 而处理时间延长到 10h 时，木材密度有显著的下降，山毛榉和云杉密度依次下降 18.37% 和 10.53%。木材密度降低的主要原因是半纤维素降解以及挥发性有机物的挥发。

(2) 平衡含水率与吸湿性

高温热处理会使木材的平衡含水率下降。与质量损失率相类似，平衡含水率的下降程度也与树种、处理时间、处理温度与处理的方式有关。但有所不同的是，平衡含水率的下降并不会随着高温热处理的过程持续进行，而是下降到最小值就不会继续下降。有研究表明，木材的平衡含水率在质量损失率为 4% 时开始下降，到质量损失率为 6% 时停止下降，达到最小值，之后木材的平衡含水率保持不变。

对吸湿-解吸行为的研究一般是在一定的相对湿度范围内进行的。如图 5-28 所示，处理材与未处理材解吸曲线的形状变化不明显。只有在图上标记大量的吸湿解吸点后才能看清两者之间的差别。与未处理材相比，处理材的解吸曲线更趋向于线性。此外，处理材的吸湿滞后现象较未处理材小。

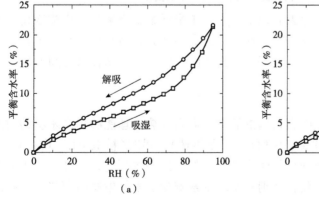
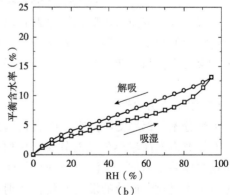

**图 5-28　未处理材(a)与高温热处理材(b)的吸湿解吸曲线**

(3)力学性能

对力学性能的影响是高温热处理对木材的一个主要的负面影响,也因此,高温热处理木材不太适合做结构用材。高温热处理对木材的抗弯性能影响比较大。研究者研究了日本柳杉经过高温热处理后抗弯强度(MOR)的变化,结果表明,将试材分别在220℃、200℃、180℃条件下处理 8h,柳杉的 MOR 依次降低 80%、45%、20%;而弹性模量(MOE)在180℃和200℃的条件下呈现先上升后下降的趋势。对高温热处理海岸松的研究结果表明质量损失率在小于4%的情况下,木材的 MOE 有微小的上升,而当质量损失率大于4%时,MOE 下降。此外,高温热处理还会显著降低木材的抗冲击韧性。但是高温热处理对木材的抗压强度和表面硬度影响较小,甚至在一定条件下,木材的顺纹抗压强度和表面硬度会有一定的上升。

经过高温热处理的木材力学性能下降的最主要原因是半纤维素的降解,而无定形区纤维素的结晶化也是木材力学性能变化的原因之一。此外,木质素聚合交联反应可能有利于木材顺纹方向力学性能的提高。

(4)材色

经过高温热处理的木材材色会变深(图5-29),测量木材材色常用的方法是 CIELAB 法,该方法使用测色色差计测量明度 $L^*$(以全白物体为100,全黑物体为0)、红绿轴色品指数 $a^*$、黄蓝轴色品指数 $b^*$,并根据以上3个值计算总体综合色差 $\Delta E^*$。研究者研究了南方松、樟子松、水曲柳和柞木四种木材在180℃和220℃的条件下进行高温热处理材色的变化,结果表明,随着处理温度升高,木材的 $L^*$ 明显降低,色差变大;$a^*$ 均是先增大后减小,但针叶材变化幅度大于阔叶材;$b^*$ 均呈下降趋势,针叶材降幅小于阔叶材。

图 5-29　高温热处理前后木材材色的变化

高温热处理致使材色变化的原因有以下几点:①半纤维素降解与抽提物变化产生使材色加深的物质;②醌类等氧化产物影响材色;③在热处理过程中,半纤维素的组分可能会发生食品工业中常见的美拉德反应(氨基化合物和羰基化合物之间发生的反应),使材色变深。

(5)耐生物劣化性

大部分木材都易受潮湿空气中腐朽菌的影响,而高温热处理能够提高木材的耐腐性。有研究表明高温热处理对软腐、白腐(彩绒革盖菌)、褐腐(粉孢革菌)均有效果,其中抗褐腐效果最佳。高温热处理材的防腐性能较好的原因主要有以下几点:①热处理过程中木材化学成分的发生变化,特别是半纤维素减少了木材中腐朽菌赖以生存的营养物质;②热处理提高了木材的疏水性,降低了木材的平衡含水率,且在热处理过程中生成的酸性物质改变了木材内部的酸碱条件，从而破坏了腐朽菌所需的生活环境；③高温热处理后的木材抽提物中有毒性的酚类和萜烯类物质，也可能起到了一定的耐腐效果。

但是，高温热处理材的防霉效果以及抗白蚁效果不佳，甚至会更易被白蚁侵蚀。研究者将几种木材样品在 150℃ 下用水蒸气或烘箱加热处理，处理时间不一。实验结束后用家白蚁或黄胸散白蚁侵蚀处理材，结果发现，水蒸气处理材的侵蚀速度很快，而干热处理对侵蚀速度几乎无影响。

#### 5.4.4.4 高温热处理技术工艺简介

高温热处理技术是纯使用物理手段的木材改性技术，在热的作用下造成木材中的化学成分变化，从而使木材平衡含水率降低、尺寸稳定性提高、并具备一定的防腐效果，具有化学改性木材不可比拟的环保优势，符合国际上环境与发展的主题，因此被广泛研究并研发了一系列工业化生产工艺。现在，主要有五种高温热处理技术应用于生产，芬兰的 Thermowood，荷兰的 Plato Wood，德国的 OHT-油热处理技术，以及法国的 Bois Perdure 工艺和 Rectification 工艺。在其他国家也有一些新兴的技术，如丹麦的 WTT 与奥地利的 Huber Holz。几种不同的工艺处理温度都在 160~260℃ 之间，其主要区别在于具体的工艺条件，如保护气体种类、是否使用油、使用的是湿材还是干材等。

Thermowood 工艺是欧洲最成功的高温热处理技术，由 Viitaniemmi 等人开发并申请专利。Thermowood 工艺使用的热处理介质是水蒸气，要求水蒸气中的氧气含量低于 5%，不需加压，空气流动速度要大于 10m/s。Thermowood 工艺可以分为 3 个主要阶段（图 5-30）：①增温和窑干：用热蒸汽使窑温迅速达到 100℃，进入高温干燥期后稳步增温到 130℃，使木材含水率降低到 0 左右；②强热处理：窑内温度保持在 185~230℃ 之间 2~3h；③冷却和含水率调整：

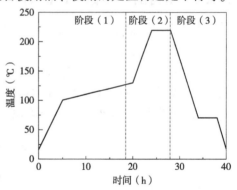

图 5-30 Thermowood 工艺流程

使用喷水系统降温，使温度达到 80~90℃。Thermowood 工艺使用的原料可以是生材或窑干材。

荷兰木材热处理工艺为 PLATO 工艺，使用的原料为生材，可以分为四个阶段：①在蒸汽和加压(0.6~0.8 MPa)的环境下，使原料在 150~180℃ 的条件下处理 4~5h；②使用常规方法将木材干燥到平衡含水率 8%~10% 左右，这个阶段持续 5d 到 3 周；③在干燥的条件下，将处理材在 150~190℃ 的条件下处理 12~16h，该阶段结束后，含水率为 1% 左右；④使用干燥窑调整处理材含水率至 4%~6%，这个阶段持续 3d 左右。具体的处理时间与树种、处理材厚度与形状、最终用途有关。此工艺的热传递介质可以是热蒸汽或者热空气。

法国有两种木材热处理工艺，Bois Perdure 工艺和 Rectification 工艺。Bois Perdure 工艺使用生材作原料，分两步进行，首先将生材在窑内进行轻微的干燥，然后将处理材置于热蒸汽环境，在 200~230℃ 的蒸汽条件下进行热处理。蒸汽主要来自木材中的水分。Rectification 工艺则使用氮气作为保护气体，要求氧气含量低于 2%，在这样的条件下，含水率在 12% 左右的木材被缓慢的加热到 180~250℃ 的温度下进行热处理。

德国的工艺则与以上几种工艺有着很大的不同，它并不是使用气体，而是使用热油作为热传导介质。OHT 工艺使用的原料为生材，首先将热油导入放有原料的密封罐中并使其保持循环流动。随后将温度升高到 180~220℃ 之间进行 2~4h 的热处理，整个升温、保温和降温的过程一共持续 18h 左右。热油有着很好的传热效果和隔绝氧气的能力，能够起到很好的保护作用。经过高温热处理，木材吸收了大量的热油从而使质量上升 50%~70%，因此处理材的抗弯力学性能有所上升，其耐腐性能也优于其他热处理工艺处理材。但是，过高的吸油量会极大的提高处理的成本。此外，加热介质通常为菜籽油、葵花籽油、亚麻籽油等，这导致处理后木材的气味难闻。亚麻籽油等在长期的高温作用下还会发生一定的固化作用，如何长期保存并处理多余的热油也是一个挑战。

## 5.5 木材的尺寸稳定性评价

### 5.5.1 木材的尺寸稳定评价指标

本节介绍了常用的木材尺寸稳定性以及尺寸稳定化处理方法的评价指标，其中干缩/湿胀率与抗胀（缩）率是最主要的表征木材的形变以及木材尺寸稳定化效果的指标，吸水率与拒水率、吸湿率与阻湿率用于表征木材的吸水吸湿性能以辅助解释木材尺寸稳定性的提高，增重率与增容率可以从一定程度上反映木材尺寸稳定化处理的程度。

(1) 线性干缩/湿胀率（$S_L$）与体积干缩/湿胀率（$S_V$）

$$S_L = \frac{L_W - L_D}{L_D} \times 100\% \tag{5-1}$$

$$S_V = \frac{V_W - V_D}{V_D} \times 100\% \tag{5-2}$$

式中 $L_W$——经过吸湿或吸水后的木材的径向或弦向尺寸；
$L_D$——绝干木材的径向或弦向尺寸；
$V_W$——经过吸湿或吸水后的木材的体积；
$V_D$——绝干的木材的体积。

(2) 线性抗胀（缩）率（$ASE_L$）与体积抗胀（缩）率（$ASE_V$）

$$ASE_L = \frac{S_{LT} - S_{LC}}{S_{LC}} \times 100\% \tag{5-3}$$

$$ASE_V = \frac{S_{VT} - S_{VC}}{S_{VC}} \times 100\% \tag{5-4}$$

式中 $S_{LT}$——经过尺寸稳定化处理的木材的线性湿胀/干缩率；
$S_{LC}$——未经处理的木材的线性湿胀/干缩率；
$S_{VT}$——经过尺寸稳定化处理的木材的体积湿胀/干缩率；

$S_{VC}$——未经处理的木材的体积湿胀/干缩率。

(3) 吸水率(WA)与拒水率(RWA)

$$WA = \frac{m_W - m_D}{m_D} \times 100\%$$

$$RWA = \frac{WA_C - WA_T}{WA_C} \times 100\%$$

式中 $m_W$——吸水后的木材的质量；
   $m_D$——全干木材的质量；
   $WA_C$——未经处理的木材的吸水率；
   $WA_T$——经过尺寸稳定化处理的木材的吸水率。

(4) 吸湿率(MA)与阻湿率(MEE)

$$MA = \frac{m_M - m_D}{m_D} \times 100\%$$

$$MEE = \frac{MA_C - MA_T}{MA_C} \times 100\%$$

式中 $m_M$——吸水后的木材的质量；
   $m_D$——全干木材的质量；
   $MA_C$——未经处理的木材的吸水率；
   $MA_T$——经过尺寸稳定化处理的木材的吸水率。

(5) 增重率(WPG)与增容率(VPG)

$$WPG = \frac{W_T - W_C}{W_C} \times 100\%$$

$$VPG = \frac{V_T - V_C}{V_C} \times 100\%$$

式中 $W_C$——经过尺寸稳定化处理前的木材质量；
   $W_T$——经过尺寸稳定化处理后的木材质量；
   $V_C$——经过尺寸稳定化处理前的木材质量；
   $V_T$——经过尺寸稳定化处理后的木材质量。

## 5.5.2 木材的尺寸稳定评价方法

(1) 干缩尺寸稳定性

木材的干缩尺寸稳定性的测试可以参照 GB/T 1932—2009《木材干缩性测试方法》进行测量，具体测试方法简介如下：

测试试样尺寸为 20mm×20mm×20mm，处理组与未处理组所采用的试样重复数均不应少于6。

测试前，试样的含水率应高于纤维饱和点，否则将试样浸泡于温度(20±2)℃的蒸馏水中，至尺寸稳定后再进行测定，测定全部试样的弦向、径向和顺纹方向尺寸。

将尺寸稳定的试样置于温度(20±2)℃，相对湿度(65±3)%的气干条件下，或先置于60℃的烘箱中6h随后在(103±2)℃的烘箱中进行全干处理。在干燥过程中,处理组与未处理组分别用2~3个试样每隔6h测试一次弦向尺寸,至连续两次测试结果的差值不超过0.02mm,即可认为干燥完成。然后分别测出各试样的弦向、径向和顺纹方向尺寸。

参照式(5-1)与式(5-2)计算试样的线性干缩率与体积干缩率,并对比经过尺寸稳定化处理的试样与未处理试样的线性干缩率与体积干缩率,参照式(5-3)与式(5-4)计算试样的线性抗缩率与体积抗缩率。

(2)吸湿湿胀尺寸稳定性

木材的吸湿湿胀尺寸稳定性的测试可以参照GB/T 1934.2—2009《木材湿胀性测试方法》进行测量,具体测试方法简介如下:

测试试样尺寸为20mm×20mm×20mm,处理组与未处理组所采用的试样重复数均不应少于6。

测试前,试样应先置于60℃的烘箱中6h随后在(103±2)℃的烘箱中进行全干处理,试样烘至全干后,测定全部试样的质量以及弦向、径向和顺纹方向尺寸。

将尺寸稳定的试样置于温度(20±2)℃,相对湿度(65±3)%的条件下吸湿至尺寸稳定。在吸湿过程中,处理组与未处理组分别用2~3个试样每隔6h测试一次弦向尺寸,至连续两次测试结果的差值不超过0.02mm,即可认为尺寸达到稳定。然后分别测出各试样的弦向、径向和顺纹方向尺寸。

参照式(5-1)与式(5-2)计算试样的线性湿胀率与体积湿胀率,并对比经过尺寸稳定化处理的试样与未处理试样的线性湿胀率与体积湿胀率,参照式(5-3)与式(5-4)计算试样的线性抗胀率与体积抗胀率。

(3)吸水湿胀尺寸稳定性

木材的吸水湿胀尺寸稳定性的测试也可以参照GB/T 1934.2—2009《木材湿胀性测试方法》进行测量,只需将"(2)吸湿湿胀尺寸稳定性"中"试样置于温度(20±2)℃,相对湿度(65±3)%的条件下"的吸湿过程改为"将试样浸入盛蒸馏水的容器中"的吸水过程即可。

但是如果测试试件的尺寸过小,会导致测量所得的抗胀系数误差大,从而影响测试的准确性。同时,由于弦向干缩湿胀最为严重,因此建议使用拥有较大弦向尺寸的试件进行测量,如可参照ASTM D4446-08《暴露在液态水环境下未处理木材的膨胀差和防水配方的抗膨胀效率的试验方法》。该标准测试使用尺寸为254mm(弦向)×38mm(径向)×6mm(轴向)的试件,测试前将处理材与未处理材在温度(23±2)℃,相对湿度(50±5)%的条件下进行调湿,随后将试件放入如图5-31所示的膨胀测试仪(Swellometer)中,在室温为(24±3)℃的条件下测试木材在30min内的弦向尺寸膨胀,并参照式(5-3)计算试样的弦向抗膨胀率。也可

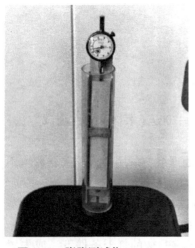

图5-31　膨胀测试仪(Swellometer)

参照 GB/T 29901—2013《木材防水剂的防水效率测试方法》进行测量，该标准 50mm（弦向）×25mm（径向）×6mm（轴向）的试件，测试前将处理材与未处理材在温度（20±2）℃，相对湿度（65±5）%的条件下进行调湿，并测试弦向尺寸。随后将调湿至衡重的试样浸入（20±2）℃的蒸馏水中浸泡 30min，然后取出，擦拭试样表面的水渍后，立即测量试样的弦向尺寸，并参照式(5-3)计算试样的弦向抗膨胀率。

此外，由于木材在自然环境中使用会面临更为复杂的温度以及湿度/水分变化，因此，有必要对木材做一定次数的干燥-浸泡循环测试，以更全面的考察尺寸稳定化效果。表 5-5 列出了几种使用不同防水剂尺寸稳定化处理的木材，经一定次数的干燥-浸泡循环测试后，达到最大膨胀一半的尺寸所需要的时间。随着循环测试次数的增加，处理材的尺寸稳定性有所下降。这一现象许多处理中均有所出现，可能是由于部分水溶性有效成分流失（如 PEG 处理材），或部分附着在木材内表面上的疏水分子链在水的作用下发生滑移（如石蜡处理），或处理剂与木材间形成的化学键水解（如前文所提到的 Si—O—C 键）导致的。

表 5-5　干燥-浸泡循环测试对木材尺寸稳定性的影响

| 处理方法 | 经过一定次循环次数后，木材达到最大膨胀一半的尺寸所需要的时间(min) | | | |
| --- | --- | --- | --- | --- |
| | 0 次 | 5 次 | 20 次 | 40 次 |
| 醇酸树脂 | 7.0 | 3.9 | 2.0 | 1.6 |
| 烃类树脂 | 12.5 | 6.2 | 3.5 | 1.8 |
| 醇酸树脂+石蜡 | 22.4 | 13.4 | 5.7 | 3.7 |
| 烃类树脂+石蜡 | 37.1 | 28.8 | 13.3 | 6.9 |

## 本 章 小 结

木材作为一种重要的建筑和工业原材料，具有很多优良的性能，但同时也存在一些缺陷，如木材的各向异性使干缩湿胀过程中木材各向尺寸变化不一，导致其翘曲、变形甚至开裂。本章从导致木材尺寸不稳定的原因出发，阐述了提高木材尺寸稳定性的原理，并分表面涂饰/修饰处理、浸渍改性、化学改性和高温热改性四类方法对木材的尺寸稳定性进行了介绍。此外，还对木材的尺寸稳定评价指标与方法进行了简单总结。

## 思 考 题

1. 简述导致木材尺寸不稳定的原因。
2. 木材尺寸稳定化处理和防水处理有何异同？
3. 简述木材尺寸稳定化的原理。
4. 简述聚乙二醇处理的方法以及处理材的性能变化。
5. 常用的树脂浸渍处理法包括哪种？
6. 简述烷氧基硅烷与烷基硅氧烷提高木材尺寸稳定性的原理。
7. 简述影响乙酰化处理材性能的因素。
8. 简述高温热处理对木材化学成分与物理力学性能的影响。

9. 常用的高温热处理技术有哪些？
10. 简述常用的尺寸稳定评价方法。

## 推荐阅读书目

1. 木材保护学. 李坚. 哈尔滨：东北林业大学出版社，2013.
2. 木材功能性改良. 方桂珍. 北京：化学工业出版社，2008.
3. 功能性木材. 李坚，吴玉章，马岩，等. 北京：科学出版社，2011.

## 参 考 文 献

1. 曹金珍，赵广杰，鹿振友. 1997. 热处理木材的水分吸着热力学特性[J]. 北京林业大学学报，19(4)：26-33.
2. 方桂珍. 2008. 木材功能性改良[M]. 北京：化学工业出版社.
3. 李惠明，陈人望，严婷，等. 2009b. 热处理改性木材的性能分析Ⅰ. 热处理材的化学组成与耐腐防霉性能[J]. 木材工业，23(3)：46-48.
4. 李坚. 2006. 木材保护学[M]. 北京：科学出版社.
5. 李延军，唐荣强，鲍滨福，等. 2010. 高温热处理杉木力学性能与尺寸稳定性研究[J]. 北京林业大学学报，32(4)：232-236.
6. Beckers E P J, Militz H, Stevens M. 1995. Acetylated solid wood laboratory durability test(Part II) and field trials. International Research Group on Wood Preservative, Helsingoer(Denmark), 11-16 Jun 1995 [J]. Doc. No. IRG/WP, 95-40048.
7. Bekhta P, and Niemz P. 2003. Effect of high temperature on the change in color, dimensional Stability and mechanical properties of spruce wood[J]. Holzforschung, 57：539-546.
8. Deka M, Saikia C N. 2000. Chemical modification of wood with thermosetting resin：effect on dimensional stability and strength property[J]. Bioresource Technology, 73(2)：179-181.
9. Dirol D, Guyonnet R. 1993. Durability by rectification process [C]. In：International Research Group Wood Pre, Section 4-Processes, N° IRG/WP 93-40015.
10. Ellis W D, Rowell R M. 1984. Reaction of isocyanates with southern pine wood to improve dimensional stability and decay resistance[J]. Wood and Fiber Science, 16(3)：349-356.
11. Esteves B, Velez Marques A, Domingos I, et al. 2007. Influence of steam heating on the properties of pine(*Pinus pinaster*) and eucalypt(*Eucalyptus globulus*) wood [J]. Wood Sci. Technol, 41：193-207.
12. Gerardin P, Maurin E, Loubinoux B. 1995. Reaction of wood with isocyanates generated in situ from acyl azides[J]. Holzforschung, 49(4)：379-381.
13. Hill C A S. 2007. Wood modification：chemical, thermal and other processes[M]. John Wiley & Sons.
14. Hill C A S, Papadopoulos A N, Payne D. 2004. Chemical modification employed as a means of probing the cell-wall micropore of pine sapwood[J]. Wood Science and Technology, 37(6)：475-488.
15. Hoadley R B. 2000. Understanding wood：a craftsman's guide to wood technology[M]. Taunton press.
16. Inoue M, Norimoto M, Tanahashi M, et al. 1993. Steam or heat fixation of compressed wood [J]. Wood Fiber Sci, 25(3)：224-235.
17. Kocaefe D, Poncsak S, Boluk Y. 2008a. Effect of thermal treatment on the chemical composition and mechanical properties of birch and aspen [J]. Bioresources, 3(2)：517-537.
18. Kocaefe D, Poncsak S, Dore G, et al. 2008b. Effect of heat treatment on the wettability of white ash

and soft maple by water[J]. European Journal of Wood and Wood Products, 66(5): 355-361.

19. Kumar S, Dev I, Singh S P. 1991. Hygroscopicity and dimensional stability of wood acetylated with thioacetic acid and acetylchloride[J]. Journal of the Timber Development Association of India, 37(1): 25-32.

20. Li J Z, Furuno T, Katoh S, et al. 2000. Chemical modification of wood by anhydrides without solvents or catalysts[J]. Journal of wood science, 46(3): 215-221.

21. Mai C, Militz H. 2004. Modification of wood with silicon compounds. Inorganic silicon compounds and sol-gel systems: a review[J]. Wood Science and Technology, 37(5): 339-348.

22. Mai C, Militz H. 2004. Modification of wood with silicon compounds. Treatment systems based on organic silicon compounds—a review[J]. Wood Science and Technology, 37(6): 453-461.

23. Militz H. 1993. Treatment of timber with water soluble dimethylol resins to improve their dimensional stability and durability[J]. Wood Science and Technology, 27(5): 347-355.

24. Ohmae K, Minato K, Norimoto M. 2002. The analysis of dimensional changes due to chemical treatments and water soaking for hinoki(Chamaecyparis obtusa)wood[J]. Holzforschung, 56(1): 98-102.

25. Owens C W, Shortle W C, Shigo A L. 1980. Preliminary evaluation of silicon tetrachloride as a wood preservative[J]. Holzforschung, 34(6): 223-225.

26. Rowell R M, Banks W B. 1985. Water repellency and dimensional stability of wood[J].

27. Schultz T P, Nicholas D D, Shi J. 2007. Water Repellency And Dimensional Stability of Wood Treated With Waterborne Resin Acids/TOR [C]. International Research Group on Wood Preservation, IRG/WP-07-40364.

28. Shukla S R, and Kamdem D Pascal. 2010. Swelling of polyvinyl alcohol, melamine and urethane treated southern pine wood [J]. European Journal of Wood and Wood Products, 68(2): 161-165.

29. Tjeerdsma B, Boonstra M, Pizzi A, et al. 1998a. Characterisation of thermaly modified wood: Molecular reasons for wood performance improvement [C]. Holz Roh-Werkst, 56: 149-153.

30. Welzbacher C, and Rapp O. 2002. Comparison of thermally modified wood originating from four industrial scale processes-durability [C]. International Research Group Wood Pre, Section 4-Processes, N° IRG/WP 02-40229.

31. Xie Y, Liu Y, Sun Y. 2002. Heat-treated wood and its development in Europe[J]. Journal of Forestry Research, 13(3): 224-230.

32. Yildiz S, Gezer D, and Yildiz U. 2006. Mechanical and chemical behavior of spruce wood modified by heat [J]. Building Environ, 41: 1762-1766.

# 第 6 章

# 木材软化处理

**【本章提要】** 木材软化处理是指通过物理或化学的方法使木材获得暂时的塑性，以便进行木材塑性加工，并在变形状态下干燥，恢复木材原有的刚性和强度。木材软化处理是木材高效合理利用方法之一，与木材改性和加工利用的许多方面都有密切的联系。尤其是在木材密化、制浆、弯曲、模压、薄木贴面处理的加工过程中，均需要木材软化方面的理论和技术。因此，木材软化的研究对于木材的改性和加工利用具有极其重要的意义。

## 6.1 概述

木材可以通过机械加工、旋切或刨切等制备各种不同功能的锯材，还可以通过软化后弯曲成型和压缩等加工工艺改变其形状和性能。软化处理是木制品生产和加工工艺中一种常见的预处理手段。

本章将从木材的主要成分和构造出发介绍木材软化的机理、常用方法，及一些木材软化处理方面的应用实例。

### 6.1.1 木材的塑性

塑性是指在外力作用下，材料能稳定地发生永久变形而不破坏其完整性的能力。对于普通的塑性材料来说，在外力去除后，形状并不发生改变，且这个变形一般不随温度、湿度等外部条件的影响而改变，所以被称为永久变形。木材有别于普通的塑性材料，它是一种黏弹性材料。当所受到的应力低于比例极限(弹性极限)时，应力-应变呈线性关系，表现为弹性行为；而应力超过弹性极限后，发生的变形包括弹性变形和塑性变形两部分，塑性变形不可逆。

因此，木材的塑性具有以下特点：

①木材的塑性是相对的 塑性只是木材的一个方面，木材同时还具有弹性。另外，与普通塑性材料相比，木材的塑性是有限的；

②木材的塑性是有条件的 当木材在外力去除后其变形由于氢键结合作用被暂时固定，保持这种暂时塑性的前提条件是外界条件保持稳定。一旦外界条件发生变化，如温度升高、含水率增大时，木材内部活性化学基团的活动程度和连接方式都将发生改变，这时原先固定住的能量随结构的松动而被释放，在宏观上就表现为木材的变形

逐渐消失；

③木材的塑性在一般情况下是非永久性的　只有采用化学处理、水热处理、水蒸气处理等方式消除木材的内部应力或者使分子基团间产生交联、高凝聚态结合等，才有可能使木材的变形达到永久固定的目的。

木材作为承重构件使用时，必须要避免塑性变形的产生，因此设计应力或载荷应控制在弹性极限或蠕变极限范围之内。但在弯曲木、压缩木、人造板成型加工时，又希望利用木材的塑性，使其变形容易发生。

## 6.1.2　木材塑性的影响因素

影响木材塑性的因素较多，其中包括木材的多孔性、含水率和温度等。下面简单介绍这几个因素对木材塑性的影响。

①木材孔隙的影响　木材孔隙的尺寸及空隙度对木材塑性具有较大的影响。孔隙尺寸大、空隙度高的木材一般塑性变形较大。如栎木、蜡木、榆木等树种的木材塑性较大，这主要就是因为变形时强度较高的木纤维对邻近的导管施加压力，使导管壁向腔内溃陷，木纤维填充进空隙中，从而产生塑性变形。

②木材含水率的影响　木材的塑性会随着含水率的增加而增大，但在0℃以下时，木材细胞腔内的水分产生冰冻，从而使其塑性下降。

③温度的影响　木材的塑性会随着温度的升高而增大，这种性质称为木材的热塑性。

## 6.1.3　木材的软化机理

由于木材塑性较差，因此在木材弯曲等塑性加工之前必须进行软化处理。软化处理是增加木材塑性的处理方法。不同树种的允许拉伸形变和压缩形变不相同，因而它们的弯曲性能差异很大。通常用方材厚度 $h$ 和能弯曲的最小曲率半径 $r$ 的比值 $h/r$ 来衡量木材的弯曲性能，即同样厚度的木材，其能弯曲的曲率半径越小（$h/r$ 值越大），则说明该材的弯曲性能越好。以实木弯曲为例，如果木材不经过预先软化处理，那么即使是塑性相对较好的材料，例如榆木、水曲柳等，其弯曲性能的指标 $h/r$ 也只能达到 1/100，但是经过软化处理后，其 $h/r$ 值可以达到 1/2，提高了 50 倍，因此软化处理是塑性加工中非常重要的环节。为了更有效地进行木材软化处理，必须了解木材的软化机理。下面将从高分子聚合物（高聚物）的自由体积理论出发分析木材的软化机理。

高聚物的物理状态包括玻璃态、高弹态和黏流态三种（图 6-1）。玻璃化转变是聚合物玻璃态和高弹态之间的转变，它是非晶态高分子材料固有的性质，是高分子运动形式转变的宏观体现。发生玻璃化转变时的温度称为玻璃化转变温度（$T_g$）。根据自由体积理论，无论是液体还是固体，其体积都是由自身已占用的体积和未占用的体积两部分组成，后者被称作自由体积。当高聚物冷却时，由于热胀冷缩，高聚物中的自由体积逐渐减少，到某一温度时，自由体积将达到最低值，高聚物进入玻璃态。在玻璃态下，分子的链段、自由体积都处于被冻结状态，分子的构象也随之停止调整。即当温度低于玻璃化转变温度时，分子只能进行正常的膨胀，即振幅增大和键长发生变化；

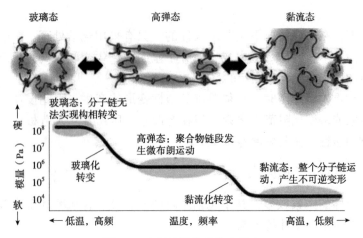

**图 6-1 高聚物的物理状态转变**

当温度高于玻璃化转变温度时，高聚物的分子链段获得足够的能量，其热运动加剧，自由体积也随之解冻，可以给分子链段运动提供必需的自由体积空间，使高聚物进入高弹态。如果继续升高温度，能量进一步增多，自由体积空间也同时增大，高聚物大分子的运动加剧，整个分子链产生运动，进入黏流态。

木材的主要化学成分为纤维素、半纤维素和木质素。它们都属于高分子，因此研究木材也可借鉴和利用高分子的自由体积理论。但同时需要指出的是，木材是一种多孔性天然生物材料，具有各向异性，与高分子物理中所研究的单一高聚物存在很大差异。木材由各类细胞组成，存在大量的细胞腔，但是木材的细胞腔与自由体积不是同一概念，即自由体积并非指细胞腔的空间，而是指细胞壁里未被木材组分分子所占据的空间。那么，木材是否和普通高聚物一样也存在玻璃化转变温度呢？木材中纤维素约占所有组成成分的50%，纤维素大分子是由葡萄糖基以吡喃环的形式联结而成的分子链，按其分子链排列的规则程度又分为结晶区和非结晶区两部分。在纤维的结晶区中分子链的排列非常整齐，构成所谓的晶胞(图6-2)，分子链彼此之间靠氢键和范德华力相联结。由于纤维素分子的聚合度非常高，最高可达到20 000左右，因此氢键结合数量很多，要使其达到熔融态所需的温度非常高，大约在240~250℃左右，而木材如果达到这个温度时往往已经失去了利用价值。因此，可以说纤维素的结晶区不存在玻璃化转变。

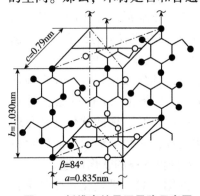

**图 6-2 纤维素结晶区晶胞示意图**

木材的其他两种主要成分——半纤维素和木质素都是非结晶物质，使木材具备了玻璃化转变温度存在的一定物质条件。半纤维素在高温下可以发生热解，切断木质素和纤维素之间的部分连接。但由于半纤维素开始大量热解的温度也比较高，这时木材的强度也会损失明显，因此也就有可能丧失了实际应用价值。研究证明木质素存在玻璃化转变温度，甚至出现了黏流态，但是由于纤维素结晶区的限制作用，仅靠提高温度使木材中非结晶物质(主要为半纤维素和木质素)体积膨胀以增大木材中自由体积的作用有限,即纤维素结晶区在一定程度上限制了木材的玻璃化转变。木材的热膨胀系数很小,因此提高木材的温度,开始时实质上等同于木材的干燥过程,如果持续加热使木材中的水分蒸发完毕,继续升温将最终使木材失去韧性,变得很脆,强度急剧下降。

由上可见,木材单纯依靠加热进行软化是不能满足工艺要求的,这与普通高聚物的玻璃化转变不同。木材软化需要在提高温度的同时,保证足够高的木材含水率。水是极性分子,当水进入细胞壁后,会和细胞壁无定形区中的羟基形成氢键结合,从而润胀木材细胞壁,加大了分子链间的距离,即增加了自由体积,为分子链段的剧烈运动提供了空间。当含水率达到纤维饱和点后,吸收的水主要在细胞腔里以自由水的形式存在,这时对木材细胞壁的体积不再发生作用,因此含水率在纤维饱和点以下时含水率对软化的影响更显著。与热膨胀相比,由水分吸着引起的吸湿膨胀要大得多。但是,如果分子的振动不够,即便提供足够多的自由体积,也无法实现木材的软化。因此,只有在提高木材含水率的同时,提高木材的温度以提供分子链段运动所需的能量,木材才可以得到有效的软化。图6-3显示了木材中的纤维素、半纤维素和木质素的软化温度随含水率的变化情况。纤维素的软化温度基本不随含水率的变化而变化,保持在较高的温度;半纤维素和木质素的软化温度随着含水率的变化下降明显。细胞壁中的结合水对木质素的软化温度的影响尤其显著,当含水率达到20%以上时,木质素的软化温度可从干燥状态的150℃下降至60℃左右。

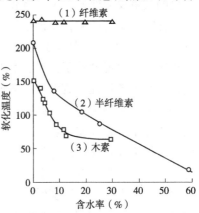

图6-3 木材主要成分的软化温度随含水率变化曲线

水在木材软化过程中起增塑剂的作用,即提供自由体积并影响官能团的极性。除了水之外,液氨、氨水、乙二胺等也可以作为木材的增塑剂使用,有些增塑剂甚至可以改变(或暂时改变)纤维素的结晶区状态,从而使木材玻璃化转变的宏观体现更为显著。由此可见,一般意义上来说,木材软化是利用增塑剂为分子运动提供自由体积的空间,利用热量使分子具有足够的能量,从而改变其构象,实现宏观上木材的性能改变。

## 6.2 木材软化处理方法

木材软化处理根据是否使用化学药剂分为物理软化法和化学软化法两类。

### 6.2.1 物理软化法

如前所述,热量和水分是促使木材,尤其是木材中的半纤维素和木质素发生玻璃化转变的有利条件,因此通过水煮、高频加热、微波加热等物理方法提供给木材足够的热量,并保持较高的含水率是有效的木材软化方法。

物理软化法处理木材的工艺简单、方便、不使用有毒的化学药剂，因此在实际生产中应用广泛。但是，其软化效果往往受树种限制，有时不能充分软化木材。

#### 6.2.1.1 水热软化法(蒸煮法)

水热软化法(蒸煮法)处理木材，主要是利用水对纤维素的非结晶区、半纤维素和木素进行润胀，为分子剧烈运动提供自由体积空间，并由外而内逐渐对木材进行传导加热，以便分子获得足够的能量，从而软化木材。水热软化法包括水煮和汽蒸两种。

水煮法是将木材放在可保持较高水温的煮木池中进行加热浸泡，通过水分的渗透作用提高木材含水率，同时提高温度软化木材。在一定范围内，处理温度越高，时间越长，木材的软化效果越好。然而，当超过此范围，温度过高或处理时间过长，木材软化的效果反而变差，不仅降低了生产效率、增加了生产成本，而且还会损害木材的力学性能。研究表明，白桦小径材水煮法软化的优化条件为介质最高温度80℃、保温时间2.5~3.0h；毛白杨小径材软化的优化条件为介质最高温度60℃、保温时间3.0h。水煮法中木材温度易于控制，软化木材较易且较均匀，但用水量较大，且由于木材中抽提物在水煮过程中流失，易造成大量水污染。

汽蒸法采用水蒸气为载体，为木材同时提供水分和热量，以达到软化木材的目的。汽蒸法适用于各种硬、重木材，对木材的结构基本无破坏作用。汽蒸法处理具有快速均匀、热量高且易控制等优点。在处理厚度较大的木材时，为了缩短处理时间，可采用压力蒸煮设备，提高蒸汽压力。若蒸汽压力过高，往往会出现木材表面温度过高，软化过度，而中心层温度低，软化不均等现象。反之，若处理温度过低，则软化不足。如对15~45mm厚的板材来说，用80~100℃汽蒸法处理时所需的软化时间约为20~80min。

水煮法、汽蒸法简单易行，在工厂中最为常见，其软化处理的参数(如处理时间、处理温度、蒸汽压力等)往往取决于树种、材料尺寸等因素。但是这类方法中，由于水分无法进入木材细胞壁的纤维素结晶区，且木材传热效率较低，因此较厚的试件需要很长的加热时间，软化效果不是十分理想。

#### 6.2.1.2 高频介质加热软化法

高频介质加热法是将木材置于高频振荡电路工作电容器的两块极板之间，加上高频电压(1~300MHz)，即在两极板之间产生交变电场，引起木材内部的极性分子基团和水分子呈偶极子快速反复取向运动状态，分子之间产生强烈内摩擦，从而使其从电磁场中吸收电能转换为热能，使木材加热软化。由于高频加热是对木材整体同时进行，因此加热速度快，软化周期短，加热均匀，不容易引起含水率梯度，由此显著减小其所引起的应力集中，降低了弯曲木材时的废品率，有利于提高产品质量。尤其对于较厚的木材，其优点越明显。例如，在木材含水率为30%~40%、功率为1.03W/cm³的高频加热条件下，达到柘树和枫杨的最佳软化质量，高频介质加热法比蒸煮法缩短软化时间约12倍，且设备投资少，操作简便。

1m³湿木材在电磁场中吸收的电功率$P(W/cm^3)$可表示为

$$P = 0.55E^2 f \varepsilon \tan\delta \times 10^{-12}$$

介质产生的热量 $Q[\mathrm{J}/(\mathrm{s}\cdot\mathrm{cm}^3)]$ 为

$$Q = 1.33E^2 f\varepsilon\tan\delta \times 10^{-13} \times 4.1868$$

式中　$E$——电场强度，$E=V/dJ$，$\mathrm{V}/\mathrm{cm}^3$；
　　　$f$——电流频率，Hz；
　　　$\varepsilon$——木材的介电系数；
　　　$d$——两极板间距离，cm；
　　　$\tan\delta$——木材损耗角正切。

介电系数与损耗角正切的乘积又称损耗因子 $k$，即 $k=\varepsilon\cdot\tan\delta$，不同介质的损耗因子不同。

影响高频介质加热的因素主要包括功率密度、介质损耗因子、高频电场的频率等。其影响具体如下：

(1) 功率密度

功率密度越大，即电场单位时间提供给木材的能量越多，升温速度越快。高频加热时，极板应与木材相接触配置，使高频电场均匀分布，防止造成木材局部过热。

(2) 介质损耗因子

一般来说，木材含水率越高，介质损耗因子越大，加热越快。由于木材加热过程中，会向周围空间蒸发水分，因此初含水率应比蒸煮法高。高频介质加热软化的最优含水率与树种有关，例如，拓树在含水率为30%时软化效果最优，而枫杨在含水率为40%时最优。一般来说，任何树种高频介质加热软化的含水率不得低于20%，否则软化效果将明显下降。除含水率外，木材的结构和密度也会通过影响介质损耗因子对木材高频介质加热速度产生影响。结构疏松、密度小的木材其介质损耗因子小，加热速度慢；相反，结构致密、密度大的木材介质损耗因子大，加热也越快。

(3) 高频电场的频率

高频发生器的工作频率对木材软化的速度和效果有很大影响。一般来说，频率越高，即电场变化越快，偶极子的反复取向运动就越剧烈，木材软化的时间也就越短。在高频电场中，木材实质(即细胞壁)和水分所吸收的功率与各自的介质损耗因子成正比。由于介质损耗因子随频率而变化，所以为了缩短软化时间，最佳工作频率应选择对木材实质具有最大介质损耗因子的频率或相近的频率。

20世纪30年代，高频介质加热技术开始应用于木材加工工业。1978年以来，美国、德国、波兰和日本等国，已先后将高频加热应用于木材软化和弯曲毛料的干燥定型，并设计制造了相应的生产设备，取得了较好的效果。近年来，该技术在我国木材胶合、板件封边和木材接长等工艺中逐步推广应用。但我国木材软化处理和弯曲毛料的干燥定型基本仍采用传统工艺，不但生产周期长，生产效率低，而且需要配备大量的弯曲夹模具。将高频加热技术应用于木材弯曲工艺，可大大缩短生产周期，据有关资料介绍，整个工效比传统方法提高了120~150倍，成本也大大下降，具有良好的经济效益。

#### 6.2.1.3　微波加热软化法

微波加热软化法是指在频率为300MHz~300GHz、波长约1~1000mm范围的电磁波辐射下加热软化木材的方法。通常采用的微波工作频率为(915±25)MHz 和(2450±50)MHz。将待软化的木材放置在波导管谐振腔的辐射场照射下，用微波来激发木材中的极性分子如水分子及有关的官能团(如羟基)等极化、振动而产生热量，从而达到内外同时加热的目的。该方法要求木材含水率不能太低，通常在饱水状态对木材进行处理，以提高软化效果。

与传统的水热软化法相比，微波加热软化法具有如下优点：

①升温速率快，软化时间缩短。例如，厚度 2cm 的板材，欲使其材芯温度达到 80℃，采用汽蒸软化法需 8h，而用微波加热软化法仅需 1min。该优点在处理尺寸规格较大的木材时更为明显。

②处理过程的温度易于控制，能确保木材在最优工艺条件下软化。

③在要求应变较大的场合，可将木材的成型和定型操作置于微波装置内进行。

④微波加热不易产生含水率梯度，从而大大减少含水率梯度引起的应力集中。

木材微波加热软化法的缺点是设备所需投资较高，耗电量较大，微波辐射对人体有损害，需在密闭空间内处理。另外，在处理过程中因表面水分散失会引起木材表面降温的现象，会影响软化性能，这可通过包裹聚氯乙烯薄膜的方法防止该现象的产生。

### 6.2.2 化学软化法

化学软化法是指采用化学药剂(液氨、氨水、氨气、联氨、尿素等)对木材进行软化处理的方法。下面将对这些采用不同化学药剂进行处理的方法逐一作简要介绍。

#### 6.2.2.1 氨软化法

采用液氨、氨水、氨气等氨类物质对木材进行软化处理的方法统称为氨软化法。氨与木材有很大的亲和力，它与木材细胞壁的三种主要成分都能发生作用。氨不仅能进入纤维素非结晶区，还能进入结晶区，破坏纤维素分子间的氢键，并和纤维素上的羟基发生反应，形成氨纤维结晶结构，因此木材的软化区域扩大，软化效果增强。氨还能使半纤维素分子在细胞壁上重新定向，另外，它也是一种很好的木质素塑化剂，在塑化过程中，木质素分子发生扭曲，与多糖之间的化学链接被松弛，但分子链不溶解或不完全分离，呈现软化状态，从而达到优良的软化效果。

(1) 液氨软化法

液态氨处理是将气干或绝干的木材放入 -78~-33℃ 的液态氨中(氨的沸点为 -33℃，冰点为 -78℃)，浸泡一定时间后取出，等温度升到室温时，木材即已软化。软化后的木材可以进行弯曲、压花、压缩等后续加工，然后在保持外界压力的条件下干燥木材，将木材中所含的氨全部蒸发后即可固定成型。

与普通水热软化法相比，液氨软化法具有以下优点：几乎所有树种的木材经处理均能得到充分软化；成型时所需辅加外力小，时间短(几十分钟至几个小时)，成品破损率低；定型后制品回弹性小。但是，由于氨的刺激性气味较强，因此进行液氨软化处理木材时，操作必须在封闭的加压设备中完成，另外，液氨处理木材时还必须配有冷却装置，对设备的要求较高。此外，在液氨处理中，因为细胞壁极度软化，在氨挥发时易产生细胞的溃陷。溃陷所引起的处理材收缩可从原尺寸的百分之几至高达百分之三十左右。为了防止这种收缩，可考虑在液态氨中添加不挥发性的润胀剂，如聚乙二醇(PEG)。

(2) 氨水软化法

氨水处理是将含水率为80%~90%的木材浸泡在浓度为25%的氨水溶液中，在常温常压下进行软化。氨水的作用机理与液氨相近，但氨水与木材主成分之间的作用与液氨相比相对较弱。氨水软化处理时间取决于木材的树种和规格，有的需长达十几天。软化处理后的木材可以进行弯曲和压缩等后续处理，如软化后在常温下加压，再加热干燥至木材含水率为3%~5%，可制成密度为1.0~1.3g/cm³的压缩木，这种压缩木称为氨塑化压缩木。通常阔叶材中散孔材的压缩效果最好。这种方法操作简便，处理效果较好，但是处理时间长，可以用加温加压的方法缩短处理时间。如果希望进一步提高软化效果，可以将传统的传导加热方式改为微波加热方式，提高加热效率，减少含水率梯度，同时可避免木材干燥定型后吸湿回弹大的缺陷。

(3) 氨气软化法

氨气软化法是将木材放置于处理罐中，导入饱和氨气(26℃时约0.1MPa，5℃时约0.05MPa)或氨气和空气的混合气体，处理时间一般为2~4h。具体时间根据木材厚度决定，弯曲性能指标$h/r$约为1/4。对于木材来说，氨气在气干材中的扩散和渗透速度优于绝干材。因此，使用氨气软化法处理木材时，木材的含水率宜控制在10%~20%。这种处理技术较为简单，氨的消耗量少，在使用中软化材不易挠曲变形，比较适用于曲木家具的制造。但是用该法软化处理成型的弯曲木，其定型性能不如液氨软化法处理材。

以上三种氨软化法处理木材时，其软化效果主要受时间、温度和压力等因素的影响。

①时间　氨软化过程是溶剂和聚合物间的反应，既包含氢键作用，也包含酸碱反应。氨分子一旦接近羟基，反应马上发生，木材的大分子结构重新排列，以提供容纳溶剂的体积。因此，软化木材所需的时间不单取决于反应所需的时间，而更重要的是由氨在木材中的扩散速率，即处理材的渗透性及其内部有效的液体通道结构而决定。厚度为1.6mm的木片，15~30min内可完全软化。尺寸为3.2mm×10mm×1 100mm的木材试样，需4~5h才能完全软化。为了用最短的时间达到软化目的，还应该避免过大程度的大分子重新排列、细胞壁的溃陷以及纤维素的乙酰化作用等。

②温度　温度对软化的影响存在两个相反的作用。一方面，降低温度可以加快氨的扩散，因此有利于纤维的膨胀和软化；另一方面，降低温度会严重抑制分子的运动，增加刚性。例如，氨处理的木材在-50℃情况下是非常坚硬的，只有当温度升高后其塑性才能展现出来，但当温度升高后，氨将释放出来，纤维素分子间的氢键重新形成，从而增强木材的刚性结构。考虑到这两个方面的作用，一般选择室温和液氨沸点(-33℃)之间的温度作为软化温度。

③压力　压力最主要的作用是提高氨在木材中的渗透速率。在处理厚度较大的木材时，先对木材进行抽真空处理，再用氨气替代细胞腔中的空气，然后在氨本身的蒸汽压下进行浸注可以获得较好的软化效果。

氨软化法处理后的木材性质会有所变化，主要表现在：

①木材径向干缩率变大，接近弦向干缩率，所以处理材的差异干缩降低，不易开裂；

②木材润湿性变小，水分渗透性增加，这主要是由于纤维素与半纤维素结合松散，水分更容易进入；

③木材中结晶区面积增大，密度增大；

④木材强度不太均匀，有的部位因结晶区增多而强度增强，而有的部位则因纤维素间结合力降低而强度下降。整体来讲，木材强度有所下降。

#### 6.2.2.2 联氨软化法

联氨是一种无色的高度吸湿性的可燃液体，在联氨中氮原子的孤电子对可以同 H 结合而显碱性，联氨是一个二元弱碱，但其碱性低于氨。联氨可以软化木质素碳水化合物复合体（LCC），其对纤维素的作用与氨类相同。联氨溶液的浓度以 3%~15% 为宜，当处理生材时，应采用高浓度的联氨溶液。

用联氨浸渍木材可采用多种浸注方法，通常采用满细胞法：在处理罐内放入木材，先抽真空，然后吸入联氨溶液，加压浸注。在浸渍过程中，木材变软，再于 80~100℃ 温度下加热 10~30min，使其塑性继续增加，浸渍后木材可进行弯曲或压缩等后续加工处理。联氨软化法的优点在于软化处理后木材塑性增加、具有可弯曲和压缩等许多优良的性质，缺点在于其自身具有毒性。

#### 6.2.2.3 尿素软化法

尿素软化法处理木材的原理与氨软化法处理木材的原理相似，主要利用了极性分子容易在木材中渗透的特点。例如，将厚 25mm 木材于 18~20℃ 的温度条件下在 50% 尿素水溶液浸泡 10d 左右，随后在一定温度下干燥到含水率为 20%~30%，最后再加热至 100℃ 左右，进行弯曲、干燥定型。如山毛榉、橡树，用尿素甲醛溶液浸泡处理后，木材 $h/r$ 值约为 1/6。为了获得更好的弯曲效果，在弯曲前宜将木料浸入尿素溶液中煮 15~20min。当弯曲较厚的木材时，应保持木材含水率为 20%~30%，然后用钢带弯曲木材，并于钢带中干燥到适宜的含水率，待其定型后方可取出。

#### 6.2.2.4 乙二胺软化法

乙二胺不但能减弱非结晶区和结晶区表面的氢键作用，还能随着非结晶区表面的氢键的破坏而慢慢进入结晶区，最终使部分结晶区内的氢键减少，从而达到良好的软化效果。例如，有研究者采用乙二胺作为塑化剂，在温度为 60℃ 的条件下处理杨木单板 60min，软化效果良好。

#### 6.2.2.5 碱液软化法

碱液软化法是将木材浸泡在 10%~15% 氢氧化钠溶液或 15%~20% 氢氧化钾溶液中一定时间，使木材软化的方法。将软化后的木材取出用水洗去多余的碱液后，即可进行弯曲等加工工艺。用这种方法处理木材时，碱液的浓度对软化效果和弯曲性能的影响最为显著。当碱液浓度过低时，木材难以软化。碱液软化法可引起饱水状态木材在纤维方向的收缩，收缩量取决于碱液的浓度，开始出现收缩的浓度远低于木材中纤维素结晶构造发生变化的浓度。当木材进行弯曲变形时，在软化过程中增大了的微纤丝倾角又回复到处理前的状态，所以木材能够伸长而不被破坏。该方法还可与水热软化法联合使用。如有研究者在用水热软化法处理竹材时，加入一定浓度的碳酸氢钠，可以有效地提高竹材的软化速度，而且有助于竹材中的有机物抽提更完全，从而达到一定的防霉效果。

该方法软化效果良好，但易产生木材变色和皱缩等缺陷。为了防止这些缺陷的产生，可用3%～5%的双氧水漂白浸渍过碱液的木材，并用甘油等浸渍以防止皱缩。碱处理过的木材虽然能够干燥定型，但若浸入水中，则仍可以恢复其可塑性。

#### 6.2.2.6 其他化学软化法

除了以上提到的各类化学药剂，还可采用氢氟酸、亚胺、单宁酸、硫代硫酸钠或磺酸盐类等化学药剂对木材进行软化处理。另外，化学-物理联合软化法通常也可以获得良好的软化效果。在化学药剂和热水的协同作用下，部分纤维素被溶解，半纤维素、木质素稍有降解，所以可以使润胀作用不但发生在无定形区，也发生在结晶区。因此，木材软化效果好。

综合上述方法可以发现，物理软化法和化学软化法各有其优缺点，应根据实际需要选择适当的软化处理工艺。

## 6.3 软化处理的应用

软化处理可以应用于曲木制品、木材密实化、木材切片、旋切单板、碎料成型、刨切薄木、竹材展平等。

### 6.3.1 曲木制品

曲木制品以其淡雅简洁的款式、优美的曲线造型、较佳的力学性能而被人们所喜爱。制作曲木制品主要有两种方法（图6-4），一种是采用锯切的方法，将木材直接锯切成所需的弯曲角度。但是，木材经过锯切后大量的微纤丝被切断，使其强度降低；另外，在生产弯曲角度大的制品时，出材率低，木材浪费严重。另一种通常采用的方法是利用木材弯曲成型技术，将木材软化，然后通过加压的方式，把木材和木质材料压制成各种曲线形的制品，经过后期干燥定型制备曲木制品。这种方法制备的曲木制品保持了木材强度，节约大量木材，且处理材的线条自然流畅、形态美观，表面装饰性能良好。

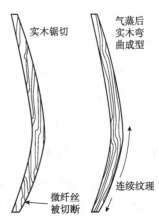

图6-4 实木锯切和气蒸后实木弯曲成型

木材弯曲成型工艺作为一种无屑实木成型加工工艺，可分为3个步骤：①木材软化；②弯曲；③定型。其中木材软化是曲木制品制备工艺的核心和关键，软化处理的效果如何，直接决定着木材弯曲制品的质量优劣。弯曲的方法包括手工弯曲和机械弯曲。在弯曲时，将工件自由地放在金属薄板中，以扼制弯曲过程中工件外表的拉伸，进而被弯曲成一定的形状。在弯曲过程中，弯曲构件内部将形成张力，这种内应力将使木材中纤维素分子的能量加大，导致木材向原来状态回复，因此还需要定型工艺。定型可以通过干燥而实现，干燥不仅可以将弯曲件中的水分降低到使用状态下的含水率，还可以明显降低弯曲件的内应力和弯曲件的回弹。为了使工件保持需要的形状，可将工件连同金属薄板和模具一起进行干燥。

### 6.3.2 木材密实化

木材是一种多孔性材料，其密度的大小直接影响着木材的强度。因此，可以通过对软化处理后的木材进行压缩并固定的方法以增加单位体积内木材实质的含量，即提高木材的密度，这种处理称为木材密实化处理。木材密实化处理是提高木材强度的有效方法之一。木材密实化处理所得的制品为各种形式的压缩木。

按照压缩方式和使用目的的不同，密实化木材可分为普通压缩木、表面压密化木材和整形压缩木。但是，不管是哪种密实化木材，都要首先软化。常采用水煮软化法、汽蒸法或化学软化法来软化木材。木材密实化处理的具体方法详见第7章。

### 6.3.3 木材切片

木材显微切片制作是了解木材微观结构、进行木材科学鉴定的重要程序。但由于木材质地坚硬，成分复杂，且切片很薄，在通常情况下，需要软化处理木材，才能切制出良好质量的木材切片。对于材质轻软的木材直接水煮软化，一般水煮至试样下沉为止。对于材质重硬的木材，可采用双氧水-冰醋酸软化法，即用工业双氧水和冰醋酸各50%的混合液浸泡至试样软化；也可在水浴锅中加热至试样表面材色淡白或边缘开始离析为止。

### 6.3.4 旋切单板

单板旋切是胶合板生产过程中的关键工序之一，为确保旋切单板的质量，在旋切前须对木段进行软化处理。

### 6.3.5 刨切薄木

用于刨切薄木的木方应预先软化处理，以改善刨切薄木表面粗糙度，防止薄木产生较大的背面裂隙，并减小刀具的磨损。

### 6.3.6 碎料成型

在制造纤维板等木质复合材料的过程中，常常需要对削片进行软化，以减少动力消耗和增加纤维韧性。

### 6.3.7 浮雕加工

对木材或板材进行软化处理，可呈现更好的浮雕效果。如对中密度纤维板进行浮雕加工时，需将板材加热（温度265℃，压力2.07MPa，时间8s），使木纤维软化以及木材中的化学物质流动，然后以受控的速率将浮雕模具压入被加工的板材中。保持压力直至木纤维固化并达到所需的浮雕深度，此时浮雕效果良好。

### 6.3.8 竹材展平

竹材自身的直径较小，曲率较大，在生产竹质胶合板时需要将竹材展平，而将竹筒展开时竹材横向所受到的拉伸应力大大超过其横向结合力(即许用应力)，因此易出现断裂和裂纹。另外，竹材能承受的压应力大于其所能承受的拉应力，所以裂纹通常出现在竹筒的内表面。竹材软化可以减少竹筒展平时裂纹的发生。

目前，竹材软化可以采取的措施主要包括化学药剂处理、改变竹材的表面结构或形态及提高含水率和温度。化学药剂处理法在对竹材软化的同时会影响产品的强度和颜色，并对环境造成污染；改变竹材的表面结构或形态是通过对竹材去青、去黄及在竹筒内表面刻斜槽来提高展平效果和质量，但相应设备尚不完善，因此上述两种方法目前在生产中还很难实现。采用水煮法来提高竹材含水率及温度是目前生产中最常用的软化处理方法。

使用水煮法软化竹材可以按照如下工艺进行：将竹片按长度和厚度分类装入吊笼在 70~80℃ 热水中浸泡 2~3h，浸泡过程中，应始终保持水面超过竹片。水分蒸发后应不断补充新鲜水，且每周应清理 1 次水煮池。竹片水煮不仅能提高其含水率和初始温度，还可以浸提出许多有机物，有利于提高竹材胶合板的防虫和耐腐性。水煮池采用钢筋混凝土结构。由于水煮温度较低，可利用干燥定型机废汽加热，为加快升温速度，还可同时安装新鲜蒸汽管，必要时可进行辅助加热。

### 6.3.9 其他应用

木材软化工艺在制浆造纸及薄板整平等方面也有应用。常用水热软化法，有时加适当的化学药剂如 NaOH 以加速软化。制浆造纸中，为提高浆得率，常加化学试剂并高温汽蒸以软化木片。当薄板材发生翘曲变形而影响其用途后，需要对其热压整平。这时往往需要对薄板材进行软化处理，然后热压整平，以获得质量良好的薄板材。

## 本 章 小 结

本章从木材软化机理出发，阐述了物理软化和化学软化两类木材软化处理方法，并针对曲木制品、木材压密、木材切片等应用进行了介绍。

## 思 考 题

1. 什么是木材软化？
2. 木材软化的目的是什么？
3. 木材软化的方法有哪些？
4. 木材软化在木材加工中的应用有哪些？

## 参 考 文 献

1. 刘忠传．1993．木制品生产工艺学[M]．北京：中国林业出版社．

2. 申利明. 1991. 枫杨和柘树应用于弯曲木的工艺研究[J]. 南京林业大学学报, 15(2): 72-75.
3. 许秀云. 1994. 中纤板工程[M]. 哈尔滨: 黑龙江科技出版社.
4. 李军. 1998. 浅析实木弯曲的弯曲机理及影响因素[J]. 林业科技开发(6): 16-18.
5. 何曼君, 陈维孝, 董西侠. 1990. 高分子物理修订[M]. 上海: 复旦大学出版社.
6. 葛明. 1986. 木材机械加工化学[M]. 哈尔滨: 东北林业大学出版社.
7. 今村博之. 1983. 木材用の化学[M]. 共立出版株式会社.
8. 天津大学. 1961. 植物纤维化学[M]. 北京: 中国财政经济出版社.
9. 蒋远舟. 1990. 无胶干法硬质纤维板热压工艺探讨[J]. 中南林学院院报, 10(1): 87-91.
10. 蒲天游. 1987. 碳纤维及碳—碳复合材料透射电镜样品制备方法[J]. 宇航学报, 3.
11. 陆文达, 等. 1995. 微波加热弯曲木材[J]. 中国木材(2): 2-7.
12. G·A·米克. 1976. 生物学工作者实用电子显微术[M]. 北京: 科学出版社.
13. 则元京. 1994. 木材の横圧縮加工[J]. 木材研究资料, 30(11): 1-15.
14. 徐世雄. 1981. 植物材料的薄切片、超薄切片技术[M]. 北京: 北京大学出版社.
15. 张彬渊. 1992. 木材弯曲成型技术[J]. 家具(2): 65-66.
16. 王洁瑛, 等. 1999. 木材变定的产生、回复及永久固定[J]. 北京林业大学学报, 3(21): 71-77.
17. 王新爱, 朱玮, 汪玉秀. 2001. 杨木材性的化学改良技术[J]. 西北林学院学报(1): 76-80.
18. Lianzhen Lin, M Yoshioka, Y Yao. 1997. Liquefaction Mechanism of Ligin[J]. Holzforschung(51): 316-324.
19. M H Alma, M Yoshioka, Y Yao, et al. 1998. Preparation of SulfuricAcid-catalyzed Phenolated Wood Resin[J]. Wood Science and Technology(32): 297-308.
20. M H Alma, M Yoshioka, Y Yao, et al. 1996. The Preparation and Flow Properties of HCl Catalyzed Phenolated Wood and its Blends with Commercial Novolak Resin[J]. Holzforschung(50): 85-90.
21. M H Alma, M Yoshioka, Y Yao, et al. 1995. Preparation and Charac-terization of the Phenolated Wood Using Hydrochloric Acid(HCl) as a Catalyst[J]. Wood Science and Technology(30): 39-47.
22. Lianzhen Lin, M Yoshioka, Y Yao, et al. 1994. Liquefaction of Wood in the Presence of Phenol Using Phosphoric Acid as a Catalyst and the Flow Properties of the Liquefied Wood[J]. Journal of Applied Polymer Science(52): 1629-1636.
23. T Yamada, Y HHu, HOno. 2001. Condensation Reaction of Degraded Lignocelluloses during Wood Liquefaction in the Presence of Polyhydric Alcohols[J]. 日本接着学会, 37(12): 471-478.
24. Lianzhen Lin, Y Yao, N Shiraishi. 2001. Liquefaction Mechanism of β-O-4 Lignin Model Compound in the Presence of Phenol un-der Acid Catalysis[J]. Holzforschung(55): 617-624.
25. M Kobayashi, Y Hatano, B Tomita. 2001. Viscoelastic Properties of Liquefied Wood/epoxy Resin and its Bond Strength[J]. Holzforschung(55): 667-671.
26. Y IMAMURA, H WADA. 1982. The anatomical characteristics of softwood bent by utilizing microwave heating[J]. Journal of theJapan Wood Research Society, 28(12): 743-749.
27. Yoshioka, Y Aranishi, N Shiraishi. 1992. Liquefaction of Wood and its Application[J]. Chemical Modification of Lignocelluloses(11): 147-154.

# 第 7 章
# 木材强化处理

**【本章提要】** 木材强化处理的目的主要是提高木材的强度、硬度、密度等物理力学性质。浸渍强化处理、木材压缩密实化(压密)处理、胶合木和重组木等方法是近年来研究得比较多的木材强化改性手段,不但能够使木材具有稳定的尺寸、合理的密度分布,同时还拥有良好的表面硬度、耐磨耗值和优异的力学强度。

木材强化处理始于 20 世纪 80 年代,但直到 90 年代初,其研发工作才得到广泛的重视,在此期间进展迅速。特别是近年来,我国加大了人工用材林的开发力度,以期缓解日益严峻的木材供需矛盾,但是,人工林速生树种普遍存在着幼龄材比例大、密度低、强度小等缺陷,难以满足工业用材的需求。因此,对于这部分材质轻软和易变形的人工林树种,人们考虑对其进行一定的改性,提高它的强度、硬度、密度等物理力学性质,从而扩大其应用领域,生产高附加值的产品,这对于天然林的保护,人工林的综合利用具有十分重要的现实意义。

最初的强化处理所采用的处理液就是水,采用微波加热的方法,利用水的润胀作用和木材的热塑性使木材表面软化,再经过热压干燥处理,使木材产生的塑性变形被固定,形成高密度的表面,经处理后木材的表面硬度可提高 120%~150%,耐磨性可提高 40%~50%。随后,各国研究人员相继采用了酚醛树脂、糠醛型脲醛树脂、乙二醛树脂的预聚体和氨水作为浸渍处理液对木材进行改性,发现材质轻软的针叶树材在适当的处理工艺条件下,甚至可以获得高于硬阔叶树材的表面密度。随着树脂水溶液浓度的增加,处理材的表面硬度、密度和耐磨性等均随之提高,同时还能有效地降低吸水厚度膨胀,对产品的表面光洁度、平整度也有极大地改善。此外,是将小径短料经过一定处理,再按使用目的、强度要求等组坯、胶拼、热压制备胶合木或重组木也是一种有效的木材强化方法。本章将从浸渍强化处理、木材压缩密实化(压密)处理、胶合木和重组木三方面介绍木材的强化处理方法。

## 7.1 浸渍强化处理

木材的浸渍强化处理是将有机或无机化合物的预聚体通过一定的物理、化学方法注入木材的细胞腔、细胞间隙和细胞壁孔隙中,并与木材细胞壁物质形成物理或化学的结合沉积下来,从而提高木材的强度、硬度、弹性模量等物理力学性质。

### 7.1.1 树脂浸渍强化处理

树脂浸渍强化处理是采用热固性树脂(如酚醛树脂、三聚氰胺树脂、改性脲醛树脂等)的预聚体处理木材,在一定的温度和压力作用下,使树脂充分渗透到木材内部或距表面一定深度位置,在热的作用下通过自身的聚合和与细胞壁物质间的化学交联,形成三维交联网状结构,增强细胞间的联结和细胞自身的强度,从而使被处理材的密度、硬度、耐磨性等物理力学性质得到显著提高。如将浸渍与压密处理二者结合起来,则可以充分利用树脂的黏结作用将木材的压缩变形固定,使处理材不但具有优良的物理力学性能,如强度、硬度、尺寸稳定性等,而且这种性能改善在外界条件发生变化时,仍能很好的保持。

#### 7.1.1.1 酚醛树脂浸渍处理

酚醛树脂浸渍是开发较早、应用广泛的一种木材强化改性手段。考虑到渗透的难易程度和均匀性,通常采用的是低分子量酚醛树脂,将其配成一定浓度的浸渍液,浸渍可以采用常压法也可采用加压法,后者的处理效果更为均匀和深入,缺点是设备复杂、投资较大。树脂固化最常用的方法是热压,对于体积较大的试样,可采用分段升温的方法将低温热压与树脂的陈化干燥合并进行,通过树脂在细胞壁中的聚合,从整体上提高木材的强度。

(1) 处理工艺

①浸渍液配制 根据"相似相溶"原理,溶解度参数与纤维素相近的溶液将更容易对木材细胞壁进行润胀,从而渗透得更为高效,因此通常采用低浓度的酚醛树脂作为浸渍液,配制时可加入适量的醇来增进树脂的溶解。同时,考虑到树脂分子进入木材细胞壁微观孔隙的难易程度,一般采用的酚醛树脂的平均分子量均不高于450,否则树脂分子将很难进入到木材细胞壁内与其活性基团形成交联,而只是固着在细胞壁内表面,这对增加细胞壁刚性起不到任何实质性的作用。

②浸渍处理 浸渍处理可采用常温常压浸泡法、真空法、满细胞法三种方式。采用常温常压浸泡法时,设备和操作都比较简单,但处理时间较长,处理均匀性较差。真空法处理时,将试样在0.1MPa的真空度下保持1h后,再在室温下常压浸渍2h。满细胞法处理时,首先将水溶性低分子量酚醛树脂与预聚物和糊精配成一定浓度的浸渍液,将试件放入真空罐中抽真空,随后加压浸渍并保压一段时间,再通过二次真空处理排除多余的浸渍液。真空度一般控制在0.05MPa,保持0.5~1h。加压浸渍段的压力通常控制在0.6~1.5MPa,保压时间4~12h左右。压力越低,则需要保持的时间越长,越有利于树脂的均匀渗透。不论采用何种浸渍方法,处理后的试样均要经过陈化干燥,陈化可在常温下进行,也可在烘箱中采用40~60℃左右的低温干燥,干燥至试样的含水率为16%~18%左右。满细胞法能使浸渍液更容易渗透到木材中,缩短处理时间。

③树脂固化 对于块状基材,通常采用阶段升温工艺,固化前期温度一般为40℃,可与陈化工艺段合并。中期温度为60~80℃,后期可将温度升至100℃以上,每个阶段保持1~2h左右,使树脂固化完全。采用阶段升温法有利于防止基材在树脂固化过程中缺陷的产生,如开裂、变形等。加压工段同样也分三个步骤进行,第一阶段为缓慢升

压段,根据产品的使用场合和性能要求取适宜的压缩比,采用厚度规控制;第二阶段为保压段,树脂的固化主要在此阶段进行;第三阶段为冷却卸压段,在较低压力下保持30min左右,待树脂完全固化后再将压力完全卸除。

对于板式基材,通常采用直接热压固化的方法,热压温度120~180℃,固化时间10~20min,压缩率由不同尺寸的厚度规控制。

(2) 影响因素

① 基材的影响 木材由各种各样的空腔细胞组成,木材细胞间和细胞壁中也存在着各种大小不同的孔隙,它们一起构成了木材细胞的大毛细管系统和微毛细管系统。这些孔隙具有很大的比表面积,能产生较强的毛细管张力吸附浸渍液,同时在各级微观孔隙的表面还存在着一些极性的基团,可与树脂预聚体形成化学键联结。实木基材密度的高低实际上反应出的是基材内部孔隙的多少,密度低则孔隙多,可以容纳树脂分子的空间相对就大。因此,木材的密度对浸渍后试样的增重率影响显著,随基材密度的增大,增重率降低。

如果树种不同,则木材中孔隙的大小也不一样,针叶树材中约95%的体积由管胞所占据,而管胞的细胞腔通常都很窄,这在一定程度上影响了浸注的效果。有的针叶树材管胞壁上具缘纹孔的纹孔塞容易发生偏移形成闭塞纹孔,这进一步增加了树脂渗透的难度。而阔叶树材厚壁细胞上的具缘纹孔通常不具有纹孔塞,纹孔膜也比较均匀,而且因为具有大的导管,树脂渗透要相对容易一些,但会出现早材和晚材部分渗透不均匀的情况。一般而言,早材的渗透性要优于晚材,但由于早材的胞腔相对较大,故渗透的速度会慢一些。

对于不同树种而言,边、心材的比例和组成也有差别,在边材转变成心材的过程中,边材细胞中的糖类、淀粉等物质经过一系列生理生化反应转变成心材细胞中的抽提物,如单宁、油类、色素等脂肪族化合物和萜烯类化合物,因此,通常心材部位抽提物的量要远远高于边材部位,有的阔叶树材厚壁细胞上的具缘纹孔虽然不具有纹孔塞,但过多的抽提物会沉积在纹孔膜上,显著增大树脂渗透的阻力,对试样浸注处理的效果有非常重要的影响。未经抽提处理的杉木,其心材试样的树脂填充率比边材试样低17%左右,而经过抽提处理,可将该差值减小约一半。

此外,木材的浸渍处理效果与其纹理也有一定关系,有研究者研究了杨木试样增重率与木材纹理之间的变化关系后指出,纹理通直的试样其浸注性高于有少量节子的试样,而有少量节子的试样的浸注性又优于纹理错乱的试样。

② 树脂液浓度的影响 从整体上看,浸渍后试样的增重率随着树脂浓度的增大呈上升趋势,且在低树脂浓度范围内,改性材的增重更为明显,增重率与树脂浓度基本呈线性关系。有研究表明,树脂浓度由10%提高至20%时,杉木试样的增重率提高了13.1%,杨木试样为22.4%。树脂浓度升至40%,杉木试样的增重率又增加了13.9%,杨木试样为13.6%。此时如果再继续提高浸渍液的浓度,对试样的增重率作用效果不明显。

与增重率不同的是,虽然试样的增容率也随树脂浓度的增加而有所提高,但增加的幅度要远远低于增重率,与树脂浓度间也并无明显的线性关系,尤其当树脂浓度超过15%后，处理材的体积膨胀逐渐趋于稳定，多余的药液将会浪费。这与树脂对基材细胞壁的润胀作用是分不开的，树脂浓度较低时，水占了大部分比例，极性的水分子对基材细胞壁的无定形区有着很好的润胀能力，导致细胞壁扩张，使树脂预聚体可以充分的渗透。而树脂浓度比较高时，细胞壁被树脂预聚体所饱和，只能小部分的附着在细胞腔内表面，因此对试样增重率和增容率的贡献均降低。

此外，树脂液浓度的高低还影响到处理材的抗胀率、阻湿率和压缩变形回复率，实验结果表明，试样的上述三项物性指标随树脂浓度的变化趋势与增容率相似，在树脂浓度较低时增加很快，达到一定浓度变化时趋于稳定。说明木材细胞壁对树脂的吸收有一定的限度，对木材的阻湿、抗胀、压缩回弹性能起决定作用的是进入细胞壁内的树脂，而当树脂浓度超过10%后，过量的改性剂则主要填充在细胞腔中。

③浸渍工艺的影响　除了树脂液浓度外，浸渍时真空度的高低、浸渍压力的大小和时间的长短同样对试样的增重率有较大的影响。与常压处理相比，真空-加压浸渍法能有效降低树脂渗透时木材孔隙中空气的阻力，提高浸注的均匀性，减少试样间由于本身构造差异引起的浸渍处理效果的差别，这在改性心材内含物较多的树种时尤为有效。

处理时的真空度必须要达到一定值，才能对树脂的渗透产生明显效果。在低真空条件下，即使采用较高的浸渍压力，树脂的渗透效果仍不是很理想。例如有研究表明，当真空度为0.02MPa，浸渍压力为1.5MPa，时间为0.5h，基材的增重率也仅为17.85%。为了进一步提高试样的增重率，或者是提高浸渍时的真空度，或者是延长浸渍的时间，这必然影响到生产效率的提高。在较高的真空度条件下，压力的增大对试样增重率的提高效果明显，如真空度为0.04MPa，当浸渍压力从0.5MPa提高到1.5MPa时，试样的增重率可以提高7%，说明在高真空度条件下，压力对树脂的渗透有很好的促进作用。

但是，这并不意味着压力可以无限的增大，当压力提高到一定程度，它的影响会逐渐减弱，压力越大增重效果越不显著。例如真空度为0.04MPa，加压时间为1h时，压力由0.5MPa提高到1.0MPa，试样的增重率提高了6%左右，如继续提高浸渍压力至1.5MPa，试样的增重率也不过提高了1%，而且过高的压力不但会影响到木材的强度，对设备承压能力的要求也高，也不利于生产安全。

#### 7.1.1.2　三聚氰胺树脂或三聚氰胺改性脲醛树脂浸渍处理

三聚氰胺树脂具有很高的胶接强度、较高的耐水性、较强的低温固化能力和热稳定性，用其涂刷基材，待干燥后热压固化，是木材表面强化改性的另一种方法。在压力和树脂的共同作用下，不但可使基材的表面密度和各项物理力学性质得到很好的改善，同时还能降低板面的翘曲变形，提高表面光洁度。但是纯的三聚氰胺树脂价格比较贵，且储存期短，现在用的更为广泛的是三聚氰胺改性脲醛树脂，这是一种热固性树脂，作为改性剂能很好的提高材料的强度和耐水性。三聚氰胺树脂或三聚氰胺改性脲醛树脂浸渍处理工艺与酚醛树脂处理工艺类似，处理材的颜色比酚醛树脂处理浅。

#### 7.1.1.3　聚乙烯醇树脂和三聚氰胺改性聚乙烯醇树脂浸渍处理

聚乙烯醇树脂的水溶液有很好的黏接性和成模性，能耐烃类、油类等大多数有机溶剂，且价格便宜，用其作为木材强化改性的浸渍液，能降低很大一部分成本。对于一些性能要求较高的试样，可在聚乙烯醇树脂中添加适量三聚氰胺，处理后便可获得较高的树脂残留率、增重率和尺寸稳定性。

(1) 浸渍处理工艺

①浸渍处理　首先将聚乙烯醇树脂与蒸馏水配成所需浓度的溶液，如果采用的是三聚氰胺改性聚乙烯醇树脂，则将二者分别合成、配成相应浓度的溶液后混合，搅拌均匀即可。然后将干燥到既定含水率要求的试样放入真空罐中抽至真空度为 0.001~0.002MPa，保持 1h 左右，以减少木材细胞腔中空气对树脂注入的影响。随后，将配好的树脂液注入真空罐内，浸注 1h 恢复常压后再将试样及浸渍液移入高压罐中，加压 0.98MPa，时间 1h。

②树脂的干燥与固化处理　将第一阶段处理好的试样在室温下自然干燥半天左右，再放入干燥箱中采用逐段升温法使其充分固化。低温段控制在 40~60℃，时间 1h，中温段 80℃，处理约 2h，高温段 105℃，处理约 1d 即可。

(2) 影响因素

单独采用聚乙烯醇树脂作为浸渍液，树脂的留存量偏低，仅为 23.32%，这可能是因为聚乙烯醇树脂的分子量偏大，难以进入木材细胞壁孔隙中。而三聚氰胺树脂的分子量较小，对木材细胞壁的渗透能力很强。单独将三聚氰胺树脂作为浸渍液时，试样的增重率几乎是聚乙烯醇树脂处理试样的 8 倍，充分说明了木材细胞对三聚氰胺树脂的吸附能力更为优异。兼顾处理效果和成本二因素，可将三聚氰胺作为聚乙烯醇树脂的改性剂应用。经混合树脂浸渍过的试样，三聚氰胺树脂热固形成的聚合物像钉子一样插入木材细胞壁中，加固了聚乙烯醇树脂与木材细胞壁间的联结，使其更多地保留在细胞内，因此试样的树脂留存率出现成倍的增加。已有实验结果显示，在相同的浸渍处理条件下，增加三聚氰胺树脂的用量至浸渍液总量的 25%，试样中树脂的留存率可增加将近 3 倍，达到 85.74%，甚至高于三聚氰胺树脂单独处理试样中树脂的留存率。

此外，浸渍液组分的差异还会影响到试样的尺寸稳定性，如采用纯的聚乙烯醇树脂作为处理液，在环境相对湿度高时易吸湿，导致木材细胞壁增厚，体积扩大。如采用三聚氰胺改性后的聚乙烯醇树脂来处理，一方面三聚氰胺树脂可以加固木材细胞壁的刚性，使其润胀阻力加大；另一方面由于三聚氰胺对聚乙烯醇树脂的固着作用，使其牢固的覆盖在细胞腔内表面，也堵塞了一部分水分进入的通道。

树脂种类对处理材硬度的影响建立在两个基础上，一个是树脂自身的性质，在固化后是否能够形成良好的三维网状结构；另一个则是基材对树脂的吸收能力，树脂分子量越大则吸收越困难，越局限于表面。因此，采用聚乙烯醇树脂单独改性试样，其硬度只是稍有增加，而单独采用三聚氰胺树脂处理时，试样硬度可提高将近 3 倍，两种树脂的混合液来处理时，试样的硬度也能提高 2 倍左右。

#### 7.1.1.4　树脂处理材的物理力学性能

(1) 密度

密度是判断木材各项性能的重要指标，含水率一定时，木材的各项物理力学指标与密度呈正相关性。浸渍处理后，试样的密度通常可以增加50%左右，再辅以压密化处理，试样的密度甚至可以提高70%。除了树脂本身的影响外，固化阶段压力的影响也是不可忽视的，在外界压力的作用下，木材细胞产生收缩并相互挤压，从而单位面积内的细胞壁物质增多，密度变大，处理的木材厚度越小，密度的增大越明显。

(2) 强度和弹性模量

经过树脂的浸渍处理，树脂填充到木材细胞壁各种数量级的孔隙中，对细胞壁进行强化的固定，使试样的物理力学强度和弹性模量都有较大的提高。仅进行浸渍处理时，试材的顺纹抗压强度、抗弯弹性模量能提高20%，抗弯强度能提高11%。如在浸渍过后进行压密化处理，试样的各项力学性能指标可提高50%左右，大大拓宽了材料在建筑结构方面的应用。

(3) 尺寸稳定性

渗入基材的低分子量树脂预聚体与木材细胞壁物质在热的作用下可以形成交联，强化木材细胞壁的同时封闭了纤维素、半纤维素上的羟基，使试样的吸湿性大为降低，尺寸稳定性提高。具体可参照"5.4.2.3 树脂浸渍处理"。

(4) 表面硬度

在高温下聚合而成的坚硬的固态树脂能增强木材细胞抵御磨损的能力，处理后试样径面和弦面的磨耗量均能提高160%以上，可用做室内装饰用地板材。如果在树脂的合成过程中采用共聚的方法，或在合成之后采用共混的方法添加一些具有高强度、高韧性、高反应活性的物质，如 $SiO_2$ 粉末等，则能更好地促进树脂的聚合反应和与木材细胞壁物质的交联，进一步提高木材的硬度。因此，采用添加了 $SiO_2$ 粉末改性的树脂处理的试样的硬度要高于未经 $SiO_2$ 粉末改性的树脂的处理样。

## 7.1.2 塑合木

### 7.1.2.1 塑合木简介

塑合木(wood polymer composites，缩写为WPC)是指将有机单体注入木材的微细结构中，然后采用电子束照射或者 $^{60}Co$ 同位素 γ 射线照射，或者借助于引发剂和加热作用以及其他方法，使有机单体在木材内聚合而形成的复合材料。塑合木问世于1961年，是在美国、苏联等多国原子能机构的支持下发展起来的。在最初的塑合木生产过程中，主要使用 γ 射线辐射引发浸渍于木材中的烯烃类单体的聚合，因此也被列为和平利用原子能的研究项目。随后，研究发现可通过在单体中加入化学引发剂，用热引发法制造塑合木，并在1966年在美国安装了第一条热引发法生产塑合木的生产线。此后，热引发法生产塑合木逐渐成为主流，相继建成了多家热引发法生产塑合木的生产线。这类复合材料通常以纹理细腻的实体木材为原料，强度高、耐磨性好，主要作为免维护的高档地板用材，大量使用于飞机场、港口、码头、车站的货物转运基地以及剧场、影院、游乐场、会议大厅、办公大楼等行人往来频繁的场所，还可用于弓箭、高尔夫球等体育用品的制造。1964年，塑合木被誉为当年世界十大科学成就之一。

我国对塑合木也开展较早，1965年林业部在上海、北京等地组织有关塑合木的技术协作，在塑合木方面开展了大量的研究。南京林学院、中国林业科学研究院木材工业研究所、北京市光华木材厂、东北林学院、上海科技大学、北京大学、上海原子能研究所等单位都先后开展了相关研究工作，采用的单体主要为甲基丙烯酸甲酯和苯乙烯等，引发聚合的方法包括γ射线辐射法和加热法等。江西科学院应用化学所曾在工厂进行塑合木的试生产，上海艺术品雕刻四厂、北京民族乐器厂也曾进行塑合木的小批量生产。

#### 7.1.2.2 塑合木的制备工艺

(1) 单体与添加剂

制造塑合木首先要选择好单体和引发剂、膨胀剂、阻聚剂等添加剂。

①单体 常用的单体是具有不饱和双键的烯类化合物。主要有苯乙烯甲基丙烯酸甲酯、丙烯腈、丙烯酸、氯乙烯、丙烯酸乙酯、乙酸乙烯酯、顺丁烯二酸酐、乙烯、丙烯。

同时，用两种单体配制成混合浸注液的单体有氯乙烯加乙烯、甲基丙烯酸甲酯加丙烯酸、甲基丙烯酸甲酯加苯乙烯、丙烯酸加苯乙烯、苯乙烯加顺丁烯二酸酐等。选用两种适宜的单体可以形成交替共聚倾向好的共聚物，比一种单体所形成的均聚物性能优越。因为共聚体在很大程度上可以改变均聚体的物理、力学和化学性质。

②引发剂 引发剂是易于分解成自由基的化合物，用引发剂来引发链式反应并加速聚合作用。引发剂类似于催化剂，但又与催化剂不同，因为催化剂并不存在于反应终了的产物中，而引发剂则结合于所形成的高聚物的末端。

常用的引发剂有两类：一类是有机过氧化合物，以使用过氧化苯甲酰的为多；另一类是偶氮化合物，以使用偶氮二异丁腈的为多，这两种引发剂均易在低温下分解。

③膨胀剂 有些研究者试验在单体溶液中加入膨胀剂，有甲醇、乙醇、二氧六环、甲酰胺、二甲基甲酰胺等。

④阻聚剂 为防止在运输和贮存过程中单体过早聚合，常加入一些阻聚剂。其中，有对苯二酚、对苯二酚甲基酯、叔丁基邻苯二酚、2，4-二甲基-6叔丁基苯酚等。除在单体溶液中加入上述药剂外，还可根据处理后木材用途的要求加入下列物质。

加入阻燃剂，如有机磷化合物，可制造阻燃的塑合木。加入染色剂，可制成有色塑合木。加入2%油性红染料，便于检查处理溶液渗入木材的深度。加入1%~5%交联剂以加强聚合作用。常用的交联剂有三羟甲基丙烷、三甲基丙烯酸酯和二乙烯基苯等。

(2) 聚合处理方法

处理液注入工艺如图7-1所示。

将根据需要配制好的处理液采用注入工艺渗注木材后进行聚合处理。世界上应用最多的有两种，即辐射法和触媒法，目前这两种方法均获得应用。此外还有一些其他方法。

①辐射法 辐射法生产塑合木是将经注入处理的木材以高能射线如γ射线辐照使之产生接枝共聚形成塑合木。辐射法采用的高能射线可以是$^{60}$Co放射出的γ射线，也可是加速器放出的电子束(β射线)。γ射线的穿透性较强，适合于制备较厚的塑合木制品；电子束的穿透性较弱，适合制各种较薄的塑合木制品。辐射法具有下述特点：

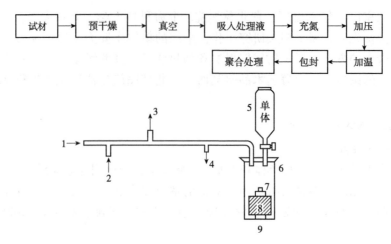

**图 7-1 处理液注入工艺**
1. 加压装置　2. 充以氮气　3. 真空泵　4. 接缓冲罐　5. 单体计量槽
6. 处理罐　7. 重物　8. 被处理木材　9. 支架

对于尺寸较大和形状不规则的木材及木材制品处理较为方便；单体溶液中可不加放引发剂，处理液便于贮存和反复使用；在大气压和室温下皆可进行辐射处理；某些物理力学性质好于触媒法生产的塑合木；设置高能加速器、$^{60}Co$ 同位素辐射源及其相应的防护措施时造价高；γ射线对木材有劣化作用。

②触媒法　触媒法是借助于加入处理液中的引发剂和加热的作用，以自由基引发聚合的方式产生接枝共聚形成塑合木。触媒法生产塑合木可以克服辐射法的缺点，投资少，设备简单，易于上马，适于在我国应用生产。然而，在触媒法生产中由于引发剂的加入也会产生某些不利的影响。

木材中含有酚类化合物(如木质素)，是自由基引发聚合的阻聚剂。这些酚类物质不断地消耗着引发剂，甚至使聚合反应不能进行到一定深度。若维持反应进行下去，须不断地提高反应温度。然而木材又是热的不良导体，这样就需要长时间加热升温，结果由于时间长、温度高，增加了单体挥发损失，使塑合木的性能下降，甚至导致木材分解炭化。浸渍木材后的剩余处理液，由于其中含有引发剂，尚需要加入某些阻聚剂后方能存放，不便保存。引发剂本身有缺点。目前国内外科研与生产中使用的引发剂主要有两种：过氧化苯甲酰和偶氮二异丁腈。它们在低温下分别分解为二氧化碳和氮气，易引起聚合体发泡，有降低塑合木力学强度的趋势。此外，过氧化苯甲酰是一种氧化剂，能使单体混合液中所添加的染色剂褪色。这样使得在生产有色塑合木时，需要加入过量的染色剂，并且这种引发剂易燃易爆，不利于安全生产。偶氮二异丁腈有毒，长期使用本品，不利于健康。

鉴于上述情况，目前出现了对触媒法改进的方法，即不使用引发剂，而选用适宜的两种单体，在适中的温度下自行聚合生产塑合木的方法。

#### 7.1.2.3 塑合木的性能

(1) 力学性能显著提高

塑合木的力学强度比木材大。一般情况下，比木材的抗冲击强度提高 2~3 倍，最高达 8 倍；静曲强度提高 4~5 倍；硬度一般提高 4~6 倍，有时高达 9 倍；抗压强度、抗剪强度、耐磨强度也均有提高。美国一家公司以丙烯酸酯为单体注入木材经 γ 射线照射后所制得的桌子，其桌面的耐磨强度要比大理石高 5 倍。

木塑复合材力学强度的提高，是由于浸渍于木材结构中的有机单体，经过 γ 射线穿透或者通过引发剂加热引发作用，使之发生聚合反应与纤维素产生接枝共聚，或者单体仅在细胞腔内聚合而填充细胞腔，对木材细胞起到了增强的作用，尤其是对于单体能够与细胞壁物质发生接枝共聚而形成良好界面的体系，其塑合木的力学性能更为优异。此外，塑合木力学强度还与用材树种、选用的单体种类、单体注入率、处理方法及制造工艺有关。

(2) 尺寸稳定性好

塑合木的吸水性、吸湿性比木材大大降低，具有较好的体积稳定性。其原因是木材中纤维素分子链上已有不溶于水的有机单体接枝，封闭了吸湿性很强的游离羟基。木材中的空隙已由疏水性的单体的聚合物填充，使之成为疏水性材料。此外，塑料组分的存在也限制了木材组分的变化。Ksiazek 等人在 1981 年的研究表明，桦木及山毛榉用苯乙烯浸渍后再加热引发使苯乙烯在木材内部聚合形成的模塑复合材尺寸稳定性和强度硬度都有明显提高。其中，桦木-聚苯乙烯复合材的静曲强度增加 12%，榉木-聚苯乙烯复合材的静曲强度增加 90%，两种复合材的硬度比原有木材提高 2~4 倍。

(3) 具有阻燃性

塑合木的阻燃性能也可以提高。在制造塑合木的过程中，若在单体溶液中加入适当的阻燃剂如偏氯乙烯类单位体、磷酸铵盐、有机磷酸酯等物质浸注木材，制得的塑合木的阻燃性能可以大大改善。但是，在选用阻燃剂时必须要求加入后不能对聚合反应有所阻碍，阻燃剂不应有毒。

(4) 提高了表面性能

塑合木的表面性状较木材有改观，不仅可以使天然木材的粗糙表面变为光滑，而且在浸注单体中加入染料后可以获得有色塑合木，适于做高级建筑的室内装饰及家具之用。

(5) 提高了耐腐性

塑合木耐腐性能好，改善了木材易腐朽易虫蛀的缺点。这是因为在木材结构中填充单体聚合物后使木材的空隙率大大降低，聚合物的存在破坏了木腐菌赖以生存的环境，已不能像天然木材那样为木腐菌提供适宜的空气、水分和营养，不利于木腐菌的生长。Lawrizak 的实验报告中，应用该技术处理过的枕木使用寿命延长 12 年。

(6) 提高了耐候性

塑合木的耐候性能好。我国幅员广大，南北气候差异甚大，由塑合木制得的木工产品由于尺寸稳定、益于贸易交流，而且适于远销海外，并不因气候的差异开裂和破损。1982 年，Raczkowski 利用桦木与苯乙烯通过浸渍聚合方式制造塑合木，然后在与生锈的铁紧密接触的条件下，通过长时间浸水、干燥、冷冻、加热、紫外光照的循环加速老化处理。每个循环 48h，进行 24 个循环后，测定试样的抗拉强度。结果表明，复合材的抗拉强度为未处理材的 2 倍。1981 年，Kawakami 用木材与甲基丙烯酸甲酯、不饱和聚酯、苯乙烯等塑料单体通过浸渍聚合方式制备塑合木，并且进行了长期耐老化试验。经过2年的暴露后，塑合木的颜色变化比对照未处理材低75%～50%，其弹性模量为老化试验前材料的85%～88%，而对照材的弹性模量则降到老化试验前的80%以下。

(7)保持了加工性能

塑合木的加工性能基本与木材相同，可以刨、旋、切削、钉着与胶合，对表面涂饰也无不利影响。1982年，Lawrizak 在报告中将塑合木技术用于枕木的更新方面，用此技术处理的松木枕木握钉力甚至比橡木枕木还要大。

塑合木地板是将木材地板坯浸渍单体或树脂，通过辐射聚合或热聚合制成复合材地板，简称塑合木地板。这种地板既表现出实木地板自然舒适、隔音保温的特性，又有塑料的特性，因而与未改性实木地板相比，塑合木地板密度大、硬度高、耐磨性好、吸水率低、尺寸稳定性好、防腐、防虫蛀且有木材本身的纹理和色泽。

对于采用不饱和聚酯树脂等装饰效果好的树脂制造的塑合木，其材料外观高雅，有很好的装饰性，并且材料内外一致，因而不需要进行涂饰等维护，在免维护应用领域具有很好的发展前景。

### 7.1.3 含硅化合物浸渍处理

将溶胶-凝胶法应用于含硅化合物对木材的浸渍改性始于20世纪90年代初，Saka等人利用木材细胞壁里的结合水与正硅酸乙酯发生水解、缩聚反应，形成硅溶胶，再经过陈化、干燥，使硅溶胶沉淀于木材孔隙中。这种处理方法虽然取得较为优异的增强效果，但是工艺复杂，而且原料的利用率低。在此基础上，研究人员尝试改进了含硅化合物的浸渍方法，将预先制备好 $SiO_2$ 溶胶，通过空细胞法中的半限注法浸注木材，再经过超临界干燥，使 $SiO_2$ 溶胶凝固。实验证明，只要工艺条件选择得当，$SiO_2$ 凝胶可以充分填充在木材细胞壁中，在细胞腔中仅有少量的留存，不但简化了制备工艺，提高了原料利用率，在改善木材物理力学性能的基础上，同时还保留了其强重比高的优点。

#### 7.1.3.1 浸渍处理工艺

(1)基材预处理

将试样加工成所需的尺寸后，放入索氏提取器中分别用 2:1(v:v) 的苯醇溶液和水抽提 24h，然后放入干燥箱中在 70℃ 条件下干燥至恒重。

(2)$SiO_2$ 溶胶的制备

将正硅酸乙酯、无水乙醇、去离子水和催化剂按一定比例混合均匀后倒入容器中，密闭后置于室温环境。在此条件下，正硅酸乙酯通过水解、缩聚一系列反应，黏度不断增加，最后生成醇凝胶体，这一过程叫做陈化，其目的是逐渐完善凝胶的网络结构。陈化的同时需在外露的醇凝胶表面浇上冷的无水乙醇，以防止凝胶干燥产生开裂和置换凝胶中的水分。待醇凝胶陈化脱模后，还要置于超临界 $CO_2$ 干燥设备中继续干燥，制成 $SiO_2$ 气凝胶。

已有研究表明，干燥时动态和静态干燥温度是气凝胶综合性能最主要的影响因素，其次是静态压力和动态干燥时间,而动态压力对气凝胶综合性能的影响最小。比较适宜的超临界干燥工艺条件是动态和静态干燥温度为50℃,动态和静态压力为25MPa,动态干燥时间为90min。

(3) 浸注木材

将上一步配制的 $SiO_2$ 溶胶,采用半空细胞法浸渍处理基材,制成木材-$SiO_2$ 原位复合材料。

(4) 超临界干燥

采用超临界萃取装置对浸渍后的基材进行干燥,所用工艺参数基本与醇凝胶干燥时类似,只是动态干燥时间要适当延长,否则由于木材本身孔隙结构的内部阻力作用,水和有机溶剂的脱除不彻底。比较适宜的超临界干燥工艺条件是动态和静态干燥温度为50℃,动态和静态压力为25MPa,动态干燥时间为180min(图7-2)。

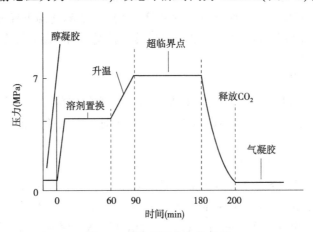

**图 7-2　超临界干燥工艺曲线**

### 7.1.3.2　影响因素

(1) 基材的影响

基材树种不同,其渗透性差异显著,在通常情况下,导管较多的散孔材比环孔材,尤其是具有侵填体或树胶等物质的环孔材要更容易渗透,$SiO_2$ 溶胶在基材中的分布也更为均匀。基材构造上的差异对浸渍工艺参数的确定也有较大影响,在不同的压力范围内,不同树种对于外界压力作用的敏感度是有差别的。已有研究表明,在压力较高的情况下,增大压力可有效提高紫椴木材的增重率,却对西南桤木的增重率没有明显效果。

(2) $SiO_2$ 气凝胶性质的影响

木材浸渍用 $SiO_2$ 气凝胶应具有较低的密度和较高的透明度,才能做到渗透充分、补强明显,同时还能保留木材原有的颜色和花纹。通常情况下,酸性条件有利于正硅酸乙酯水解,而碱性条件则促进缩聚反应进行,水解-缩聚反应共同决定了 $SiO_2$ 气凝胶的结构特性。李坚等人的研究表明,原料配比中正硅酸乙酯和水的摩尔比对 $SiO_2$ 气凝胶的密度和透明度有十分重要的影响。一般而言,正硅酸乙酯:水在低摩尔比时,醇的缩聚反应占主导地位,产物以线状聚合物为主,而在高摩尔比时,水解反应占主导地位，抑制了醇的缩聚，此时产物以球状聚合物为主。

合理的凝胶时间对于浸渍工艺的确定也非常重要，如采用 HF 酸作催化剂，可极大地促进正硅酸乙酯的水解和缩聚反应，使反应体系的凝胶化时间与正硅酸乙酯：水的摩尔比基本无关，后者仅对 $SiO_2$ 气凝胶的交联度和网状结构产生影响。反之，在不同的正硅酸乙酯：无水乙醇：水体系中，水解-缩聚历程各主要反应的相对速率主要受催化剂种类和用量的影响，从而决定 $SiO_2$ 气凝胶的交联网状结构。结合后续的浸渍工艺，$SiO_2$ 气凝胶的凝胶时间至少应大于 120min。

陈化时的温度和时间对气凝胶表面的局部溶解与再凝也有影响，通过调整 $SiO_2$ 气凝胶的陈化工艺，可以改变气凝胶网络的孔径分布和网络中胶粒的半径分布，从而对气凝胶的密度、强度等物理力学性能进行控制。一般来说，气凝胶在陈化过程中不可避免的会由于缩聚作用而产生收缩，但是较低的陈化温度有利于抑制凝胶网络表面的局部溶解，促进缩聚反应，从而有效减少凝胶的收缩。如陈化温度控制在-21℃，时间大约 24~72h 即可让醇凝胶收缩至可以顺利脱模，脱模后的醇凝胶还要进一步置于超临界干燥器中干燥 24h 左右。

(3) 浸渍工艺的影响

对产品的各项物理力学性质、成本等有重要影响的浸渍工艺参数主要包括压力、时间、真空度和真空时间。固定加压时间为 30min 时，不同的树种对于外界压力作用的敏感度有所差异，对于紫椴木材而言，较高的压力对增重率的改善效果更明显，而对于西南桤木而言，增大压力对于提高试样增重率无明显效果。

在浸渍压力一定的条件下，延长加压时间对试样增重率的提高并没有明显的作用，当压力为 1.0MPa，加压时间由 30min 延长至 90min 时，紫椴木材的增重率提高不到 4%，而西南桤木甚至在加压时间超过 60min 后出现了增重率下降的情况。

(4) 超临界干燥工艺的影响

凝胶在压力的作用下注入后，木材要置于超临界干燥机中进行萃取，脱掉反应产生的水和有机溶剂，并在木材中复合形成木材-$SiO_2$ 三维网状结构复合材，超临界干燥工艺的选择对凝胶结构的形成以及复合材的物理力学性质有十分重要的影响。由于木材具有丰富的孔隙结构，所形成的毛细管张力阻碍了水和有机溶剂的外排，相对于其他工艺参数，适当延长干燥时间是最为便捷的方法。

木材-$SiO_2$ 溶胶复合体在超临界干燥中出现的体积增大的现象主要由反应产生的乙醇引起，乙醇可使木材细胞壁得到充分的润胀，而超临界干燥的特点之一就是能够消除由毛细管作用力而引起的细胞壁皱缩，因此经超临界干燥处理的复合材具有较大的增容率。

## 7.2 木材压缩密实化处理

木材压缩密实化处理简称木材压密处理，是在不破坏木材的结构的前提下，通过软化、压缩、定型的工艺过程，减小木材内部的空隙，使其密度增加，从而提高处理材的力学强度的一种处理方法。木材压密所得的制品为各种形式的压缩木。压缩木是木材通过热压处理而制成的质地坚硬、密度大和强度高的材料。早在第二次世界大战之前，德国首先生产压缩木，并有成品出售，主要用作纺织木梭、纱管及各种工具的手柄；在 20 世纪初，美国出现了一批关于压缩木生产的技术和专利；1932 年苏联已制定出木材加热压缩法和蒸煮压缩法工艺。20 世纪 50 年代末和 60 年代初，我国研制出用于煤矿的压缩木锚杆和用于纺织的压缩木木梭。随着木材加工工业的发展，压缩木的生产方法得到了很大的提高和改进。日本 20 世纪末开始采用木材表面压密技术，木材经微波处理后生产压缩木，近年来应用高温热处理、高温高压水蒸气处理、树脂处理等技术固定压缩木变形，扩大了针叶材的使用范围。

### 7.2.1 木材压缩处理工艺及机理

#### 7.2.1.1 木材压缩处理方法和工艺

(1) 木材整体压缩密化处理

整体压缩密化处理是将木材先进行软化处理（具体可见第 6 章木材软化处理），然后整体进行压缩，使其压缩变形固定。软化处理最常采用的方法是水热处理（加热、加湿）。水热处理是指在水热作用下，使木材（特别是木质素）软化，塑性增强，以达到成功压缩的目的。也可以将木材用液氨、气态氨、氨水、联氨、尿素以及碱进行预处理，增加木材的塑性。

木材整体压缩密化的工艺流程如图 7-3 所示：

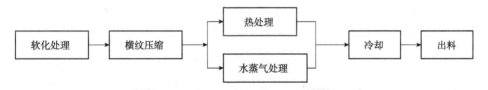

**图 7-3　整体压缩木的一般工艺流程**

木材经过整体压缩密化后，木材的物理力学性质得到了很大程度的改善，因而可用于制造纺织木梭、碾压机上的轴套、球磨机中的球、器具柄、滑轮、火车上的刹车块、框锯上的滑块及各种工具的模型等。

(2) 木材表面密化处理

由于木材的性能，如硬度、耐磨性、抗弯强度、尺寸稳定性等主要取决于其表面，通过木材表面的密实化，即仅在木材表面一定深度使其密度增加、表面硬化，而木材内部密度并不增加或较少增加。既可提高木材的物理力学性能、节约成本，又减少了木材材积损失，是一种理想的人工林软质木材材性的改良方法。

图 7-5 所示为根据表面密实的概念及要求而提出的几种理想化状态。从理论上而言，只要在木材表面一定深度上，使其细胞腔及细胞壁间隙被某种物质所充填，即可能出现图 7-4(a)的情形；当向木材中渗入渗透性较差的物质，如金属元素时，也有可能出现图 7-4(b)所示状态；图 7-4(c)是(a)和(b)两种状况的综合，即木材表面若干层细胞被充满，随厚度的增加细胞填充程度逐渐衰减；图 7-4(d)的情况在研究中非常难出现；而图 7-4(e)更接近实际应用状况，在表面密实化处理时比较容易实现。

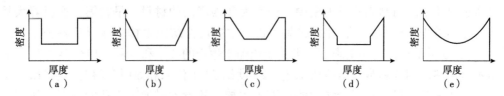

**图 7-4 木材表面密化的理想状态**

表面压缩密化木材的生产工艺流程如图 7-5 所示。

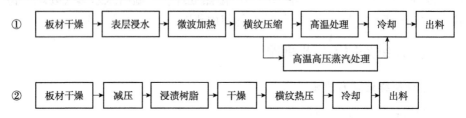

**图 7-5 木材表面压缩密化工艺流程示意图**

20 世纪 90 年代日本首先进行了表面压密材的研究。将干燥的软质木材的表层浸泡在水中预定的深度，当渗透进一定量的水后，用微波辐射加热。由于木材表面一定深度的含水量较大，所以首先被微波能量所软化，然后将木材放在热压机上进行加压处理，使木材表面被压密，最后进行干燥定型得到表面压密的木材（图 7-6）。用水浸泡的表面压密材，虽然与未处理材相比在耐磨性、硬度上都有很大的增加。但是经水热回复试验，压缩变形几乎完全恢复。为了固定表面压密层，采用木材整体压缩密化工艺二或者工艺三中的方法，可以完全固定表层的压缩变形。

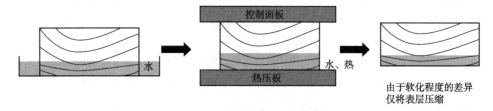

**图 7-6 表面压缩密化示意图**

此外，可利用水溶性的树脂代替水对木材进行浸渍，树脂固化后可使变形固定。用树脂浸泡的表面压密材，其表面硬度与压缩残余变形量、树脂浓度成正比，耐磨性与压缩残余变形量有关，而与树脂的浓度无关。随着树脂浓度的增加，增重率（WPG）和抗胀率（ASE）增加，压缩回复率减少。用浓度为 15% 以上的酚醛树脂浸渍的木材，径向压缩变形几乎完全被固定。用浓度为 25% 的三聚氰胺-甲醛树脂浸渍木材，经浸泡、水煮试验，压缩变形也可完全被固定。

#### 7.2.1.2 木材压缩机理

木材压缩机理可以概括为以下三个方面：

（1）木材的结构特点

木材是一种多孔性的材料，木材的主要物理和化学性质不完全取决于树种，例如木材的实质密度约为 $1.46g/cm^3$，不管木材解剖构造的复杂程度如何，木材的密度与力学强度之间存在着一定的相关关系。Newlin 和 Wilson 提出以下关系式：

$$\sigma = ar^n + b$$

式中　$\sigma$——木材力学强度值；
　　　$a$、$b$——试验常数；
　　　$n$——$n$ 次抛物线方程式曲线斜率；
　　　$r$——木材密度。

因此，当木材密度增加时，其力学强度呈 $r^n$ 增加。为了提高木材的力学性质或强度，在不破坏木材细胞壁的前提下，可用压缩密化方法，减小木材的空隙度，来增加单位体积内木材实质的含量。

木材压缩密化最常用的方法是对木材进行单轴压缩。单轴压缩又分为顺纹压缩和横纹压缩两种。顺纹压缩的压缩率很小，不足以提高木材的密度和强度，近年来主要用于弯曲木的前处理。当对木材进行横纹压缩时，壁薄、腔大的细胞受到压力先被压密。横纹压缩又分为径向压缩和弦向压缩。径向压缩时，由于木射线细胞的长轴方向为径向，会在径向上起到支撑作用，压缩时会发生弯曲或向弦向方向倾斜，影响木材的压缩；弦向压缩时，由于晚材比早材的密度大、强度高，在压缩方向上早晚材并联相接，较密实的晚材起到支撑作用，影响木材的压缩。因此，对于不同树种的木材要针对性地选择压缩方式。针叶材的木射线较少，晚材密度明显高于早材，阔叶材中木射线不发达的环孔材早晚材密度变化较大，主要考虑尽量减小晚材的支撑作用对压缩的影响，通常进行径向压缩；阔叶材中木射线发达的树种，主要考虑尽量减小木射线的支撑作用对压缩的影响，通常进行弦向压缩；阔叶材中的散孔材可进行弦向压缩亦可进行径向压缩。

（2）木材的化学特性

木材是一种黏弹性材料，主要组分是纤维素、半纤维素和木质素。在常温常湿下，木材受外力作用时，表现出较小的塑性。但当外界条件改变，木材的半纤维素、木质素等无定形非晶态高分子聚合物会发生玻璃化转变，木材的弹性会迅速下降，易发生较大的塑性变形。经软化处理的木材，能够表现出暂时的塑性，可在不破坏木材细胞壁结构的前提下，对其施加外力，进行压缩密化。

（3）木材的应力应变特性

以 20℃饱水柳杉径向压缩为例，其应力与变形的关系如图 7-7 所示。可以看出，对木材进行压缩时的应力-变形曲线可分为 3 个区域，即最初的微小变形（A）为弹性变形区域，随着变形的扩大负载呈直线增加；变形已超过屈服点（B），负载增加变缓，为平稳变形区域，此时细胞壁发生弯曲变形，细胞腔缩小；继续压缩，细胞壁开始相互接触（C），负载急剧加大，紧接着细胞腔消失至压密区域（D）。超过（D）再压缩，木材就会与压缩方向成直角方向被压长而明显受损，因此，生产压缩木必须控制变形量。木材的变形在水、热的作用下会发生部分回复（E），最终残余的变形（A～E）为塑性变形。木材压缩前对木材进行软化处理可以提高木材的塑性，增加木材的塑性变形；木材压缩后对压缩木进行压缩变形固定处理，可以防止压缩木产品在高温、高湿的环境中发生压缩变形的回复。

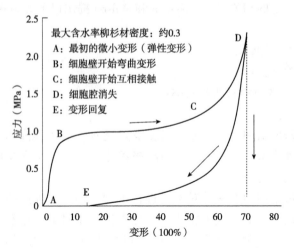

图 7-7 径向压缩变形时应力与变形的关系

木材可以被压缩的程度，与木材的孔隙度有关，如果压缩率过大，木材的细胞壁会被压溃，影响压缩木的物理力学性质。压缩率的计算公式为：

$$CR = \frac{L_0 - L_C}{L_0} \times 100\%$$

式中　$CR$——压缩率；
　　　$L_0$——压缩前木材厚度；
　　　$L_C$——压缩后木材厚度。

通常松木最适宜的压缩率为 55%～60%，桦木为 45%～50%，云杉和杨木为 65%～70%。

### 7.2.2 木材压缩变形固定工艺及机理

#### 7.2.2.1 木材压缩变形固定方法和工艺

压缩密化木材在干燥状态下比较稳定，在水分和热的作用下会发生反弹，如果压缩过程中，木材没有受到显著破坏，回复率约为 85%，如图 7-8 所示。为了使压缩木在使用过程中不因外界环境(温湿度)的变化而发生变形回复，通常需要对压缩木进行变形固定处理。常用的固定木材压缩变形的方法有 4 种：热处理、水蒸气处理、树脂处理及交联反应。

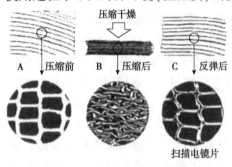

图 7-8 柳杉压缩木及变形的回复

（1）热处理

热处理固定木材的压缩变形可在热压机上和木材的压缩过程同时进行，如整体压缩木生产工艺二；也可以将木材在热压机上压缩，达到规定厚度后，自然冷却至 30～40℃，再将压缩木放入设备中进行热处理。可选用的热处理温度分别为160℃、180℃和200℃，选用以上各温度时，对应的热处理时间分别为30h、20h和5h。

(2) 水蒸气处理

水蒸气处理可在内部带有压缩装置的密闭高温高压处理罐中与木材压缩同时进行，如整体压缩木生产工艺三；也可将压缩后的木材放入密闭的高温高压处理罐中进行蒸汽处理，水蒸气压力通常为10MPa，可选用的水蒸气温度分别为160℃、180℃和200℃。选用以上各温度时，对应的处理时间分别为10min、8min和3min。同热处理相比，水蒸气处理木材所需的时间较短；蒸汽预处理压缩材变形回复随热压温度、时间的增加而减小。

(3) 树脂处理

采用常温浸泡或真空的方法浸注树脂后，使木材充分气干，然后放入热压机中进行压缩密化、加热定型，该方法在木材的整体压缩和表面压缩密化的生产中都有应用。常用的树脂有低分子量的酚醛树脂和低分子量的三聚氰胺-甲醛树脂。树脂处理后木材的增重率、增容率、阻湿率、抗涨率随着树脂浓度的增加而增大。但从经济角度考虑，采用低分子量的酚醛树脂处理木材，树脂浓度应为10%~20%；采用低分子量的三聚氰胺-甲醛树脂处理木材，树脂浓度应为10%。

(4) 交联反应

用化学药剂处理木材，使木材分子之间形成交联结合，可有效地固定压缩变形。例如，压缩木材以 $SO_2$ 作催化剂，用环四聚甲醛（cyclic tetramer of formaldehyde）在120℃下处理2h，变形即可完全固定；木材在热压之前浸注浓度高于13.5%、质量比为1:1的乙二醛树脂和丙二醇混合溶液，热压温度150℃、时间2h，变形可被永久固定；木材在热压前浸注50%甘油水溶液，热压温度160℃、时间60min，或热压温度180℃、时间30min可使压缩变形永久固定。

根据工艺及使用要求的不同，在压缩密化之前对木材进行不同的预处理，如水热处理、化学药剂处理、浸渍树脂处理和微波加热处理等，或在压缩密化之后进行后处理，如热处理、水蒸气处理等，都可使压缩密化木材的变形得到很好的固定。

#### 7.2.2.2 木材压缩变形固定机理

一般认为永久固定木材压缩变形的机理有以下4个方面：压缩木材的内部应力得到释放；压缩木内部形成分子架桥结构；压缩木材内部形成憎水键结构；压缩木材内部形成凝聚结构。

(1) 热处理

热处理能提高木材的尺寸稳定性，除去或缓和木材的生长应力和干燥应力，永久固定木材变定。热处理使变形固定的原因有两方面：第一，在热处理条件下木质素轻微的流动使压缩木材内的应力缓和。第二，热处理使半纤维素的吸湿性下降；少量纤维素的降解使蓄积的应力松弛，或者纤维素的结晶度提高；或者木材分子间形成交联而抑制了变形。

(2) 水蒸气处理

水蒸气作用下，压缩木材的半纤维素，甚至木质素和纤维素微纤丝有可能被切断，因此变形固定的原因是水蒸气使纤维素的微纤丝、半纤维素和木质素内蓄积的回复力消失。另一原因可能是木材分子之间产生架桥(交联)。

(3) 树脂处理

树脂处理固定木材压缩变形的机理有两方面：第一，低分子量树脂在细胞腔等空隙中聚合，空隙被填充而疏水。第二，树脂充胀细胞壁，或可能与木材成分发生反应，从而抑制水分进入木材，提高细胞壁的尺寸稳定性，使变形固定。

(4) 交联反应

交联反应是使木材分子之间形成交联结合，使蓄积在压缩木材分子中的弹性回复力得到松弛，从而达到固定木材压缩变形的目的。

### 7.2.3 压缩密实化木材的性能和影响因素

#### 7.2.3.1 压缩密实化木材的性能

木材的密度是反映其力学性质的重要指标，压缩后木材密度明显提高，其物理力学性能也明显改善。压缩木的密度与木材的压缩程度成正比关系。前苏联氨塑化桦木压缩木的物理力学性能见表 7-1 所列。

表 7-1 木材压缩木的物理力学性能

| 指标 | | 密度(g/cm³) | 含水率(%) | 指标 |
| --- | --- | --- | --- | --- |
| 抗压强度(MPa) | | 1 | 2.47 | 118.58 |
| | | 1.23 | 2.04 | 157.78 |
| | | 1.33 | 3.16 | 169.54 |
| 静曲强度(弦向与纤维成直角)(MPa) | | 1.31 | 3.25 | 275.38 |
| 弦向抗剪强度(MPa) | | 1.27 | 2.72 | 4.61 |
| 顺纹抗拉强度(MPa) | | 1.32 | 2.85 | 420.42 |
| 冲击弯曲吸收能(MJ/m²) | | 1.33 | 2.59 | 15.68 |
| 吸水率(%) | 3h | 1.32 | 2.37 | 7.6 |
| | 24h | 1.32 | 2.37 | 10.6 |

#### 7.2.3.2 压缩密实化木材的影响因素

(1) 压缩前木材含水率

压缩前含水率对压缩木力学性质具有很大影响。如杉木间伐材，压缩工艺为：压缩时间 15min，热压温度 190~200℃，压力 4.0MPa，当压缩前含水率小于 50%(压后含水率 20%左右)时，随着压前含水率的增加，顺压强度、抗弯强度、弹性模量、硬度和冲击韧性等力学性质均呈上升趋势；当压前含水率大于 50%时，随着压前含水率的增加各类力学性质均呈下降趋势。因此可以认为压前含水率 50%是压缩密化杉木间伐材力学性质的转折点。其力学性质见表 7-2。

表 7-2　杉木间伐材压缩木力学性质测定结果

| 试验项目 | 试样数 | 处理材均值 压前含水率(%) | | | | 素材均值 | 标准差 | 标准误差 $m$ | 变异系数 $Cv(\%)$ | 准确指数 $p(\%)$ |
|---|---|---|---|---|---|---|---|---|---|---|
| | | 15 | 30 | 50 | 140 | | | | | |
| 顺纹抗压强度(MPa) | 30 | 45.89 | 47.94 | 50.8 | 49.12 | 32.7 | 4.705 | 0.859 | 9.26 | 1.69 |
| 抗弯强度(MPa) | 36 | 124.73 | 136.66 | 139.69 | 124.28 | 74.3 | 14.04 | 2.34 | 10.05 | 1.68 |
| 抗弯弹性模量(MPa) | 36 | 20 083 | 20 760 | 22 131 | 21 530 | 8 189 | 779.2 | 129.87 | 3.52 | 0.59 |
| 径面硬度(N) | 32 | 31.13 | 35.22 | 45.31 | 32.93 | 11.17 | 4.569 | 0.808 | 10.08 | 1.78 |
| 弦面硬度(N) | 32 | 27.75 | 27.58 | 36.08 | 28.42 | 13.41 | 4.626 | 0.818 | 12.82 | 2.27 |
| 冲击韧性(kJ/m²) | 30 | 71.94 | 55.16 | 48.29 | 52.02 | 24.5 | 7.09 | 1.294 | 14.68 | 2.68 |
| 表面磨耗量(mm) | 36 | 0.196 | 0.208 | 0.211 | 0.179 | 0.362 | 0.047 2 | 0.008 | 22.37 | 3.79 |

(2) 压缩率

有研究者对杨木和柳杉表面密化的物理力学性质进行了研究,结果表明:随着压缩率的增加,表面压密材的硬度明显增加,当压缩率为10%时,硬度增加1倍,当压缩率为20%时,硬度增加2.5倍,当压缩率为50%时,硬度增加6倍。

对软质木材表面密实化得研究结果表明,随着压缩率的增加,表面压缩材的平均密度和表面密度均明显增加。例如,浸渍固体含量15%PF树脂并压缩处理的木材试件,同未处理木材相比,压缩率为11%时,试件的平均密度增加12.6%,表面密度增加31.3%;压缩率为20%时,试件平均密度增加40.3%,表面密度增加62.7%;压缩率为33%时,试件平均密度增加73.6%,表面密度增加约1倍。

(3) 热压温度及热压时间

热压温度及保压时间对压缩木的变形固定及物理力学性质有较大影响。热压温度越高、保压时间越长,压缩木的变形回复率越低;但热压温度过高、保压时间过长,压缩木的表面硬度和强度会降低。有研究表明,50%甘油水溶液预处理的杨木,分别在140℃、160℃、180℃下热压30min,压缩木的表面硬度均高于素材,热压温度为180℃的压缩木表面硬度最高;但当热压温度为180℃,热压时间在30min以下时,压缩木表面硬度随热压时间的延长而增大,热压时间超过30min后,压缩木的表面硬度开始降低。热压温度为140℃,热压时间在1~4h范围内,压缩木的抗弯强度明显高于素材,随着热压时间的延长,压缩木的抗弯强度逐渐升高。热压温度为160℃,热压时间在0.5~2h范围内,压缩木的抗弯强度明显高于素材,但随着热压时间的延长,压缩木的抗弯逐渐降低。热压温度为180℃,热压时间在20~60min范围内,压缩木的抗弯强度则低于素材。

## 7.3　胶合木与重组木

随着我国木材资源供求缺口的日益扩大,原始天然林资源的减少,天然次生林和人工林栽培面积的增加，今后的工业用材将主要集中于速生的人工林树种，小径材的开发利用成为目前林产工业面临的一个重要课题。我国种植着大面积的杉木、杨木、桉木等人工林，其中，杨树人工林的面积更是居世界第一位，每年将产生数百万立方米的间伐材。但是，人工林树种普遍存在着材质偏低，幼龄材比例高，树形弯曲，干燥时易开裂和变形等问题，如何合理开发利用，是节约木材资源，提高木材综合利用的关键。此外，在木材加工过程中也会产生很多剩余物，如截头、裁边剩余物等，如何合理利用这些边角料，提高其使用价值，对于木材资源的物尽其用，减少对环境的污染和破坏也有着不可忽视的重要作用。

胶合木、重组木是将去除节子、腐朽、虫眼等缺陷的小径短料经过一定处理，再按使用目的、强度要求等组坯、胶拼、热压而成的一类新型材料，具有材质均匀，尺寸稳定性好，防护处理简单等优良特性，既可以进行标准化规格材生产，也可以按用户的特殊要求进行加工。通过小材大用、劣材优用不但减少了木材加工的废材量，提高了木材的利用率，将其应用到建筑木结构房屋和生产细木工制品中，更可以缩短生产施工的工作周期，提高生产效率，具有十分广阔的开发前景。

## 7.3.1 胶合木

### 7.3.1.1 胶合木概念及特点

广义的胶合木包括两大类，一类为集成材(图 7-9)，主要由木板条胶合而成；另一类为单板层积材(LVL)，主要由单板胶合而成，通常所说的胶合木主要指的是第一种。胶合木是充分利用小规格材生产大尺寸材的有效方法，通常采用小径原木、板材或方材为原料，去除腐朽、裂纹等缺陷后，加工成一定尺寸的木条，在木条的两端开榫、施胶，并按照木纤维平行的方向组坯，在长度、厚度和宽度方向胶合而成的一种新材料。胶合木具有优良的抗拉、抗压强度和均一的材质，既保留了木材的天然材质感，又克服了其易变形开裂的缺点，是开发利用速生人工林树种的有效途径。

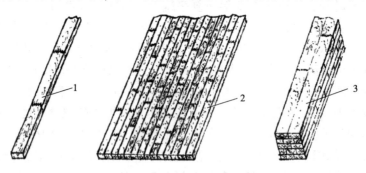

图 7-9 集成材结构示意图
1. 指接材  2. 拼板  3. 层积材

它具有以下几个方面的特点：

(1) 小材大用

胶合木生产所用的原料通常是小径材、枝桠材、加工锯解剩余物、截头等，尺寸短而窄，端部加工成指形，也可以是斜面或平面，先纵接，再横拼，最后施胶层压而成。通过短材接长、薄材加厚、窄材拼宽，充分实现了小材大用。

(2) 劣材优用

胶合木基材一般都要去除虫眼、腐朽、裂纹、空心等缺陷，有的还要求去除节子，以保证胶合木稳定优异的物理力学性能。这样一些在锯材加工中难以合理利用的缺陷原木，如弯曲木、尖削木等也可以得到充分的使用，减少了资源的浪费。

(3) 材尽其用

提高木材的综合利用率包括两个方面：其一为体积利用率，解决的是出材率的问题；其二为性能利用率，解决的是材尽其用的问题。胶合木制造可以根据强度设计的需要，将密度和材质不同的木材分配至结构的不同部位，以解决完全实木结构材存在缺陷时折损系数较大的问题。

(4) 尺寸灵活、设计自由

胶合木通常由厚度 2~4cm 的小径木胶合而成，可根据需要加工成任意尺寸断面、形状断面的木构件，不受原木尺寸的限制。也可在胶合时直接弯曲成形，模压成任意曲率的材料。有资料报道弯曲胶合木的弯曲半径甚至可达其厚度的 150 倍。还可根据胶合木的承载情况，灵活设计其断面形状，制成变截面梁等。

(5) 易于干燥和改性

胶合木木芯尺寸较小，能够以更快的干燥速度获得较好的干燥质量，开裂、变形等缺陷少，增加了胶合木的结构稳定性。一些防腐、阻燃处理也可以在施胶前或施胶过程中一并完成，不论从处理工艺还是从处理效果上来讲，小料基材都比大截面锯材要优异得多，从而有效地拓展了胶合木的使用领域。

(6) 性能优异

与小径材相比，胶合木在强度、尺寸稳定性等方面都有较大的提高，干燥时坯料变形小，含水率应力低。已有研究表明，木材 70% 的降等都是由节子引起的，而胶合木由于没有节子等缺陷，减少了涡纹、乱纹等对木材强度的折减，提高了安全系数。

(7) 生产成本高

小径材制造胶合木需要经过锯解、干燥、开榫、施胶、组坯、热压、固化等工段，与实木制品相比能耗较高，且需耗费大量的胶黏剂、添加剂，初期的设备投资也比加工实木大，对工人的技术要求也比较高。

由于胶合木具有上述优良的加工和使用特性，使其在房屋建筑、桥梁工程、古建维护、木制品生产和室内装修中得到越来越多的应用，在北美、欧洲、东亚的一些发达国家和地区已是一种生产和市场都比较成熟的人造板新品种。日本、美国等国家还相继推出了针对建筑结构材中胶合木物理力学性能的相关标准，对胶合木用作木结构建筑中承重或非承重件时建筑的安全性和稳定性进行保障。

我国的胶合木生产起步较晚，早期大多集中在东北地区，年产量不足 1 万 $m^3$，南方林区虽然拥有面积广阔的人工林资源，但在管理和开发上一直处于"重造林，轻利用"的状态，大量的小径木、间伐材等都没有得到很好的利用。当时的胶合木生产所用原料主要是东北地区的常见用材树种，产品在国内的市场还处于未开发状态，几乎全部用于出口日本。进入 90 年代，随着人们环境保护意识的增加，对居住环境观念的转换以及小径木改性加工技术的日益成熟，我国出现了为数众多的胶合木生产厂，年生产能力超过 300 万 $m^3$，产品销售仍然供不应求。2000 年以后我国对日本市场的出口量迅速增加，从原来对日胶合材出口量的第 9 位升至第 3 位，仅次于奥地利和芬兰，成为胶合材的主要出口国之一。在今后，我国还将继续针对大径级优质天然林资源紧缺的现状，进一步调整人造板工业的产品结构，集中开发各种胶合木产品，同时还要依据我国胶合木生产的特点，出台相应的产品标准以利于国内市场的开拓。

#### 7.3.1.2 胶合木种类

根据胶合木的特殊结构和使用目的的不同，可将胶合木分为以下几种：

①胶合层积板　将干燥到适宜含水率的原木锯解成板材，施胶以后层积固化，再锯解成一定厚度和宽度的窄层积板条，最后将窄板条胶合成要求幅面的层积板。

②胶合层积材　先将方材或胶合木锯解成板材，再将板材施胶、组坯、冷压固化而成，与胶合层积板的区别主要在厚度上。

③打孔胶合木　将原木加工成方材后，在横断面中心钻孔以加速干燥，并减少干燥过程中产生的缺陷和基材的重量，最后将含水率合格的打孔木纵接横拼成要求尺寸的胶合木。

④具装饰花纹的胶合木　前期的加工工艺与胶合层积板、胶合层积材都是相似的，不同之处在于组坯的方式，通过材料的锯解、旋转、调头、拼接、再锯解，制成具有一定装饰花纹的胶合木。

⑤楔形胶合木　楔形胶合木最大的优点是可以通过加工特殊断面的基材来提高出材率。将预处理过的原木加工成梯形和三角形断面的基材，经过施胶、指接、层积成胶合木，中部由两个梯形断面基材对拼而成，三角形断面的基材补在梯形基材的短边一侧。

⑥树脂浸渍胶合木　先将单板或薄木胶合成胶合木，再将胶合木浸渍在树脂中制成，这种胶合木对树脂的用量偏大，适用于带有一定缺陷的单板的胶合。

⑦金属-木材混合结构胶合木　这类胶合木主要由各种木质人造板和金属板复合而成，金属板有钢板、不锈钢板和铝板，作为胶合木的芯层，加强木质基材的尺寸稳定性。木质基材主要有实木、胶合板、刨花板，覆盖在金属材料的表面，形成金属-木材混合结构的胶合木。

#### 7.3.1.3 胶合木制造工艺

(1) 制造工艺

胶合木的生产工艺流程如下所示：

小径材→截断→剖开→剔除缺陷→干燥→加工接头→施胶→指接→刨光→组坯→施胶→固化→刨削→砂光→齐头

①截断、剖开与缺陷剔除　用于胶合木生产的原料主要是一些常见的速生树种，如在南方地区广泛栽培的杉木、杨木、桉树，北方地区蓄积量丰富的各种松木等。由于是速生树种或间伐材，采收时原料的径级一般不超过 14cm。加工时首先将小径材截成长度为 30~50cm 的木段，再用锯机剖成对开材，此阶段可同时将原木上的死节、漏节、腐朽、虫眼等缺陷剔除。

②干燥　此工段需将剖开的基材干燥至含水率8%~12%，设备的选择与普通锯材干燥相同。由于制造胶合木的原料普遍尺寸较小且密度低，先剖分再干燥的工艺会引起基材较大的变形从而降低出材率。因此也可以考虑在剖开之前先干燥，即先将原料锯解成厚板，干燥到工艺要求的含水率后再进一步剖分成所需尺寸的基材。

③接头加工　接头加工包括两个部分，第一部分为基材端部的榫槽加工，其目的是进行长度方向的胶拼。可采用的接合方式有指接、斜接和对接，最常用、接合强度最大的是指接，其次是斜接，最差为对接。从木材消耗量、接头加工难度和胶合木使用目的三方面综合考虑，也可以在胶合木的芯部采用对接，而表面采用指接。第二部分为基材侧接合面的加工，其目的是进行宽度方向的拼板。不同截面的基材，横拼时胶接强度差别明显，相对于矩形截面板而言，梯形截面板的胶接强度高，但是工艺相对复杂。加工时需先刨出基准面，再对开成等腰梯形板，位于板边部的基材还需加工成直角梯形板。

④施胶　脲醛树脂是人造板行业使用最多的胶种之一，具有原料充足、价格低廉等优点，其用量占木材工业用胶量的2/3左右，也是初期胶合木生产的常用胶种。采用脲醛树脂胶合时，一般选择氯化铵作为催化剂，用量根据施胶时的工作室温而定，约2%~4%，施胶量约300~400g/m$^2$，为增加胶的初黏性还可添加适量的面粉和木粉作为填料。但是，考虑到脲醛树脂在生产和使用过程中有游离醛释放的缺陷，越来越多的非醛系树脂胶黏剂开始用于人造板生产。目前生产结构用胶合木一般使用室温固化型胶黏剂，用得比较广泛的有水溶性异氰酸酯胶黏剂。使用时先将主剂与填料按4∶1的比例混合，填料可以是改性淀粉或木粉，搅拌均匀后加入固化剂，用量约10%，再次搅拌均匀。可采用人工施胶法，也可采用辊筒施胶，几个施胶辊相互平行安装，可以同时完成数根木芯的端头和侧边施胶。水溶性异氰酸酯胶黏剂的另一个优点是施胶量低，一般双面施胶量大约在250g/m$^2$左右即可达到国标要求，在相同的胶合条件下，比脲醛树脂低50~100g/m$^2$。

⑤组坯与固化　基材施胶后首先要进行纵接，将开好榫槽的基材两端对接，施以一定的压力使其在常温下固化。其次，将纵接而成的长木条侧向横拼成需要的幅面，冷压固化后静置陈化72h，再上压刨找平表面。最后将横拼好的宽板错开接缝在厚度方向上叠加成多层板坯，加压固化成胶合木，卸压以后仍然要陈化72h左右。固化可采用冷压法，也可用热压法，取决于所用的胶种。若采用热压法，需在热压板上将模框先预热，待上下压板温度符合要求后再进行板坯热压，为防止粘板，还要在钢模底板上涂上石蜡。热压温度选择120℃，时间30min，压力0.98MPa。

⑥刨光与齐头　热压后的粗板坯在陈化的过程中进一步完成胶黏剂的后固化，待尺寸、形状都基本稳定，可进行后续的精加工处理，通过刨削找平表面，砂光进一步提高精度，修边、齐头使产品尺寸符合要求。

⑦质检与入库　产品质量检验是保证产品质量，改进技术工艺，降低生产成本的重要环节，主要包括强度检测，如胶合强度、静曲强度、剪切强度，含水率检测，密度检测等。由于目前我国尚未颁布相应的胶合木产品标准，各生产厂家大多采用的是层积材的检测标准，即细木工板国标，产品面向国外市场的一些企业采用日本JAS集

成材标准居多。随着我国胶合木生产规模的日益扩大，技术趋于成熟，制定相关的胶合木产品国标也成为今后一段时间内人造板加工业迫切需要解决的一个问题。待质检过后，合格的产品即可加盖号印，分批捆扎入库。

(2) 影响因素

①基材的选择　制造胶合木常用的针叶材树种主要有落叶松、辐射松、杉木、台湾杉、美国长叶松、柳杉等，阔叶材树种主要有杨木、柞木等。制造时通常要求树种一致的树种才可放在一起胶合，以保证胶合木材质的稳定与均匀。但是由于原料来源的多样化，往往难以保证生产中某一树种原料的持续供给，许多研究人员相继进行了不同树种木材的共混胶合实验，以期解决原料材质的不稳定性问题，同时还可实现各种木材的优势互补。结果表明，不同树种木材的混合胶合是完全可行的，但必须遵循一定的规律，即"密度适应性"原则。研究表明，中-中密度组合的木材胶合效果最好，剪切强度和木破率都是最高的。低-低密度组合的木材胶合也是可行的，剪切强度和木破率也能达到日本《结构用集成材》(JAS SE-9) 标准的规定值。低-中密度和中-高密度组合的木材胶合效果次之，虽然剪切强度和木破率不如第一种组合高，但仍能满足上述 JAS SE-9 标准所规定的强度指标。而低-高密度组合的木材胶合效果最差，其剪切强度甚至略低于低-低密度组合，由于胶合的破坏主要发生在低密度组分，因此高密度树种的加入不但对材料的整体胶合强度没有明显的改善，还造成了优质树种资源的浪费，因此最后一种组合方式在树种混合胶合中是不可取的。

②制材工艺　基材加工首先进行的是截短，然后是对剖木方、开榫施胶、指接拼板，再经过一道压刨工序使板子的表面达到一定的平整度和光洁度，最后阶段才是厚度方向的集成。在此过程中，基材表面、指形榫接合面以及纵接横拼后板子表面的加工质量对胶合强度有十分重要的影响，平整光滑的表面有利于胶黏剂的渗透和连续胶膜的形成。此外，胶合木生产除了在树种选择时要充分考虑到抽提物对加工工艺的影响外，对于树脂含量较高的一些针叶材，在刨削加工后要及时地组坯、胶合，尽量减少基材、层板加工后的存放时间，以免木材内部抽提物向表面析出，或表面氧化造成木材有效活性基的减少或封闭。

胶合木基材的断面形状通常加工成矩形、方形或梯形。前二者加工工艺简单，也比较常见。但是初始原料的断面形状大多是圆形或椭圆形，加工矩形截面的基材会产生较多的边角料，不利于木材利用率的提高。而将基材加工成梯形截面(图 7-10)，不但最大限度地利用了原木天然的圆弧形，也最大限度地提高木材的出材率，减少裁边损失。同时还增大了基材侧面横拼时的接触面积，使接合强度更高。

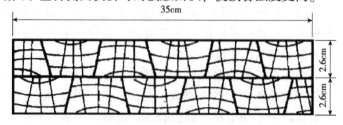

**图 7-10　梯形板断面形状及组坯方式**

③干燥工艺　加工好的基材在施胶前要干燥到一定的含水率，以保证胶液的正常渗透和与木材的牢固结合。如果木材含水率较高，有的胶黏剂如异氰酸酯，其活性端基易与水分结合而失效，无法与木材细胞壁物质形成牢固的化学联结。与木材中的水分结合的同时还会产生部分小分子气体，木材的含水率越高，反应产生的气体就越多，从而使胶层产生鼓泡，难以形成连续的胶膜，降低了胶合强度。其次，如果木材含水率过高，在后续的加工及使用过程中，水分的挥发不可避免地会引起木材的收缩，在胶结面上易形成应力集中，成为材料破坏的敏感区域。

另一方面，如果含水率过低，木材细胞对胶黏剂的过分吸收也会造成胶结面缺胶的现象。上文提到，胶黏剂与木材细胞壁物质之间的结合，建立在胶黏剂活性基与木材中结合水反应形成的架桥联结上，如果木材含水率过低，反应形成的交联结构偏少，从而影响到胶合木强度。因此，胶合木基材的含水率应根据使用当地的气候条件而定，符合当地平衡含水率的要求。

④胶黏剂的种类　胶合木在各种木建筑中主要是作为承重结构件使用，包括各种拱架、横梁、立柱、屋顶等。通常结构用材不但要考虑到试材的强度，还要考虑试材在室外使用时会经常遭受风吹雨淋，日光暴晒，以及不同季节的巨大温差，所用的树脂一般要求有较高的防水防潮性、耐候性和耐热性。木材本身并不是一种导热性很好的材料，如果生产的是尺寸较厚的胶合木，热压时容易形成较大的表芯层温差，因此所采用的树脂都属常温固化型，固化温度不超过30℃。

通常结构用胶合木所用胶黏剂有酚醛树脂胶黏剂、间苯二酚-甲醛树脂胶黏剂、苯酚-间苯二酚-甲醛树脂胶黏剂、三聚氰胺树脂胶黏剂以及异氰酸酯胶黏剂等。在进行胶种选择时主要以胶合木的使用目的、基材材质、尺寸、生产成本等作为考虑依据，若是产生承重结构件，如大跨度的胶合梁，一般要求使用间苯二酚-甲醛树脂胶黏剂。若生产的是室内使用的小截面胶合木，也可采用改性后的脲醛树脂胶黏剂，以求降低成本。胶合木基材长度方向的胶拼一般选择水性高分子异氰酸酯胶黏剂、三聚氰胺胶黏剂，宽度和厚度方向的集成则选择间苯二酚-甲醛树脂胶黏剂或水性高分子异氰酸酯胶黏剂。

⑤施胶工艺　施胶前胶黏剂要先进行调制，根据工艺的需要添固化促进剂、抑制剂或pH调节剂。为了增加涂布时的黏度，避免施胶时树脂对基材的过分渗透，还可以加入面粉和锯屑作为填料，用量一般控制在3%~5%。有特殊要求的使用场合，也可以加入一些防腐剂、阻燃剂、防水剂等改性剂。根据生产周期的需要，胶黏剂在调制之后至少要保持1~2h的适用期，因此固化剂用量不宜过大，否则胶缝容易变脆，易裂。为使胶黏剂能够均匀地涂布和拥有适宜的渗透深度，胶液的黏度一般要求在1 000~2 000mPa·s，可根据工作温度的高低做相应的调整。

施胶量对试样的静曲强度、剪切强度、压缩率也有显著影响。用于制造胶合木的树种一般都比较轻软，细胞腔大壁薄，对树脂的吸纳能力强，施胶量越大，木材中孔隙的填充率就越高，力学性能随之提高。但是，木材细胞对树脂的吸纳不可能是无限的，因此当施胶量增加到一定程度，对胶合木强度的影响很小，甚至在胶层偏厚的情况下，还会出现剪切强度下降的情况。

⑥组坯方法  由基材经纵接、横拼而成的称为层板,层板层积胶合就形成了胶合木。其中层板的配置与胶合木的强度有着非常重要的联系。对用同一树种、材质相近的木材制造的胶合木而言,中间采用胶拼的层板作为芯材,外侧部分采用无指接材作为边框能有效提高胶合木的强度,平均抗弯强度可比完全采用芯材胶拼而成的胶合木强度高8%。因此,从节约资源、材尽其用的角度出发,可根据胶合木使用的强度要求,进行截面构成设计,在芯材部位利用低质材,边材部位采用优质材,以实现资源的合理配置。

⑦固化工艺  根据胶种的不同,可采用冷压或热压法固化。异氰酸酯类树脂胶黏剂一般要在室温下加压固化,如果车间温度过高,胶黏剂组分之间,胶黏剂与木材之间的反应过于剧烈,胶黏剂黏度迅速增加,有可能在还没有渗透充分的情况下,木材表面的胶层就已经初步固化凝结。反之,如果操作温度过低,也可出现各反应活性基活性减低,反应过慢的情况,影响到生产效率的提高。

一般冷固型胶黏剂适宜的操作温度在 10~30℃ 之间,如水性高分子异氰酸酯类树脂胶黏剂的固化温度应控制在 18~30℃。如操作温度过高,也可通过加入适量的抑制剂来调整胶黏剂的活性期。在加压固化后,通常要陈化 72h 以上进行养护,让胶黏剂反应完全,此阶段的环境温度也应控制在相应的范围内。

固化时间和固化压力对胶合木综合物理力学性能的影响也是不可忽视的。不论是冷固型还是热固型胶黏剂,固化时间延长,压力增大,木材均易产生塑性变形,纤维间距离被压缩,并在新的位置被固定下来。但这并不意味着,压力越大胶合木强度越大,一旦超过木材细胞壁破坏极限,细胞壁会被压溃。已有研究表明,杉木胶合木各项物理力学性能指标中,受热压压力影响较大的是胶合强度、密度和压缩率。压力在 0.05~0.60MPa 范围内对试样的胶合强度影响显著,随着热压压力的增加,试样的强度随之升高。热压时间主要影响的是静曲强度、弹性模量和含水率,在热压开始的 16min 内,试样的静曲强度随固化时间的延长增加明显,超过 16min 时,静曲强度的增长趋于缓慢。热压温度主要对试样的弹性模量和含水率有影响,木材中水分移动的动力之一就是温度梯度,提高热压温度木材含水率几乎呈直线下降;而另一方面含水率的降低也与试样的强度的提高有着密不可分的联系。

### 7.3.2  重组木

#### 7.3.2.1  重组木概念及特点

重组木的概念在 20 世纪 70 年代初,由澳大利亚的 John Douglas Coleman 提出,它是指在不打乱木材原有纤维排列方向和保留其基本性能的前提下,将小径木软化碾压成网帘状木束,再经过干燥、施胶、组坯和热压,制成一种材质均匀、强度高、硬度大的新型材料。自重组木概念提出之日起,就引起各国研究人员的普遍关注,经过几十年的发展,取得了非常丰硕的成果,在许多国家都已实现大规模的工业化生产和应用。

总的来说,重组木具有以下几方面的优点:

(1)原料多样化

各种小径材、枝桠材、间伐材、腐朽材、板皮、截头、胶合板加工剩余的木芯、带有严重缺陷的木材、灌木等，都可以用作生产重组木的原料，其价格仅相当于生产锯材和胶合板所用原木的 1/4~1/5。从树种上来看，原料既可以是针叶材，也可以是阔叶材，甚至可以是秸秆、棉杆等农业加工剩余物。

(2) 分离工艺简单

重组木对于木束的尺寸没有十分严格的要求，尺寸大小不一的木束也可以一起铺装成型，所用的解纤设备与工艺也比较简单，采用一般的木束碾压机即可达到半成品规格。

(3) 干燥工艺易控

在干燥工段，一般采用的都是连续网带式高温干燥，较高的干燥温度对木束形态的影响不大，且具有网带状连接的特点，生产效率高，操作简便。

(4) 施胶方法灵活

重组木施胶可选择的方法也很多，有喷胶、拌胶、浸胶、淋胶等，企业可根据自己的实际情况灵活选择。通过选择合适的胶黏剂种类，还可进一步降低工艺难度，比如若选用的是异氰酸酯类胶黏剂，可大大减少干燥的能耗和时间，因为异氰酸酯类胶黏剂可在较高的含水率下固化。

(5) 预压、热压工艺简便

重组木的预压、热压以及后期的陈化处理，也与一般人造板生产几乎无区别，一般刨花板加工设备只需稍加调整即可用于重组木生产，非常方便。

(6) 成型加工方式多样化

热压固化后的重组木半成品能适应多种木制品加工方式，如锯切、刨削、铣削、钻孔、贴面、覆膜等，工艺操作均十分简单易行，对工人也没有太高的技术要求。

(7) 优良的物理力学性能

重组木是将基材原料碾压成纵向连续而横向分离的木束，再经施胶、组坯、胶结而成一种新型结构材，只要工艺参数控制得当，对木材的天然纤维并不会产生破坏，因此产品具有强度高、握钉力大、耐磨等优良的物理力学特性。

(8) 属环境友好产品

采用重组木建造的房屋或其他工程设施，在超过使用期后可对其进行回收再加工处理，具有良好的环保性能。

但是，重组木也有其存在的问题：

(1) 表面质量问题

由于铺装后的木束始终难以像刨花一样平整，因此，热压后的重组木表面总是存在各种大小的凹坑，即使采用刨铣等方法进行表面处理，还是很容易出现戗茬、倒刺等缺陷，使重组木只能满足一些对表面精度和平整度要求不高的建筑结构用材的需要。且铺装时木束间难以实现完全平行的排布，而是在一定程度上相互倾斜着交织，木材特有的天然纹理也难以在重组木表面重现。手工铺装法在木束排布的平行度上有所改善，但会造成重组木坯体整体上的不均匀性，也降低了铺装效率，若采用复合覆面的方法来提高重组木的表面质量，虽然可以得到更高附加值的产品，但也在一定程度上增加了成本。

(2) 内应力问题

厚度大的重组木一般密度也大，热压时产生的内应力会残留在试样中，待试样锯割以后逐渐释放，造成重组木变形。

总的来说，重组木作为一种近年来迅速发展的人造板新产品，虽然还存在着一些不足，但这并不妨碍其成为现今天然林资源越来越紧俏，人工速生用材林逐渐成为木材加工业主要原料的大背景下，一个具有十分强势竞争力的工程结构材新品种。与其他工程木材和人造板产品相比，重组木的原料大都属于短周期间伐材，还有一部分农业生产剩余物，价格十分便宜。另一方面其生产工艺非常简单，易于实现工业自动化生产，在保证产品质量的前提下，节约了劳动成本。因此，在进行木结构房屋建造、木制品加工、室内装饰选材时，重组木与其他种类的工程结构材相比具有十分显著的性价比优势。它比单板层积材、胶合木、木质工字梁以及实木锯材具有更为突出的强度和刚性，这对于大型木结构建筑的开发和推广尤为重要。

### 7.3.2.2 重组木制造工艺

(1) 制造工艺

重组木的生产工艺流程：基材→软化→碾压→干燥→施胶→铺装→热压→后期处理→成品。

① 基材预处理　小径材原木和枝桠在碾压前一般要经过剥皮、去节子、截断和软化处理。有时剥皮和后续的木束分离工段也可合并进行，经过反复多次碾压，得到网帘状木束的同时自动去皮，简化了工艺。由于大的节子往往质地坚硬，增加了软化和分离的难度，通常都要剔除，小的节子在对碾压加工影响不大的情况下可以保留。剔除节子的同时，将原木截成符合产品尺寸规格和设备工艺参数要求的木段。

软化是木束分离的基础，可采用常压蒸煮法、压力蒸煮法或者碱液蒸煮法。第一种方法是在60℃的热水中浸泡24h，工艺简单，操作便捷，初期投资少，但是软化效果不是特别理想，木束分离时易产生较多碎料。第二种方法对蒸煮设备有特殊要求，且会增加部分能耗成本，但是软化后木束分离效果好，碎料少，且生产效率高。第三种方法是在蒸煮时加入适量的氢氧化钠，可进一步缩短蒸煮时间，分离更为容易，还能获得较高的木束得率。

通常情况下，如果是含水率较高的生材，可考虑采用一般的常压蒸煮法。如果是堆放了一段时间的气干材，则一般要采用加压蒸煮法或碱液蒸煮法才能达到很好的软化效果。

② 基材碾压　软化后，基材直接经数对形状结构不同的压辊碾压成网状坯料，使基材沿木纹裂开、展平，但不对纤维造成损伤(图7-11)。连续式辊压机上的辊筒表面有很多沟槽，从第一对到最后一对辊筒沟槽的深度和宽度逐渐减小，能够使基材经过辊筒时产生由大到小的裂纹，从而展平成网状木束。另一方面，小径木表面包裹的树皮也可以同时被压溃、剥离，收集后可作为供热系统的燃料。在上压辊一侧还装有压紧弹簧，以保证不同厚度的基材都可以顺利进料，碾压时所用压力一般为8MPa。

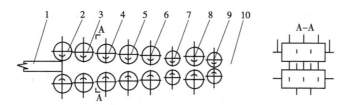

**图 7-11 木材碾压装置**
1. 被梳解材　2、3. 进给、辗压辊　4、6. 顺(或逆)梳辊
5、7. 辗压定厚展平　8. 顺梳辊　9. 出料辊　10. 旋转侧刀

采用单纯的碾压法经常存在解纤不均匀的现象，某些区域的纤维已经分离，而在另一些区域仍紧密相连。因此可以采用碾压与揉搓相结合的方法。一种工艺是先让原木经过碾压机加工成木束后，再经过木束精搓机横向相对运动的链板，进一步梳理木束形态；另一种工艺是使压辊在碾压的同时，在与木段进料方向垂直的方向上进行往复运动，边滚动碾压，边横向搓离纤维，使压溃的木段进一步展开，碾压与搓离可由上下压辊分别执行，也可同时执行。

③木束干燥　软化后基材含水率一般都接近饱和，碾压处理时，约50%的水分可以在压辊的作用下挤出，剩下的那部分水分必须要经过干燥处理，才能达到施胶的工艺要求。经处理后的木束厚度一般在2mm左右，含水率高于纤维饱和点，可采用自然干燥、普通干燥窑、回转式干燥机或热压干燥机将木束干燥至含水率3%~6%左右。

其中，热压干燥是干燥木束比较好的方法，在热的作用下木束中的水分蒸发迅速，含水率可以很快达到要求，同时压力的作用能够有效抑制木束由于水分蒸发而产生的变形，平整的形态有利于后续的板坯铺装和重组木整体强度的提高。采用热压干燥机干燥时，压力一般为3MPa，温度为170℃，时间为6min，干燥后木束的厚度为1.0~1.2mm。

从缩短木束的干燥时间，提高生产效率，节约投资与降低能耗的角度考虑，可先将木束置于空气中干燥至纤维饱和点左右，再送入普通干燥窑进行快速干燥。由于碾压后的木束结构松散，比表面积大，厚度薄，水分比较容易排除，因此可采用较硬的干燥基准，干燥温度一般为80℃，干燥时间24h。

④施胶　一般人造板生产用脲醛树脂胶黏剂、三聚氰胺改性脲醛树脂胶黏剂、酚醛树脂胶黏剂也可用于重组木生产，根据基材种类、重组木使用目的以及胶种的不同，施胶量可调整在5%~14%范围内。

施胶有人工法和机械法两种，人工施胶即用刷子将胶液均匀地涂布在木束上，陈化30min待胶液中的水分适当挥发后即可组坯。机械施胶有喷胶法、浸胶法、淋胶法、辊涂法等。采用喷胶法施胶时，常用的木束施胶机具有数个喷嘴，按配方比例调制好的胶液在4kg/cm$^2$压力的作用下经喷嘴雾化后在风压的作用下喷出，施在经传送带运输的木束表面，施胶宽度可达500mm。采用浸胶法施胶时，首先将装有木束的浸胶框浸入浸胶槽中，3~5min后再将木束取出，置于滴胶架上去除多余胶液后，再经过一次挤胶机将剩余的胶液排除。采用此法施胶的木束胶液分布一般比较均匀，同时施胶量也大，约在12%~14%，主要适用于作承重结构材，如梁、柱、桁等构件的重组木生产。

也有的重组木生产是先进行树脂浸注压缩，再进行单板干燥，最后热压成型。在树脂浸注压缩段，一般都采用的是逐级浸注加压法，即按树脂固体含量和辊压压缩率从低到高的顺序，分别对单板进行辊压浸注，压辊的转速保持在800r/min。浸注后的单板采用连续式干燥机干燥至含水率20%左右，温度一般为75~80℃，时间20~30min。

⑤组坯　干燥后的木束可按照相邻层相互平行、相互垂直、相互成一定角度的多种方法组坯，取决于预先设计好的重组木的性能要求，不管采用哪一种组坯方式，都要求木束铺放均匀，接口错开，板坯的断面结构应符合"对称性原则"。保证在厚度方向上板坯上下两侧的木束形状、尺寸、材质相对于芯层都是对称的。板坯可以是单层结构也可以是多层结构，单层结构的板坯铺装比较简单，多层结构板坯的芯层可用尺寸差别相对较大的木束，按所需角度组坯即可，表面一般采用的是分离质量较好的网状木束帘，层与层之间用碎木束填充。对于重组木/刨花/纤维复合材，还要将刨花和纤维均匀的铺装在木束的上下部，板坯的厚度通过厚度规控制。

⑥预压与热压　通过预压使板坯初步胶合，不但可以减少热压段的工作时间，还可以降低能耗，预压时单位压力通常取1.5MPa，时间2min。由于生产重组木的木质纤维类材料都不具有良好的导热性，升压、升温速度过快，板坯的芯表层往往会产生较大的温度梯度，产品易鼓泡、分层。因此，热压工段常采用的是多段加压法，由于使用厚度规控制，最大压力没有定值，一般在4MPa左右。温度可取刨花板的热压温度170℃为参考，但是刨花板在170℃的条件下，热压0.5min/mm就能得到较好的性能。而重组木由于纤维束较厚，传热更慢一些，在同样工艺条件下易分层和鼓泡。如将时间延长至1~2min/mm效果较好，另外为了避免热压过程中纤维与胶黏剂的老化，通常将温度适当降低至140~170℃。同样，为避免板坯内蒸汽压力急剧降低造成的分层、鼓泡等缺陷，卸压时也要采用多段卸压法，并适当延长卸压的时间。

⑦后期处理　后期处理包括等温等湿处理、砂光、表面涂饰、覆膜处理等。等温等湿处理是在室内陈化3~5d，使试样各部分的温度和含水率趋于一致，释放热压过程中产生的应力，防止变形。

由于重组木木束重组后没有顺纹、逆纹之分，采用普通的机械加工方法如铣削、刨削、砂光等不能将重组木表面的戗茬、毛刺清除干净。如果想要得到较高的表面质量，可以考虑采用表面贴面处理，生产重组木复合刨花板或是塑膜重组木。

重组木表面贴面处理与纤维板、刨花板的表面贴面法基本相似，将经过初步表面加工的重组木送至贴面机上进行贴面，贴面材料最常用的是印有各种木纹的三聚氰胺浸渍纸。企业原有的人造板贴面生产线只需稍加改造即可用于重组木贴面生产。

重组木复合刨花/纤维板是一种新型的刨花板复合材，重组木与刨花/纤维的复合有两种方式，第一种以重组木为芯层，以刨花/纤维铺装表层，其铺装工艺类似于多层刨花板生产；第二种正好相反，以重组木为表层，刨花/纤维作为芯层，铺装工艺与第一种相似。对于提高表面质量而言，主要指的是第一种复合法，如可采用柠条材纤维做表层，沙柳材木束做芯层的复合型重组木，兼具中密度纤维板和重组木的双重优点。经过复合处理的重组木表面可以达到中密度纤维板水平，适合各种油漆涂饰及装饰处理，能够满足家具生产用材要求，同时又具有强度高、能耗少、成本低的优点，可适用于房屋建筑、车辆、船舶等工民建领域。

塑膜重组木是在重组木的表面覆一层塑料膜，再经过表面精加工处理使之达到要求的表面精度及平整度等，是木材与塑料相结合的另一种新型复合人造板。木材与塑料二者之间的结合也分为两种方式：第一种为铺装过程中添加，即在木束铺装的过程中将塑料的小分子预聚体铺洒在重组木表面，形成包覆层；第二种为热压后注塑，即在重组木热压成型之后，再在模具中注塑二次成型。表层覆盖的塑料膜通常呈半透明状，不会遮盖木材原有的颜色，还具有一定的防水效果，拓宽了重组木在水下工程建筑方面的应用。

### 7.3.3 胶合木与重组木的应用

胶合木和重组木近年来的发展十分迅速，已逐渐成为一种工艺和市场日渐成熟的板种，在日本、韩国、美国、加拿大和西欧一些发达国家被广泛用于木结构建筑、桥梁工程、家具生产等领域。

在亚太地区，尤以日本市场的开发、拓展最为迅猛。日本从20世纪50年代初开始将大跨度的胶合木梁用于仓储建筑，至80年代中期已拥有包括体育馆、图书馆、车站、寺庙、桥梁等在内的以胶合木为结构材的大型木结构建筑900多座，并以每年300座以上的速度增长，已成为胶合木、重组木最大的生产国和消费国。在日本，木框架住宅大约相当于钢框架和钢筋混凝土框架住宅的总和，木框架的房屋大约占新住宅建筑总量的50%。在梁柱式结构的住宅中，胶合木主要用作横梁、立柱、支撑墙等承重结构件或支撑连接件，其用量可达总用材量的85%。由于胶合木、重组木等集成材产品在日本建筑结构中的广泛应用，为了保证这些木建筑的安全性、耐久性、规范性，日本除了推出相应的JAS标准对国内相关企业的集成材产品进行认定外，还大量进口东南亚其他一些国家和欧洲的优质胶合木产品。其中，奥地利、芬兰和中国分列对日胶合材出口量的前三甲，并以每年30%左右的速度持续增长，而印度尼西亚、马来西亚和新西兰生产的集成材产品也大都出口日本市场。

欧洲胶合材的生产虽然起步较晚，但是发展十分迅速，已成为胶合木、重组木系列集成材产品最大的出口地区，从1996—2000年，欧洲胶合材的年产量由89.5万$m^3$增加到250万$m^3$，增幅达12%。相对于消费量而言出口量的增加尤为迅速，1996年胶合材的出口量仅为4.5万$m^3$，而2000年已达到45万$m^3$，虽然在2000年以后由于日本市场的萎缩对欧洲胶合材的出口影响巨大，但在2001—2004年间胶合材出口量仍然维持了约6%的年增长率。而欧洲地区的消费量则从1996年开始一直保持着平稳增长的态势，平均年增长率保持在10%左右。主要生产国有奥地利、德国、芬兰等国和斯堪的纳维亚半岛等。其中，奥地利和德国仍然是欧洲胶合材生产的龙头国家，奥地利胶合材的总产量约占欧洲总产量的1/3，德国约占1/4，其胶合材产品几乎全部出口日本。从产品类型上看，欧洲胶合材生产主要以集成材为主，LVL仅占年消费量的5%，其余全为集成材，广泛用于民生及工业建筑领域，作为横梁、立柱、拱架等承重结构件使用。从消费上看，意大利胶合材市场的销售总量居欧洲第一，其次为德国市场，同时德国还是世界人均胶合材消费量第一的国家，年胶合材消费量约占欧洲总产量的1/3。

总的来说，近年来欧洲地区胶合材的生产一直保持着上升的走势，2007年胶合木梁的产量比1997年提高了257%，2008年欧洲地区的年生产能力约为550万$m^3$，预计在今后很长一段时间内，欧洲地区胶合材市场的整体需求还会随着人们环保意识的增强，资源利用模式的转变，企业规模化生产的扩大和成本的降低保持稳步的增长。

从20世纪90年代开始，由于北美地区天然针叶林锯材产量的缩水和木框架房屋需求量的增加，胶合材的生产和销售一直保持着比较旺盛的增长趋势。统计数据表明，2004年北美地区胶合材总产量的35%~40%为集成材，其余的60%~65%为LVL。虽然价格相对于实木要贵一些，但是胶合材均匀的强度，优良的耐腐抗虫阻燃特性，稳定的成本以及能显著降低建筑工程劳动强度的优良特性，使其在北美建筑行业中的推广占有极大的优势。北美地区新建住宅中木框架结构的房屋约占85%，住宅建筑一层以上约45%的地板、天花板、侧墙都安装在胶合梁上，在今后该比例还会继续增加。从北美地区建筑结构材的使用情况来看，随着木结构材年需求量的增加，工字梁的消费比例也逐年递增。从1992—2007年的15年间，工字梁在北美木结构材中的比重提高了15%，约占总需求量的65%，世界上95%的工字梁生产和消费都集中在北美地区。木结构材中需求量分列二、三位的为集成材和LVL（不包括工字梁用LVL），其中集成材的用量近年来增幅明显，1992年的产量仅20万$m^3$左右，到了2007年其产量已提高了将近10倍。预计今后随着北美西部地区国有天然林保护工程的推进，新的建筑规范的实施以及对杨木、桦木、糖槭等速生材开发技术的日益成熟，北美地区的胶合材生产将会得到更大的发展。

由于胶合木可根据实际需要制成任意断面尺寸，任意曲率大小，有些胶合木的木芯还钻有孔，除了可以提高干燥速度，孔隙中空气可以提高胶合木的保温隔热性能和隔音减噪能，这一类非结构用胶合木可用作建筑中的墙板、隔热层等，也可用作室内装修中的门板、楼梯板、扶手等，和家具行业中的面板、底板。与小径材相比，结构用胶合木的各项强度则有明显的提高，静曲强度可提高40%以上，平面胶合剪切强度提高30%以上，斜面胶合剪切强度可提高20%以上，而全干密度仅提高1%左右。既保持了木材原有的天然纹理，又具有强重比高的优点，可用作房屋建筑的结构用材，如梁柱、桁架等承重构件。

立木芯胶合门板是利用小径的杉木间伐材，对剖成一定厚度的木方，施胶拼板以后置于同样是杉木小径材做成的木框中间，上下表面再各覆上单板胶压而成。用于制造芯材的杉木间伐材的直径一般在3~6cm，不同年龄的试样对产品性能几乎无影响，因此可以混用。制造边框的原料直径要稍宽一些，通常8~10cm左右，一般的小径材都可以满足要求，所以原料来源非常广泛。与传统的木质镶板门比具有更高的平面抗压能力和抗冲击强度，优良的尺寸稳定性，同时还具有一定的隔音、阻湿性能，每扇门还可以减少将近50%的原木消耗。

经碳纤维覆面处理的强化胶合木有着更为优异的强度性能，作为工程建筑材料在日本及一些欧美国家得到越来越广泛的应用。其中，日本已于2001年成功开发了作为木桥主梁的碳纤维强化胶合木，桥体为落叶松结构用胶合木，强度等级可达E105-F300，所用主梁为碳纤维覆面强化胶合木，胶合木上下表层根据受力的不同分别覆有一层和五层碳纤维板。加工时通常先进行落叶松薄板的胶合,再将覆面的数层碳纤维板与最外层的一张落叶松薄板复合,最后完成表层与芯层的集成。碳纤维板的加工工艺决定了使用常见的木材胶黏剂,如间苯二酚树脂等,即可实现碳纤维板与胶合木的集成,不但改善了碳纤维板与胶合木的胶合性能,也扩大了碳纤维的应用领域。经正常使用一年后,木桥的性能检测结果正常,说明碳纤维强化胶合木具有良好的物理力学特性,强度高、弹性好、尺寸稳定、且性能均一,可作为优良的建筑材料大力推广。

胶合木、重组木这类规格化结构材不但具有木材利用率高,产品规格多样化,力学性能优异和尺寸稳定性好等优点,还兼具生态和环保方面的优越性,并且防腐、防虫及阻燃等防护处理均可在加工过程中完成简单工艺流程,使之成为现代木结构房屋的重要建筑材料。如弯曲胶合木的曲率半径可达厚度的150倍,可用作木建筑的弓弦桁架、拱架、上弦构件和弯曲的龙骨等,日本京都地区高339m,建筑占地面积达5 027$m^2$的"日满里楼"就全部由胶合木制造而成。由于胶合木、重组木实现了木材力学性质的合理配置,强度分布更为合理,其各项力学性能指标均高于实体木材,如LVL的抗弯强度可达18MPa,剪切强度可达1.7MPa,弹性模量可达10GPa,可作为木建筑的承重构件使用,包括屋顶桁架、檩条、屋架拉条、支撑墙、屋脊板等。在加工过程中还可根据使用的特殊目的,通过调整原料的组坯方式减少结构材产品物理力学性能上的各向异性,减少产品使用过程中的变形,也可实现结构材某一特定方向上的力学性能要求,如大片刨花层积木(LSL),定向结构刨花板(OSB)等,常被用作各种墙体和楼板的覆面板,为装饰材料提供支撑和连接。

胶合木、重组木装饰材是在集成加工工艺的基础上,将小径木基材经过染色、模压等特殊处理,再胶拼而成的一种颜色、纹理、质地符合特殊要求的木质复合装饰材料。在加工过程中,既保留了木材的一些天然特性和花纹,又可通过一些特殊的物理化学处理,使材料具有普通木材所不具备的稳定均一的色泽、纹理、强度和尺寸稳定性,避免了采用天然木材拼板时纹理、色差过大的问题。经过数十年的发展,胶合木、重组木装饰材已从最初的装饰薄板发展到重组装饰材锯材、复合地板、家具饰面板、防火板等种类多样的集成材装饰材系列产品。而另一方面,对胶合木、重组木在室内装饰和家具生产中的应用也从一开始单纯地以胶合木、重组木代替实木,通过铣削、锯割加工成各种零部件,发展到直接对原料组坯、模压胶合进行调整,生产出牢固耐用、外观新颖的集成材预制家具零部件。

通常,集成材预制家具零部件根据使用目的的不同可分为以下几种:①各种形式的连接预制件,如直角形连接、圆弧与直线的连接;②特殊形状的模压预制件,如圆形、弧形或其他曲面形状的零部件;③嵌装插入式整体预制件,如家具的背板、面板与边框所形成嵌入式体系;④花纹拼接装饰预制件,如径切纹理、半径切纹理、旋切纹理以及根据特殊要求设计的各种艺术几何图案纹理预制件;⑤不同形状的空心预制件,如各种柱体、桌腿。总的来说,集成材预制件的生产实现了家具结构件的整体化,减少了零部件和金属联结件用量的同时,使家具的稳固性大大增加。另外,多种多样的集成材预制件的开发也使得家具设计更为丰富多彩,个性化和自由度得到极大地提高。

总的来说，我国的胶合木、重组木开发利用符合林产工业、木材工业"劣材优用，小材大用"的发展方向，不但为速生人工林树种在工程建筑、家具生产等多个领域的应用开辟了一条新路，还推进了我国工程结构材的规模化、集约化生产，具有十分广阔的发展前景。

## 本 章 小 结

木材强化的方法包括浸渍木、压缩木、胶合木、重组木等。浸渍木是将有机或无机化合物的预聚体通过一定的物理、化学方法注入木材的各级孔隙中，并与木材胞壁物质形成物理或化学结合沉积下来。压缩木是利用了木材的塑性，在不对木材细胞壁产生破坏的情况下将其塑化压密。胶合木和重组木则是将除去了各种缺陷的小径短料经过一定的处理，再按使用目的、强度要求进行组坯、胶拼、压固而成的一类新型材料。通过上述处理，木材可获得优良的强度、硬度、弹性模量等物理力学性质，成为充分利用人工林速生树种资源，提高劣质材的等级，缓解木材供需矛盾的有效途径。

## 思 考 题

1. 什么是木材强化？
2. 木材强化的手段有哪些？
3. 压密处理时压缩变形固定的方法有几类？
4. 胶合木、重组木生产时的主要影响因子有哪些？

## 推荐阅读书目

1. 木材改性工艺学. 陆文达. 哈尔滨：东北林业大学出版社, 1993.
2. 木材功能性改良. 方桂珍. 北京：化学工业出版社, 2008.

## 参 考 文 献

1. 李坚. 1999. 木材保护学[M]. 哈尔滨：东北林业大学出版社.
2. 井上雅文. 2002. 压缩木研究现状与今后展望[J]. 人造板通讯, 9：3-5.
3. 赵钟声, 井上雅文, 刘一星, 等. 2003. 常压条件下温度对饱水时间压缩变形恢复率影响的研究[J]. 林业机械与木工设备, 31(6)：18-22.
4. Stamm. 1964. Wood and Cellulose Science [M]. New York：Ronald Press.
5. Inoue M, Norimoto M, Otsuka Y, et al. 1991. Surface compression of coniferous wood lumber II：Permanent set of compression wood by lowmolecular weight phenolic resin and some physical properties of the products[J]. Mokuzai Gakkaishi, 37(3)：227-233.
6. 则元京. 1994. 木材の热および水蒸气处理[J]. 木材工业(日本), 4912：588-592.
7. Fukuta S, Takasu Y, Sasaki Y, et al, Y. 2007. Compressive deformation process of Japanese cedar (*Cryptomeria japonica*)[J]. Wood and Fiber Science, 39(4)：548-555.
8. Inoue M, Sekino N, Morooka T, et al. 2008. Fixation of compressive deformation in wood by pre-steaming [J]. Journal of Tropical Forest Science, 20(4)：273-281.
9. Inoue M, Norimoto M, Otsuka Y, et al. 1991. Surface compression of coniferous wood lumber III：Permanent set of the surface compressed layer by a water solution of lowmolecular weight phenolic resin [J]. Mokuzai Gakkaishi, 37(3)：234-240.

10. Inoue M, Norimoto M, Otsuka Y, et al. 1993. Dimentional stability, mechanical properties, and color changes of a lowmolecular weight melamine2 formaldehyde resin impregnated wood[J]. Mokuzai gakkaishi, 39(2): 181-189.

11. Inoue M, Ogata S, Kawai S, et al. 1993. Fixation of compressed wood using melamine2 formaldehyde resin[J]. Wood and Fiber Science, 25(4): 404-410.

12. Inoue M, Minato K, Norimoto M. 1994. Permanent fixation of compressive deformation of wood by crosslinking[J]. Mokuzai Gakkaishi, 40(9): 931-936.

13. Higashihara T, Inoue M, Morooka T, et al. 2001. Stress relaxation of glycerin-saturated wood[J]. Mokuzai Gakkaishi/Journal of theJapan Wood Research Society, 47(5): 447-451.

14. 陈瑞英,魏萍,刘景宏. 2006. 压前含水率对杉木间伐材压缩木性能的影响[J]. 林产工业, 33(1): 10-13.

15. 贺宏奎,常建民. 2007. 软质木材的表面密实化[J]. 木材工业, 21(2): 16-18.

16. 刘战胜,张勤丽,张齐生. 2000. 压缩木制造技术[J]. 木材工业, 14(5): 19-21.

17. 刘君良,李坚,刘一星. 2003. 高温水蒸气处理固定大青杨木材横纹压缩变形的研究[J]. 林业科学, 39(1): 116-121.

18. 宗形芳明. 1985. 关于集成化技术的研究[J]. 福岛县林业试验场研究报告, 17: 85-91.

19. 刘国杰,颜镇. 1998. 浅议胶合木与胶黏剂[J]. 林产工业, 25(3): 1-4.

20. 张玉萍,傅峰. 2008. 人工林混合树种木材胶合的研究[J]. 木材工业, 22(2): 8-22.

21. 徐咏兰,华毓坤. 2002. 不同结构杨木单板层积材的蠕变的抗弯性能[J]. 木材工业, 16(6): 10-12.

22. 刘艳,鹿振友. 2004. 指接集成材力学性能的探讨[J]. 木材加工机械, 4: 15-17.

23. 阿伦,马岩,高志悦. 2007. 木束形态对沙柳材重组木性能的影响[J]. 林业科技, 32(1): 53-55.

24. 杨文斌,马连祥,顾炼百. 2000. 杉木小径材干燥方法初探[J]. 林业科技开发, 14(2): 32-33.

25. 宋孝周. 2007. 棉杆重组材生产工艺的研究[J]. 木材工业, 21(6): 37-40.

26. 王丹,张宏健. 2007. 重组型木质材料在木结构房屋中的应用[J]. 木材工业, 21(5): 18-20.

27. 袁东. 2006. 世界胶合材生产和市场[J]. 中国人造板, 11: 33-35.

28. 吴玉章,吴书泓,叶克林. 2000. 中国木材功能性改良技术发展方向[J]. 木材工业, 14(3): 16-18.

29. 刘君良,王玉秋. 2004. 酚醛树脂处理杨木、杉木尺寸稳定性分析[J]. 木材工业, 18(6): 5-8.

30. 夏炎,岳孔,张伟. 2008. PF树脂浸渍ACQ防腐杨木的基本特性[J]. 林业科技开发, 22(3): 61-64.

31. 汪佑宏,顾炼百,王传贵. 2006. 马尾松速生材的表面强化工艺观察[J]. 南京林业大学学报(自然科学版), 30(6): 17-22.

32. 陈端. 1997. 杉木的PVA、MF真空加压浸渍改性试验[J]. 木材工业, 11(5): 9-13.

33. 王传耀,杨文斌,陈刚. 2006. 杉木间伐材ACQ防腐与综合强化复合改性研究[J]. 林业科学, 42(12): 101-107.

34. 李坚,邱坚,刘一星. 2007. Sol-Gel法制备木材功能性改良用$SiO_2$凝胶[J]. 林业科学, 43(12): 106-111.

35. 邱坚,李坚,刘一星. 2008. $SiO_2$ 溶胶空细胞法浸渍处理木材工艺[J]. 林业科学,44(3): 124-128.

36. 邱坚,李坚,刘一星. 2008. 木材-$SiO_2$ 醇凝胶复合材的超临界干燥工艺[J]. 林业科学,44(7): 62-67.

# 第 8 章
# 木材材色处理

**【本章提要】** 木材材色处理是指采用物理的或化学的方法改变木材颜色、调节木材颜色深浅、防止及消除木材变色的加工技术，主要包括木材的漂白、着色和不良材色的处理。木材材色处理可以改善木材的视觉特性和装饰性能，提高木材的利用价值，为建筑、室内装修、家具、人造装饰薄木、工艺品和体育器材生产等提供材色良好的木质材料。

## 8.1 颜色的产生及色度学基础

物体颜色是决定消费者印象的最重要因素，也是产品生产与设计中最生动、最活跃的因素。木材颜色也不例外，木材是一种生物质材料，其颜色的多样性和变异性，使木材颜色的表征和测量变得十分复杂。随着科学技术的不断发展，色度学的建立使颜色的正确测量和客观评定有了可靠的理论依据和标准。

### 8.1.1 颜色的产生及其特性

#### 8.1.1.1 颜色的产生
物体的颜色来源于光源色。光源入射到材料表面后反射的光波通过一系列的生理活动和心理反映使大脑产生感觉。因此，颜色在物理学上是可见光的特征；在生理学上是对视觉的不同刺激；在心理学上是可见光刺激大脑的反映。

#### 8.1.1.2 颜色的特性
颜色具有三种特性，即明度、色调(色相)和饱和度。

(1) 明度

是人眼对物体的明暗感觉。发光物体的亮度越高，则明度越高；非发光物体对光线的反射率越高，明度越高。

(2) 色调(色相)

是彩色彼此区分的特性，它是指红、橙、黄、绿、蓝、紫等颜色的种类。不同波长的单色光具有不同的色调。发光物体的色调决定于它的光辐射的光谱组成；非发光物体决定于照明光源的光谱组成和物体的光谱反射或透射特性。

(3) 饱和度

指彩色的纯洁性和鲜艳程度，因此又称为纯度或彩度。可见光光谱的各种单色光是最饱和的彩色,其饱和度为100%。物体色的饱和度决定于物体反射或透射特性。如果物体反射光的光谱带很窄,它的饱和度就高。

颜色可分成彩色和非彩色两大类。非彩色只存在明度的差异,由白色、黑色和各种灰色组成。当物体表面对可见光谱所有波长反射率均在80%~90%以上时,该物体为白色;当反射率均在4%以下时,该物体为黑色;介于两者之间为不同程度的灰色。纯白色的反射率为100%,纯黑色的反射率为0%,现实中不存在纯白、纯黑物体。彩色是指各种不同色调的颜色,如红、黄、绿、黄褐等色。

### 8.1.2 色度学基础

色度学是对颜色刺激进行度量、计算和评价的一门科学,是以光学、视觉生理、视觉心理、心理物理等学科为基础的综合性科学,是把主观的颜色感知和客观的物理刺激联系起来,从而建立其高度准确的定量学科,是颜色科学领域里的一个重要组成部分。

为了定量表示一种颜色的三种属性并进行相关计算,就需要建立一定的表色系统(色立体)和混色系统。常见的表色系统包括孟塞尔(Munsell)表色系统、奥斯瓦尔德表色系统、自然色系统(NCS)、德国DIN系统等。混色系统主要包括CIE(1976)L*a*b*均匀色系统和美国光学学会-均匀色系统(OSA-UCS CIE标准色度系统)等。下面将对孟塞尔(Munsell)表色系统和CIE(1976)L*a*b*均匀色系统进行简要介绍。

#### 8.1.2.1 孟塞尔(Munsell)表色系统

孟塞尔表色系统,有时也称HV/C系统,是目前世界上使用最广泛的表色系统,已成为美国国家标准协会(NBS)和美国材料测试学会(ASTM)及日本(JIS)工业标准。该系统用一个三维空间的模型标定处颜色的三个特性,如图8-1所示。

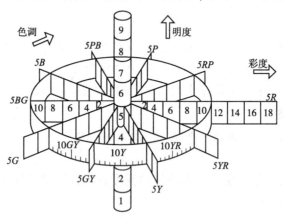

**图8-1 孟塞尔表色系统**

孟塞尔表色系统中色相(H)可围成一圈,称为色相循环,包括红(R)、黄(Y)、绿(G)、蓝(B)、紫(P)5个颜色及黄红(YR)、绿黄(GY)、蓝绿(BG)、紫蓝(PB)、赤紫(RP)5个中间色,共计10个色相。系统纵轴表示孟塞尔明度(V),分成0~10共11个在感觉上等距离的等级。中央轴代表非彩色,即中性色的明度等级,0表示纯黑色，10 表示纯白色。颜色离开中央轴的水平距离代表饱和度(C)。饱和度也分成许多视觉上相同的等级，中央轴上中性色的色饱和度为 0，离开中央轴越远，色饱和度越高。彩度以数字及前面的斜线表示，如/2、/6、/3、/5 等，数值越大，彩度越高，色越纯越鲜艳。对每一种颜色都按照色相(H)、光值(V)和/彩度(C)这样规定的次序给出一个特定的颜色标号，即 HV/C。例如，一种颜色的色相是 7.5Y，明度为 7，彩度为 8，其孟塞尔标注为 7.5Y7/8。对于非彩色，标为 NV。N 代表无彩色，V 是明度。

各标号的颜色多用一种着色物体(如纸片)制成颜色卡片，按标号次序排列起来，汇编成颜色图册，用于颜色测量。孟塞尔 1915 年出版了第一版《孟塞尔颜色图谱》，1929 年出版了第二版《孟塞尔颜色图册》，1943 年美国光学学会对孟塞尔系统进行了改进，建立了孟塞尔新标系统。目前孟塞尔颜色系统有两个标准颜色样品集，并且样品数目仍在不断增加。

孟塞尔表色系统的优点是可以直接得到颜色三属性测量值，颜色结果的心理量明确。缺点是色调值没有完全数字化，且不能用仪器直接测量。

### 8.1.2.2　CIE(1976)L*a*b*均匀色系统

为了研究和统一颜色测量这种复杂的度量效果，国际上专门成立了一个国际照明委员会(简称 CIE)，规定了一套颜色测量原理、数据、计算方法，称为 CIE 标准色度学系统。CIE(1976)L*a*b*均匀色系统(图 8-2)在三维色空间的各个坐标轴方向上均具有视感知觉的等距性，而且细分了明度指数和色品指数的级差，更适于较小色差情况下的颜色测量、比较和讨论，因此越来越受到重视和广泛应用。

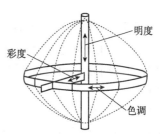

图 8-2　CIE(1976)L*a*b*均匀色系统

CIE(1976)L*a*b*混色系统的各参数代表的意义如下：L*为明度指数，表示在近似均匀三维空间中物体色的明度坐标。完全白的物体视为 100，完全黑的物体视为 0；a*、b*是色品指数，其中 a*表示红绿轴色品指数，正值越大表示颜色越偏向红色，负值越大表示颜色越偏向绿色；b*表示黄蓝轴色品指数，正值越大表示颜色越偏向黄色，负值越大表示颜色越偏向蓝色。将颜色变化前后的明度变化、a*的变化、b*的变化分别被定义为 ΔL*、Δa*和 Δb*。根据 ΔL*、Δa*和 Δb*可以计算色差 ΔE*：

$$\Delta E^* = \sqrt{(\Delta a^*)^2 + (\Delta b^*)^2 + (\Delta L^*)^2}$$

CIE(1976)L*a*b*系统的色差，相当于标准色和试样色二者在 CIE(1976)L*a*b*色空间中位置之间的距离，用数字来表示。色差单位较为常用的是美国标准局制定的 NBS 单位。当 ΔE*=1 时，被称为 1 个 NBS 单位。色差数值越大表示被测物体和对照样颜色差别越大。色差值与人的视觉感觉值关系见表 8-1 所列。根据这种相关关系，可以在实际工作中，选择确定合适的样品色差，以及根据色差变化来进行有关颜色变化与肉眼视觉感觉的判断分析。

表 8-1　色差值与人肉眼感觉关系

| 色差 | 人的视觉感觉 | 色差 | 人的视觉感觉 |
| --- | --- | --- | --- |
| 0~0.5 | 痕迹 | 3.0~6.0 | 可识别 |
| 0.5~1.5 | 轻微 | 6.0~12.0 | 大 |
| 1.5~3.0 | 可察觉 | 12.0 以上 | 非常大 |

#### 8.1.2.3　颜色的测定方法

颜色的测定方法有视觉测色法和物理测色法两种。前者是由视觉正常的人，在严格的规定条件下（如照明、背景、距离、角度等），将待测色物体与已知色或标准色进行比较，从而得出物体的颜色。物理测色法是利用测色仪器测定物体的三个刺激值，并通过仪器内部的程序运算得到 $L^*$、$a^*$、$b^*$、$H^*$、$c^*$、$\Delta E_{ab}^*$ 等，有些仪器可以直接读出 H、V、C 值。常用的测色仪器有测色色差仪、色度计、分光光度计等。

### 8.1.3　木材材色的产生及分布

#### 8.1.3.1　木材颜色产生的原因

木材的颜色受木材中的木质素和沉积于细胞腔和细胞壁内的抽提物影响。对大多数木材而言，边材的颜色差异并不十分明显，大都呈现白色或淡黄色。但心材中往往因为含有不同的抽提物、矿物质等而呈现出不同的颜色。因此，一般木材材色是指心材的颜色，如檀香紫檀（*Pterocarpus santalinus*）为紫黑色，即其心材的颜色，其边材为白、浅黄白或带灰色。心材颜色具有很大的变异性，如柳杉（*Cryptomeria fortunei*）随产地不同可从赤褐色到暗褐色变化，台湾杉木（*Cunninghamia konishii*）为黄红色至紫褐色。

（1）木质素与木材颜色

木材为天然高分子有机化合物，主要由纤维素、半纤维素和木质素组成。从分子结构来看，这些成分在可见光区不会产生吸收峰，即纤维素与半纤维素不能吸收可见光，所以这二者并不具有颜色。木质素为纤维素间的结壳物质，其结构单元中有发色基团，如针叶材木质素基本结构单元松柏醛基（结构式如图 8-3），是由三个发色基团羰基（C=O）、乙烯基（R—CH=CH—R）和苯环组成，是一种含有 C=O 和 C=C 共轭结构的发色基团。当分子中具有共轭双键结构时，因 π 电子活动性大，所需要的激发能量小，吸收光波的波长较长，有可能使吸收光谱从紫外光区移到可见光区，而显出颜色。因此许多学者认为木质素是木材产生颜色的主要来源。

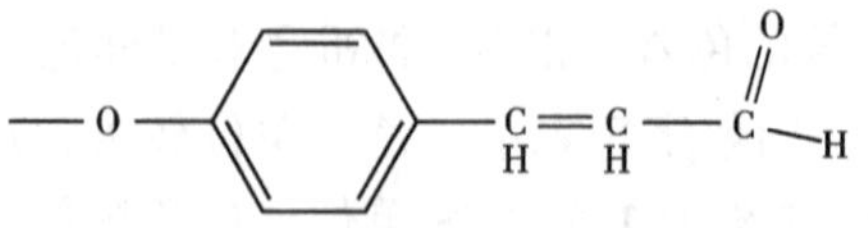

图 8-3　针叶材木质素基本结构单元松柏醛基

另外，在木材加工和使用过程中可能会受到外界环境影响或接触一些化学物质，当一些基团加入一种化合物，能使这种化合物的颜色加深时，称之为助色基团。木质素上存在羟基(—OH)、醚基(R—O—R)、羧基(—COOH)、氨基(—NH$_2$)等助色基团,因此会导致木材产生颜色或发生变色。

(2)木材抽提物与木材的颜色

木材抽提物是木材的次要成分,其种类繁多、成分复杂。抽提物在心材中含量较多,因此心材颜色常常较边材深。抽提物中的酚类物质(如黄酮类、芪类、木酚素、单宁和醌类)、色素和树脂能够吸收500nm以上的光,从而使木材产生颜色。例如,紫檀(*Pterocarpus santalinus*)心材为紫红色,与紫檀香色素(santalin)有关,北美黄杉(*Pseudotsuga menziesii*)材色的形成与二氢栎皮酮(dihydroquercetin)密切相关。

综上所述,木材的颜色是由于木质素中含有发色基及助色基,以及木材抽提物中含有的色素、单宁和树脂类物质而引起的。

### 8.1.3.2 影响木材颜色的因素

影响木材颜色的因素较多,包括树种、立地条件、木材含水率、光照、表面粗糙度和抽提物等。

(1)木材树种

不同树种的木材颜色一般决定于其遗传特性,如乌木为黑色,红豆杉、香椿为红褐色,黄连木为黄色。杨树边材为白色、不论其生长在南方还是北方,基本不改变。

(2)立地条件

除遗传特性起决定性作用外,环境因素对木材材色也有影响。例如 Phelps(1983)将4个不同立地条件的黑核桃木材刨切成单板,然后按照有关黑桃木材单板分级标准分级,测定各单板的材色特征参数。木荷(*Schima superba*)在中、高纬度的浙江龙泉、淳安和庆元3个林分内以浅棕色居多,而在低纬度福建尤溪等的天然林分中,木材颜色较深,以棕红色和红褐色为主。

(3)光照

当光照射到木材表面时,一部分被直接反射回来,另一部分则能够进入木材,被木材组织或化学成分吸收。木材的颜色,是未被木材吸收的光在人眼视网膜上所产生的印象。

木材是多孔材料,木材细胞在纤维方向呈细长状排列,不同光照方向对木材颜色的测定有显著的影响。当光照方向与木材纤维方向成90°或270°时,明度明显增大。而当光照方向与木纤维方向成0°或180°时,明度明显降低。

(4)木材含水率

湿润的木材细胞中含有大量自由水。当细胞内部被水充满时,光可透射进入细胞,但只有少量的光在细胞壁中轻微散射,这种木材的颜色称为湿色。木材含水率变化会引起颜色变化,一般情况下,湿润木材的明度低于气干木材。

(5)表面粗糙度

如果木材表面粗糙度大,那么光在材面的反射和散射就会增大,引起明度增高。见表8-2所列,红绿轴色品指数 $a^*$ 和黄蓝轴色品指数 $b^*$ 均不同程度降低,其中红绿轴色品指数 $a^*$ 降低幅度较大。

表 8-2　刨光和砂光后木材颜色的测定值

| 树　种 | 加工方法 | L* | a* | b* |
|---|---|---|---|---|
| 紫杉 | 手工刨 | 53.6 | 18.0 | 22.9 |
| (Taxus cuspidata) | 用 320 目砂纸砂光后 | 58.9 | 15.7 | 22.2 |
| 落叶松 | 手工刨 | 59.2 | 11.8 | 21.0 |
| (Larix gmelinii) | 用 320 目砂纸砂光后 | 64.4 | 10.0 | 19.2 |
| 日本椴 | 手工刨 | 72.8 | 6.1 | 17.7 |
| (Tilia tuan) | 用 320 目砂纸砂光后 | 76.3 | 5.0 | 15.0 |

### 8.1.4　木材材色对人的视觉感受的影响

颜色显著影响着人的视觉感受。木材是天然高分子材料，与塑料和水泥的颜色相比，它能给人带来宁静和天然的美感。不同树种，不同材色，给人的印象和心理感觉也不同。明度高的木材如白桦、鱼鳞云杉、泡桐等的木材使人感到明快、华丽、整洁、素雅和舒畅；明度低的木材如红豆杉、紫檀等给人以深沉、稳重、高雅之感。另外，颜色有暖色和冷色之分，红、橙、黄色系的木材给人以温暖的感觉，蓝和绿色系的木材给人以寒冷的感觉。饱和度值则与一些表示材料品质特性的词联系在一起，饱和度高的木材给人以华丽、刺激之感，饱和度低的木材给人以素雅、质朴和沉静之感。木材颜色给人的感觉因人而异，而且也与不同国家和地区的历史文化有关。

## 8.2　木材变色及其防治

木材变色是木材在加工、贮存和使用过程中由于生物的、物理的或化学的因素而导致木材或其制品固有颜色发生改变的现象。变色使木材材面或木制品表面颜色不均匀，深浅不一。变色往往是材质劣化的开始，与腐朽和开裂相比，尽管木材强度没有明显降低，通常认为是表层的变化，但变色降低了木材表面美观和自然的视觉效果，严重影响消费者选购产品的心理取向，降低产品的商品价值和产品价格。如我国每年向日本出口数万立方米泡桐成材，其出口质量的主要指标就是材色，由于泡桐成材的变色，造成企业降等削价、亏损，甚至用户索赔。为提高木材商品价值，抑制木材劣化，保持材色美观，世界各国对木材变色的原因和防治都非常重视，积极探讨各种木材的变色原因以及研究开发木材变色防治技术。

### 8.2.1　木材变色的原因

#### 8.2.1.1　内部因素

木材是由纤维素、半纤维素、木质素及少量抽提物等组成的复杂高分子化合物，不仅含有羰基、羧基、不饱和双键及其形成的共轭体系等发色基团，而且含有羟基等助色基团。这些基团主要存在于木质素和抽提物中，是木材产生颜色和发生变色的主要原因。

#### 8.2.1.2 外部因素

木材在加工、贮存和使用过程中经常会受到环境因子和生物因子的影响，而发生颜色的变化，这些因子主要包括微生物、光照、化学试剂及温湿度变化等。如马尾松(*Pinus massoniana*)、橡胶木(*Hevea brasiliensis*)等常发生蓝变(或叫青变)，木材刨切或旋切时常发生铁变色。

### 8.2.2 木材变色的种类

根据变色原因可将木材变色分为五大类：微生物变色、化学变色、物理变色、生理性变色和营林抚育引起变色。

#### 8.2.2.1 木材的微生物变色

微生物变色是指木材在保管、加工和使用过程中受到变色菌、腐朽菌、霉菌、细菌等微生物侵染而引起的变色，主要是由微生物携带的色素或微生物的分泌物与木材组分反应产生的有色化合物所致。例如，当木材长期保存在高温高湿环境中时，木材表面就会出现许多由霉菌引起的变色；运输未经干燥的刨切单板，其表面会出现由腐朽菌或变色菌引起的变色。马尾松、橡胶木锯解后如不及时干燥常会发生蓝变等。

有的微生物变色不但影响木材外表的美观，还影响木材的物理性能，降低木材的强度。如交链格孢(*Alternaria alternata*)不仅使木材变色，还导致木材硬度降低达40%，而用变色材造纸时，真菌产生的暗黑色色素将消耗更多的漂白剂，大大增加造纸成本。

引起微生物变色的真菌包括霉菌、变色菌和腐朽菌三类。

(1) 霉菌引起的变色

由于霉菌生长繁殖而引起的木材表面颜色的变化是日常生活中常见的现象。这些霉菌大多只侵染边材的薄壁组织，利用木材细胞中贮存的糖类、淀粉、蛋白质等简单有机物作为营养，使木材表面染上黑、灰、绿、褐等颜色。危害木材的霉菌属于子囊纲和不完全菌纲的真菌，最常见的有木霉属、青霉属、曲霉属等。常见的变色霉菌有：木霉(*Trichoderma*)(变绿)、镰刀菌类(*Fusarium*)(变红或变紫)、曲霉(*Aspergillus*)(变黑)、青霉(*Penicillium*)(变绿)、根霉(*Rhizopus*)(变黑)等。

(2) 变色菌引起的变色

木材变色菌的种类很多，主要是子囊菌纲与半知菌纲的真菌。变色菌引起的木材变色，因菌种与树种不同，产生的颜色也不同，常见的有蓝、青、黄、绿、红、灰、黑等色。最常见的是蓝变，习惯叫青变，最初发生在锯材的表面和原木的端面，若条件适宜也可从表面渗透到内部，并引起木材渗透性增加。常见的变色菌及其危害如下：

①青变　是由子囊菌纲(Ascomycetes)、球壳菌目(Sphaeriales)、长喙壳属(*Ceratocystis*)

的真菌引起，主要是菌丝分泌的色素所致。常见的有小蠹长喙壳、云杉长喙壳和松长喙壳三种，前两种主要发生在松、柏、云杉、柞、桦、槭等木材上，而后一种发生在松属木材上。

②蓝变　引起木材蓝变的真菌有球二孢属（*Botryodiplodia*）、长喙壳属（*Ceratocystis*）和色二孢属（*Diploda*）等。例如引起橡胶木严重蓝变的是可可二球孢菌（*Botryodiplodia theobtomae*）。

③褐变　是由半知菌纲粘束梗霉属（*Graphium*）的真菌引起。如拟赤青霉粘束孢（*Graphium penicillioides*）常引起黑杨、榆、鹅耳枥等木材的褐变，呈棕褐色的条纹及斑点。

④黄变　是由半知菌中某些霉菌类，如青霉菌（*Penicillium divaricatum*）引起。往往发生在阔叶树的原木、锯材及其木制品上，以栎类、槭树、核桃、白桦等木材上最常见。在木材表面，开始色浅，后变灰黄，并深入到木材内部，难以除去。

⑤绿变　是由子囊菌中绿盘菌属（*Chlorosplenium*）的铜绿盘菌（*C. aeragznosum*）和半知菌中青霉属（*Penicillium*）引起。常发生在阔叶材上，尤以栎类、水青冈、椴树、山杨腐朽材上较常见，而在针叶树上却很少发现。

⑥红变　是由半知菌中镰刀菌属（*Fusarium*）的真菌引起，它们在针、阔叶材上分泌红色素，使木材变红。

⑦灰变　是由子囊菌中碗状毛球壳（*Lasiosphaeria pezizula*）引起。多发生在保存期间的水青冈和柿树原木的边材和心材上。

⑧黑变　是由半知菌中的黑变菌（*Torulaligniperda*）引起。多发生在阔叶树上，边材和心材同时受感染。由于该变色菌发育的适宜条件也适合腐朽菌生长，所以这种变色往往与其他真菌引起的腐朽同时发生。

(3) 腐朽菌引起的变色

受到腐朽菌侵害的木材，材色及强度会出现不同程度的变化。木材腐朽时，木材会产生红、褐、紫、灰或杂白等的颜色变化。

### 8.2.2.2　化学变色

化学变色是木材与酶、酸、碱、金属离子（$Fe^{2+}$）、氧化剂、还原剂等化学物质接触而引起木材颜色的改变。如铁变色、酸变色、碱变色及酶变色等。

(1) 铁变色(亦称铁污染)

桦木、樱桃木、糖槭、栎木等树种的木材与铁接触时，会出现黑色污迹，称之为铁变色。这种铁变色通常是由于铁离子与木材的化学成分如单宁类物质发生化学反应而引起。据统计，在木材加工业中，这种铁变色占木材变色的70%左右。在木材使用中也经常会看到铁变色，如针叶材板材上的铁钉周围很容易观察到铁变色。

①木材加工和使用过程中的铁变色　木材在加工和使用过程中都可能与铁接触，从而引起变色。铁离子的主要来源如下：

木材蒸煮过程中：原木蒸煮软化过程中，原木横断面和裂缝处的材色常呈黑色。这是由于热水中的铁离子渗入木材，并与木材组分发生了反应所致，铁离子来源于工业用水、蒸煮铁罐、蒸汽管路和含铁淤泥。

木材锯解、旋切或刨切等加工过程中：原木锯解、旋切或刨切时，由于刀具与坚硬的节子相遇，刀刃极易破损。如果破损的碎屑散落于木材表面，材面就会出现黑色斑点。如果刀刃破损处呈急弯，旋切原木的材面也会出现线状变色。湿木材运输和干燥时与铁制机件接触也可导致铁变色。

人造板热压过程中：人造板热压时板坯或胶层中蒸发的水分与热压板接触，可以生成铁离子，当这些铁离子随水分移动到板的表面时，板面会发生铁变色。

其他木材加工过程中：有些人工干燥窑由铁制壳体构成，当锯材进行窑干时，由于干燥窑顶上的冷凝水中含有铁离子，滴落到锯材材面也将会使材面变色。另外，家具涂饰之前，若采用含有氧化铁的红色物质填缝，材面亦会变黑。

木材使用过程：采用铁钉或者铁质连接件的木材若用于户外，如户外木地板、门板或墙板等，位于铁钉或铁质连接件周围的木材常会变黑。这是由于雨雪淋溶使铁与木材发生反应所致。

②铁变色的判别　铁变色使木材变黑，与黑曲霉引起的变色十分相象。两者的不同在于：铁变色常发生在心材，而霉变常出现于边材；铁变色的材面较为平坦，不像霉变那样隆起；而且在铁变色的中心部位能够找到微小的铁屑。

③铁变色的影响因素　铁溶液的浓度，导致铁变色所需的铁离子浓度很低。表 8-3 为 27 种不同装饰用木质单板发生铁变色的最低氯化铁溶液浓度。可以看出，大多数木材对铁十分敏感，仅用 0.000 01% 或更低浓度的氯化铁溶液就能使它们变色。对铁最为敏感的是日本扁柏和毛泡桐，用浓度为 0.000 001% 铁溶液处理，就能使其变黑。

表 8-3　导致各种木材变色的氯化铁($FeCl_3$)溶液的最低浓度

| 树　种 | 最低浓度(%) |
| --- | --- |
| 黑核桃、柚木、楝树 | 0.000 05 |
| 日本水青冈、大齿蒙栎、七叶树、黄波罗、樟树、春榆、桃花心木、娑罗双木 | 0.000 01 |
| 日本柳杉、石榴叶枫杨、椴木、光叶榉、日本赤松、金合欢木、山樱、梨木、北美黄杉、柳桉、美国扁柏、槭木、日本栗木、刺楸 | 0.000 005 |
| 日本扁柏、毛泡桐 | 0.000 001 |

木材种类及不同部位：由于铁变色是因铁离子与木材中的酚类物质发生反应而引起，因此不同树种或者同一树种的心边材酚类物质含量不同，发生铁变色的程度也不同。单宁作为木材的少量成分之一，广泛分布于树木的木质部(心材居多)、树皮、树叶和果实中，是一类多羟基酚类化合物的混合物。单宁易与各种金属盐类生成特殊颜色的沉淀，如单宁水溶液中加入氯化铁($FeCl_3$)会产生蓝黑色或蓝绿色沉淀。通常，单宁含量较高的心材，变色程度高于边材。另外，不同种类的木材 pH 值不同，pH 值越低木材越易于发生铁变色(表 8-4)。表中白度适用于白色或近白色表面，是指物体表面含白色的程度，定义光谱反射率为 100% 的理想表面的白度为 100 度，而光谱反射率为 0 的绝对黑色表面白度为 0 度。

表 8-4  经 0.1%氯化铁溶液处理的木材的白度下降率、单宁含量和 pH 值之间的关系

| 树 种 | | | 单宁含量(%) | 木材的 pH 值 | 白度下降率(%) | |
|---|---|---|---|---|---|---|
| | | | | | 5min | 4d |
| 针叶材 | 北美黄杉(Pseudotsuga menziesii) | (心材) | 0.3 | 3.75 | 50.9 | 86.4 |
| | 日本柳杉(Cryptomeria japonica) | (心材) | 0.3 | 6.05 | 38.4 | 57.3 |
| | | (边材) | 0.1 | 5.40 | 25.5 | 53.4 |
| | 美国扁柏(Chamaecyparis lawsoniana) | (心材) | 0.2 | 4.35 | 28.2 | 63.9 |
| | | (边材) | 0.1 | 5.00 | 43.5 | 65.7 |
| | 日本赤松(Pinus densiflora) | (心材) | 0.1 | 4.55 | 20.4 | 69.9 |
| | 日本扁柏(Chamaecyparis obtusa) | (心材) | 0.1 | 5.30 | 23.1 | 59.2 |
| 阔叶材 | 石榴叶枫杨(Pterocarya rhoifolia) | (心材) | 2.1 | 4.20 | 66.2 | 77.0 |
| | 大齿蒙栎(Quercus crispula) | (心材) | 5.6 | 4.65 | 68.0 | 79.9 |
| | | (边材) | 1.2 | 5.10 | 70.0 | 76.0 |
| | 槭木(Acer sp.) | (心材) | 0.6 | 4.75 | 58.2 | 73.7 |
| | 黑核桃(Juglans nigra) | (心材) | 2.0 | 4.70 | 51.6 | 58.8 |
| | 日本水青冈(Fagus crenata) | (心材) | 0.4 | 5.60 | 40.4 | 77.0 |
| | 毛泡桐(Paulownia tomentosa) | (心材) | 0.6 | 4.80 | 42.4 | 54.7 |
| | 桦木(Paulownia tomentosa) | (心材) | 0.3 | 4.60 | 32.1 | 50.1 |
| | 娑罗双木(Shorea sp.) | (心材) | 0.2 | 3.95 | 20.8 | 47.8 |
| | 木兰(Magnolia sp.) | (心材) | 0.4 | 5.05 | 21.2 | 39.7 |
| | | (边材) | 0.2 | 5.60 | 14.7 | 38.4 |
| | 白蜡木(Fraxinus sp.) | (心材) | 0.2 | 5.40 | 26.0 | 34.6 |
| | 柚木(Tectona sp.) | (心材) | 0.4 | 5.00 | 4.9 | 16.8 |

木材含水率：在干燥的木材上钉铁钉不会引起变色，而在湿木材上钉铁钉，则在钉的周围出现黑变色。引起铁变色的最低木材含水率为纤维饱和点。

氧气：氧气会加速木材铁变色。将木材置于氮气中时，其变色程度比在空气中小，将木材从氮气中取出放回空气中，变色程度与一开始就放在空气中的试样一样。

接触时间：由于铁变色是一种复杂的化学反应，所以它受温度和时间的影响。Takenami K 等人的研究证实，铁变色发生的必要时间：常温为 3min，高温为 1min。此外，变色时间也受接触方式和木材树种等因素的影响。表 8-5 列出了用于装饰的 33 种木材在两种接触方式下发生铁变色所需的时间。当木材与铁溶液接触时，所有的试材在 45s 内变色，其中 13 种试材一旦接触，立即变色。而接触铁粉导致木材变色所需的时间为前者的 2~3 倍。

温度：木材变色所需的时间，一般随着温度的增加而减少。不同的温度区间，用铁粉与湿木材接触，致使其变色所需的时间列于表 8-6。由表可见，随着温度从 20℃升到 86~95℃，变色时间从 10~45s 缩短为 0~3s。

表8-5　与铁接触的木材发生铁变色的时间

| 浸于1%的氯化铁溶液中变色时间(s) | 树　　种 | 洒铁粉变色时间(s) | 树　　种 |
|---|---|---|---|
| 0~5 | 石榴叶枫杨、日本栗、黑核桃、七叶树、桃花心木、金合欢、日本椴、槭木、桦木、大齿蒙栎 | 6~15 | 大齿蒙栎、石榴叶枫杨、日本栗、金合欢木、槭木 |
| 6~15 | 毛泡桐、日本扁柏、日本赤松、黄波罗、山樱、北美黄杉、木兰、美国扁柏、楝树、梨木 | 16~25 | 日本水青冈 |
|  |  | 26~35 | 黑核桃、楝树、七叶树、日本椴 |
| 16~25 | 娑罗双木、日本水青冈、光叶榉、柚木、刺楸、榆木 | 36~45 | 日本柳杉、黄波罗、白蜡树、光叶榉、木兰 |
| 26~35 | 日本柳杉、白蜡木 | 46~55 | 樟树、日本扁柏 |
| 36~45 | 樟树 | 56~65 | 春榆 |
|  |  | 66~75 | 梨木 |
|  |  | 76~85 | 娑罗双木 |
|  |  | 96~105 | 美国扁柏 |
|  |  | 116~125 | 柚木 |

注：洒铁粉的试样，预先在水中浸泡5min。

表8-6　温度对发生铁变色所需时间的影响

| 树　　种 | 所需时间(s) | | |
|---|---|---|---|
|  | 20℃ | 46~50℃ | 86~95℃ |
| 北美黄杉 | 30~35 | 3~8 |  |
| 石榴叶枫杨 | 10~15 | 0~3 | 0~3 |
| 日本水青冈 | 16~20 | 0~3 | 0~3 |
| 桦　木 | 26~30 | 3~8 | 0~3 |
| 光叶榉 | 40~45 | 3~8 | 0~3 |
| 槭　木 | 10~15 | 0~3 | 0~3 |

注：铁粉洒在水浸泡过的试样上。

(2)酸变色

①木材加工和使用中的酸变色　酸变色是指木材中的酚类成分与酸性物质及空气中的氧气接触而使木材颜色变红的现象。如使用氨基醇酸涂料涂饰木材时，如果酸性固化剂添加过量，则会使涂布后的木材变红。脲醛树脂是常用作胶黏剂，使用时需要加入氯化铵，氯化铵与树脂中的甲醛缓慢反应会产生盐酸，因此，用这种树脂生产的胶合板，板面有时亦会变红。光叶榉木材具有优美的纹理，常用于制作薄单板，但易被铁污染，致使刨切用毛方表面变成黑色，为防止铁变色，毛方在刨切之前常浸于草酸溶液中；但当刨切的单板胶合成基材后，其与草酸接触的边缘处会变红。

②酸变色的影响因素　pH 值：酸变色的木材一般呈红色，pH 值越低越容易发生变色。当 pH 值为 2～5 时，木材仅出现轻度变色，通常并不能为肉眼所察觉。当 pH 值小于 1.5 时，材面出现深红色或紫红色。

光：置于暗处的木材酸变色轻微，光照下变色速度加快，尤其是紫外光更能加速酸变色。

木材抽提物：木材单宁含量与变色之间的关系见表 8-7 所列。

表 8-7　各种木材对酸变色的敏感性

| 变色等级 | 树　种 | 单宁含量(%) | 色差($\Delta E^*$) |
|---|---|---|---|
| 强 | 日本赤松 | 0.1 | 15.3 |
|  | 日本水青冈 | 0.4 | 13.3 |
|  | 槭木 | 0.6 | 10.0 |
|  | 日本扁柏 | 0.1 | 10.6 |
|  | 日本柳杉 | 0.3 | 6.3 |
|  | 北美黄杉 | 0.3 | 10.9 |
| 中 | 美国扁柏 | 0.2 | 7.4 |
|  | 桦木 | 0.3 | 6.3 |
|  | 婆罗双木 | 0.2 | 5.9 |
|  | 木兰 | 0.4 | 6.3 |
|  | 石榴叶枫杨 | 2.1 | 4.7 |
|  | 黑核桃 | 2.0 | 3.1 |
| 弱 | 毛泡桐 | 0.6 | 5.0 |
|  | 白蜡木 | 0.2 | 3.1 |
|  | 大齿蒙栎 | 5.6 | 3.1 |
|  | 柚木 | 0.4 | 1.5 |

氧气：当木材浸于 pH=1 的草酸溶液中处理后，然后放在荧光灯下、氮气流中照射时，其变色程度与在空气中的相同。由此证明，氧气对于木材的酸变色并无任何影响。

(3) 碱变色

①木材加工和使用中的碱变色　碱变色是碱性化合物在潮湿条件下与木材中的少量组分如单宁、黄酮类以及其他酚类化合物反应所致，多发生在木制品与碱性材料接触的情况下。碱变色大多呈棕色、红棕色。这种变色主要发生在木制品使用过程。新浇注的混凝土具有强碱性，当有水分存在时，木材与之接触，会出现碱变色。地板通常与混凝土相连，如果水溢过地板并达到混凝土层，地板将会出现棕色碱污迹。

②碱变色的影响因素　pH 值：随 pH 值增大，碱变色加深，并且呈不同颜色。例如，日本柳杉木材在 pH 小于 12.5 的碱溶液中呈红棕色，pH 大于 12.5 的碱溶液中呈蓝色。

光：经过碱液浸泡处理过的木材，放在暗处仍保持着浸泡时的颜色，放在室内的木材呈现褪色，而在荧光灯照射下的木材则发生严重褪色。可见，光参与了木材的碱变色，这与酸变色的情况正好相反。

氧气：把碱液浸泡过的木材分别放在空气和氮气中，置于氮气中的木材其变色程度低于放在空气中的木材。若将置于氮气中的木材放回到空气中，则其变色程度与最初放在空气中的木材相同。由此表明，氧气参与了木材的碱变色。

木材抽提物：表8-8列出了多种木材单宁含量与变色程度之间的关系。由表8-8可见，凡是单宁含量高的木材，其变色程度亦大；如果在木材浸入碱液之前先用热水充分抽提，木材的碱变色几乎不出现，即使置于pH值大于13的浓碱液中，处理材材面仅出现少量黄橙色的污迹。由此证实，木材的碱变色大多是由于水溶性酚类化合物所致，而木材中的部分木质素在碱性条件下也参与了变色反应。

表8-8　不同树种木材的单宁含量及对碱变色的敏感性

| 变色等级 | 树　　种 | 单宁含量(%) | 色差($\Delta E^*$) |
|---|---|---|---|
| 强 | 石榴叶枫杨 | 2.1 | 25.6 |
| | 大齿蒙栎 | 5.6 | 11.9 |
| | 黑核桃 | 2.0 | 9.5 |
| | 日本水青冈 | 0.4 | 20.9 |
| | 北美黄杉 | 0.3 | 15.2 |
| | 日本柳杉 | 0.3 | 15.3 |
| | 槭木 | 0.6 | 16.0 |
| 中 | 毛泡桐 | 0.6 | 9.3 |
| | 美国扁柏 | 0.2 | 4.1 |
| | 桦木 | 0.3 | 7.7 |
| | 娑罗双木 | 0.2 | 5.8 |
| | 日本赤松 | 0.1 | 3.3 |
| | 柚木 | 0.4 | 3.6 |
| 弱 | 白蜡木 | 0.2 | 1.5 |
| | 木兰 | 0.4 | 1.6 |
| | 日本扁柏 | 0.1 | 3.2 |
| | 日本柳杉 | 0.1 | 3.4 |

(4) 酶变色

酶，也叫生物催化剂，是生活细胞产生的具有催化活性的蛋白质。酶不仅催化效率高，而且还具有高度转移性。树木的边材都含有相当数量的氧化酶，当空气中的温度和湿度条件适宜时，酶对木材中有机物的作用可以使木材变色，这种变色称为酶变色，欧美文献多称氧化变色。酶虽然活性很高，但由于酶的化学本质是蛋白质，因此，凡是可以引起蛋白质变性的一切因素如温度、酸碱性等都可以使酶失去活性。

①木材加工过程中的酶变色　核桃木广泛用于胶合板生产，旋切好的湿单板在不干燥的情况下放置数小时，表面则会变黑；日本柳杉的湿板材则在锯解30min后变黑，这在人工林日本柳杉木材锯解时尤为多见；椴木变红棕色，冷杉边材易变黄等。酶变色不能用草酸去除。

②酶变色的影响因素　含水率和温度是酶变色的重要影响因素。当环境相对湿度达到100%时，木材常出现酶变色。酶对温度也比较敏感，低温能抑制酶的活性，高温可能使酶失去活性。

(5)胶黏剂引起的变色

木材加工过程使用的胶黏剂有些本身就有颜色，另一些则能与木材中成分反应生成有色物质，这些胶黏剂常使木材变色。如酚醛树脂、间苯二酚甲醛树脂等胶黏剂为深红色或红棕色。当它们用于胶合板生产时，通过薄单板上的管孔渗析到表面。当单板材色为白色或浅色时，胶层的颜色渗透到单板表面会使其变暗。再如，将醋酸乙烯酯胶黏剂涂覆的榫放入榫槽内，多余的胶液从榫槽溢出，用湿布擦去多余的胶液时，擦迹处的木材常常会变色。

(6)树脂渗出引起的变色

当木材内的树脂渗析到木材表面时，材面发生变色，这种现象常见于装饰用单板、未经充分干燥的成材家具或壁板。针叶材松属、云杉属、落叶松属、黄杉属、银杉属和油杉属六个属的木材均为脂道材，即都含有树脂道。这些木材锯解后，树脂道口敞露于木材表面，浅白色的树(松)脂随之渗出，这种树脂是由不同沸点的萜烯类化合物和树脂酸组成的。渗出的树脂随着低沸点化合物的挥发而变硬，并呈现出一种湿色。

### 8.2.2.3　物理变色

物理变色是指木材在光和热等作用下引起的变色。主要有光变色和热变色两种，前者包括紫外光和可见光引起的变色，后者包括木材在干燥、蒸煮、汽蒸处理中抽提物、半纤维素或木质素等在高温、高湿下引起的变色。

(1)光变色

置于日光下的木材表面常发生化学降解，引起木材表面颜色变化。在木材光变色和褪色的诸多因素中，紫外光与可见光的照射是最主要的，其中紫外光的照射是木材变色的主要原因。木材组分中的纤维素和半纤维素对光比较稳定，而木质素和其他抽提物，如酚类物质对光比较敏感，是导致光变色的主要物质。

①木材光变色的特点　研究者用阳光照射75种商品木材后发现，68%的木材因紫外光而变色，28%因可见光变色，其他原因的占4%。利用紫外线透射技术测定长期置于室外老化的木材，紫外线透入木材的深度不超过75μm，而可见光透入深度为200μm左右。所以一般认为光对木材的作用是一种较浅的表面现象。

木材发生光降解主要是由于木材吸收光产生自由基引起。光是导致木材自由基降解反应的"引发剂"。木材各组分吸收光产生自由基的能力不同。纤维素和半纤维素大分子吸收紫外光能力极弱，不产生自由基。而木质素分子能够吸收紫外光，产生自由基，自由基不稳定，极易迅速与邻近分子发生反应，生成有色物质，导致木材变色。

②木材光变色的影响因素　木材耐光性与温度、木材含水率和树种等因素有关。提高温度可以使木材光降解和氧化加速。在纤维饱和点以下，含水率高的木材，细胞壁由于水分的存在处于膨胀状态，有利于光的透入，从而产生更多自由基，导致木材变色加剧。一般来说，木材密度越大，光透入度越低，木材光变色越浅。此外，氧气、金属离子等可促进自由基的形成，加速木材光变色。

(2) 热变色

热变色通常出现在木材干燥过程中，当湿板材置于高温下干燥时，木材会变色。木材的变色因树种和干燥温度而异，它可以变黄、棕、红、灰等颜色，长期处于高温下的木材可变成棕褐色，见表8-9所列。

表8-9　数种木材干燥过程变色情况

| 树种 | 干燥温度(℃) | 相对湿度(%) | 干燥类型 | 变色状况 |
| --- | --- | --- | --- | --- |
| 槭木 | >50 | 65 | | 红 |
| 水青冈 | >50 | 65 | | 红 |
| 栎木 | >80 | 65 | | 棕褐 |
| 糖松 | >65 | 65 | | 棕褐 |
| 欧洲云杉 | >90 | | | 棕褐 |
| 核桃木 | | | 汽蒸 | 棕褐 |
| 赤杨 | | | 汽蒸 | 棕褐 |

木材变色受温度、湿度影响比较大，如白桦木材的干燥过程中易黄变，但如果在温度80℃、相对湿度70%以下干燥，则变色相对较小。与针叶材相比，阔叶材在较低的干燥温度下就开始变色。

木材热变色主要是干燥过程中木材内的水分外移，部分水溶性的抽提物，如酚类、黄酮类化合物随干燥过程中木材内部水分向材面移动而集聚在木材表面，促使木材变色。同时木材中的酚类化合物形成的有色物质和半纤维素，水解形成的暗色物质在高温下受空气氧化也能发生变色。热变色也与木材中酶的作用相关。

**8.2.2.4　生理性变色**

生理性变色是指木材在生长过程中受环境因子或自然与人为灾害时，发生保护性反应而引起的木材变色。如落叶松立木在生长期中，树干阳面和粗枝向下一侧的木材，都比其相对一面的木材颜色深。一般，针叶材的阳面材或多或少都表现为深色；针、阔叶树种在生长期间受到冻害、干旱、病害或遭受创伤形成各种伤口时，都能在其受刺激部位发生一种变色反应，在木质部细胞中沉积一些色素或胶质物，使变色部位硬度加强而变脆。

**8.2.2.5　营林抚育引起的变色**

营林抚育引起的变色是指因营林抚育措施不当引起。如修枝不规范使木材表面出现棕色条纹或沉积物质使材面呈现污点等。

### 8.2.3 木材变色的防治方法

引起木材变色的原因很复杂，既有生物因素，也有物理或化学因素。对于一个具体的木材变色问题，首先根据变色特征找出变色的可能原因，是光变色、铁变色还是酸变色，是由单一因素引起还是两种或两种以上的原因引起。原因找出后再寻找防止和消除变色的有效方法，选择合适的试剂、浓度及处理条件进行处理。

#### 8.2.3.1 微生物变色的防止和消除

微生物变色是由于微生物在木材上生长和繁殖引起的。对微生物生长和繁殖十分重要的因素是水、空气（氧气）、温度和营养物质或 pH 值。微生物变色一般以预防为主。

（1）微生物变色的防止

控制微生物变色可采取迅速干燥以减少木材中的水分，或用化学药剂防止，即采用杀菌药液浸蘸或喷涂木材表面防止真菌的侵入。当变色严重时，药剂保护和干燥等措施要同时使用。具体可见"3.3.2 木材的防微生物变色处理"。

（2）微生物变色的消除

霉菌引起的污迹可由刨削、砂磨或用漂白剂涂覆的办法去除。由于担子菌引起的污迹经常出现在木材深处，所以用漂白剂涂覆污迹或将木材浸泡于漂白剂溶液中的方法十分有效。如椴木原木上由担子菌引起的污迹可用次氯酸钠的稀溶液浸泡的办法予以去除。

对有些很难采用漂白方法脱色的微生物变色材，可以采用染色或着色的方法覆盖原有污迹，改变木材原有材色。这是一种投入低且安全的好方法。如对常见的杨木蓝变单板，可以采用涂刷氯化亚铁或硫酸亚铁水溶液，使木材全部变成黑色；或用绿色或蓝色染料浸染，变成需要的颜色，然后再加以利用。

#### 8.2.3.2 化学变色的防止和消除

（1）铁变色的防止和消除

①铁变色的防止　水、铁和酚类物质是发生铁变色的必要条件。在水的存在下，铁离子化形成铁离子，铁离子与木材中酚类物质发生反应，生成黑色或蓝色物质（铁污迹）。由于木材是酸性物质，从而加速其离子化过程，而且氧的存在加快了反应速度。因此，在木材加工和使用过程中可以采取以下方法防止铁污染：

a. 避免铁与木材接触：原木旋切或刨切前需蒸煮软化，蒸煮池应由不锈钢或混凝土制作，水和蒸汽管路应选择不锈钢管或钛管。若使用铁质蒸煮池或铁管，则需充分涂覆。制备胶料的拌胶罐宜用不锈钢或塑料制作。若用铁罐，则需有搪瓷衬里。热压时，在胶合板和热压板之间应夹放具有良好导热性能的不锈钢板或铝板。湿单板运输皮带上的金属连接件应涂覆油漆或用聚乙烯覆盖。干燥机中放置湿单板用的金属网用不锈钢材料制备。

b. 添加铁离子捕集剂：木材水煮软化时，溶入水中的少量铁离子也有可能引起木材变色。为防止这种变色，可在蒸煮用水中加入铁离子捕集剂如乙二胺四乙酸二钠。

也可加入硫酸钾铝或高分子凝结剂除去铁离子。木质家具构件封边应尽量采用不含氧化铁成分的封边材料，若含有氧化铁，应添加乙二胺四乙酸二钠。

c. 避免木材与水接触：以铁钉或铁质连接件连接的木材，应尽量避免与水分接触。

②铁变色的消除　铁变色多产生于刨切或旋切单板的表面及其与热压机接触的部位。当变色局限于表面而且变色面积较小时，可以用刨床或砂磨机磨削去除。对于大面积且有一定深度的变色，常采用化学试剂去除，如草酸、次磷酸、乙二胺四乙酸二钠等。少量草酸可使铁污染脱色并使其具有正常材的颜色，但有再污染的趋势。为了防止再污染，可以将其与磷酸二氢盐、亚磷酸盐、亚磷酸氢盐或六偏磷酸盐配合使用。用草酸去除铁变色后必须充分水洗，否则会发生酸变色，留下红色污迹。

(2) 酸变色的防止和消除

①酸变色的防止　如果使用遇酸固化的涂料或树脂，固化剂的添加量应保持在最低值。采用热固化胶黏剂生产胶合板过程中，下列办法能有效防止酸渗到单板上：降低胶的黏度，减少胶的涂覆量，降低单板的含水率，降低热压时的压力和温度。当用草酸去除铁污迹时，需要用足够的水冲洗或添加磷酸二氢钠。

②酸变色的消除　如果变色只限于木材表面，可通过刨削或砂纸打磨予以除去。若变色较深，用漂白剂分解或用碱中和的办法有一定的效果。亚氯酸钠在酸性条件下起作用，也可使用过氧化氢或次氯酸钠等其他漂白剂。

(3) 碱变色的防止和消除

碱变色常出现在经常与水泥接触的木材或使用强碱性漂白剂漂白后的木材表面。对于前者，需防止木材与水分接触；而后者，可在漂白后用水充分水洗或用酸中和。表层的碱污迹可以通过刨削或砂磨予以去除，也可用草酸水溶液去除，浓度应视污染程度来定。如果污染时间较长，则可用浓度2%~10%的过氧化氢处理。表8-10为不同化学试剂对水泥地板木材碱变色的处理效果。

表8-10　水泥地板上木材碱变色的漂白效果

| 涂覆的化学试剂 | 漂白作用 | 涂覆的化学试剂 | 漂白作用 |
| --- | --- | --- | --- |
| 2%$Ca(ClO)_2$溶液 | 优 | 15%$H_2O_2$溶液 | 一般 |
| 5%NaClO溶液 | 优 | 10%NaOH溶液 | 差 |

(4) 酶变色的防止和消除

①酶变色的防止　酶是在弱酸性或中性条件下具有活动能力的蛋白质物质。蛋白质在受热或接触一些化合物时能发生不可逆反应，导致酶失活。因此可采用以下方法防止酶变色：

a. 蒸煮、高频或微波加热等：该方法能够破坏酶的活性，从而防止酶变色。例如，为去除椴木和冷杉边材的黄变色，可将木材浸入沸水中0.5min或用微波辐射处理。这些处理方法适用于食品包装用木材。如果加热处理，应迅速升温，因为大量木材浸于少量水中时，水温会迅速下降，并达到适于酶活动的温度。

b. 化学药剂破坏酶的活性：用稀酸、弱碱或其盐适当降低或提高木材的pH值，加入抗氧化剂如2,4,6-三甲基苯甲酸等也可抑制酶变色。

②酶变色的消除　对产生酶变色的木材，可用过氧化氢漂白或热水抽提的办法进行处理。

#### 8.2.3.3　物理变色的防止和消除

(1) 光变色的防止与消除

①光变色的防止　对于未发生光变色的木材可采用以下方法预防变色：物理阻隔、改变参与光变色的化学结构、捕集游离基、木材染色防光变色等。具体参见"9.2.3 表面耐候性处理方法"。

②光变色的消除　要消除光变色，恢复木材原有材色，可采用以下两种方法：一是用过氧化氢或亚氯酸钠等氧化型漂白剂处理变色木材；二是用砂光或刨削的方法除去变色部分。对于褪色材面，可用相应的染料或颜料调色涂覆。

(2) 热变色的防止与消除

①热变色的防止　为了防止木材干燥过程中出现变色，干燥温度和湿度不能太高，另外可在材堆中放入足够的垫条有利于通风和降低木材的湿度。

在干燥之前用化学药剂（如亚硫酸钠、亚硫酸氢钠、抗坏血酸、氨基脲和尿素）涂覆木材也能有效防止热变色。例如，浓度为5%～6%的氨、氨基甲酸铵和氧化锌溶液可有效防止白松的棕变色。毛泡桐易红变，充分的自然干燥、在热水中浸泡或浸泡于尿素溶液中均能有效抑制其变色。

②热变色的消除　对于已经热变色的木材，可采用刨削或砂磨的方式予以去除，因为热变色通常只出现在表层。也可用化学药剂如碱性过氧化氢、亚硫酸氢钠等处理。

#### 8.2.3.4　生理性变色及其防治

(1) 树脂渗出变色（污染）的防止和消除

①树脂渗出变色的防止　由于针叶材的树脂是浅色的，所以可选用有利于蒸发树脂中低沸点挥发性成分的窑干条件。典型的实例是：窑干初始阶段，成材在100%相对湿度和90℃的条件下干燥。此后温度保持在50℃，然后逐步提高，直至80℃，这样树脂中挥发性的萜烯类组分可被汽蒸除去，能有效地防止树脂渗出变色。

②树脂渗出变色的消除　树脂渗出变色可用物理或化学方法去除。例如，日本扁柏的树脂在醇溶液中具有良好的溶解性。当有少量树脂渗出时，使用浸有溶剂的布擦拭材面即可。从厚板渗出的树脂也可用这种方法去除。如果大量的树脂从薄单板中渗出，则将单板浸入溶剂是一种有效的去除方法。日本扁柏在用甲醇洗提前后的颜色变化列于表8-11。明度提高和色品指数下降，以及湿色消失被认为是树脂洗提的结果。除乙醇外，还可使用丁酮和丙酮。

表8-11　甲醇溶解消除树脂前后日本扁柏木材颜色变化

| 项　目 | $L^*$ | $a^*$ | $b^*$ |
| --- | --- | --- | --- |
| 树脂除去前 | 59.5 | 10.4 | 21.4 |
| 树脂除去后 | 62.2 | 8.5 | 19.4 |

以落叶松为例，落叶松材用作家具或室内装饰材料，当在高温下使用时常有树脂渗出。落叶松材的树脂在乙烷和三氯乙烯中具有良好的溶解性。为去除树脂，可用浸有上述溶剂的布来擦拭。去除后，还要用聚氨基甲酸乙酯涂覆，其涂膜对抑制树脂的渗出有一定的效果。

(2)矿物质变色的消除

研究者对糖槭木材矿物质变色消除研究发现，可用5%的羧甲基纤维素加入4%的乙酸漂白液制成稀胶，在板材表面矿物变色斑部位涂刷三次，并用水冲洗干净即可；而对单板材，可用过乙酸(5%)溶液在pH值为4的条件下浸泡。对槭木的矿物质变色条纹，很难漂白成与槭木一样的白色，还会留有一些绿色痕迹，但可以用表面砂磨的方法来消除深色条纹。如果变色无法去除，则应采用着色等方法掩盖矿物质变色条纹。

## 8.3 木材漂白处理

木材漂白是利用氧化还原反应，将木材中的发色基团、助色基团以及与着色有关的组成成分进行氧化、还原、降解破坏以达到脱色的目的。木材漂白包括三方面内容：一是消除材面上的斑点、矿物线及由各种污染造成的材色不均现象；二是将木材材色整体淡色化，使材色变白、变亮；三是为了使木材染色均匀、一致，而且便于配色，通常在染色前要进行漂白处理。由此可见，木材漂白具有重要意义。

### 8.3.1 木材漂白剂

木材的漂白通常采用漂白剂进行处理。漂白剂可以分为氧化型漂白剂和还原型漂白剂两大类。常用的木材漂白剂见表8-12所列。

表8-12 常用的木材漂白剂

| 种类 | | 化学药剂名称 |
|---|---|---|
| 氧化型 | 无机氯类 | 氯气、二氧化氯、次氯酸钙(漂白粉)、次氯酸钠、亚氯酸钠 |
| | 有机氯类 | 氯胺B、氯胺T |
| | 无机过氧化物 | 过氧化氢、过氧化钠、过碳酸钠、过硼酸钠 |
| | 有机过氧化物 | 过醋酸、过甲酸、过苯氧化甲酰、过氧化甲乙酮 |
| | 氢化合物 | 硼氢化钠 |
| 还原型 | 含氮化合物 | 联氨(氨基脲)、肼 |
| | 无机硫化物 | 次亚硫酸钠、亚硫酸氢钠、连二亚硫酸钠、雕白粉、二氧化硫 |
| | 有机硫化物 | 甲苯磺酸、蛋氨酸(甲硫基丁胺酸)、半胱氨酸 |
| | 酸类 | 草酸、次亚磷酸、抗坏血酸、山梨酸钠 |
| | 其他 | 聚乙二醇、甲基丙烯酸酯 |

木材漂白剂通常由漂白主剂、漂白助剂、pH调节剂、渗透剂等组成的混合物。漂白助剂可分为活性化助剂和抑制化助剂，前者可以增强漂白主剂的漂白效果。后者则

主要用于控制漂白主剂分解速率，减少或抑制无效分解，减轻由于强烈的氧化还原作用对木材组分的降解和破坏。表 8-13 为木材漂白剂常用的活性化助剂，表 8-14 为常用的抑制化助剂。

表 8-13 木材漂白剂的活性化助剂

| 漂白剂类型 | 活性化助剂的化学名称和添加要点 |
| --- | --- |
| 过氧化物 | ①加入氨水、碳酸氢铵、氢氧化钠、碳酸钠、碳酸氢钠、有机胺类等碱性物质的水溶液，把 pH 值调整到 9.5~11。为了促进渗透，根据需要适当添加乙醇、甲醇等<br>②与无水马来酸以 1:1 的体积比混合，使生成过醋酸，在酸性条件下漂白，适当添加草酸于其中<br>③将无水马来酸适当溶解，与其混合生成过马来酸。在酸性条件下漂白，适当添加柠檬酸、草酸等有机酸于其中 |
| 过碳酸钠、过硼酸钠 | 其水溶液都是碱性，用其原液呈现温和的漂白作用，根据树种不同，有时出现碱烧伤，应适当添加无水醋酸，在弱酸性条件下漂白为好 |
| 亚氯酸钠 | ①适当添加醋酸、柠檬酸等将 pH 值调整到 3~5；<br>②添加次乙基尿素或尿素，使其活化；<br>③添加有机酸、无机酸或这些酸的铝盐、锌盐、镁盐，或这些酸的化合物，使其活化；<br>④适当添加过氧化氢或过碳酸钠、过硼酸钠或尿素使其活化；<br>⑤添加乙烯碳酸盐、丙烯碳酸盐等提高渗透性 |
| 次氯酸钠 | 适当添加安息香酸的水溶液和邻苯二酸的(酞酸)水溶液，使其活化 |
| 氯胺 T、氯胺 B | 添加无机酸或有机酸来增加活性 |
| 连二亚硫酸钠、其他亚硫酸化合物 | 添加醋酸、蚁酸、草酸、柠檬酸等有机酸，或少量次磷酸、盐酸等无机酸调整为酸性，若活性化增加，漂白能力就得到提高，特别是添加少量次磷酸时，漂白能力倍增 |
| 次氯酸钙(漂白粉) | 在漂白粉的饱和水溶液中，加入硫酸镁生成稳定的次氯酸镁的水溶液 |

表 8-14 木材漂白的抑制化助剂

| 漂白剂类型 | 抑制化助剂的化学名称和添加要点 |
| --- | --- |
| 过氧化氢 | 如适当添加硅酸钠、胶态硅、焦磷酸钠、乙二胺四乙酸二钠等，能抑制漂白过程中的无效分解，使漂白力持久；添加羧甲基纤维素(CMC)，能增加漂白液黏着性 |
| 过醋酸、过马来酸 | 在有机过酸性条件下漂白时，添加羧甲基纤维素、硅胶能在很大程度上抑制漂白液的无效分解 |
| 硼氢化钠 | 添加硅胶能抑制活性氢的无效分解 |
| 联氨 | 联氨水合物因碱性强的缘故，根据树种不同有时会着色，为此添加硼酸、草酸、醋酸等弱酸性物质，将 pH 值调整到 8.0~10.0 范围内，能得到较好耐光性的漂白效果 |

木材漂白的目的是去除或改变天然色素，赋予木材必要的白度和亮度，同时除去残留的杂质。理想的漂白效果是在去除有色物质的同时，尽可能操作安全、方便，不

损伤木材且成本低廉。常用木材漂白剂可参考如下配方：

(1) 以过氧化氢为主剂的漂白液配方

①将35%的过氧化氢与28%的氨水在使用之前等量混合，涂布于木材表面。混合液的有效时间是30min。也可先涂氨水，然后再涂过氧化氢，最后充分水洗。

②将35%的过氧化氢与醋酸以1∶1比例混合，涂于表面。

③将35%的过氧化氢中加入无水顺丁烯二酸，待完全溶解后涂于木材表面。

④将无水碳酸钠10g溶解于60mL的50℃温水中，做A液；在80mL浓度为35%的过氧化氢中加入20mL水，做B液。处理时先将A液充分涂布于木材表面，待均匀浸透5min后，用木粉或旧布擦去表面渗出物，接着再涂布B液，干燥3h以上。如果漂白效果不佳，可将干燥时间延长18~24h。漂白后要充分水洗。操作时，两种液体不能预先混合，每一种液体要专用一把刷子。

一般情况下，过氧化氢要在碱性条件下漂白，但加入乙酸酐、顺丁烯二酸酐、乳酸等有机酸后，也可在酸性条件下漂白。必须注意，用碱性过氧化氢漂白时，个别树种的木材可能出现黄色，这是因为木材中的特殊抽提物或木质素与碱性过氧化氢反应生成醌类有色物质所致。当出现这种变色时，在木材表面上涂刷亚氯酸钠或硼氢化钠后即可消除。

(2) 以亚氯酸钠($NaClO_2$)为主剂的漂白液

①亚氯酸钠加入有机酸、弱无机酸或铝盐、锌盐、镁盐等，不加热混合使用，即可获得良好的漂白效果。

②亚氯酸钠200g、过氧化氢20g、尿素100g，三者混合均匀涂于表面。

亚氯酸钠对泡桐、山毛榉、柞木、白蜡树、椴木等木材具有良好的漂白效果。

(3) 以次氯酸钠($NaClO$)为主剂的漂白液

①在95mL水中加入95g次氯酸，均匀混合，加热后迅速涂于表面，也可在混合液中加少量的草酸或硫酸。此种方法适于漂白柳桉木材。

②在3%次氯酸钠水溶液中，加入3%苯甲酸异戊酯和3%的邻苯二甲酸，混合均匀涂于木材表面。此配方适于漂白陈旧木材。

(4) 以亚硫酸氢钠($NaHSO_3$)为主剂的漂白液

先配制两种溶液：

①把亚硫酸氢钠配成饱和溶液；

②在1 000mL水中加入一定量的结晶高锰酸钾。

使用时，先将高锰酸钾溶液涂在木材表面，稍许变干后(约5min)，再涂亚硫酸氢钠溶液，如此反复操作，直到材面变白。

(5) 以草酸($H_2C_2O_4$)为主剂的漂白液

单独用草酸漂白效果较差，因此需要与其他化学药剂混合使用。具体配方如下。

先配制三种溶液：

①草酸溶液  在70℃、1 000mL蒸馏水中加入75g结晶草酸；

②硫代硫酸钠溶液  在70℃、1 000mL蒸馏水中加75g结晶硫代硫酸钠；

③硼砂溶液  在70℃、1 000mL蒸馏水中加25g硼砂。

使用时先把草酸溶液涂于表面，4~5min 变干后涂硫代硫酸钠溶液，如果达不到效果，可反复涂几遍，直到满意为止。再涂硼砂溶液，使表面润湿即可。最后用清水冲洗，擦干表面并彻底干燥。此方法对桦木、色木、柞木等效果良好，也能使核桃楸、水曲柳木材变浅色。

### 8.3.2 木材漂白原理

木材漂白是氧化还原反应在木材表面的具体应用，是采用漂白剂将木材中的发色基团或助色基团及与着色有关的组分进行氧化、还原、降解破坏来予以消除。

木材中的木质素和抽提物中含有发色基团，如苯环、醌类、木质素苯基丙烷单体侧链上的羰基、羧基和碳碳双键（C═C）等，同时含有羟基和甲氧基等助色基团。木材漂白就是用具有氧化性或还原性的化学药剂来破坏木材中发色基团，封闭助色基团（—OH），从而产生漂白和脱色作用。

漂白剂在木材漂白中发挥作用的大小，与其氧化、还原电位有关。漂白剂和木材之间的氧化还原反应能否发生取决于反应的活化能、介质、pH 值、反应温度和时间等因素。不同的漂白剂漂白原理不同。下面介绍常用木材漂白剂的漂白原理。

#### 8.3.2.1 过氧化氢（$H_2O_2$）

过氧化氢又名双氧水，结构式为 H—O—O—H。过氧化氢的化学性质，主要表现在对热的不稳定性、具酸性和氧化还原性。过氧化氢中氧的氧化值为 -1，它可以被还原成 -2，也可以被氧化成 0。因此，它既具有氧化性，又具有还原性，其漂白原理如下：

$H_2O_2$ 在水溶液中的标准电极电势见表 8-15 所列。

**表 8-15　$H_2O_2$ 在不同介质水溶液中的电极反应及其标准电极电势**

| 介质种类 | 电极反应 | $\varphi/V$ |
| --- | --- | --- |
| 酸性介质 | $H_2O_2+2H^++2e=2H_2O$ | +1.77 |
|  | $O_2+2H^++2e=H_2O_2$ | +0.68 |
| 碱性介质 | $HO_2^-+H_2O+2e=3OH^-$ | +0.87 |
|  | $O_2+H_2O+2e=HO_2^-+OH^-$ | -0.076 |

从标准电极电势数值可以看出，$H_2O_2$ 无论在酸性或碱性介质中均为强氧化剂。$H_2O_2$ 中—O—O—键起氧化作用，它的还原产物是 $H_2O$。因此，采用 $H_2O_2$ 作氧化剂不但氧化能力强，而且反应过程中不会引入杂质。过氧化氢在溶液中会发生分解反应，如下：

$$H_2O_2 \rightarrow H^+ + HO_2^-$$

生成的过羟基离子（$HO_2^-$）具有漂白作用。为使上述反应向生成 $HO_2^-$ 方向进行，增加溶液的 pH 值，亦即反应在碱性条件介质中进行，或提高温度，都能使 $HO_2^-$ 离子增加，有利于过氧化氢的分解，增加漂白效果。但过羟基离子 $HO_2^-$ 也能按下式分解：

$$HO_2^- \rightarrow O_2 + 2OH^-$$

该无效分解反应受铜、铁、锰等重金属及其盐类和紫外线或酶的影响而加速，分解得率在 pH 为 10.5 时达最低值，所以漂白过程最适宜的 pH 值为 10~11。为了保持适宜的 pH 值，获得适宜的反应速度，可在过氧化氢溶液中加入硅酸钠或硫酸镁等，也可用氢氧化钠、碳酸钠、氨水等作促进剂，将溶液的 pH 值调到 10 左右。

#### 8.3.2.2 亚氯酸钠($NaClO_2$)

亚氯酸钠在弱酸性介质中分解生成亚氯酸($HClO_2$)，能破坏木材中的发色基团。另外，亚氯酸盐还原的中间阶段能生成次氯酸($HClO$)，次氯酸又能与亚氯酸反应生成二氧化氯($ClO_2$)，二氧化氯具有漂白作用，能与酚羟基或含有醚基的芳香族化合物反应。因此，用亚氯酸钠漂白，可有选择地除去木质素的发色基团。

#### 8.3.2.3 次氯酸钠($NaClO$)

次氯酸钠分解生成的次氯酸($HClO$)有较强的氧化能力，用其氧化木材中的发色基团而起到漂白作用，反应式如下：

$$2NaClO + CO_2 + H_2O \rightarrow Na_2CO_3 + 2HClO$$

$HClO$ 的氧化势最大，氧化能力最强，因此在 pH 值为 5~7 范围内漂白，木材中的纤维素将受到严重的降解；而在碱性条件下漂白，氧化势较小，对木材的纤维损害少，为此将次氯酸钠溶液 pH 值调整到 9~10 为宜。

#### 8.3.2.4 亚硫酸氢钠($NaHSO_3$)

亚硫酸氢钠能使木材中处于氧化态的有色物质或发色物质基团还原为无色结构。亚硫酸氢钠中的硫的氧化值为+4，处于中间氧化态，所以亚硫酸氢钠既有氧化性，也有还原性。从标准电极电势数值来看，亚硫酸氢钠是相当强的还原剂。

亚硫酸氢钠分解反应如下：

$$NaHSO_3 \rightarrow Na + 2HSO_3^- \rightarrow H^+ + SO_3^{2-} \rightarrow SO_4^{2-}$$

反应中所产生的 $H^+$ 能将木材中的发色基团还原成无色结构或浅色结构，如将发色基团醌基还原成氢醌，将木质素中不饱和醛基或酮基还原成醇基，从而起到漂白的作用。

#### 8.3.2.5 草酸($H_2C_2O_4$)

草酸为还原型漂白剂，反应中产生的 $H^+$ 离子能将木材中的发色基团还原成无色结构和浅色结构，从而达到漂白木材的效果。

草酸按照下式分解：

$$H_2C_2O_4 \rightarrow H^+ + 2CO_3^{2-} + CO \uparrow$$

### 8.3.3 木材漂白效果的影响因素

#### 8.3.3.1 树种

树种不同，木质素的含量、结构，特别是其抽提成分的含量、成分及结构差异很大。同一漂白剂对不同的树种进行漂白，效果可能不同，故应根据不同树种选择相应的漂白剂。如 $H_2O_2$ 对桦木、竹材易漂，而对松木等难漂。再如 $NaClO_2$ 对朴树、泡桐效果良好，而对山毛榉、樱桃木就差些；对柳桉和柚木等色素或树脂含量高的树种，处理时间就要更长些；而桂树、水青冈经 $NaClO_2$ 处理后，反而有些发黄，基本无漂白效果。

#### 8.3.3.2 漂白工艺

漂白工艺主要包括漂液浓度、温度、pH 值、浴比、时间等因素。一般来说，漂液浓度越高，漂白效果越明显，效率越高。但浓度太大常会出现漂白不均匀、破坏木材的化学组成和结构，从而不同程度降低漂白后木材强度。温度升高，通常会加快漂白速度，但影响效果随漂白剂种类不同而异。如 $H_2O_2$ 为常在室温下使用，若温度太高则会加速其自身分解，造成大量损失。当然加入稳漂剂后，可适当加热。$NaClO_2$ 一般在 50~70℃下使用，若不加热则几乎不显漂白效果。漂白时间长短取决于漂白方法、树种、木材的形状与尺寸、漂液浓度和 pH 值等。漂液 pH 值大小取决于漂白剂种类。如 $H_2O_2$ 一般需要在碱性条件下（pH = 9~11），NaClO 和 $NaClO_2$ 一般要在酸性条件下（pH = 5~7）才能起到良好的漂白作用。

#### 8.3.3.3 漂白助剂

有些漂白剂的有效作用时间很短，如 $H_2O_2$ 在碱性条件下容易发生无效分解，特别是当溶液存在金属氢氧化物或重金属离子尤其是有催化作用的锰、铜、铁等离子时，分解速度太快，需要加入硅酸钠、焦磷酸钠、硫酸镁等助剂以维持平稳、有效的漂白过程。

有些漂白剂的渗透性较差，除单板浸渍和加减压处理外，难以获得满意的效果。为此，一般在漂白过程中加入助渗剂或界面活性剂。目前常用的助渗剂主要有氨水和乙醇等。

## 8.4 木材的着色

木材着色是木材功能性改良的重要方法之一，是在保持木材原有天然属性的基础上，采用染料、颜料、化学药剂等方法调节材色深浅、改变木材颜色及防止木材变色的加工技术。根据着色对象、方法和使用材料不同可以将木材着色分为着色剂着色、炭化着色、光照射着色和微生物着色。其中着色剂着色和炭化着色应用最广。着色剂着色可以细分为染料着色、颜料着色和化学药品着色。其中颜料着色在木材涂饰科学中应用较广，技术也较为成熟。染料着色和化学药品着色是目前研究较多、应用较广的木材着色技术，特别是染料着色。在本章中只介绍木材的染料着色（也称木材染色）、表面着色和炭化着色。

### 8.4.1 木材的染色

木材染色是指采用涂刷、喷淋或浸注等方法使染料进入并附着于木材表面或内部的着色过程。木材染色处理可以改善木材的视觉特性和装饰性能，提高木材利用价值，经染色加工的木材和单板可用于建筑、室内装修与家具生产，同时也是人造装饰薄木、工艺品及体育器材的原材料。

**8.4.1.1 木材染色机理概述**

木材染色一般包括染料在木材中的渗透和固着两个过程。其中染料分子在木材中的移动和渗透非常重要，特别是对实木深度染色尤为重要。染料在木材中的渗透过程，是染料离开染液向纤维转移并渗入纤维内部的过程。渗透性随着木材的纹理、结构方向而不同，纵向渗透性远大于横向。木材是一种不均匀的多孔性材料，主要由纤维素、半纤维素和木质素组成，含有丰富的亲水性基团如羟基(—OH)、羧基(—COOH)等。由于木材、染料和溶剂之间的相互作用，以及染料的选择吸着性，染料分子在染料水溶液流动方向上，沿细胞壁呈三角形染着吸附，致使渗入流动有效面积越来越小，渗入流量随着时间的增长而减少，最后达到某一恒定值。染料在木材中的固着过程，是染料与木材组分以各种形式结合，吸附在木材内的过程。渗透与固着这两个过程是相互矛盾的，往往渗透性好的染料其抗流失性差。染料的渗透决定于木材的种类和所处的状态、染料分子的大小和物理化学性质、介质的物理化学性质以及染色的外部条件，其中木材染色的外部条件包括染液的浓度、温度以及外界施加的压力等。

**8.4.1.2 木材用染料的种类及组成**

染料可按照化学结构或应用分类。而由于染料的性能与染料的分子结构有关，结构分类与应用分类常常结合使用。商品染料的名称大多根据染料的应用命名。

(1) 染料的名称

一般用三段命名法，即由冠称、色称和符号组成。如还原黄 G，其中"还原"是冠称，"黄"是色称，G 是符号。

冠称也叫冠首，有三种可能的意义。第一种表示染料属于哪一类，如还原黄、硫化蓝、酸性红等；第二种表示染料的化学组成，如甲基蓝等；第三种表示该染料是由哪一家工厂生产的。

色称又叫色相或色调，表示染色后得到颜色的名称。目前在国内对色泽的形容词统一采用嫩、艳、深三个字。色称则统一规定为 30 种：嫩黄、黄、深黄、金黄、橙、大红、红、桃红、玫瑰红、品红、红紫、枣红、紫、翠蓝、湖蓝、艳蓝、蓝、深蓝、艳绿、绿、深绿、黄棕、红棕、棕、深棕、橄榄绿、草绿、灰、深灰、黑。

符号又叫尾注，用特定的字母表示色光、浓度、牢度、特性以及适用于何种被染物等，具体含义如下：

B——青光或蓝光
C——适用于染棉
D——适用于染色
E——适用于浸泡染色
Ex——高浓的意思
F——①染色牢度好；②染料颗粒细
G——①带黄光色；②带绿色
H——适用于棉毛交织物染色
K——①适用于冷染；②热固性活性染料
L——①耐光性好；②染料的匀染性好
N——正常或标准之意
O——①高浓；②原来颜色
P——①粉状；②适于印花或染纸
R——带红光
S——①易溶；②表示可用于燃丝
V——紫光
W——适用于染毛织品
X——浓度极高

Y——带黄光

(2) 染料的种类

染料的品种繁多，结构复杂。木材工业中常用的水溶性染料有直接染料、酸性染料、碱性染料和活性染料等。其中最常用的是酸性染料。

① 酸性染料　酸性染料是在酸性或中性介质中染色的染料，其作用原理是分子间的范德华力和氢键，对纤维素纤维的直接染色性很差，但对木质素上染较好。因该染料含有大量的羧基、羟基和磺酸基，在溶液中呈解离状态，且染色成分是阴离子，故称阴离子染料。酸性染料按结构分为偶氮染料、蒽醌染料、嗪染料、三芳基甲烷染料或硝基染料。酸性染料色谱齐全、色泽鲜艳，湿牢度和日晒度随品种不同而有很大差异。

② 活性染料　活性染料是分子中含有反应活性基团，能与木材物质中的羟基形成共价键的有机化合物。活性染料不但具有优良的湿牢度和匀染性能，而且色泽鲜艳，使用方便，色谱齐全，成本廉价，已成为纤维素纺织物染色和印花的一类重要的染料。活性染料的结构有别于其他染料。它们的结构可用下面的通式来表示：

$$W—D—B—Re$$

式中　D——发色体或母体染料；

B——活性基与发色体的联接基；

Re——活性基；

W——水溶性基团。

活性染料虽然也可按染料的发色体系分类，但一般都按活性基来分类。母体染料主要是偶氮、蒽醌等结构的染料，其中以偶氮类，特别是单偶氮类的最多。使用最多的是卤代三嗪、卤代嘧啶以及乙烯砜等几类。

③ 直接染料　直接染料是一些不经过特殊处理就能直接作用于木材上的染料，属阴离子染料，它与木纤维的结合是依靠它们之间的范德华力或氢键，该类染料包括大量的偶氮染料。直接染料中除茶色类耐光性较好外，其他耐光性较差。

④ 碱性染料　碱性染料也称阳离子染料，是由苯甲烷型、偶氮型、氧杂蒽型等有机碱和酸形成的盐，其特点是色泽鲜艳，具较高染色能力，但日晒牢度和化学稳定性差。

(3) 木材用染料水溶液的组成

木材染料染色液大多是以水为溶剂，含有染料、渗透剂、匀染剂、固色剂、耐光剂、pH 调节剂等部分或全部组分的混合溶液。

① 渗透剂　渗透剂也称湿润剂或分散剂，是表面活性剂的一类。其功能是降低染液的表面张力，提高染液在木材界面上的润湿性。常用的有脂肪醇聚氧乙烯醚(俗称：平平加 O)、渗透剂 JFC 等，多属非离子型表面活性剂，使用时加入染液，加入量为 0.11%~0.13%。有人认为 0.13%脂肪醇聚氧乙烯醚可大大增强木材的水浸渍能力。

② 匀染剂　木材具有各向异性，不同方向、不同部位染液的吸附速度和吸附量差异很大，因此染色后常存在色差。为调节染料在木材上的固着速度，使木材各部位的着色尽可能均匀，需加入匀染剂。匀染剂多为非离子表面活性剂及无机盐类，如烷基

酚聚氧乙烯醚、平平加 O 或氯化钠等。

③固色剂　固色剂是能够提高木材染色牢度的化学试剂。以酸性染料为例，其染料分子在水溶液中是阴离子，纤维素分子上的羟基在酸性水溶液中表现为中性，二者的作用力极弱。如果能选择一种助剂，这种助剂既能与木材化学成分反应又能与染料分子牢固结合，则能提高染色牢度。壳聚糖或三甲基脂肪胺类具有这种特性。当用壳聚糖预处理木材时，壳聚糖分子中的羟基和氨基，能借助氢键与木材纤维素分子紧密结合，形成坚实的表面膜；另外，壳聚糖上的氨基有孤对电子，能够接受酸性介质中的质子($H^+$)形成铵离子而带正电，因此能与染料阴离子形成较强的作用力，从而将木材和染料牢固结合。壳聚糖预处理后的染色材，颜色均匀一致，表面光泽度提高，色彩鲜艳。媒染剂也可于固色，方法是用金属盐处理染色材，使染料分子形成有色沉淀而固色，常用的金属盐有重铬酸钾和重铬酸钠等。

④pH 调节剂　染料的结构很复杂，同为酸性染料，其水溶液 pH 不同。染料与被染物在合适的 pH 下才能产生较好的染色效果。过高或过低的 pH 都会带来不良的后果，如用硫酸铝作 pH 调节剂时，过量硫酸铝会使直接染料变暗，颜色变淡，耐光性差，也会使碱性染料沉淀而降低着色力。染料的 pH 还对产品后续阶段酸固化树脂的胶合性能有影响。染色液的 pH 应从染料、木材树种、胶合和涂饰的角度全面考虑。通常酸性染料的 pH 为 4.5~5，直接染料 4.5~8，碱性染料 4.5~6。常用 pH 调节剂有氯化铵、硫酸铵、乙酸等。

⑤耐光剂　经染色后的木材常因光照而变色或褪色，这是因木材内木质素和染料经紫外线光照射后引起氧化所致。在预防光变色方面除选用耐光性涂料和对木材改性外，还可以在染料中加紫外线吸收剂和阻隔氧化剂来防止染色材变色。木材染料中常用的耐光剂有含氮化合物、聚丙二酸乙二醇酯、聚乙二醇 400$^\#$ 和苯丙三唑系物质等。

(4) 木材染色的影响因素

影响木材染色的主要因素是染料的渗透性，而渗透性又与被染木材的含水率、树种及染色工艺参数密切相关。下面详细介绍木材染色的影响因素及木材组分和细胞的染色性。

①木材含水率　依据木材水分移动原理，当木材含水率高时，其他溶液不容易进入。因此对木材进行干燥有助于染料的渗入。研究表明，含水率在 30% 时，染色材有色斑等不均匀现象出现，但含水率低于 8% 时上染率反而下降。这可能是因为木材含水率过低、吸着水减少，纤维大分子在木材表面形成多分子吸附力增强，染料大分子在木材表面形成多分子吸附，阻塞部分通道，使染料溶液渗透性降低。

②染色工艺参数　染液浓度、温度和时间决定染色的速度与效果，其中温度的影响最大。在一定温度范围内，染液温度高，染色效果好，如酸性染料在 90℃ 加热 2h 的染色效果，在 50℃ 时需要 24h。但温度太高，反而降低染料的渗透性。在酸性介质中，太高的温度会引起木材的水解，对木材强度和质量造成不良影响。温度应根据产品的用途、木材树种、材料厚度和染料品种综合确定。通常酸性染料染色的适宜温度为 90℃，碱性染料为 60~70℃，中性染料为 45~55℃。

染液浓度越大，染料分子运动阻力增大，染料分子被吸附扩散所需的时间越长，因而染色时间也越长。一般染液浓度在 0.5%~1.0% 之内。染色时间除随浓度变化外，还受到树种、试样尺寸的影响，亦随染液温度的升高而减少。

③木材组分和细胞的染色性能　木材主要由纤维素、半纤维素和木质素组成。研究者对木材主要组分的染色性能进行了研究，结果发现：对纤维素，直接染料染色性能良好，酸性染料不佳；对半纤维素，直接染料染色性较好，酸性染料不佳；对木质素，直接染料染色困难，酸性染料和碱性染料较好。不同树种木材成分含量不同，不同木材切面所暴露出的各种成分比例不同，因此木材的染色性能具有变异性，不同树种木材须选用适宜的染料。

木材的细胞和组织多种多样，阔叶材主要由导管、木纤维、轴向薄壁组织和木射线组成；针叶材主要由管胞、木射线和树脂道等组成。同时细胞壁又分为胞间层、初生壁和次生壁，次生壁又有次生壁外层、中层和内层。不同壁层厚度不同，纤维素、半纤维素和木质素的含量有差异，而且有些细胞还含有不同的抽提物。因此不同的木材细胞和组织的染色性有差异。研究者用酸性橘黄Ⅱ、直接蓝 2B、碱性绿对福建 5 种重要木竹材细胞的染色性能进行了研究结果见表 8-16。

表 8-16　福建 5 种重要木竹材细胞的染色性能

| 木材种类 | 细胞种类 | 酸性橘黄Ⅱ | 直接蓝 2B | 碱性绿 |
| --- | --- | --- | --- | --- |
| 米槠与木荷 | 木纤维 | B | C | A |
| | 导管 | C | C | C |
| | 射线薄壁细胞 | B | D | C |
| | 轴向薄壁细胞 | C | B | C |
| 杉木和马尾松 | 轴向管胞 | B | Z | A |
| | 射线薄壁细胞 | C | D | B |
| | 杉木轴向薄壁细胞 | B | A | C |
| | 马尾松射线管胞 | C | B | B |
| | 马尾松泌脂细胞 | A | A | B |
| 毛竹材 | 基本薄壁细胞 | C | B | C |
| | 纤维细胞 | B | C | B |
| | 导管 | C | C | C |
| | 筛管 | C | C | C |

注：A. 非常好染色；B. 深度染色；C. 浅度染色；D. 不能染色。

### 8.4.1.3　木材染色处理方法

木材染色的方法有多种，按照木材的处理形态可分为立木染色、实木染色、单板染色和碎料染色等。按照染料的浸注方式可分为常压浸注、减压浸注和加压浸注等。根据染色要求、染色条件、染色原料将木材染色分为表面染色和深层染色。染色木材用途和染色方式的不同，决定了木材染色工艺的多样性。

(1) 实木染色处理

实木染色是对方材或原木进行染色处理，染色材主要用作刨切薄木或制作高档家具。由于其厚度大，木材长，在常规的条件下靠染液的自身渗透很难实现内部均匀染色。最常用的方法就是真空-加压浸注法。添野丰采用高温、真空和高压等条件进行实木染色，染色厚度可达 32mm。染色工艺要点：①染色前木材应干燥至含水率 15%；②染色液浓度为 1%，内含 0.5%渗透剂和 1%NaCl 的混合液，pH=4.5；③减压条件为 30℃时减压时间：针叶材 8~10h，阔叶材 12h，减压压力为 114~210kPa；④常压处理。针叶材的处理时间为 8~10h，阔叶材的时间为 12h；⑤加压保压。针叶材在压力 2.0MPa 时保压 6h，阔叶材在压力 3.0MPa 时保压 8h；⑥干燥。染色材不易热风干燥，应采用真空干燥和除湿干燥方法。

(2) 立木染色处理

立木染色，是指利用活树叶蒸腾作用所产生的树液流动引发自然动力，将染色液输入到活立木或新砍伐树木的树干中，从而使木材染色的一种方法，也叫树液置换法。

①立木染色原理　树木生长需要的水分与养料是靠树叶的蒸腾作用从土壤中获得，即树叶的蒸腾作用是立木所需水分和养料的传导驱动力。从树叶表面蒸发掉的水分，需要根部吸收来补充。由于根部供给水分不足，为了确保水分迅速供应，在木材内会产生负压，此负压是形成液体在树体内流动的驱动力。这种负压在一天内因时间、天气、季节、树木发育状态等不同而异，一般在 2~3MPa。

树木中存在许多空隙和通道，如细胞腔、纹孔、穿孔以及微纤丝间隙等，这些都是染液流动的必要通道。纹孔是相邻细胞间物质交换的主要通道。由于纹孔的开通与关闭，使木材的渗透性相差很大，有时可达 30~100 倍。活立木边材的纹孔通常是开放的，而心材纹孔大多关闭，因此边材比心材容易染色。利用树液流动进行立木染色非常适用于 5~15cm 的小径材。

②立木染色方法　立木染色有两种方法，即穿孔染色法和断面浸注染色法。

穿孔染色法是在活树树干上钻取一些小孔，用管子将盛在容器中的染液采用一定方式输入到树干内，利用树叶的蒸腾作用，使染液输送并分散到木质部而将木材染色。如果向各个孔中注入不同颜色的染料，还可将木材染成不同颜色。该方法对生长发育时期的立木染色，不论树木大小都比较适宜。

断面浸注染色法是指将新采伐、具有一定活性的木材基部浸入染液中，靠毛细管中有活力的树液流动带动染料分子沿树干上行而使木材染色。以糖槭树(胸径 5~15cm)为试材，从距地面 20cm 处锯断，将其横断面浸在盛有染料水溶液的容器中，直立，然后用 9 种染料对立木进行 48h 的染色，不同染料的渗透高度见表 8-17。可以看出，对糖槭材立木染色最佳的染料是酸性红 B、酸性果绿和酸性大红 G，48h 后的染色高度已达到树顶端。而品蓝、品绿和活性蓝的染色效果差，染料水溶液移动很慢。立木染色主要染着在木材的边材，小径木只有靠近髓心部分未被染色。通常早材比晚材部分染色深。染色木材的染色部分与未染色部分相互交替，弦切面和径切面的纹理特别引人注目，而且出现了材料本身不存在的新的染色木纹。

表 8-17　糖槭小径木 8 种染料染色高度

| 染料名称 | 染色高度(m) | 染料名称 | 染色高度(m) |
| --- | --- | --- | --- |
| 酸性红 B | 5.5* | 酸性黑 ATT | 2.3 |
| 酸性红 G | 3.6* | 活性蓝 | 0.21 |
| 酸性橙红 | 2.1 | 品蓝 | 0.16 |
| 酸性果绿 | 4.5* | 品绿 | 0.11 |

注：表中 * 表示染色 48h 达到树顶端的染料。

(3) 单板的染色处理

单板染色是指采用浸渍处理对单板进行均匀染色，改善其视觉特性的方法。有的单板可以直接染色，有的则需要在染色前进行适当的处理，如漂白或浸提，以达到稳定染色材颜色的作用。尤其对于目标颜色较浅时，这一点尤为重要。单板染色通常采用常压下用加热的染液浸泡单板，也可以用温差法，或者叫冷热槽法。先将单板加热，然后将热单板浸渍到冷染色液中，单板中的受热空气和水分因膨胀而移出，单板内部产生负压，使染料溶液能够较深入地渗透到其内部。单板染色的常用工艺流程如下：

单板选取和剪切→单板预处理→配制染料溶液→加热→染色→水洗→固色→干燥。

单板选取和剪切：选择边材单板，要求无腐朽、变色和节疤，颜色均匀一致，单板旋切质量良好，表面光滑，含水率≤(15±3)%。

单板预处理：单板处理包括浸提和漂白。有些单板在相同的染料及染色工艺条件下染色效果差异较大，通常可采用染色前的预处理进行改善。例如，用冷水或热水浸提、乙醇、碳酸钠或低浓度 NaOH 等溶液进行预处理；对于颜色不均匀单板，先经双氧水漂白、水洗和干燥，再进行染色。

配制染料溶液：染色工艺最重要的是染料的选择和配色。选择染色剂要求能保持木材原有的质感；着色均匀，透明性高；渗透性好，耐光性强；对后续加工无影响。在染料的调配上，可以采用单一染料染色，也可以采用几种染料混合的复合染色，但是需要注意不同染料与木材的亲和力不同，否则容易出现染色不均匀性现象。配色常以"减法"混色原理作为理论基础，以红、黄和蓝作为三原色，先经过实验室小试配色，然后经过大试调色，达到要求后可用于批量生产。

染色：不同单板用同一染料染色时，浓度、染色时间和染色温度等因素的影响不同，要达到预定的染色效果，不同树种应采用不同的染色工艺。单板染色工艺参数通常为：时间 135~180min，浓度 1.0%，温度 85~95℃，浴比 12∶1~16∶1。另外，染色单板表面颜色与内部颜色具有一定的差异，表面颜色比内部颜色要深。若想获得表面与内部均一的颜色，可以采用延长染色时间和冲洗时间的方法改善内外的色泽不均匀性。

固色：染色单板可用 $K_2Cr_2O_4$、$KAl(SO_4)_2$、NaCl 等进行固色处理，固色效果最好的是 $K_2Cr_2O_4$，但其处理后染色单板颜色变化较大。

干燥：不同树种的单板经过染色后，在自然干燥条件下，变形的程度有较大的差异，染色单板的平整度与木材本身的密度有很大的关系，而与染料种类和其他工

(4)薄木的染色处理

薄木是刨花板、中密度纤维板、胶合板等人造板材的主要贴面材料,也是家具部件、门窗、楼梯扶手、柱、墙、地面等的常用饰面和封边。生产薄木的基材一般为花纹美观、质地优良的珍贵树种。但珍贵木材资源越来越少,难以满足日益增长的市场需求。仿珍贵木材染色技术是将泡桐、杨树等速生材,或普通的进口木材,刨切成厚度 0.13~0.15mm 的薄木,经过染色处理,染成接近天然珍贵木材色泽,是速生阔叶材附加值提高的有效方法。

薄木染色工艺流程:薄木→配染液→染色→水洗→固色→码放。

①薄木 经过严格挑选,去掉不合格薄木,装笼。

②配染液 适合木材染色的染料有酸性染料、碱性染料、活性染料和直接染料等。根据木材种类、颜色的深浅和客户的要求选择合适染料,并进行配色。为了提高染料的渗透性,使染色均匀,色牢度高或耐光性好,需要加入一些助剂如渗透剂、固色剂、均染剂、pH 调节剂、耐光剂等。

③染色 选择合适的染色工艺参数即染液浓度、温度、pH 值、染色时间。染色后的薄木要求内外颜色均匀,无明显色差,平整。例如,用酸性染料仿红木单板染色,染色液组成:1%酸性黄 38,用量 0.12%;酸性红 145,用量 0.02%;酸性蓝 80,用量 0.04%;碳酸钠 0.03%,甲酸 0.05%,硫酸钠 0.3% 和表面活性剂 0.1%。上染工艺参数:pH 值 4.8,常压,温度 90℃,升温速度 2℃/min,保温时间 2~4h。

④水洗、固色等 目的是除去浮色,增加染料和木材的结合力。

⑤码放 计数并整齐码放。除去具有染色缺陷的薄木。染色缸制造材料宜采用不锈钢板,要考虑加热装置、染液流动装置、过滤装置、进排液装置等,同时考虑合适的装板笼、吊装设施等。

染色层压木及人造彩色装饰薄木的生产工艺流程如下:

原木→截断→木段→蒸煮→旋切→单板漂白→单板染色→清洗染色单板上残留染液→干燥(8%~12%)→染色单板组坯并层压胶合→木方→卸压→四面刨光→木方成形→制材→染色层压木→成品
                                                                        ↓
刨切或旋切→人造彩色薄木→产品→做胶合板贴面、装饰用材

### 8.4.1.4 木材染色效果评价

木材染色效果是以到达度、染着率、均染性、日晒牢度和水洗牢度等指标来衡量,除受染料、助剂、染液的 pH 值和染色的工艺影响外,还受木材的树种、组织结构和化学成分的影响。水洗牢度和日晒牢度一般用色差计测定染色前后木材材色变化来确定。

(1)到达度

木材渗透应着重考虑反应试剂进入化学位置的到达度。为提高反应位置的到达度,试剂必须能渗透到木材结构之中。

(2) 上染百分率

上染是染料离开介质而向木材转移并渗入木材内部的过程。木材上染重量占投入染料总量的百分率称为上染百分率。在一定温度下，某浓度的染液，随着时间的推移，木材上的染料浓度逐渐增高而介质中的染料浓度相应下降。通过染色前后染料浓度的变化就可以计算上染率。染料浓度可以用染液比色分析法测定：首先绘制标准溶液的吸收光谱曲线，确定最大吸收波长，然后根据该曲线测定待测染料溶液的浓度。

(3) 日晒牢度

评价染色材在经过日晒后色牢度的变化情况。通常采用紫外灯或氙光辐照染色材，用测色色差仪测定辐照前后颜色，然后根据国际照明委员会颁布的 CIE(1976)$La^*b^*$ 色空间的色差公式计算辐照前后的色差，评价耐光性。

(4) 水洗牢度

对于染色材来说主要是指染色材耐雨水冲刷能力。

### 8.4.2 木材的表面着色处理

该方法在家具和其他木制品的涂刷过程中使用广泛。由于对着色深度要求不高，常采用喷涂、刷涂或淋涂处理。

工艺流程：木制品坯料→漂白→抹腻子→封闭处理→表面着色→嵌补色→抹色浆→油漆。

表面着色工艺要点：①腻子的颜色应与木材颜色相符；②用与表面涂料相匹配的高分子化合物溶液封闭木材表面孔隙，达到均匀着色和节约涂料目的。如壳聚糖预处理法是在2%的壳聚糖水溶液中，加入1%的乙酸，按 $20\sim30g/m^2$ 用量喷涂木材；③表面采用1%的酸性染料水溶液处理木材；④嵌补色时需用同色调、低浓度的染色液或腻子对染色材缺陷部分进行修补；⑤色浆是含有色料和填料的水性或油性的高分子糊状物，分为染料和颜料色浆。如果是染料色浆，其染料组分应与表面着色段的染料一致，但颜色要深一些，色浆里还应含有填料和助剂。

### 8.4.3 木材的炭化着色

木材的炭化着色是用喷枪或喷灯将材面烧成棕色至褐色，或者将木材放置在高温（通常在160~240℃）环境中进行热处理。木质素和抽提物是影响木材颜色产生与变化的主要因素，木材经过炭化之后，发色基团和助色基团发生复杂的化学变化，抽提物部分被汽化，使木材颜色发生改变。

炭化材纹理清晰、内外颜色一致，可以根据树种和炭化工艺获得黄色至深棕色系列颜色。对于松木、杉木、杨木等浅色速生材，通过炭化处理使其具有珍贵木材的颜色，并具有优良的尺寸稳定性和耐腐性能。

## 本 章 小 结

本章从颜色的产生、特性及其客观描述等方面简要介绍了色度学基础知识。木材本身具有颜色，在加工和使用过程中还会受到环境因子如金属离子、酸、碱、光照、热等或生物因子如真菌、昆虫等影响，而使其固有颜色发生变化，称之为木材变色。这些变色给木材的加工和使用带来不利影响，严重困扰着木材加工企业和消费者。通过漂白处理可以改善不良材色，并为木材均匀染色奠定基础。而木材染色不仅可以改善不良材色，还可以赋予木材特有的颜色，为仿珍贵木材染色、人造薄木及染色单板生产等木材的高效利用开辟途径。

## 思 考 题

1. 简要说明 CIE 标准色度系统和孟塞尔(Munsell)表色系统的特点。
2. 木材发生变色的原因是什么？根据木材变色原因可以将木材变色分为哪些类型？
3. 木材发生铁变色的原因是什么？在木材加工和使用过程中，哪些情况下容易发生铁变色？
4. 木材常用漂白剂有哪些？影响过氧化氢漂白效果的因素有哪些？
5. 什么叫染料的选择吸收性？木材染料染色的影响因素有哪些？

## 推荐阅读书目

1. 木材变色防治技术. 段新芳. 北京：中国建材工业出版社, 2005.
2. 木材保护学. 李坚. 北京：科学出版社, 2006.

## 参 考 文 献

1. 陆文达. 1993. 木材改性工艺学[M]. 哈尔滨：东北林业大学出版社.
2. 刘一星，赵广杰. 2006. 木质资源材料学[M]. 北京：中国林业出版社.
3. 王恺. 2002. 木材工业实用大全. 木材保护卷[M]. 北京：中国林业出版社.
4. 陈利虹. 2008. 毛白杨立木染色技术研究[D]. 保定：河北农业大学.
5. 孟黎鹏. 2007. 桦木单板的染色与颜色稳定性研究[D]. 哈尔滨：东北林业大学.

# 第 9 章

# 木材表面改性处理

**【本章提要】** 本章针对木材表面的性质，讲解如何对木材表面进行改性处理及改性效果评价，共包括三节内容，第一节主要介绍了木材表面的润湿性、疏水剂、疏水处理的方法、表面超疏水处理、表面疏水处理效果评价方法。第二节主要介绍了木材的自然老化、表面耐候性处理方法及试剂和耐候性处理效果评价方法。第三节主要围绕各种原因造成的木材表面活性降低后，活化木材表面的方法及活化效果检测。通过学习本章内容，掌握木材表面改性处理的原理及方法，以便于更好地利用木材。

木材是一种多孔性材料，其细胞腔是一个大的孔隙，具有大毛细管的性质；细胞壁中还含有许多小毛细管，这些毛细管可以吸收和凝结水分。木材的主要化学成分是纤维素、半纤维素和木质素，这三种木材主要成分中均含有活性羟基，可以与水分子形成氢键。因此，木材具有吸水性和吸湿性，容易引起木材的变形，通常需要进行疏水处理。木材在加工使用过程中，由于受到外界自然因素的影响，表面会发生老化，为了延长木材的使用寿命，经常需要对其进行耐候性处理。已老化的木材表面活性降低，会影响木材的涂饰、胶合和化学反应性能，需要对木材表面进行活化处理。本章主要介绍木材表面的疏水、耐候性和活化处理。

## 9.1 表面疏水处理

木材的表面疏水处理是使用物理或化学处理方法，降低木材表面润湿性的一种处理方法。

### 9.1.1 木材的润湿性

木材表面与液体接触时，原来的木材—气相界面消失，形成新的木材—液相界面，这种现象叫木材的润湿。通常，润湿性的程度可以用液滴在木材表面上形成的接触角 ($\theta$) 来判断。接触角的定义为：当液滴滴在固体表面，气固液三相接触达到平衡时，从三相的交界点处作的气—液界面的切线，其与固—液界面所形成的夹角(图 9-1)。

$\theta$ 值越小，表示木材表面润湿性越强；$\theta$ 值越大，表示木材表面润湿性越差。一般认为，当 $\theta=0°$ 时，液体在木材表面完全铺展，表示这种液体能完全润湿木材，称为完全润湿；当 $0°<\theta<90°$ 时，液体在木材表面上呈扁平状，表示这种液体能部分润湿木材，称为润湿；当 $90°<\theta<180°$ 时，液滴在木材表面上形成滚球状，表示这种液体不能润湿

**图 9-1 接触角**

(a) $\theta < 90°$　(b) $\theta > 90°$

木材，称为不润湿（不完全润湿）；当 $\theta = 180°$ 时，表示这种液体完全不能润湿木材，称为完全不润湿。

对于理想的绝对光滑的固体表面，接触角可以由经典的杨氏方程得到：

$$\cos\theta = \frac{\gamma_{SG} - \gamma_{SL}}{\gamma_{LG}}$$

式中，$\gamma_{SG}$、$\gamma_{SL}$ 和 $\gamma_{LG}$ 分别表示固气、固液、气液间的界面张力。其中，$\gamma_{LG}$ 又称液体的表面张力，而 $\gamma_{SG}$ 又称固体的表面自由能。但是，木材表面并非光滑的理想固体表面，其真实的润湿面积要大于表观润湿面积，并与表面粗糙程度成正比。因此，木材表面的接触角与理想固体表面的接触角不同，应符合 Wenzel 模型[图 9-2(a)]：

$$\cos\theta_{Wenzel} = r \times \frac{\gamma_{SG} - \gamma_{SL}}{\gamma_{LG}} = r\cos\theta_{Young}$$

其中，$r$ 为材料表面的粗糙度因子，为固液界面实际接触面积与表观接触面积之比，其数值大于 1。当木材表面为疏水时，$\cos\theta_{Young} < 0$，$\theta_{Wenzel} > \theta_{Young}$，表明粗糙表面会让木材更疏水；而当木材表面为亲水时，$\cos\theta_{Young} > 0$，$\theta_{Wenzel} < \theta_{Young}$，粗糙表面会让木材更亲水。因此，木材表面粗糙度不同，其表面润湿性有所不同。

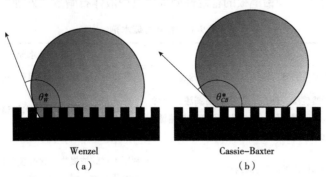

**图 9-2 Wenzel 和 Cassie-Baxter 模型**

Wenzel 模型的假设是液体始终填满表面上的凹槽结构，但实际上，当表面为疏水的情况下，疏水表面上的液滴往往不能填满粗糙表面上的凹槽，凹槽中液滴下存有截留空气[图 9-2(b)]。在这种情况下，液滴在粗糙表面上的接触是一种固液、固气接触共同组成的复合接触，符合 Cassie-Baxter 模型。

$$\cos\theta_{Cassie-Baxter} = f_s(\cos\theta_{Young} + 1) - 1$$

其中，$f_s$ 为复合接触面中突起固体面积与表观接触面积之比，其数值小于 1。可见，对于疏水表面，如果水与表面接触越少，表面越疏水。

从上述的模型中，我们可以知道，木材的表面粗糙度对木材的表面润湿性有极大的影响，除此之外，影响木材润湿性的因素还包括：①液体的种类：液体的种类不同，其极性不同，表面张力也有很大差异，与木材结合的能力也不同；②树种：树种不同，木材表面性质有很大差异，木材的表面孔隙与抽提物种类等不同，均会影响液体对木材的润湿性；③木材的非均质性和各向异性：早材表面粗糙度要高于晚材，因此更易被润湿；心材中含有更多的抽提物，因此润湿性要低于边材；横切面的粗糙度高于径切面或弦切面，因此润湿性最大；④加工或使用的状况：采用不同加工方法加工的表面，其粗糙度有所差异，也会影响木材表面润湿性。刚加工出的表面，由于在加工时，木材主要成份分子的共价键被断开，形成自由基，因此表面能较大，易于润湿。经使用、干燥、氧化或老化的木材，表面性能发生了变化，导致表面能降低，润湿性下降。

## 9.1.2 表面疏水剂

可以用于降低木材表面润湿性的试剂称为表面疏水剂。木材的表面疏水性质或程度与木材表面的化学性质、所用疏水剂的种类、处理方法、表面粗糙度及孔隙率等因素有关。

常用的表面疏水剂见表 9-1。在各种疏水剂中，石蜡处理的木材的疏水耐久性最好，因此，为了增加防腐处理材的疏水性，常在防腐剂中加入一些石蜡。石蜡还广泛应用于纤维板和刨花板等人造板上起防水作用，我国每年的人造板乳化蜡用量达万吨以上。由于石蜡不溶于水，常将其在乳化剂的作用下以极小的颗粒分散于水中形成乳化蜡，乳化蜡通过破乳使蜡颗粒均匀吸附在纤维上起到疏水作用。因为木材的尺寸不稳定是木材吸湿和解吸引起的含水率变化造成的，故在木材的尺寸稳定性处理中，也经常使用石蜡处理增加木材的疏水性，如铅笔板的稳定性处理中就用液体石蜡浸注处理。

表 9-1 木材用疏水剂

| 疏水剂种类 | 举 例 | 疏水原理 |
| --- | --- | --- |
| 油类、蜡类 | 石蜡、沥青、硅烷、亚麻油、松香 | 药剂本身是疏水的，利用药剂的疏水性 |
| 表面覆面涂料 | 天然生漆、酚醛树脂漆、硝基漆、丙烯酸漆、聚酯漆、聚氨酯漆、醇酸树脂漆、虫胶漆 | 在木材表面形成一层疏水性薄膜，阻止木材与水接触 |
| 木材的抽提物 | 松木树皮的苯醇抽提物 | 利用木材的抽提物中含有较多的疏水性物质如一些脂类化合物、蜡、油、醇 |
| 无机物 | 5%的三氧化铬溶液或氧化锌、氢氧化锌溶液 | 金属氧化物可与木质素的基本结构单元愈创木酚发生反应，生成不溶于水的铬或锌络合物，提高了木材的疏水性、耐候性 |

木材的抽提物中含有较多的疏水性物质，如一些脂类化合物、蜡、油、醇等物质。树种不同，抽提物的种类和含量均不相同，导致木材本身的疏水性能有较大差别，也可以利用这些疏水性的抽提物处理木材，增加木材的疏水性能。研究表明，用辐射松、

黑松、赤松等树皮的苯醇抽提物处理木材，木材表面的疏水性增强，其原因是脂肪酸及羟基脂肪酸与木材表面结合，在木材表面上产生了疏水性的基团。

## 9.1.3 表面疏水处理方法

木材疏水性的处理方法有多种，基本可以分成两大类，物理处理方法和化学处理方法，见表9-2。下面对这些方法进行分别介绍。

表 9-2 木材疏水性的处理方法

| 物理处理方法 | 疏水原因 | 化学处理方法 | 疏水原因 |
| --- | --- | --- | --- |
| 表面涂刷法 | 疏水剂涂在木材表面 | 乙酰化法 | 羟基置换为乙酰基 |
| 表面喷淋法 | 疏水剂吸附在木材表面 | 表面硅烷化法 | 羟基置换为氧硅基团 |
| 浸渍法 | 疏水剂进入木材 | 异氰酸酯化 | 羟基置换为含氮的酯 |
| 置换法 | 疏水剂进入木材 | 甲醛交联 | 交联反应，封闭游离羟基 |
| 综合处理法 | 疏水剂进入木材 | 马来酸—甘油处理 | 酯化反应封闭游离羟基 |
|  |  | 等离子体处理 | 表面形成一层疏水薄膜 |

### 9.1.3.1 表面疏水物理处理方法

(1) 表面涂刷法

表面涂刷为简单的处理方法，一般用于小规模、处理要求不高的木材表面疏水处理。采用涂刷的方式把疏水剂或涂料涂覆在木材的表面。在涂刷之前，非常重要的是木材必须充分干燥，并且要求施工的表面尽量干净，涂刷的次数愈多，疏水的效果也就愈好。但必须注意的是应该待前一次涂刷的疏水剂干燥后，才能进行下一次涂刷，否则效果不大。

(2) 表面喷淋法

表面喷淋法是对木材进行的一种机械化的处理。当板材在运输机械上慢慢地(约15~60m/min)通过一条短的隧道(1~1.5m)，疏水剂(或涂料)从上喷淋下来，或淹过木材的表面，随后附着在木材表面或通过扩散进入木材内，以达到疏水的目的。多余的疏水剂则从隧道底部排出，以便于循环使用。这种方法的优点是速度快、效率比涂刷法高，适合工业化大规模的处理，但仅靠瞬时喷淋处理，处理效果不好，处理材的疏水性较差。

(3) 浸渍法

将疏水剂溶于合适的有机溶剂中配成低黏度的处理液，把待处理的木材浸入到这种处理液中一定时间，使木材吸收疏水剂，以达到疏水的目的。有时需要适当加热，提高浸渍处理温度。对液体疏水剂可直接进行浸渍处理，固体疏水剂可通过加热熔融再进行浸渍处理。因此，一般浸渍槽中需配备加热器，以适应不同疏水剂和冬天处理的需要。

(4) 置换法

由于木材中含有水分和空气，不利于疏水剂进入木材。为排除水分和空气，采取的方法是将木材放入乙二醇—醚中加热，木材中的空气和水分受热蒸发，使乙二醇—

醚进入木材中；再放入熔融的石蜡或松香中，乙二醇—醚受热蒸出，疏水剂石蜡或松香进入木材中，封闭木材的内表面，减少木材的可润湿性，达到疏水的目的。

(5) 综合处理法

将疏水剂加入防腐或阻燃处理液中，利用加压进行防腐或阻燃处理工艺，把疏水剂注入木材中，既可达到了防腐或阻燃处理，也可提高了木材的疏水性。如日本采用将石蜡、环烷酸金属盐溶于有机溶剂中，配成石蜡和环烷酸金属盐的复合药液，采用加压浸注的方法将药液置入处理材中，以达到防腐和疏水的作用。此法的优点是利用同一处理设备和工艺，达到多种效果，效率高，处理成本低；缺点是各种药剂间可能发生反应或相互影响，影响处理效果。

#### 9.1.3.2 木材疏水化学处理方法

木材疏水性处理所用的化学方法主要是利用一些疏水性的基团取代木材中的羟基，使木材表面疏水性增加，常用的方法有木材的乙酰化法、硅烷化法、异氰酸酯化和甲醛交联反应等，具体的处理方法参照第5章。

也有研究者采用等离子体处理方法对木材表面进行疏水处理。Agnes等人运用气态环乙二硅氧烷等离子体对黄松木材进行处理，发现处理后在黄松表面形成了一层疏水薄膜，木材表面形成了碳硅键和硅氧键，黄松表面的防水性能有了很大提高。D. L. Cho等人用甲烷、四氟化碳和六甲基二甲硅醚(HMDSO)等离子体对木材进行处理，发现木材表面形成了一层疏水薄膜，接触角变大，表面疏水性明显提高。

### 9.1.4 木材表面超疏水处理

#### 9.1.4.1 表面超疏水

如前文所述，当表面接触角大于90°时，可以认为该表面为疏水表面。而当表面接触角进一步提高至150°以上时，则认为该表面为超疏水表面。超疏水现象在我们生活中随处可见，比如荷叶表面，"出淤泥而不染，濯清涟而不妖"，正是由于其表面的超疏水特性，从而赋予其自清洁功能；而水黾能在水上自由行走，也是因为其腿部具有超疏水特性，在表面形成稳定气膜，从而不沉于水中。

超疏水表面除了接触角要大于150°以外，一般还需要求滚动角小于10°。与接触角一样，滚动角也是表征一个特定表面润湿性的重要方法，指液滴在倾斜表面上刚好发生滚动时，倾斜表面与水平面所形成的临界角度，以α表示。滚动角越大，液滴越难以滚落，当滚动角小于10°时，液滴极易在表面滚动，从而使得超疏水表面在液滴滚落时带走表面的污染物，实现自清洁功能(图9-3)。

想获得超疏水表面，除了表面需要有较低的表面自由能外，还需要具有一定的粗糙结构。如我们前面提到的荷叶，除了表面具有低表面自由能的蜡层外，更重要的是其表面具有乳突状的微纳米结构，这种微纳米二级结构内部充斥并固着空气，最大程度上隔离了水滴与表面的直接接触，从而产生了超疏水效果(图9-4)。因此，构建超疏水表面的主要思路包含以下两点：①在粗糙的基底上修饰低表面自由能物质；②在疏水表面构建粗糙细微结构。

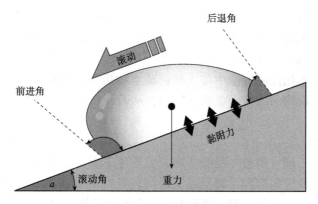

图 9-3　前进角、后退角和滚动角

图 9-4　荷叶上的超疏水结构

### 9.1.4.2　表面超疏水木材的制备方法

(1) 表面涂敷法

表面涂覆是一种常规的木材保护手段,在前文中也多有提及。许多涂料都具有疏水功能,如果在其中加入其他纳米粒子改变涂敷后的表面结构,就可能在木材表面构建粗糙的超疏水膜。这种方法操作简单,成本较低,在生产及应用方面具有一定优势。如有有研究者分别将聚甲基丙烯酸甲酯和聚烷基硅氧烷溶于甲苯和石油溶剂制备的聚合物混合溶液,然后将平均直径为 7nm 的二氧化硅粒子分散于混合溶液中,使用喷枪喷在木材上,获得了水滴接触角为 154°~164°,滚动角 <5° 多的超疏水表面,正是利用了表面涂敷的方法。

(2) 水热合成法

水热合成法是指在一定温度、压力条件下采用水溶液作为反应体系,利用高温高压使原本不溶或难溶的物质溶解在水中形成过饱和溶液,随后降温降压使物质在木材表面形成规则晶体,从而构建粗糙的木材表面。一般而言,这种方法在水热合成反应釜中进行。如有研究者使用硫酸铁和尿素,在水热合成反应釜中反应,在木材表面构

建出了花瓣状 α-FeOOH 薄膜，再经十八烷基三氯硅烷表面修饰后，可得到接触角 158°、滚动角 4°的超疏水木材表面。这是一种典型的先构建粗糙基底，再在上面修饰低表面自由能物质的两步法。为了简化制备工艺，便于工业应用，还有研究者开发了一步水热法，即在水热反应过程中加入长链疏水物质与其他催化基团，阻止氧化物颗粒快速结晶从而生成均匀的纳米级精细结构，从而一步制得了接触角为 153°的超疏水木材。

(3) 溶胶—凝胶法

与水热合成法不同，溶胶—凝胶法在常温常压下反应，溶液中的反应物前驱体首先水解形成均匀、稳定的溶胶，再经过长时间放置或干燥处理缩聚生成凝胶，最后在热作用下在木材表面上进行沉积。这种方法反应条件容易控制，反应前驱体种类多样，反应生成的颗粒物等尺寸、表面形貌及粗糙度易控制，因此越来越得到广泛的应用。通过溶胶—凝胶法构建的微纳米级薄膜结构通常含有硅等化学性质稳定的氧化物，如二氧化硅等，因此对温度、酸碱性等有良好的抗性，但往往与木材基体的结合性较差，所以往往需要对所产生的纳米粒子或木材表面进行化学修饰，以使纳米粒子和木材表面产生化学键结合来提高二者之间的黏附能力。

(4) 湿化学法

湿化学法是通过选择一种或几种需要的可溶性金属盐或氧化物，将其分别配置成水溶液，随后共混使组分间发生反应从而共沉淀生成纳米球、纳米棒等来提高木材表面粗糙度。如可使用醋酸锌与三乙胺的混合溶液处理木材，从而在木材表面生成纳米片状氧化锌，随后在氧化锌表面自组装硬脂酸，从而获得接触角 153°、滚动角<5°的超疏水木材表面；或利用氰基丙烯酸辛酯在乙醇溶液内会发生阴离子聚合这一特性，在木材表面构建多孔聚氰基丙烯酸烷基酯层，使木材获得超疏水特性，接触角可达 157°。

(5) 化学气相沉积法

与前面介绍的各类方法不同，化学气相沉积法不发生在溶液中，而是将反应物汽化再与基材发生反应，从而在表面沉积或固着反应，在木材上构建粗糙表面或在粗糙表面上修饰低表面自由能物质。该方法对表面结构及木材理化性质几乎没有影响，且处理后不需清洗等繁琐步骤，可以有效地避免在处理过程中木材的干缩湿胀等变形问题，因此也具有广泛的应用前景。

## 9.1.5 表面疏水处理效果评价

在"5.5 木材的尺寸稳定性评价"中的吸水率与拒水率、吸湿率与阻湿率等指标也可用于评价表面疏水处理效果，但表面接触角、表面自由能是评价木材表面疏水处理效果的最直接的指标。

### 9.1.5.1 表面接触角

润湿的程度通常以液体对固体表面的接触角表示：接触角越小，固体就容易被液体润湿。实验室内测定木材表面接触角的方法主要包括躺滴法和 Wilhelmy 吊片法两类。

(1) 躺滴法

躺滴法是一种直接将液滴滴在固体表面上进行接触角测量的方法，通过在固体表面上通过做气液界面的切线量取相对应的接触角(图 9-5)。早期是通过带有量角装置的显微镜直接测量，容易引起人工操作或视觉分辨方面的误差，而随着计算机技术的发展，可以通过对液滴在固体表面上图像进行处理，拟合液滴表面轮廓，从而实现木材表面接触角的测量与计算。躺滴法是最常用的木材表面接触角测量方法。

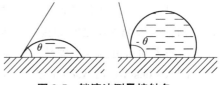

图 9-5 躺滴法测量接触角

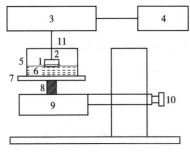

图 9-6 Wilhelmy 吊片法装置
1. 待测薄板 2. 金属丝 3. 电子天平
4. 记录器 5. 测试单元 6. 测试液体
7. 可移动平台 8. 升降平台装置
9. 电机 10. 支架 11. 盖子

（2）Wilhelmy 吊片法

吊片法由 Wilhelmy 于 1863 年首次提出，经发展该技术已日趋成熟，成为躺滴法之后最为广泛使用的方法。Wilhelmy 吊片法的装置如图 9-6 所示。

测试薄板通过金属丝连接到电子天平，当薄板未插入液体中时，薄板(质量为 $m$)只受重力作用，测力装置的读数为：

$$F_1 = mg$$

当薄板竖直插入测试液体中，液体会沿着固体的垂直壁上升或下降。固体除受重力外，还受到液体的浮力 $F_b$ 与润湿力 $F_w$，当薄板处于不同的浸没深度 $h'$ 下，达到平衡时测力装置的读数为：

$$F_2 = F_1 + F_w - F_b = mg + L\cos\theta\, \sigma_{LV} - \rho g S h'$$

其中，$L$ 为待测固体润湿周长，$\theta$ 为接触角，$\sigma_{LV}$ 为液体表面张力，$\rho$ 为液体密度，$S$ 为固体底面积。根据润湿力、液体表面张力、润湿周长及接触角之间的关系计算接触角，从而判定润湿性能。该方法不仅可以用于测量"理想表面"的平衡接触角和实际表面的滞后性，也可测量动态接触角，这是躺滴法无法实现的。

#### 9.1.5.2 表面自由能

表面自由能是指产生新的单位面积表面时，系统自由能的增加，它作为材料自身的一种重要特征，对材料的表面的吸附、润湿等现象均会产生显著影响。未处理的木材表面自由能较高，而经过疏水处理后，木材表面自由能下降。

（1）Fowkes 法

Fowkes 法认为，液体表面张力和固体表面自由能由分子间的色散分量 $\gamma^d$(主要包括非极性分子之间的相互作用)和极性分量 $\gamma^p$(主要包括偶极和氢键作用，其大小受表面极性因素影响)组成，即：

$$\gamma = \gamma^d + \gamma^p$$

当固体和液体之间只考虑色散作用时，有：

$$\gamma_{SL} = \gamma_S + \gamma_L - 2\sqrt{\gamma_S^d \gamma_L^d}$$

结合经典的杨氏方程，则有：

$$\gamma_L(1+\cos\theta) = 2\sqrt{\gamma_S^d \gamma_L^d}$$

其中，$\gamma_S^d$ 为固体的色散分量，$\gamma_L^d$ 为液体的色散分量。由此，只要有一种已知 $\gamma_L$ 和 $\gamma_L^d$ 的液体与被测固体之间的接触角 $\theta$，便可求出固体的表面自由能 $\gamma_S^d$。但是，该方法计算出的表面自由能未考虑被测固体和液体的极性作用，因此并不准确。

(2) Owens-Wendt-Kaelble 法

Owens-Wendt-Kaelble 法在 Fowkes 法的基础上添加了极性分量部分，即：

$$\gamma_{SL}=\gamma_S+\gamma_L-2\sqrt{\gamma_S^d\gamma_L^d}-2\sqrt{\gamma_S^P\gamma_L^P}$$

结合经典的杨氏方程，则有：

$$\gamma_L(1+\cos\theta)=2\sqrt{\gamma_S^d\gamma_L^d}+2\sqrt{\gamma_S^P\gamma_L^P}$$

其中，$\gamma_S^p$ 为固体的极性分量，$\gamma_L^p$ 为液体的极性分量。因此，需要知道两种已知 $\gamma_L$、$\gamma_L^d$ 和 $\gamma_L^p$ 的液体与被测固体之间的接触角 $\theta$，便可求出固体的表面自由能：

$$\gamma_S=\gamma_S^d+\gamma_S^P$$

(3) van Oss 法

van Oss 法认为固体的表面自由能可以表示为 Lifshitz-van der Waals 分量($\gamma^{LW}$) 和 Lewis 酸碱分量($\gamma^{AB}$)，而 Lewis 酸碱分量又可以表示为 Lewis 酸分量($\gamma^+$) 和 Lewis 碱分量($\gamma^-$)，即：

$$\gamma=\gamma^{LW}+\gamma^{AB}=\gamma^{LW}+2\sqrt{\gamma^+\gamma^-}$$

所以固液界面的相互作用关系为：

$$\gamma_{SL}=\gamma_S+\gamma_L-2\sqrt{\gamma_S^{LW}\gamma_L^{LW}}-2\sqrt{\gamma_S^+\gamma_L^-}-2\sqrt{\gamma_S^-\gamma_L^+}$$

结合经典的杨氏方程，则有：

$$\gamma_L(1+\cos\theta)=2\sqrt{\gamma_S^{LW}\gamma_L^{LW}}+2\sqrt{\gamma_S^+\gamma_L^-}+2\sqrt{\gamma_S^-\gamma_L^+}$$

因此，需要知道三种已知 $\gamma_L$、$\gamma_L^{LW}$、$\gamma_L^+$ 和 $\gamma_L^-$ 的液体与被测固体之间的接触角 $\theta$，便可求出固体的表面自由能。

## 9.2 木材表面耐候性处理

木材在自然环境中，由于受到太阳光辐射、潮湿、温度、空气、空气中的污染物（$CO_2$、$NO_2$、$O_3$ 等）及自身的干缩湿胀性质，其表面发生了一系列的化学变化。外观上主要是木材颜色的变化，原来颜色较浅的木材常常变得深一些，深色的木材往往会变浅。一般经过长时间的室外使用，木材表面的颜色呈现灰色（图9-7）。严重时表面会出现开裂，变得粗糙不平，板材翘曲，纹理疏松，表层变成碎片、脱落，这种现象叫做自然老化（或风蚀）。

图 9-7  自然老化公园坐椅

## 9.2.1 影响木材自然老化的因素

影响木材老化的因素有多种，可以分为两大类，自然因素和木材自身的因素，见表9-3。

表9-3 影响木材老化的因素

| 自然因素 | 影响的原因 | 木材自身的因素 | 影响的原因 |
| --- | --- | --- | --- |
| 光(紫外光) | 断裂化学键，促进氧化 | 树种 | 组织结构、化学成分不同 |
| 环境水分 | 引起干缩湿胀、变色 | 加工表面的性质 | 组织结构差别很大 |
| 风 | 表面磨损和机械作用 | 木材水分 | 润胀，有助于光线穿透 |
| 环境温度 | 结冰和加热可断裂化学键 | 木材抽提物 | 吸收紫外光，形成自由基 |
| 氧气 | 促进自由基的形成、变色 | | |
| 大气污染物 | 表面酸降解 | | |

### 9.2.1.1 自然因素

(1) 光(紫外光)

照射在地面上的太阳光是由不同波长的光组成的，包括 $\gamma$ 射线、X 射线、紫外光、可见光、红外光及无线电波。其主要部分是由可见光和红外光组成，分别占太阳光的41%和52%左右。波长在290~400nm的紫外光约占7%。

虽然紫外光的量较少，但对地球生物却有很大破坏。紫外光具有的能量为300~419kJ/mol，红松、铁杉、云杉木材中所含木质素的降解活化能分别为218kJ/mol、146kJ/mol、188kJ/mol，断裂有机物中的 C—H、C—C 和 C—O 键需要的能量分别为380~420kJ/mol、340~350kJ/mol、320~380kJ/mol。木材中有一些基团如羧基、羰基、醌、苯环等结构，均易吸收紫外光，因此，到达地面的太阳光足可使木材表面发生氧化、引起木材中化学键的断开，产生自由基，形成的自由基不稳定，极易与相邻分子作用发生链式连锁反应，生成过氧化物，最后形成有色化合物，导致木材变色。

在室外使用的木材，一般经过几个月就会发生颜色和光泽消褪，甚至表层破坏而开裂。一般情况下，光线引起木材的老化降解仅限于表面上，通过电子自旋共振研究表明，紫外光破坏的厚度不超过 $75\mu m$，可见光透入木材的深度不超过 $250\mu m$，由此看来，光引起的木材老化是一种表面现象。

(2) 水分

木材暴露在室外，易受雨雪、露霜、空气湿度的影响，造成交替干缩湿胀，引起木材翘曲和表面开裂，含水率高时，还会引起木材的变色、发霉等。木材中的水分还会提高木材中自由基形成的速度，从而加速光老化。

(3) 风

木材在室外使用时，随时接触到风，受风的作用也会引起木材表面的降解，风扬起的砂尘对木材表面有磨损和机械作用，可以加速木材表面的降解和脱落。

(4) 温度

环境温度是影响木材老化的重要因素，虽无法直接引起木材的劣化，但温度升高，会加速光、氧气引起木材的劣化，也会影响腐蚀木材菌虫的生长繁殖。低温季节木材中水分的冰冻和融化会引起木材表面的变化。赵宝忱的研究发现，在低温下木材细胞壁中的水分结冰膨胀会造成木材组分分子价键断裂，形成自由基。木材受热膨胀也会断裂化学键，产生自由基。

(5) 氧气

木材在加工使用过程中，始终与空气接触，空气中的氧气是引起木材老化的重要因素，能够促进自由基的形成，其原因是氧气能与自由基作用生成过氧化物，过氧化物分解，产生各种含氧的发色基团，导致木材变色。如木材中的木质素在光照、氧的作用下，能够脱掉甲氧基，形成有色的邻醌类化合物，使木材发生颜色变化，加速木材的老化。

(6) 大气污染

大气中的污染性气体如 $CO_2$、$NO_2$、$O_3$、$SO_2$ 等也会作用于木材的表面，与木材表面发生化学反应，引起木材表面的降解。

### 9.2.1.2　木材本身的性质

(1) 树种

树木的种类不同，木材的组织结构、提取物和化学成分均有很大的差别，这种差别会影响光线的透入和吸收性，也会影响表面的氧化、降解等化学反应，导致木材的耐候性差别较大。有些树种的木材具有天然耐腐性、耐老化性，有些耐候性差。一般来说，针叶材木质素含量比阔叶材木质素含量高，因木质素对光的敏感程度高，故多数针叶材比阔叶材耐紫外光的能力差。

(2) 加工表面的性质

木材具有各向异性，在纵向、径向和弦向的结构不同，沿不同的方向上加工得到的横切面、纵切面和弦切面上组织结构差别很大，导致各项性质有较大差别（图9-8）。即使在同一切面上，由于早材和晚材的细胞组成、排列紧密程度不同，其形成的表面性质也不同，一般是早材比晚材易被光降解。根据机械加工时所选的位置不同，加工出的表面耐候性会有很大差别。

 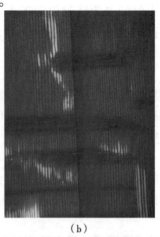 

(a)　　　　　　　　　(b)　　　　　　　　　(c)

**图 9-8　红松的三切面**

(a)横切面　(b)径切面　(c)弦切面

**（3）木材提取物**

木材提取物中组分复杂，有一些具有共轭结构的基团，能够吸收紫外光，形成自由基，促进木材表面的老化。研究发现，未经抽提处理的红松木材比经抽提过的光降解程度大，说明抽提物的存在能加速木材的老化。木材种类不同，提取物的组分差别较大，木材及木制品在干燥过程随着水分的蒸发，提取物会移至木材的表面，也会加速木材表面的老化。

## 9.2.2 自然老化木材的性能变化

### 9.2.2.1 化学变化

自然老化过程中，木材表面产生自由基，从而在氧气和水的作用下，进一步形成过氧化氢类物质。自由基和过氧化氢类物质可以引发一系列分子链断裂，从而使木材组分产生化学变化。

木质素是木材组分中最易受到影响的成分，经过自然老化，木材表层的木质素含量可下降70%~90%。其中酸不溶木质素降解的程度要高于酸溶木质素。在光特别是紫外线的作用下，木质素中的酚羟基极易形成苯氧自由基，与氧气作用，可诱发木质素中愈创木基的脱甲基反应，产生邻醌型结构，该结构是引起木材变色最主要的发色基团。此外，木质素中与$\alpha$-羰基相邻的C—C单键和醚键均易在光的作用下发生断裂，从而引起木质素的大幅度降解。

相比木质素而言，纤维素受到光老化的影响较小，特别是可见光几乎不会造成纤维素分子链的断裂。但紫外光还是会在一定程度上降解纤维素分子链，通过糖苷键的断裂导致纤维素聚合度的下降。

### 9.2.2.2 物理变化

当木材暴露在室外时，表面颜色变化很快，这种变化与木材中化学成分的变化存在密切的相关性。由于木质素和木材抽提物在光作用下发生氧化，木材的颜色首先会变成黄色或棕色，随后随着木质素的进一步降解，材色会变成浅灰色。还有研究表明，木材长时间户外老化颜色变浅与木材表面霉菌的生长过程有关。随着木材光老化时间的延长，木材的明度也会逐渐下降

此外，随着光老化过程的进行，木材表面细胞间的结合力降低，表面易产生微观或宏观的开裂。部分成分的降解还会显著提高木材的表面粗糙度，同时提高木材表面的亲水性。一般而言，木材密度越低，上述现象越易发生。但总体而言，木材的光降解只发生在木材表面且速度较慢，速度为每100年1~10mm，因此一般对木材的力学性能没有显著影响。

### 9.2.2.3 微观构造变化

由于木材胞间层木质素的含量要远高于细胞壁，因此木材中的光降解主要发生在胞间层，导致细胞间的结合能力变弱。而细胞内，随着微纤丝间的木质素降解，纹孔处首先发生开裂，倾斜着向轴向方向延伸，破坏了细胞壁壁层结构间的附着力，进一步引起整个纤维结构的松动，并与表层发生分离。

### 9.2.3 表面耐候性处理方法

由于木材易发生自然老化与生物劣化，因此木材的耐候性差。为了延长木制品的使用寿命，节约木材，在木材加工成产品后，往往需要进行表面耐候性处理。耐候性处理的方法通常分为两大类，一类是表面涂饰处理，即在木材表面形成一层薄膜保护层，包括涂饰各种涂料、清漆及在木材表面形成的各种覆盖层；另一类是木材表面化学处理，包括前一节中所述疏水处理、染色处理、防腐处理及无机化合物的处理等。

#### 9.2.3.1 表面涂饰处理（成膜）

木材表面涂饰主要是涂覆油漆、清漆等涂料形成涂层，不仅可以提高木材表面的耐候性，延长木材的使用期限，还会保护木材免受腐蚀、脏污、划伤，保护木材表面，而且还可装饰木材。使用透明涂料可以保持木材原有的色泽和纹理，使木材外观更加美观。

（1）涂料

涂料涂覆在木材的表面，形成一层保护膜，能保护木材不受大气中的湿气、氧气、硫化氢、二氧化碳等气体的侵蚀，造成木材的腐朽、老化等破坏现象，可延长木材的使用寿命。漆膜的另一个作用就是装饰，涂料能使木材或木制品五颜六色、绚丽多彩，能够美化人们的生活环境。但涂料形成的保护层不是永久的，水分会慢慢渗透到木材中，导致漆膜脱落。涂料的品种很多，作用各异，其主要组成部分有四类：成膜物质、颜料、溶剂、助剂，见表9-4。

表9-4 油漆涂料的组分与作用

| 组 分 | 作 用 |
| --- | --- |
| 成膜物质 | 使油漆牢固地附着在被涂物面上，形成连续薄膜的物质 |
| 颜料 | 使漆膜呈现五颜六色 |
| 溶剂 | 使成膜物质溶解或分散为液体的物质，得到均匀连续的涂膜，常用水和有机物 |
| 助剂 | 改善涂料的生产工艺、施工条件，提高漆膜的质量，赋予漆膜特殊功能的物质 |

清漆（透明涂料）是涂料的一种特殊品种，是不加颜料和填料的涂料，即把成膜物质溶于合适的溶剂中，加入助剂，调和均匀即为清漆。清漆的优点是漆膜透明，不仅保留了木材的天然花纹和色调，提高了木材表面的光泽度，又能避免木材与水分、菌虫接触，保护木材不受腐蚀。缺点是太阳光中的紫外线可以穿过清漆层，破坏木材，因此清漆一般不适合室外使用。在清漆中加入一些紫外线吸收剂，可以增加清漆的耐紫外光性能。常用的紫外线吸收剂有二苯甲酮类、芳香族酯类、苯丙三唑类等。氧化钛和氧化锌也能有效切断紫外光，还能阻挡60%的可见光。

（2）表面涂饰方法

①刷涂 刷涂是使用猪鬃刷、排笔等工具，用手工涂刷的方法将涂料均匀地涂布于木材表面上，形成一层均匀的涂层。其优点是施工简单，不浪费涂料，不受施工条件和木材形状、大小的限制，适用性强。但不利之处是劳动强度大、效率低，漆膜的

质量不易保证。根据涂料的种类和性能不同，刷子的大小、种类也不一样，有些涂料需要反复多次涂刷才能达到要求。

②辊涂　辊涂也是涂料施工的常用方法，它是利用辊筒将涂料涂敷在木材表面上的一种涂饰方法。滚筒上蘸上涂料，通过滚动，均匀涂到木材的表面上形成均匀的涂层。其优点是施工效率比刷涂高，但易受涂刷木材的限制。常用于平面上涂刷，小尺寸木材和木材的边角、连接处不易涂刷到。

③喷涂　喷涂是利用压缩空气，使涂料从喷枪中呈雾状喷涂到木材表面上形成一层均匀涂层的涂饰方法。根据喷枪的种类不同，喷涂法可适用于各种涂料。采用喷涂的优点是不受施工条件和木材尺寸的限制，涂饰效率高，缺点是涂料呈雾状喷涂，液滴飞溅，易喷到木材外面，造成浪费，另需要空气压缩机等机械。

④淋涂　淋涂是木材用机械运送通过由液体涂料形成的流体漆幕(用淋漆机)而被涂饰的方法，常用于平面板材表面的涂饰。淋涂的优点是快速、高效、污染少，但需要较复杂的设备和淋涂多余涂料的循环利用设施。

⑤揩涂　揩涂是木材表面涂饰常用的一种方法，是利用棉花球或尼龙丝蘸取漆液后，再用挤压的方法将漆液挤出揩涂于木材表面的方法，适用于挥发性快、黏度高的涂料。其优点是操作方面、适用性强，缺点是手工揩涂劳动强度大、效率低，只适用于部分涂料。

#### 9.2.3.2　表面耐候性化学处理

表面耐候性化学处理方法就是使用化学药剂处理木材，提高木材的耐老化性。化学处理木材的耐候性比涂料涂饰的效果好，但处理效果受药剂和树种的影响较大。因为药剂不同，扩散渗透的能力差别很大；树种不同，木材的生物结构、细胞组成也不同，会影响化学药剂扩散进入木材的深度。

(1) 改变参与光变色的化学结构

木质素中羰基和酚羟基是木材中的主要发色基团，可以通过改变这些发色基团来防止木材光变色。常用的方法有木材乙酰化、甲基化和苯甲酰化处理。能改变芳香环侧链羰基结构的主要化学试剂有重氮甲烷、硫酸二甲酯、乙酸酐、苯甲酰、硼氢化钠、邻硝基苯甲酰、3,5-二硝基苯甲酰等。如用重氮甲烷进行甲基化处理，可以将羰基转变为环氧乙烷结构，增加其光稳定性。

一些具有氧化或络合作用的化学药剂如三氧化铬、铬酸铜、半卡巴肼及其衍生物和具有还原作用的化合物，如亚硫酸钠、亚硫酸氢钠、硫代硫酸钠、亚硫酸铵和抗坏血酸等也能用于涂覆木材，防止木材变色。用半卡巴肼处理木材，可以改变羰基，有效防止多种木材的初期光变色，见表9-5。

涂覆聚乙二醇(PEG)也可以用来控制木材变色。研究表明，聚乙二醇吸收光能后产生自由基，自由基能与氧形成过氧化物，此过氧化物能破坏发色物质，从而使木材颜色变白，抑制了木材光变色。但是这种方法对于浅色木材(如婆罗双属木材、日本鱼鳞云杉和北美黄杉)效果较理想，但对深色木材(如核桃木)等则会使木材颜色变浅。用氧化型漂白剂(如过氧化氢、亚氯酸钠等)漂白的木材经光照射会变暗，如果用漂白剂漂白后再涂覆PEG则可以有效防止木材变色。

表 9-5　涂半卡巴肼防止木材光变色试验结果

| 树种 | 辐照前后的 $\Delta E^*$ (NBS) | | 树种 | 辐照前后的 $\Delta E^*$ (NBS) | |
|---|---|---|---|---|---|
| | 未涂覆 | 涂覆 | | 未涂覆 | 涂覆 |
| 山樱(*Prunus jamasakurra*) | 15.5 | 5.0 | 槭木(*Acer* spp.) | 7.8 | 3.8 |
| 胶木(*Palaguium* spp.) | 15.5 | 3.8 | 红松(*Pinus koraiensis*) | 7.6 | 3.6 |
| 东北红豆杉(*Taxus cuspidate*) | 15.0 | 5.9 | 大冷杉(*Abies pracera*) | 7.5 | 2.1 |
| 北美黄杉(*Psedotsuga menziesii*) | 12.0 | 3.2 | 光叶榉(*Zelkova serrata*) | 7.4 | 3.2 |
| 日本冷杉(*Abies fivma*) | 10.4 | 4.0 | 鱼鳞松(*Picea jezoensis*) | 7.2 | 3.4 |
| 西加云杉(*Picea sitchensis*) | 10.3 | 5.3 | 日本柳杉(*Cryptomeria japonica*) | 7.0 | 4.2 |
| 日本落叶松(*Larix kaempferi*) | 10.0 | 3.2 | 红柳桉(*Shorea negrosensis*) | 5.2 | 2.5 |
| 紫檀(*Pterocarpus* spp.) | 9.3 | 4.0 | 异叶铁杉(*Tsuga heterophylla*) | 5.2 | 2.5 |
| 北美红杉(*Sequoia sempervirens*) | 9.1 | 3.1 | 日本泡桐(*Paulownia tomentosa*) | 5.1 | 2.6 |
| 日本核桃(*Juglans sieboldiana*) | 9.0 | 5.2 | 桦木(*Betula*) | 5.0 | 1.5 |

(2) 捕集游离基

由于光变色是游离基型反应，可以选用一些能与游离基反应生成稳定结构的物质，如2,4,6-三甲基苯酚，这样就可以终止光氧化变色。含活泼氢的涂料化合物如苯酚衍生物或酚胺可以用来捕集自由基。但是使用后不能回收，在涂层较厚处常有结晶，因此应用非常有限。

(3) 木材染色防光变色

为防止木材的褪色或者变色，有些木材在使用前需进行染色处理。用于木材的染料有酸性染料、碱性染料、直接染料和油溶染料。酸性染料对木质素染色，且其耐光性好，因此可以用来防止光变色。如果用稀碱溶液(1% $Na_2CO_3$)预处理，脱除表面的抽提物，然后再染色或漂白后染色，则不仅染色均匀，耐光性也好。

(4) 其他方法

木材光变色由木质素和抽提物引起，抽提可以除去木材中一些组分，从而防止木材变色。此外，用抑制剂捕集原子氧的激发态能量也可以缓解光变色。研究表明，用光照射隔绝了氧气的木材，木材表面不会发生变色，这是因为原子氧在光化学反应中起着催化剂的作用，没有氧气的作用，变色也很少发生。$\beta$-胡萝卜素可以阻碍木质素模型物的光降解，镍与1,4-重氮二环辛烷的络合物是典型的原子氧抑制剂。但是，许多抑制剂是有色物质，而且在抑制作用完成后不能再生，因此，用原子氧抑制剂控制木材变色十分有限。

## 9.2.4　表面耐候性处理效果评价

检验木材表面耐候性处理效果的方法主要有自然气候老化试验和人工加速老化试验等。

#### 9.2.4.1 自然气候老化试验

自然气候老化试验是指将木材样板置于自然环境中经受各种气候因素，诸如阳光、风、雨、雪、气温、空气等大气条件下，经过一定时间(一般为几个月至几年)观察木材表面随时间的变化情况。因为试验是在实际环境条件进行，试验结果准确，重复性好。其缺点是试验时间长(一般要经过几年)，自然条件不稳定，结果重现性差。

#### 9.2.4.2 人工加速老化试验

人工加速老化试验是把木材试样暴露于实验室内模拟的自然气候作用下，研究木材发生的老化过程。试验在木材耐老化试验机上测试，所用光源有紫外灯或氙灯。先是用光源照射木材表面一定时间，再用水喷淋，然后重复上述周期，最后取样观察木材暴露面的损坏情况，作为判定木材耐候性的能力。人工加速老化试验的优点是操作简便，结果重现性好，能够节省大量的时间，一般光照射的强度是自然光照的几倍或几十倍，缺点是试验室内模拟的状况与自然条件下有区别，导致试验结果与实际使用时的结果相差较大，有时结果不可靠。

#### 9.2.4.3 其他表面耐候性的评价方法

因为木材表面发生了老化，导致木材表面的自由基增多，因此可以采用电子自旋共振(Electron Spin Resonance，简称ESR)检测木材表面的自由基变化，来判断处理木材的耐候性。也可利用X射线光电子能谱(X-ray photoelectron spectroscopy，简称XPS)检测木材表面的O/C比来判定处理木材的耐候性：木材表面的O/C增加，表示木材表面老化，耐候性差。也可采用扫描电镜(SEM)分析木材表面的变化性状来判定木材表面的破坏情况，具体分析原理及方法见9.3节中木材表面活化的评价方法。对于木材表面的涂层可以采用测定漆膜的附着力、耐冲击力、光泽性等来判定漆膜的老化情况。

## 9.3 表面活化处理

### 9.3.1 木材表面的钝化

木材在加工、储存或使用过程中，暴露在空气中的表面活性降低，形成一层疏水层，使木材表面可湿性降低，从而妨碍木材表面的胶合、涂饰和表面的反应性能，这种现象称为木材表面的钝化。

#### 9.3.1.1 影响木材表面钝化的因素

影响木材表面钝化的因素较多，综合起来主要有木材的性质、加工方法、表面的老化及表面的沉积物等。

(1) 木材的性质

木材表面受到自身因素的影响，表面的性质差别很大。因为木材具有各向异性，在纵向、弦向和径向三个方向上，木材的生物结构、细胞形态及化学组成均有很大的区别。根据加工的方向和位置不同，可以形成三个切面，横切面、纵切面和弦切面，这三个切面的表面性质也有很大差别。即使在同一切面上加工，也会由于加工的位置有差异，形成的表面性质也不同。木材所形成的表面还受到木材材种、树木生长的地理位置、生长年限等因素影响。

(2) 木材的加工方法

木材在加工过程中，由于使用工具的不同，会使产生的表面光洁度不同，也由于加工过程中，与刀具的摩擦，在切削面上形成一层炭化层，使其表面钝化。木材在干燥时，由于水分的蒸发，带动抽提物移至木材的表面，这些抽提物使木材表面颜色变深，润湿性下降，疏水性增加。

(3) 表面的老化

木材在加工和使用过程中，由于受外界因素（紫外线、氧气、热量和水分）的作用，特别是在金属离子的催化下，使木材表面发生降解反应，降解产物会使木材表面颜色加深。随着时间的延长，木材因老化而表面粗糙、反应活性低，使木材表面的活性降低。

(4) 表面的沉积物

由于机械加工时，受到锯、刨、切及砂光等作用，加工面的细胞壁断开，导致纤维素、半纤维素和木质素大分子的共价键断裂，产生自由基，使木材表面具有一定的表面能。由于自由基不稳定，容易与其它物质反应，具有吸附空气中灰尘的能力，故木材加工件在储存和使用过程中，空气中的一些灰尘和杂质会被吸附在木材表面，并在木材表面上沉积，导致木材表面的活性降低。

### 9.3.2 表面活化处理方法和试剂

由于各种原因引起的木材表面钝化均会影响木材表面的胶合、涂饰、无胶胶合及反应性能。因此对于已钝化的木材表面常常采用一些化学方法进行活化，以增加木材表面的反应性能。常用的活化方法有氧化法、酸活化法、碱润胀法、在木材表面形成自由基以及等离子体对木材的活化作用（表9-6）。

表9-6 表面活化处理方法、原理及其优缺点

| 处理方法 | 原理 | 优缺点 |
| --- | --- | --- |
| 氧化法 | 羟基氧化成醛基、酮基或羧基，表面大分子降解和抽提物的去除 | 处理简单，但所用试剂污染环境 |
| 酶活化法 | 催化木质素中的酚羟基，产生酚氧自由基 | 污染小，但处理时间长 |
| 酸、碱或聚合物活化法 | 强酸降解木材，生成单糖，脱水生成糖醛类物质，碱润胀木材，增加活性 | 处理简单，但所用酸、碱污染环境 |
| 自由基活化法 | 高能射线照射或化学引发剂的引发使木材表面产生自由基 | 活化效果好，但需要特殊设备或降低木材的力学性能 |
| 等离子体处理 | 等离子体作用于木材表面，在木材表面引进含氧官能团，产生自由基 | 活化效果好，需要等离子体产生装置 |

#### 9.3.2.1 氧化法

化学上，几乎所有的氧化剂均能氧化木材，但并不是都能用在木材表面活化上，在木材活化中常用的氧化剂有硝酸、次氯酸盐、高氯酸盐和高碘酸盐等。木材的纤维素大分子链中每个葡萄糖基环上均有3个活泼的羟基(两个仲醇羟基$C_2$、$C_3$上的羟基和一个伯醇羟基$C_6$上的羟基)，一般来说，纤维素各种不同形式的氧化反应多发生在这3个羟基上。半纤维素的糖基上和木质素分子中也有活性羟基，这些羟基均可被氧化，生成醛基、酮基或羧基，反应活性提高，正是由于生成了含氧量高的羧基，木材经氧化后，表面的O/C比增加。由于氧化反应使木材表面的大分子降解和抽提物的去除，氧化处理后，木材表面的木质素和碳水化合物的可溶性增加，润胀性增加。Young研究了硝酸对木材表面的活化作用，认为硝酸主要是与木质素发生亲电反应，生成硝化木质素，部分从表面脱落，同时纤维素被氧化，表面的半纤维素和抽提物被部分脱除，由于酸的润胀作用，在木材表面形成了一个疏松的反应层，表面活性增加。氧化法的缺点是氧化剂主要是一些强酸或含氯化学试剂，造成一定的环境污染，另外还需要耐腐蚀设备，因此，不适合工业大规模生产。

#### 9.3.2.2 酶活化法

漆酶是一种氧化还原酶，在有氧气存在的条件下，能催化木质素中的酚羟基，产生酚氧自由基，能够使木材表面活化。Felby等人研究了用漆酶催化氧化欧洲水青冈木纤维，发现纤维表面生成了稳定的酚氧自由基。漆酶能够活化木纤维表面的木质素，使木纤维相互胶合，从而实现无胶胶合，且漆酶处理木材产生的活性氧自由基的量与纤维板结合强度成正比。周冠武等人研究了漆酶处理木粉产生活性自由基的影响因素，发现漆酶处理的pH值、处理温度、酶用量、处理时间及树种等因子，均对活性氧类自由基相对浓度有极显著影响。当采用思茅松心材木粉、处理4h、反应体系pH值为4、酶用量为115U/g木粉、处理温度为60℃时，漆酶活化木材产生的活性氧类自由基的相对浓度最高。另有研究发现在木质素的真菌降解过程中，也检测出了活性氧类自由基。因此，可以利用漆酶来活化木材表面。

#### 9.3.2.3 酸、碱或聚合物活化法

强酸对木材有很强的降解作用，降解纤维素和半纤维素生成低聚糖或单糖，受热时单糖可以脱水生成糖醛类物质，有助于木材表面的胶合。前面说的硝酸的氧化活化中，主要是利用硝酸与木质素起硝代反应，也有硝酸对纤维素和半纤维素的降解活化作用。

碱是一种很好的润胀剂，能与纤维素和木质素反应，分别生成碱纤维素和碱木质素，并能溶解半纤维素和脱除提取物，使木材表面形成一个润胀、具有活性的表层。

壳聚糖是一种带有正电荷的可再生的天然高分子材料，能和木材中带负电的纤维素结合，因此，可以利用壳聚糖进行木材表面改性前处理。段新芳等人的研究发现，用壳聚糖对木材进行预处理，能改善木材表面着色或透明涂饰效果。

#### 9.3.2.4 自由基活化法

通过高能射线照射或化学引发剂的引发使木材表面产生自由基，增加木材表面的

反应活性。

①高能射线法　常用的高能射线为电子静电加速器的电子束照射或者钴 60 同位素的 γ 射线。当高能射线照射木材，γ 射线的能量存储在木材中，木材吸收能量后，就会形成受激分子和电离分子，γ 射线最终衰减而消失。如果受激分子从其轨道上发射出一个带有相当大动能的电子，它就又能导致形成二次受激分子和电离分子。

在木材吸收能量后，纤维素和木质素等分子中较弱的键断裂成若干碎片，产生自由基。断裂的程度取决于激活的能量，木材中的自由基也会复合，导致交联，或者断裂纤维素、木质素分子链，使之降解。因此，过量高能射线的照射，会导致木材中的纤维素、半纤维素和木质素的降解，机械强度降低。

②化学引发法　化学引发是采用引发剂引发产生自由基，引发剂是易于分解成自由基的化合物，常用的引发剂有过氧化苯甲酰、2,2′-偶氮二异丁腈，这两种引发剂均易在低温下分解产生自由基。过氧化苯甲酰中—O—O—键最弱，只需要 146.3kJ/mol 的能量即可断开，—O—C—键需要 346.9kJ/mol 的能量即可断开。2,2′-偶氮二异丁腈效果比过氧化物更好。因为 2,2′-偶氮二异丁腈分解温度低，60℃即可分解产生自由基，且无氧化作用。

还可采用氧化还原反应产生自由基，如采用过氧化氢和硫酸亚铁使木材表面产生自由基，其反应机理为硫酸亚铁与过氧化氢反应生成氢氧自由基，它能从纤维素分子上夺取一个氢原子生成水和纤维素自由基，增加木材表面的反应活性。另外也可通过 $Ce^{4+}$ 试剂引发。

### 9.3.2.5　等离子体处理

等离子体是由 W. Crookes 在 1879 年研究放电现象时发现的，1928 年美国科学家 I. Langmuir 首次将 "plasma" 一词引入物理学，用来描述气体放电管里的物质形态，我国译为等离子体。等离子体是指电离气体，是物质被离解成电子、离子和自由基等带电粒子的状态，除带电粒子外还有一部分原子、分子组成，它是除去固、液、气外，物质存在的第四态。根据等离子体产生时电子和离子的温度不同，等离子体可分为高温和低温两种等离子体。高温等离子体是电子温度与离子的温度相同，又称为平衡等离子体，太阳和恒星就是这种等离子体，组成了宇宙的 99%。低温等离子体是电子的温度远高于离子的温度，常压气体放电、X 射线、γ 射线照射和燃烧均可产生低温等离子体。低温等离子体的活性粒子具有较高能量，照射在物体的表面上，能使物体表面（几纳米到几百纳米）分子激发、电离或断键，在表面产生自由基，增加物体的表面活性。因此，等离子体常被用于物体的表面改性。随着对等离子体研究的深入，等离子体技术已被广泛应用在许多领域。近年来，等离子技术也用在了木材的表面处理上，主要是利用等离子体中含有的大量活性粒子作用于木材表面，在木材表面引进含氧官能团，产生自由基，增加木材表面的化学活性，增强木材表面的亲水性和润湿性，提高木材表面的反应性能。

欧阳吉庭等人用不同类型常压放电产生的低温等离子体对合成木材表面进行处理，研究发现低温等离子体对木材表面结构和力学性质产生了很大影响，处理后的表面接触角降低，木材表面产生了许多亲水性基团，增加了木材表面的比表面积，表面润湿性增强，提高了木材表面的反应活性。杜官本等人用氮、氧和空气微波等离子体处理木材表面，发现木材表面经等离子体处理后，接触角急剧下降为零，即使处理条件十分微弱，效果同样显著。表面光电子能谱分析表明，等离子体处理后的木材表面的O/C原子比均提高，ESR 分析表明，处理木材表面的自由基增加，随着处理时间的延长，自由基增加明显，处理材的表面润湿性、反应活性明显提高。

### 9.3.3 表面活化处理效果评价

#### 9.3.3.1 X 射线光电子能谱(XPS)

X 射线光电子能谱，也称为 ESCA(electron spectroscopy for chemical analysis)，是一种强有力的现代表面分析仪器。这项技术是由瑞典 Uppsala 大学物理学教授 K. Siegbahn 及其合作者于 20 世纪 50 年代开发，后来逐渐应用到包括木材、纤维在内的许多领域，其基本原理是当一束 X 射线在高真空度下照射样品时，样品表面原子的电子吸收能量后能摆脱原子核的束缚，以一定的动能从样品表面逸出。这种电子叫光电子，用能量分析器可以测定光电子的动能 $E_k$，X 射线的能量 $h\nu$ 可根据其频率准确计算，根据 $h\nu$ 与 $E_k$ 就可以计算出样品表面电子的束缚能，对同一种仪器，根据电子的束缚能就能确定所测原子的元素。

$$E_k = h\nu - E_b$$

XPS 常用来研究物体表面化学键的结合状态，当原子的化学结合状态不同时，结合能的数值有明显的变化，根据变化值即可评价其化学结合能状态。

随着科学的发展，X 射线光电子能谱仪被广泛的应用到纤维和纸的表面分析。因为在木材中含有 C、H、O 三种元素，H 原子对 X 射线不敏感，由于 C 元素的结合状态和周围的化学环境决定了木材表面的性质，因此常通过测定木材表面中的 C 元素，来了解木材表面的化学性质。1978 年 Dorris 根据 $C_{1s}$ 元素的连接键型不同，把 C 原子分为 4 种类型。$C_1$(C—C，C—H)代表只和碳、氢连接的碳原子，能谱峰为 285 eV，木材中木质素苯基丙烷和抽出物等有这种连接键型。$C_2$ 代表用 δ 键连有 1 个氧原子的碳原子(C—O)，主要是醇、醚键型连接，木材中的纤维素、半纤维素含有较多的醇羟基连接，能谱峰为 286.5 eV。$C_3$ 代表连有 2 个非羰基氧或 1 个羰基氧的碳原子(O—C—O 或 C═O)，能谱峰为 288~288.5 eV，主要是羰基类基团，在木质素中含有该键型连接，纤维素和半纤维素羟基经氧化后，也会生成醛或酮类基团，属于这种连接方式。$C_4$ 代表连有 1 个非羰基氧和 1 个羰基氧的碳原子(O—C═O)，能谱峰为 289~289.5 eV，是木材提取物中含有的酸或纤维素、半纤维素氧化后形成的羧酸有这种连接。

从上述四种 $C_{1s}$ 元素的能谱峰看出，连接的 O 元素越多，能谱峰就越大，表明表面活性越大。因此，常用木材表面的氧元素和碳元素的比值(O/C 比)来判定木材表面的活性。根据研究发现，纯纤维素的 O/C 比为 0.833，对半纤维素，可以近似取和纤维素相同的值，而木质素 O/C 比为 0.333，抽提物的 O/C 比为 0.100。因此，通过测量木材表面的 O/C 比，可以估计木材表面碳水化合物、木质素及抽提物的含量多少。O/C 比高，木材表面的含氧基团多，表面能量高，化学反应活性大。

#### 9.3.3.2 电子自旋共振(ESR)法

电子自旋共振也叫电子顺磁共振，其基本原理是具有未成对电子的原子、分子置于磁场中给予电磁波时，低能态的未成对电子将从磁场中吸收能量跃迁至高能级，同时高能态的电子受激又回到低能态，吸收或放出能量，产生共振谱线。通过对共振谱线分析，可以了解物质中未成对电子(自由基)的信息，只要有未成对电子(自由基)，无论是有机物还是无机物均可测定。因此，电子自旋共振被广泛用于物理、化学、生物、医学等领域。

木材本身并不含有自由基，但木材在加工储存使用过程中，均会产生自由基。木材在加工过程中，受到机械锯、刨、切、粉碎及砂光等作用，加工面的细胞壁断开，导致纤维素、半纤维素和木质素大分子的共价键断裂，产生自由基。在储存和使用过程中，由于受到光照(特别是紫外光)时会产生各种自由基，主要是木质素结构中具有苯环、羰基、甲氧基、酚(醇)羟基等基团，由这些基团组成的共轭体系在紫外光照射下吸收能量，导致化学键断裂，形成各种自由基。其它处理如加热、酶、化学处理等也会产生自由基。因此电子自旋共振主要用来研究木材的化学反应及生物分解的反应机理等。上述的各种木材表面活化过程中，均会导致木材中自由基的增加，用电子自旋共振可以检测木材表面的活化程度。当然，并不是自由基越多越好，自由基太多，表明木材中的化学键断裂多，木材强度会损失。

在研究木材表面的反应时，常常把 ESR 和 XPS 结合来研究木材的表面状况，如欧年华利用 ESR 和 XPS 检测到木材机械加工的表面含有自由基。表面砂光后，自由基含量增加，含氧基团增多；在紫外光照射下，木材表面的自由基增加，但含氧官能团变化很小，未经抽提的木材表面含有较多的提取物，使木材表面的润湿性降低。

#### 9.3.3.3 红外光谱分析

物质在红外光照射时，该物质的分子就会吸收一定波长的红外光，引起分子的振动能级和转动能级的跃迁。其红外光的吸收在一定浓度范围内符合比耳—兰伯特(Beer-Lambert)定律，以波长或波数为横坐标，以百分透过率或吸收率为纵坐标，记录其吸收曲线，即得到该物质的红外吸收光谱。红外光谱产生的条件是某一波长的红外光具有刚好满足物质振动能级跃迁时所需的能量；同时分子在振动中伴随有偶极矩变化。即具有不同结构的分子或基团，吸收红外光的波长不同，其谱图中的吸收峰与分子中的基团相对应，因此可以用来判定化合物中含有的基团、含量及鉴定未知物的结构，可用于定量分析，也是化合物定性分析的重要依据。除去对称分子外，几乎所有的有机化合物和大部分无机物都具有特定的红外吸收光谱，因此红外光谱的用途非常广泛。木材也具有红外吸收，木材中的纤维素、半纤维素和木质素各有特征吸收峰，木材经各种表面活化后，木材表面的基团发生了化学变化，形成了新的基团，可以通过表面的红外光谱来表征。

#### 9.3.3.4 电子显微镜

1942 年，英国首先制成一台实验室用的扫描电子显微镜，经过多年的不断改进，目前已被广泛应用于材料、生物、医学和化工等方面。电子显微镜是最常用的表面形貌研究工具。它是利用电子与物质相互作用所产生的透射电子、弹性散射电子、能量损失电子、二次电子、背反射电子、吸收电子、X射线、俄歇电子等信息被相应的接收器接收、放大、显相，来观察样品的形貌特征。近年来，扫描电子显微镜常用于木材表面的研究，木材虽是绝缘体，不能直接进行表面观察，但经过表面喷金处理后就可以直接利用扫描电子显微镜进行形貌观察。木材经过表面活化处理后，可通过扫描电子显微镜研究表面微观结构的变化。

## 本 章 小 结

本章阐述了木材的表面处理方法，其中包括木材表面疏水处理、表面耐候性处理与表面活化处理。从木材的表面润湿性的定义和影响因素出发，介绍了常用的表面疏水剂、疏水处理方法、木材表面超疏水处理以及评价疏水性的指标。木材在气候条件下，受到不同因子的影响，发生老化，可采用表面涂饰处理和化学处理等方法提高木材的耐老化性，并通过自然气候老化测试与人工加速老化测试方法评价其性能。木材表面的活化方法有氧化法、酸活化法等方法，活化处理效果的评价可使用X射线光电子能谱仪、电子自旋共振等分析手段检测改性木材表面的变化。

## 思 考 题

1. 名词解释：
(1)接触角　(2)润湿　(3)表面疏水处理　(4)涂料　(5)等离子体
2. 问答题：
(1)接触角的大小与润湿的关系？如何测定接触角？
(2)根据日常生活见到的木制品，举例说明用到的木材疏水处理方法。
(3)公园里的木座椅常是灰色的，运用学到的知识解释原因？采取哪些手段可以避免这种变色？
(4)比较木材耐候性处理中表面的涂料涂饰处理与化学处理的优缺点？
(5)木材表面的自由基有利于木材的胶合和化学反应，哪些处理方法可使木材表面产生自由基？

## 推荐阅读书目

1. 木材工业实用大全(木材保护卷). 汤宜庄，刘燕吉. 北京：中国林业出版社，2003.
2. 木材保护学. 李坚. 哈尔滨：东北林业大学出版社，1999.

## 参 考 文 献

1. 李坚. 1999. 木材保护学[M]. 哈尔滨：东北林业大学出版社.
2. 陆文达. 1993. 木材改性工艺学[M]. 哈尔滨：东北林业大学出版社.
3. 汤宜庄，刘燕吉. 2003. 木材工业实用大全(木材保护卷)[M]. 北京：中国林业出版社.
4. 李英杰，田森林，郭治遥，等. 2009. 硅烷化对云南松木材表面疏水性和润湿性的影响[J]. 资源开发与市场，25(1)：1-3.
5. 欧阳吉庭，何巍，涂刚，等. 2007. 低温等离子体处理木材表面研究[J]. 河北大学学报，27(6)：597-600.
6. 欧年华. 1982. 木材表面化学特征的ESR与ESCA分析[J]. 北京林学院学报(3)：168-178.
7. 段新芳. 1999. 壳聚糖处理木材表面的材色变化及对表面加工的影响[J]. 木材工业，13(6)：13-16，21.

8. 涂料技术编辑部. 2005. 木材表面耐候性保护涂料中各种处理方法的效率比较[J]. 涂料技术(6): 1-5.

9. 韩士杰, 范秀华, 时维春. 1993. 臭氧抑制木材表面光化降解的机理[J]. 吉林林学院学报, 9(2): 49-52.

10. 李坚, 韩士杰, 徐子才, 等. 1989. 木质材料的表面劣化与木材保护的研究[J]. 东北林业大学学报, 17(2): 48-56.

11. 杨喜昆, 杜官本, 钱天才, 等. 2003. 木材表面改性的XPS分析[J]. 分析测试学报, 22(4): 5-8.

12. 周冠武, 段新芳, 李家宁, 等. 2006. 漆酶活化木材产生活性氧类自由基的处理条件研究[J]. 木材工业, 20(5): 17-20.

13. 戴信友. 2000. 家具涂料与涂装技术[M]. 北京: 化学工业出版社.

14. 邓背阶, 王秋萍, 康海飞. 1990. 彩色家具涂饰技术[M]. 上海: 上海科学技术出版社.

15. 伍忠萌. 2002. 林产精细化学品工艺学[M]. 北京: 中国林业出版社.

16. 杜官本. 1999. 表面光电子能谱(XPS)及其在木材科学与技术领域的应用[J]. 木材工业, 13(3): 17-20, 29.

17. 丁惠萍, 张社奇, 冯秀绒. 2003. 太阳辐射与温室效应[J]. 物理, 32(2): 94-97.

18. 陈嘉翔, 余家鸾. 1989. 植物纤维化学结构的研究方法[M]. 广州: 华南理工大学出版社.

19. 姜兆华, 孙德智, 邵光杰. 2000. 应用表面化学与技术[M]. 哈尔滨: 哈尔滨工业大学出版社.

20. Agnes R D, Mandla A T, Rowell F D, et al. 1999. Hexamethyldisiloxane-plasma coating of wood surfaces for creating water repellent characterics[J]. Holzforshung, 53(3): 318-326.

21. Cho D L, Sjoblom E. 1990. Plasma treatment of wood[J]. Jounral of applied polymer Science: Applied polymer symposium(46): 61.

22. Felby C, Pedersen L S, Nielsen B R. 1997. Enhanced auto adhesion of wood fibers using phenol oxidases[J]. Holzforschung, 51(3): 281-286.

# 第 10 章
# 与其他材料的复合处理

**【本章提要】** 木材是自然界中最典型的生物复合材料，具有诸多无可比拟的优势，但也存在无法忽视的缺点。以木质单元为主体与其他材料单元（如合成高聚物、金属、非金属等）进行复合处理，可制得各类木基复合材料，不仅可以改善木材固有的缺陷，还可以赋予木材更多功能，扩大木质材料的应用范围。

天然的木材由纤维素、半纤维素、木质素等成分依照一定的方式组合而成，本身就是一种自然界进化形成的生物复合材料，具有诸多无可比拟的优势，但也存在无法忽视的缺点。将木材与塑料、金属、非金属等其他材料进行复合，可以有效地利用木材本体优势，弱化木材自身缺陷，从而得到用途广泛的结构工程材料、特种功能材料和仿生装饰材料，是拓宽木材利用领域、提高木材利用率的必经之路。

## 10.1 木塑复合材料

### 10.1.1 木塑复合材料概述

木塑复合材料，简称木塑复合材（wood-plastic composites，缩写为 WPC），通常分为两类：一类是将聚合物单体注入木材内部使其在一定条件下发生聚合反应而形成的复合材料，又称塑合木。塑合木因为成本、工艺和环保等方面的原因，没有得到广泛应用，通常仅在实木改性处理时使用。另一类是将木纤维或者植物纤维与塑料基体直接复合而形成的复合材料，其结合方式以表面（或界面）物理结合为主。这里所指的木塑复合材料为后者。

木塑复合材料具有多种优点：力学强度高、抗冲击性好、尺寸稳定性好、耐水耐潮、耐腐防虫；具有类似木质的外观，不会产生翘曲且无木材节子等缺陷，可切割、黏结、用钉子和螺栓连接固定。它既能克服木材因强度低、变异性大等缺陷造成的使用局限性，又能克服塑料本身弹性模量低，易变形等缺陷，并能降低其成本，提高材料的附加值，是一种环境友好型材料。正因如此，木塑复合材料的应用领域非常广泛，可应用于汽车工业、建筑行业、室内装饰、家电以及运输等行业（表 10-1）。2011 年木塑复合材料在全球的总产量已超过 150 万 t，据相关机构预计，到 2014 年年底，欧洲木塑复合材料市场的年平均增长率将超过 15%，可以说木塑复合材料是近年来发展非常迅速的一类新型复合材料。

表 10-1　木塑复合材料的应用

| 领域 | 具体应用 |
| --- | --- |
| 家具 | 桌椅、床柜、书架、盆架、刀柄、托盘、栅栏、屏风、沙发等 |
| 建筑 | 建筑模板、活动房屋、复合门窗框、门板、护墙板、天花板、地板、装饰板、屋面板、壁板、扶梯、百叶窗、高速公路隔音板等 |
| 化工、机电 | 化工及公共场所耐腐工棚、机电场所铸造模型、机器罩、水泵壳、电器用材等 |
| 车辆、船舶 | 汽车内装饰板、车顶内衬、汽车门板、行李箱衬垫、后搁物箱、座椅靠板、风扇罩、仪表架、船舶内装饰板和绝热板等 |
| 运输包装 | 铁路复合枕木、集装箱地板、工业托盘、搬运箱、车厢底板、贮存箱板等 |
| 其他 | 标志路牌、文体用具、吸音板、舞台用具、电器用材、各种模型制品等 |

## 10.1.2　木塑复合材料的发展历程

早在 1964 年，木塑复合材料就被誉为当年世界十大科学成就之一。20 世纪 80 年代，国外就已经出现木塑复合材料的研究成果和实际应用的相关报道。到了 90 年代，木塑复合材料开始在美国和加拿大逐步兴起，由于其在环境保护与资源利用等方面的优势，迅速得到发展。美国农业部林产品研究所，密歇根技术大学木材研究所，加拿大多伦多大学将其列为重点研究对象并在基础理论和应用技术等方面取得了较大进展。国外专家普遍认为，研究开发木塑复合材料是现代材料发展的主要方向之一。进入 21 世纪，关于木塑复合材料的研究与应用发展更为迅速，如 2007 年日本 EIN Engineering 公司开发出具有特殊用途的木塑复合材料，并用于医院、诊所、厕所等场所。2012 年德国赢创基团与机械供应商 Reinhaouser GmbH 公司合作开发出的 Plexiglas Wood 牌木塑复合材料入围第四届德国木塑复合材料大会创新奖，成为六大候选产品之一，并于 2012 年上市销售。

我国对木塑复合材料的研究开始于 20 世纪 80 年代中期。1983 年，李坚教授在《现代化工》上首次对木塑复合材料进行介绍，此后，各大高校与研究所开始了对木塑复合材料的研究和探索，主要侧重在木塑复合材料的复合工艺以及对塑料基体进行改性处理方面。到 2000 年，木塑复合材料产品已经拥有了 28 项专利，包括门窗框、地板、建筑模板等（图 10-1）。至 2004 年年底，我国境内从事木塑复合材料制造的企业将近 30 家，产品主要以木塑运输托盘为主。得力于循环经济理念的贯彻和我国政府环境保护与资源节约政策的大力推行，以北京奥运会主场馆"鸟巢"走道和上海世博会中国馆建设采用木塑复合材料平台为标志（图 10-2），木塑复合材料产业进入了一个快速发展时期。截至 2012 年，木塑复合材料企业数量已超过 30%，木塑复合材料产量年平均增长率均也超过 30%，木塑复合材料总产量达到 100 万 t，超过美国在世界排名第一。

户外地板

建筑房屋

桌椅

餐具

图 10-1　木塑复合材料制品

"鸟巢"走道

上海世博会

图 10-2　木塑复合材料在北京奥运会及上海世博会中的应用

## 10.1.3　木塑复合材料的原料和助剂

木塑复合材料的原材料主要包括植物纤维组分、塑料组分和辅助材料三种，其中植物纤维和塑料组分是木塑复合材料的主要原料。

### 10.1.3.1　植物纤维组分

与矿物原料相比，植物纤维不仅价格低、来源广，而且可以重复加工，又能自然降解。此外，植物纤维密度低、长径比高、比表面积大，因此可以作为增强材料添加到塑料基体中提高其物理力学性能。

最初的植物纤维组分多以木粉为主，常见树种包括杨木、松木、枫木、栎木等，近年来也有使用稻壳、麦秆、竹粉等其他植物纤维作为原料的报道出现。尽管对这些植物纤维的研究拓宽了木塑复合材料中植物纤维原料的范围，但是很少有其他植物纤维用于商业化木塑复合材料的实例。木塑复合材料现有商业化产品的主要植物纤维原料仍是木粉和稻壳。

木粉的形状和粒径、木粉含量以及树种对木塑复合材料的性能均有影响。

(1) 木粉的形状和粒径

木粉的形状和粒径决定了木粉在塑料基体中的分散程度。通常需要将木粉均匀地分散在塑料基体中，而大尺寸的木粉在塑料中的分散性较差，因此，木粉一般以颗粒状态（粉状或碎片状）添加到塑料中，或者是粒径10~200目的短纤维，很少使用长纤维。减小木粉的粒径可以提高木粉在塑料中的分散程度，从而增大与塑料的接触面积，同时又能减少较大颗粒引起的应力集中和表面缺陷，因此能提高复合材料的力学强度。但有研究表明当木粉含量超过30%时，木粉尺寸对于木塑复合材料的力学性能影响不大。另外，也有研究表明，大尺寸的木粉在塑料基体中排列具有各向异性因而使得制备的木塑复合材料性能出现了各向异性，而小尺寸的木粉所制备的木塑复合材料则表现为各向同性。

(2) 木粉含量

木粉含量对木塑复合材料的性能有显著影响。木粉具有较强的亲水性和吸水性，而塑料具有疏水性。因此，添加木粉到塑料中会增加木塑复合材料的吸水性以及厚度膨胀。另外，由于木粉和塑料之间存在较差的界面相容性，导致木塑复合材料力学强度的降低，但弹性模量、硬度等会有所提高。

(3) 树种

树种对木塑复合材料的性能也有影响。不同树种的木粉中，各组分（纤维素、半纤维素和木质素）的含量、结构单元等均有所差异，它们对木塑复合材料的性能都有一定影响。有研究表明，阔叶材的熔融时间以及所需要的能量低于针叶材。针叶材因为有更多的细胞腔裸露在表面，因此由它制得的复合材料力学强度较高。

### 10.1.3.2 塑料组分

塑料作为木塑复合材料的基体材料，起到了黏结填料、传递应力的作用，包括热固性塑料和热塑性塑料两种。热固性塑料在制备过程中通常起粘结作用，但由于加热后固化不能循环使用，需要一次成型，在之后的研究中少有报道，但也有这方面的实例。如一种由酚醛树脂和木粉构成的复合材料（俗称"电木粉"或"胶木粉"），因具有较高的绝缘性能用于制造变速把手、电器开关等。而热塑性塑料具有受热熔融、冷却凝固以及可循环使用等特点，在木塑复合材料的研究中受到了越来越多的关注。受到木粉热稳定性的影响（超过200℃会迅速降解），一般选择聚乙烯（PE）、聚氯乙烯（PVC）、聚丙烯（PP）和聚苯乙烯（PS）等熔融温度较低的热塑性塑料来制备木塑复合材料。近年来，随着能源危机以及环境污染等问题的出现，也有使用可生物降解的塑料，如聚乳酸（PLA）、聚己内酰胺（PCL）和聚丁二酸丁二醇酯（PBS）作为塑料组分制备木塑复合材料的研究。但由于价格这一因素的限制，目前只有 PE、PP 和 PVC 这三种塑料制备木塑复合材料的工艺形成了产业化。

PE 是一种由乙烯直接聚合而成的聚合物，它是化学组成和分子结构最简单、生产量最大、应用面最广的塑料品种。在 PE 的结构通式中，—C—C—主链是线性柔性长链，这就赋予了 PE 软且韧的特性。相比 PP 和 PVC，PE 的力学性能较差，拉伸强度仅有 10~20MPa。PP 也是一种线性链烃聚合物，与 PP 在性能上有很多相似之处。但由于 PP 的主链骨架碳原子上交替地连接着侧甲基，这就使 PP 的分子链比 PE 分子链刚硬，同时分子链的对称性也发生了改变，使得规整性有所降低，但 PP 的拉伸强度却达到 30MPa，此外耐热性也较 PE 有所提高。PVC 可以看作是 PE 分子链中每个单体单元上的一个氢原子被氯原子所取代。由于氯原子具有较强的电负性，PVC 的硬度和刚性明显上升，但韧性和耐寒性下降。又因为 C—Cl 键是偶极子，使材料在宏观上表现出明显的极性，解决了与木粉之间相容性的问题。但由于 PVC 对环境有害、光稳定性较差这两方面的原因，限制了它在木塑复合材料中的应用。

### 10.1.3.3 辅助材料

木塑复合材料的辅助材料在总量中所占比例不大，但对木塑复合材料性能影响显著。通常添加的辅助材料包括：偶联剂、增塑剂、润滑剂、着色剂、光稳定剂、防菌剂、发泡剂等。

(1) 偶联剂

偶联剂是一端含有极性基团，另一端含有非极性基团的两性化合物。极性的一端能够与木粉发生反应，而非极性的一端则与塑料相容，从而在两相之间起到类似桥梁的作用，将两相结合在一起。偶联剂不仅能够使木粉与塑料之间产生较强的界面结合，还能降低木粉的吸水性，提高木粉与塑料的相容性及分散性，使木塑复合材料的力学性能明显提高。偶联剂分为有机偶联剂和无机偶联剂。常见的有机偶联剂有：马来酸酐接枝聚烯烃，有机硅烷、异氰酸酯、过氧化异丙苯、铝酸酯、钛酸酯类、环氧化物、丙烯酸酯等。无机偶联剂相对较少，如硅酸盐。偶联剂的添加量一般为木粉添加量的 1%~8%。但需注意的是偶联剂的种类、添加量以及偶联剂分子中的官能团对不同塑料基体作用的效果不一样，另外马来酸酐偶联剂与硬脂酸盐会发生排斥反应，同时使用会导致产品质量降低。

(2) 增塑剂

对于一些玻璃化转变温度和熔融流动粘度较高的塑料，如 PVC 等，与木粉进行复合时由于加工困难，常常需要添加增塑剂来改善其加工性能。增塑剂分子结构中含有极性与非极性两种基团，在高温剪切作用下，它能进入聚合物分子链中，通过极性基团相互吸引形成均匀稳定体系，而非极性基团的插入又减弱了聚合物分子间的相互吸引，从而使加工容易进行。常用的增塑剂有邻苯二甲酸二丁酯、邻苯二甲酸二辛酯、癸二酸二辛酯、柠檬酸酯等。如在 PVC/木粉复合材料中加入增塑剂邻苯二甲酸二辛酯可以降低加工温度，减少木粉热解和发烟。

(3) 润滑剂

木塑复合材料常常需要加入润滑剂来改善熔体的流动性和挤出制品的表面质量，

使用的润滑剂可分为内润滑剂和外润滑剂。内润滑剂的选择与所用的塑料基体有关，首先它必须与塑料在高温下具有很好的相容性，同时也需产生一定的增塑作用来降低塑料内分子间的内聚能、削弱分子间的相互摩擦，以达到降低塑料熔融黏度、熔融流动性的目的。外润滑剂在塑料成型加工中实际上是作用于塑料与木粉界面，从而促进了塑料粒子之间的滑动。通常润滑剂需要具备内、外润滑两种润滑性能。润滑剂不仅使木塑复合材料表面光洁平整还能延长模具、料筒、加工设备的使用寿命。常用的润滑剂有：硬脂酸锌、聚乙烯蜡、聚酯蜡、硬脂酸、石蜡、氧化聚乙烯蜡等。

(4) 着色剂

在木塑复合材料的使用过程中，木粉中的可溶性物质会逐步迁移到产品表面，使产品褪色。着色剂能使制品表面具有均匀稳定的颜色，以满足各个领域的使用。为了丰富木塑复合材料的色彩，提高木塑复合材料的外观性能，着色剂在木塑复合材料中也有着较为广泛的应用。

(5) 光稳定剂

光稳定剂的应用也随着人们对木塑复合材料质量和耐久性要求的提高得到迅速发展。它能够提高木塑复合材料的耐光老化性能，延缓木塑复合材料光褪色。常用的光稳定剂有：紫外线吸收剂、抗氧化剂、自由基捕捉剂、光屏蔽剂等。

(6) 防菌剂

为了防止木塑复合材料受到霉菌等生物侵害，提高木塑复合材料的外观性能，常常需要加入防菌剂。防菌剂的选择要考虑木粉的种类、添加量、使用环境中存在的菌类、产品的含水率等多种因素，如硼酸锌可以防腐但不能防藻类。

(7) 发泡剂

木塑复合材料具有很多优点，但是由于塑料基体中添加了大量木粉，会降低其延展性和耐冲击性能，使得产品脆性增加，密度也较传统木制品大。将木塑复合材料进行发泡处理，由于存在泡孔结构，可钝化裂纹尖端并有效阻止裂纹的扩张，从而显著提高材料的抗冲击性能和延展性，大大降低产品的密度。发泡剂的种类很多，常用的化学发泡剂主要有两种：吸热型发泡剂(如碳酸氢钠)和防热型发泡剂(如偶氮二甲酰胺)。由于其热分解方式不同，对塑料熔体的黏弹性和发泡形态有着不同的影响，因此需要选择适当的发泡剂。

(8) 其他

在木塑复合材料中还可以添加一些其它填料以增强木塑复合材料性能。如近年来有关于在木塑复合材料中添加纳米填料的报道。研究发现，在木塑复合材料中添加少量的纳米填料(6%以下)可以大幅度提高木塑复合材料的物理力学性能。目前有报道的纳米填料包括纳米蒙脱土、纳米碳管、纳米碳酸钙、纳米二氧化硅、纳米纤维素、纳米活性碳纤维、有机蛭石、水滑石等。

### 10.1.4 木塑复合材料的加工工艺

目前，生产木塑复合材料制品在工业化生产中主要采用以下三种工艺路线：挤出成型工艺、热压成型工艺以及注塑成型工艺。

#### 10.1.4.1 挤出成型工艺

木塑复合材料的挤出成型可分为一步法和多步法。一步法是指木塑复合材料的配混、挤出在一个设备或一组设备内连续完成。多步法则是木塑复合材料的配混、挤出分别在不同的设备内完成，可以先将原料配混制成中间木塑粒料，再将粒料进行挤出成型加工成产品。一步法由于脱水不佳、木塑混合不均匀等原因易造成产品表面出现鼓泡、起皱等缺陷。因此，目前国内外工业化生产主要采用多步法。

木塑复合材料挤出成型的设备分为单螺杆挤出机和双螺杆挤出机两类，其中双螺杆挤出机按照两螺杆轴线平行与否分为平行和锥形两种，按照两螺杆旋转方向是否相同分为同向啮合型和异向啮合型两种，按照两螺杆轴线间的距离又分为全啮合型、部分啮合型和非啮合型三种。

(1) 单螺杆挤出机

单螺杆挤出机由于结构简单，成本低，作为挤出成型设备具有建压能力强和挤出相对平稳的优点，较早被引入到木塑复合材料的挤出成型加工中。单螺杆挤出机主要是靠摩擦作用来输送物料，由于木粉结构蓬松，不利于给挤出机螺杆喂料，造成物料在料筒中停留时间过长，因此在挤出之前需要对物料进行混炼造粒。此外，木粉中含有大量水分，填充到塑料中会使熔体黏度增加，而单螺杆挤出机排气效果不佳，这就要求严格控制挤出加工物料的含水率。同时在挤出过程中，由于物料内摩擦生热塑化，在高速旋转的工艺条件下易造成木粉烧焦或炭化，而且单螺杆挤出机的自洁能力较差，需要经常清洗螺杆，以免螺杆黏料。因此，用于木塑复合材料加工的单螺杆挤出机必须经过特殊的结构设计，螺杆应具有较强的物料输送和混炼塑化能力(图10-3)。

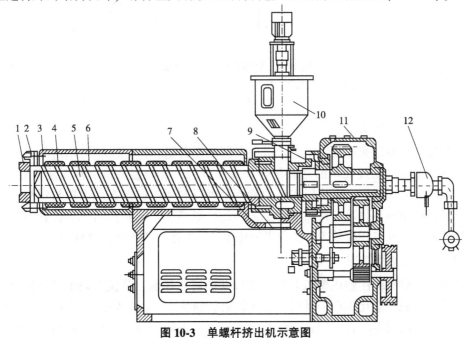

**图 10-3 单螺杆挤出机示意图**
1. 机头连接法兰  2. 过滤版  3. 冷却水管  4. 加热装置  5. 螺杆  6. 料筒
7. 液压泵  8. 测速电机  9. 轴承  10. 料斗  11. 变速箱  12. 螺杆冷却装置

### （2）双螺杆挤出机

双螺杆挤出机是在单螺杆挤出机的基础上发展起来的，由两根尺寸完全相同的螺杆并排安置在料筒中。双螺杆挤出机可以将干燥木粉与塑料混合连续挤出。与单螺杆挤出机相比，双螺杆挤出机在木塑复合材料的加工中具有以下优点：①加料容易。由于双螺杆挤出机靠正位移原理输送物料，可以加入黏度很高的物料，实现混料、造粒同时进行，这就省去了造粒工序而可以直接向双螺杆挤出机中加入粉料；②物料在双螺杆挤出机中停留时间短，剪切发热小，可以充分避免物料在挤出机内烧焦或炭化现象的发生；③优异的排气和自洁能力。不仅可以排除木粉中的水分和挥发物，而且具有啮合型双螺杆的自洁功能；④优异的混合、塑化效果。由于发生在啮合区的复杂流动使得双螺杆挤出机具有混合充分、热传递均匀、熔融能力强的优点，可以使木粉这种难混的物料得到充分的混合；⑤生产能力高，功耗低。在相同螺杆直径下，双螺杆挤出机的生产能力是单螺杆挤出机的 4 倍左右。因此，目前木塑复合材料的主要加工设备为双螺杆挤出机（图 10-4）。

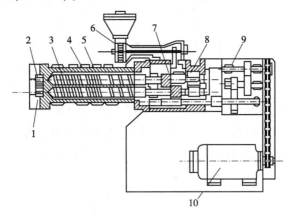

**图 10-4 双螺杆挤出机示意图**
1. 连接器 2. 过滤器 3. 料筒 4. 螺杆 5. 加热器 6. 加料器
7. 支座 8. 上推轴承 9. 减速器 10. 电动机

#### 10.1.4.2 热压成型工艺

木塑复合材料的热压成型工艺，适用于高木粉含量（70%及以上）木塑复合材料的制备。该工艺将木粉经简单的常温复合方式混合后，再经铺装最后热压成复合材料，类似于木质人造板的生产。热压成型的特点是可以利用不同形态的木粉与塑料加工生产复合材料板材和型材。与挤出成型工艺相比，经热压工艺制备出的复合材料物理力学性能较差，研究也相对较少，企业很少使用热压工艺生产木塑复合材料。

#### 10.1.4.3 注塑成型工艺

木塑复合材料的注塑成型工艺是一个较新的研究领域，其优点是生产速度快、效率高、能够实现自动化生产，可用于形状复杂的制品（三维形状件）的生产。注塑成型材料相比于挤出成型材料，具有更高的力学性能，更低的吸水性能。挤出、热压和注塑三种工艺中，注塑成型材料的性能最好，热压成型材料的性能最差。注塑成型工艺制备出的木塑复合材料表现出更明显的塑料性能，而热压成型工艺则表现出更多的木粉特性。尽管国外已有很多关于木塑复合材料注塑成型的研究，但国内相关研究较少，其制品还没有在市场上广泛应用。

## 10.1.5 木塑复合材料的界面理论

木塑复合材料是由木粉和塑料复合而成的材料，在复合材料之间形成良好的界面结合是控制复合材料性能的关键。高强度的界面结合力能够使应力有效地从塑料基体传递到木粉上，而低强度的界面结合力会在复合材料承受外力时发生界面的断裂及分层。如果在木粉和塑料间存在不良界面，容易导致复合材料强度的降低。因此，对木塑复合材料界面性质的了解，对于制备高性能的木塑复合材料是十分必要的。

### 10.1.5.1 木塑复合材料界面的形成

在木塑复合材料制备过程中，木塑复合界面的形成需要经历两个阶段：第一阶段是木粉与热塑性塑料之间的润湿和接触过程，木粉表面的润湿性能与其结构有关，改变其表面状态，即改变表面张力，可以达到改变润湿性能的目的；第二阶段为热塑性塑料的冷凝阶段，通过物理或化学过程而冷凝，形成稳定的界面层。整个复合过程受木粉和塑料表面自由能的影响，因为木粉的表面自由能大于黏流态塑料的表面自由能，所以黏流态塑料具有在木粉表面自动铺展的趋势，从而形成新复合界面层。界面层是由木塑复合材料中木粉表面与热塑性塑料表面相互作用形成的，其结构和性能均不同于木粉表面的结构和性能，也不同于热塑性塑料表面的结构和性能，而是由两者表面的结构和性能及其相互作用共同决定的。因此，界面层可以是单独的一个相，但是又依赖于两者，而非独立的相，界面结合是否牢固决定着木塑复合材料的力学性能。界面层能使木粉与热塑性塑料复合成一个整体，并通过其传递外界应力。

一般的木塑复合体系的界面层是一个具有一定厚度的区域——过渡带，它由相邻两相间可活动部分构成，大分子链在其中相互扩散，并存在界面间的化学键合作用。大分子链的扩散、润湿、界面的形态、物理化学组成及分子间作用力的大小等因素共同决定了木塑复合材料界面区域的力学强度。

### 10.1.5.2 木塑复合材料界面的作用机理

在制备木塑复合材料的两相中，首先热塑性塑料以溶液或熔融流动状态的液相形式与呈固相的木粉相接触和润湿，然后进行固化，使其两相结合。两相间的作用和机理一直是许多研究者十分关注的问题，他们用不同的方法，从不同角度提出了许多有意义的研究结论。

(1) 界面浸润吸附理论

该理论认为，高聚物的黏结作用分为两个阶段：第一阶段，高聚物大分子首先借助宏观布朗运动从溶液或熔融体系中移动到被黏物表面，然后再通过微布朗运动使高聚物大分子链逐渐靠近被黏物表面的极性基体。一般情况下，高聚物大分子链只能局部靠近被黏物表面，通过加热降低高聚物黏度时，或在外界压力作用下，高聚物大分子链能更加靠近被黏物表面；第二阶段，发生吸附作用。当高聚物大分子链与被黏物表面极性分子间的距离小于0.5nm时，分子间作用力——范德华力发挥作用，从而形成共价键。

(2) 化学键理论

该理论认为，增强材料表面的官能团能与高聚物基体表面的官能团发生化学反应，形成共价键。用来处理增强材料的偶联剂分子应至少含有两种官能团，一种官能团可与增强材料发生化学反应；另一种官能团也能参与高聚物的固化反应，与高聚物大分子链形成化学键结合，于是，偶联剂分子像"桥"一样，将增强材料与高聚物通过共价键牢固地连接在一起。

(3) 界面扩散理论

界面扩散理论主要基于大分子链的结构及柔顺性，这一理论最早由Barodkuu提出。该理论认为高聚物大分子之间的黏合是由于大分子间的相互扩散作用，正是因为高聚物分子链或者高聚物分子链段之间具有相似性，根据有机物相似相容原理，两种高聚物分子之间相互融合，从而形成了强大的黏合力。

这种黏合力的大小主要取决于两种高聚物分子的相互溶解程度。这与高聚物大分子的溶解度参数有关，当溶解参数越相近时，两种高聚物大分子间的互融程度就越高。

随着偶联剂在复合材料领域的逐步应用，这也验证了界面扩散理论在复合材料中的作用。在此基础上所提出的的相互贯穿网络理论，其基本的理论框架是化学键理论与扩散理论的结合。

(4) 机械互锁理论

该理论认为，被黏合物表面存在高低不平的凸凹结构和疏松孔隙结构，因此黏合剂能够渗入到坑凹，固化之后黏合剂与被黏合物表面发生啮合而固定。机械互锁关键在于被黏物表面的粗糙程度，黏合剂熔融后经流动、挤压、渗透进被黏物表面的大量槽沟和孔隙中，并在其中固化，从而使被黏物紧密地结合，黏合强度得到提高。

此外，还有电子静电、变形层、优先吸附等理论。

总而言之，界面的作用机理是比较复杂的，对界面作用机理的表征，对于指导木塑复合材料的研制及应用是非常重要的，有待进一步深入研究。

### 10.1.5.3 影响木塑复合材料界面结合强度的因素

木塑复合材料的性能在很大程度上取决于木粉和塑料的界面结合强度，影响木塑复合材界面结合强度的因素主要有以下三方面：

(1) 复合过程中木粉的降解

木粉细胞壁主要成分是纤维素，半纤维素和木质素，而纤维素是决定木粉细胞壁强度的主要物质。木塑复合材料的复合过程是非熔融性的纤维素大分子与熔融性的塑料高分子之间的复合。塑料在其熔点温度与分解温度之间才会呈现出黏性流动状态。在该温度下，木塑体系黏度降低，木粉在复合体系中的分散阻力明显降低，在外机械剪切力和一定程度的渗透、扩散作用下，木粉在塑料中悬浮性分散。同时在此熔融复合过程中，纤维素受到热机械作用从而产生热降解。纤维素的降解，将影响木粉对塑料的增强作用，导致界面结合强度下降。

(2) 木粉与塑料之间的界面相容性

从化学结构上看，木粉分子中有大量羟基基团，使纤维素大分子链间及其内部均具有强烈的氢键作用，并且单纤维素大分子链在物理结构上存在各向异性，这会造成单纤维素大分子链的整体结构不对称，因此具有较强的表面化学极性。而大多数的热塑性塑料(PVC除外)是非极性的，这就造成了木粉和塑料两相界面的润湿性和黏合性极差，从而导致复合材料界面结合强度降低，木塑复合材料性能降低。

(3) 木粉在塑料中的分散均匀性

木粉表面存在大量极性羟基基团，由于亲水性会吸附周围环境中的水分、灰尘、杂质等，以致在木粉表面与塑料间形成弱边界层，导致界面结合强度降低。为排除木粉中的水分，在复合前，木粉及塑料都必须进行干燥。但在干燥期间，由于纤维素分子链中存在大量羟基，而纤维素大分子链之间及其内部具有强烈的氢键作用，使其不易在非极性聚合物塑料中扩散，因此在木塑复合过程中，木粉相互聚集，形成纤维团或纤维束，造成其在塑料间扩散的不均匀。同时，较长的木粉容易自然缠结，促使木粉在复合材料体系中分散不均匀，导致木塑复合材料性能下降。

## 10.1.6 木塑复合材料的改性

木粉具有强极性，而塑料具有非极性，两者之间相容性很差。改善相容性是木塑复合材料亟待解决的问题。目前，木塑复合材料界面相容性的改善途径主要可归纳为以下三种：对塑料基体进行表面改性，对木粉进行预处理及表面改性以及添加合适的偶联剂。

### 10.1.6.1 塑料表面改性

由于热塑性塑料表面能低、存在化学惰性、表面易被污染及存在弱边界等问题，热塑性塑料表面常呈现憎水性，使其难以湿润和黏合。在木塑复合时，可对热塑性塑料原料进行预处理，改变其表面化学组成，增加表面能，从而提高表面润湿性。热塑性塑料的改性方法主要有化学改性、光化学改性、力化学改性、辐射改性等。具体的改性方法包括接枝共聚以及与极性塑料组分(如马来酸酐接枝聚丙烯MAPP、马来酸酐接枝聚乙烯MAPE等)共混。

### 10.1.6.2 木粉的预处理和表面改性

木粉是一种由纤维素、半纤维素、木质素和抽提物等组成的具有各向异性的天然高分子材料，表面存在大量极性羟基和酚羟基官能团，亲水性和极性很强。通过各种物理或化学方法对木粉进行预处理或表面改性，可以提高其表面粗糙度或使其部分或全部生成疏水的非极性官能团，从而降低其与热塑性塑料间的相斥作用，提高木塑复合界面的相容性。

木粉的预处理和表面改性方法分为物理方法和化学方法。

(1) 物理改性方法

物理方法主要包括热处理法、蒸汽爆破处理法、碱处理法、表面物理加工法等方法。此类方法主要改变木粉的结构和表面性能，但不改变其化学组成。物理方法适用于原料的预处理，效果不是很明显，用者不多。

热处理法是处理木粉的最基本方法，在木塑复合过程中，水分的存在对复合材料的性能影响很大，通过热处理可以降低木粉的含水率，降低木粉表面的羟基数量，使其有利于与热塑性塑料的黏合。但温度过高会导致木粉的严重热降解。

蒸汽爆破法是一种处理木粉行之有效的方法。在一定蒸汽压力下，木粉的细胞壁被破坏，半纤维素发生一定程度的降解，木质素暴露在纤维的表面，木粉的强度和表面积增加。蒸汽爆破法会引起木粉结构和形态的变化。

碱处理法是将木粉浸泡于氢氧化钠等碱液中，使木粉中的部分果胶、木质素和半纤维素等低分子杂质被溶解除去，木粉表面变得粗糙，使木粉与塑料界面结合能力增强。同时使未处理前的抽提物消失，形成许多空隙，使塑料与木粉的"锁紧力"增强。另外，碱处理导致纤维束分裂成更小的纤维，纤维的直径降低，长径比变大，与基体接触面积增大。

表面物理加工法主要包括木粉表面放电处理和物理加工两种方法。放电处理是木粉改性的一种新方法，主要采用电晕放电、溅射放电、低温等离子处理等方式。离子溅射放电处理不会引起木粉结构的化学变化，但会使木粉表面变得粗糙，从而增强界面间的黏合强度；低温等离子放电处理是用低温等离子轰击木粉来增强其表面的极性，进而提高其与塑料的黏结能力；电晕法是通过对木粉表面进行蚀刻，形成咬合力，进而降低木粉的表面势能。

物理加工处理法采用如拉伸以及延压等方法对木粉进行预处理，虽未能改变其表面的化学组成，但可以改变木粉的表面性能和表面结构。

(2) 化学改性方法

化学改性方法主要是对木粉表面的极性官能团进行酰化、酯化或醚化、接枝共聚等处理，减少纤维素分子链上羟基数量，生成具有一定流动性的非极性化学官能团，使木粉表面极性与热塑性塑料表面极性相似，从而降低木粉表面与塑料基体之间的相斥性，进而提高木塑界面黏合强度。

酰化处理是用酸酐、酰氯等活性酰基化试剂对木粉进行处理，使其纤维素、半纤维素分子链上的部分或者全部羟基被酸根取代生成酯。通过弱极性酯基取代强极性羟基，使木粉表面部分或者全部的氢键遭到破坏，因此木粉表面极性大大降低，提高了木塑复合界面的相容性。

醚化包括甲基醚化和羟乙基醚化等。甲基醚化是通过甲基氯与经过碱处理的木粉反应；羟乙基醚化是木粉与环氧乙烷或2-氯乙醇在碱存在条件下反应。

接枝共聚是指马来酸酐、丙烯酸、甲基丙烯酸甲酯等聚合物单体在引发剂的作用下，在木粉表面发生接枝共聚，引入与塑料基体相容性较好的基团，从而提高木粉与塑料之间的相容性。接枝比例、接枝速率、接枝频率均会影响木粉与塑料之间的界面相容性。

#### 10.1.6.3 添加偶联剂

添加第三组分，即偶联剂。因其简单、有效，这是目前采用最多的一种改性方法。

通过添加偶联剂提高两相组分的相容性和改进制造工艺一直是木塑复合材料的研究重点。国内外早期的研究仅局限于偶联剂能有效改善木塑复合材料的性能和偶联剂的最佳用量等问题，许多研究都表明，木塑复合材料的性能与偶联剂的种类、偶联剂添加量及偶联剂分子中的官能团、链结构等有关；木塑复合材料中偶联剂存在最佳用量，并非与复合材料的性能成正比关系。此外，国内外的研究还集中在探索偶联剂改善木塑复合材料性能的作用机理。许多研究都表明，经偶联剂处理的木塑复合界面接触角增大，表面张力降低，改善了木质纤维的润湿性，从而提高了复合材料界面的相容性；偶联剂能与木质纤维发生反应，形成化学键，改善了复合界面的黏结强度，从而提高了复合材料的力学性能。

## 10.1.7 木塑复合材料相关检测标准

随着木塑复合材料的使用量和适用范围的扩大，木塑复合材料的标准化也得到了越来越多国家和相关业界的关注。目前美国、日本及欧洲部分国家和地区都已制订了相应的国家标准，我国也颁布了几项有关木塑复合材料的质量及性能检测的国家标准、林业标准及商业标准，见表10-2。目前我国有关此方面的国家标准也是在参考国外标准（表10-3）的基础上来制定的，标准的内容还有待继续完备。

表10-2 我国有关木塑复合材料的质量及性能检测的标准

| 标准号 | 标准名称 |
| --- | --- |
| GB/T 24508—2009 | 木塑地板 |
| GB/T 24137—2009 | 木塑装饰板 |
| GB/T 29418—2012 | 塑木复合材料产品物理力学性能检测 |
| GB/T 29419—2012 | 塑木复合材料铺板和护栏体系性能等级 |
| GB/T 29365—2012 | 塑木复合材料人工气候老化测试方法 |
| GB/T 35469—2017 | 建筑木塑复合材料防霉性能测试方法 |
| GB/T 35466—2017 | 建筑用木塑复合材料挥发性有机化合物（VOC）测定 |
| GB/T 35612—2017 | 绿色产品评价木塑制品 |
| LY/T 1401-1415—1999 | 木质层积塑料 |
| LY/T 1613—2004 | 挤压木塑复合材 |
| DB44/T 349—2006 | 木塑复合材料技术条件 |
| QB/T 4161—2011 | 园林景观用聚乙烯塑木复合型材 |
| QB/T 2630—2010 | 建筑装饰用塑木复合墙板 |
| BB/T 0020—2001 | 组合型木塑托盘 |
| CECS 286—2001 | 建筑用无机集料阻燃木塑复合墙板应用技术规程 |

表 10-3　国际有关木塑复合材料的质量及性能检测的标准

| 标准号 | 标准名称 |
| --- | --- |
| ASTM D7031-04 | 木塑复合材料产品物理力学性能评价指导标准 |
| ASTM D7032-07 | 木塑复合材料铺板及护栏系统性能等级标准规范 |
| BS DD CEN/TS 15534—2007 | 木塑复合材料及产品表征测试方法 |
| BS ISO 16616—2013 | 木塑复合材料铺板测试方法 |

## 10.2　木材陶瓷化处理

随着经济的发展，人类对木材的需求量越来越大，对木材产品品质的要求也越来越高，如何提高木材加工的产值，研发出具有高附加值，多功能的新型高分子材料，是现今木材科学研究的主要发展方向。木质陶瓷是以木材或木质基材料和浸渍液为原料，经浸渍、干燥、固化、烧结而成的一种多孔碳素材料，耐高温、耐腐蚀、吸附性能优良，并且具有先进性、舒适性和环境协调性等环境材料的显著特征，不但提高了木材的整体利用价值，对于利用木材加工剩余物及农业废弃物等生物质资源取代传统的石化资源用于工农业生产，减少对环境的污染和破坏，具有十分重要的意义。

### 10.2.1　木质陶瓷概述

#### 10.2.1.1　木质陶瓷的特点

木质陶瓷这种新型的多孔炭材料其研究始于20世纪90年代，日本青森工业实验场的冈部敏弘等人利用废纸、木屑等木质废弃物首次开发出了这种具有先进性、环境协调性和舒适性的新型环境材料，引起了材料科学界的普遍关注。它是以木材或其他木质基材料为原料，浸渍热固性树脂后，在高温真空状态下烧结而成的一种木质基多孔炭素材料，兼具陶瓷材料的高强度、高硬度、高耐磨性、高耐腐蚀性和木质基材料的多孔结构、密度低、强重比高、抗冲击韧性强等特性，是一种典型的环境材料。

木质陶瓷主要具有以下几方面的特点：

①原料多样化　各种木材加工剩余物、回收的低质木材、农作物纤维材料、废弃的纸张等都可以作为生产木质陶瓷的原料。

②产品多样化　除了木质陶瓷本身，在其加工过程中还会产生多种重要的工业原料，如木煤气、木醋液等。

③兼具木材与陶瓷两种材料的优势　木质陶瓷材料不但具有丰富的孔隙结构，较低的密度，还具有优良的耐磨性和突出的力学强度。

④属新型环境材料　在加工制造过程中几乎没有环境污染。

总的来说，由于其原料来源广泛，废弃木材、采伐及加工剩余物、人造板、农产品加工副产物等都可以作为制备木质陶瓷的基材，产品木质陶瓷密度低、强度高、耐磨、耐腐蚀，孔隙结构丰富，可代替传统的陶瓷材料，广泛用作结构用材、摩擦材料、过滤材料以及绝缘隔热材料等，并且在加工的过程中没有环境污染，还可以产生木醋液、木煤气等工业上用途广泛的副产物，使得木质陶瓷的研究和开发，对于保护自然环境，高效利用生物质资源具有十分重要的意义。

#### 10.2.1.2 木质陶瓷的种类

碳木质陶瓷的原料主要是实木、人造板或其他木质基纤维材料，所用浸渍液有热固性树脂和液化木材，其中以酚醛树脂的应用最为广泛，通过对木质基原料进行真空加压浸渍，随后干燥、固化，再在惰性气体的保护下高温烧结而成的一种多孔炭素材料。其丰富的孔隙结构可以对电磁波进行吸收和散射，具有良好的电磁屏蔽性能，远高于一般金属的远红外放射率和放射辉度使其具有良好的热效应，可作为新型房暖材料，由于碳木质陶瓷的电学性能与温度和湿度之间存在着很好的相关性，还可以将其作为温、湿度感应器使用，此外，优良的硬度、强度、弹性模量、断裂韧性以及可以通过调配工艺参数而进行设计的微观结构也使碳木材陶瓷在工程结构领域的应用也越来越广泛。

在氧化物木质陶瓷的制备过程中，木质基原料只是起生物模板的作用。它首先将已干燥好的木质基模板在真空下浸渍不同种类的溶胶，然后干燥试样使溶胶向凝胶转化，为了提高浸渍物的含量可将此浸渍—干燥过程多次重复。然后在惰性气体的保护下高温烧结，使木质基模板分解成多孔碳，热解后多孔碳含量约占反应前原料的25%。接着对多孔碳模板进行二次浸渍、干燥、烧结，在此过程中多孔碳模板被氧化除去，得到的产品称为 $Al_2O_3$ 木陶瓷、$TiO_2$ 木陶瓷、$ZrO_2$ 木陶瓷。

SiC 木质陶瓷是以木质基材料模板或预加工好的碳模板为基材，以熔融硅、气相硅、硅粉或 $SiO_2$ 溶胶作为处理剂，经渗透、低温炭化、高温烧结而成的一种多孔 SiC 陶瓷材料，具有硬度大、强度高、耐磨、耐高温等特点，可用作高温下的过滤材料、催化剂的载体等。SiC 木材的微观组织结构及物理力学性能主要取决于渗硅处理的温度，在较低的烧结温度下形成的主要是多孔 SiC 陶瓷，在较高的炭化温度下可形成致密的 Si/SiC 复相陶瓷。

#### 10.2.1.3 木质陶瓷的制备方法

根据原材料、浸渍液种类、成品性能要求和使用目的的不同，常用的木质陶瓷的制备方法主要有以下几种：

①以木质基材料为模板的树脂浸渍高温烧结法　木材或木质基材料首先浸渍在热固性树脂中，然后在惰性气体保护或抽真空的状态下，在焙烧炉中高温炭化得到木质陶瓷原产品，再进行切割、磨削加工。

②以木炭为模板的液相 Si 渗入法　木材经过干燥、热解，首先在低温状态下形成 SiC 多孔陶瓷，而后在高温状态下形成 Si/SiC 复相陶瓷。

③以木材或木炭为模板的 $SiO_2$ 溶胶渗入法　将渗入 $SiO_2$ 溶胶的木质基原料经高温碳热还原反应形成多孔 β-SiC 陶瓷。

在木质陶瓷的制造过程中，如何避免开裂和变形是需要解决的关键问题。在木质材料高温烧结的过程中，由于水分的蒸发和细胞壁物质的相继分解，材料的开裂与变形随之产生。为了避免开裂和变形的产生，必须对木材细胞壁进行增强处理，通常采用的方法是浸渍热固性树脂。

在木材炭化前让树脂渗透在木材中，不仅可以增加木材细胞壁的强度，减少木材本身的变形和开裂，同时还能提高碳的留着率，这对于木质陶瓷产品物理力学强度的提高有着十分重要的作用。炭化后的树脂称为玻璃碳，其基本结构是由层状炭围绕纳米尺寸的空隙无序排列形成，由木材细胞壁物质炭化而成的称为无定形炭。许多研究表明，不论采用何种原料基材，何种合成工艺路线及参数，所生成的木质陶瓷在本质结构上是大体相似的，均是由具有三维网状结构的玻璃碳包裹着无定形炭所形成的一种多孔两相碳材料。

### 10.2.2　木质陶瓷的制造

#### 10.2.2.1　制造工艺

（1）原材料的选取

木质陶瓷的生产原料包括以下几类：

①木材、竹材　这类原料来源广泛，但天然木质基材料本身结构上的各向异性易使烧结后的产品材质不均匀且尺寸精度偏低。

②废弃木材、废纸、甘蔗渣、果渣、稻壳　这类原料成本低廉，来源广泛，但同样存在产品尺寸控制上的问题。

③中密度纤维板、胶合板、刨花板　以人造板作为浸渍基材，虽然可以克服以往实木陶瓷物理性质显著各向异性的特点，但由于人造板浸渍树脂较为困难，从而影响了产品质地的均匀性。

④木纤维　将浸渍了热固性树脂的木纤维热压定型后作为炭化基材，不但能够克服树脂分散的均匀性问题，还可以直接模压成型，制造各种复杂形状的产品。

（2）浸渍液的选取

浸渍液的选取一方面除了要保证木质陶瓷强重比高、抗冲击性强、硬度大、耐磨性好的优点外，还要考虑到合成工艺简单、价格低廉、副产物少等，使产品具有优良的环境适应性。通常采用的浸渍液有酚醛树脂、呋喃树脂和醇酸树脂等热固性树脂，在炭化后形成高强度的玻璃碳，对木材细胞起固化增强作用。酚醛树脂由于成本低廉，合成工艺简单，游离甲醛少，烧结后炭的残留率高，燃烧后的副产物少，是甲醛类树脂中用得最多的一种。

此外，也有采用其他熔融物，如无机熔融硅、正硅酸乙酯、液化木等作为浸渍液的处理方法。与传统的热固性树脂性比，液化木作为浸渍液可以充分利用木材中的酚类物质，从而降低了浸渍处理时酚类化合物的添加浓度。采用熔融无机硅作为浸渍液，使熔融硅与碳反应，最终多孔碳骨架完全转化为炭化硅，炭化硅在反应的后期经过再结晶化作用，形成炭化硅大颗粒分布在自由硅基体上，基于烧结温度的高或低，可分别形成 Si/SiC 复相材料或多孔炭化硅材料。

（3）工艺流程

①实木陶瓷　实木陶瓷是以实体木材作为模板，浸渍热固性树脂后，再经高温炭化处理得到的一种多孔碳素材料。采用实木作为反应基材主要是考虑到加工的繁简性，木材本身含有丰富的微孔组织，只需经过简单的干燥、锯割加工即可得到满足浸渍要

求的坯体。在炭化前对实木进行浸渍处理是为了提高烧结后炭的残留率，在保持基材原有孔隙结构的基础上提高试样的物理力学强度。通常所用的浸渍液为酚醛树脂，在真空加压下进行。具体的工艺流程如下：

原木→干燥→锯切→浸渍→干燥→固化→烧结→性能测定
　　　　　　　　　　↑
　　　　树脂合成→浸渍液配置

基材的选择：木材本身的孔隙结构对树脂的浸渍效果有非常显著地影响，通常情况下，木材的密度越小，木材越轻软，其渗透性越好。此外，木材细胞腔中沉积物的存在与否、含量多少、以及种类也对木材渗透性有较大的影响。一般来说，对于大多数树种，边材的渗透性显著高于心材。在针叶树材中，由于抽提物如树脂等的沉积和木质素的结壳作用，减少了纹孔塞和纹孔缘间的间隙，甚至将纹孔口堵塞，极大地降低了心材区域木材的渗透性。在阔叶树材中，则是由于心材导管中的侵填体、树胶或其他有机/无机沉积物的存在堵塞了纹孔而导致渗透性显著降低。目前，已应用于实木陶瓷制造的树种有大青阳、桦木、杉木、白松等。

基材的干燥与锯切：在将原木锯切成所需规格的试样前，要进行干燥处理，有利于浸渍液的渗透，通常干燥到气干含水率即可。实验用试样的规格一般为20mm×20mm×20mm。

树脂合成：由于酚醛树脂优异的性价比、简单易行的合成工艺、较低的游离醛释放量和较高的玻璃炭得率，使之成为浸渍液最常用的树脂之一。水溶性酚醛树脂的合成实例配方见表10-4所列。将熔化的苯酚加入反应釜，开动搅拌器，加入氢氧化钠。在45~65℃条件下反

表10-4　水溶性酚醛树脂合成配方

| 原料 | 纯度(%) | 投料量 |
| --- | --- | --- |
| 苯酚 | 100 | 100 |
| 甲醛 | 37 | 162.5 |
| 氢氧化钠 | 42 | 16.7 |

应10min后，在60~70min内连续加入甲醛，使反应釜内的温度保持在65~80℃，随后加热至90~95℃，保温直至黏度合格后，迅速冷却至30℃即可出料。

树脂浸渍：首先根据木质陶瓷产品性能及用途要求，将合成的酚醛树脂配制成相应质量分数的处理液。接着进行浸渍处理，常用的浸渍方法为真空加压法，将木材放入真空罐内，抽真空后送入浸渍液，所用真空度为-0.097MPa，随后在压力的作用下将浸渍液注入木材，所用压力为1.4MPa，加压时间约4h。将剩余的树脂排出后，可进行二次真空处理以保证尽量少的树脂残留。最后，将浸渍完的试样取出在室温下陈化一段时间后，在120℃的温度下使树脂固化。

高温烧结：为避免烧结过程中的氧化，可采用通入惰性气体，如$N_2$、Ar的方法，或采用抽真空法进行保护，以氮气为保护气时，其用量为400mL/min。为了避免木质陶瓷产生开裂的变形，必须保证炭化材料均匀受热，而实木基材自身构造上的差异使其纵向热导性远远大于径向和弦向，因此考虑到基材不同方向上传热的速率差，必须缓慢升温，通常以2~4℃/min为宜。

②人造板陶瓷　实木陶瓷由于其原料本身物化性质以及构造在纵、径、弦方向上的各向异性，在高温烧结的过程中开裂和变形等缺陷很难避免，各类人造板产品在很

大程度上克服了原料在这些方向上的差异，更因为其良好的加工性能而具有更为广阔的应用前景。中密度纤维板陶瓷的制造工艺就是采用热固性树脂浸渍中密度纤维板，再经高温烧结而成的方法。具体的工艺流程如下：

人造板→锯切→浸渍→干燥→固化→烧结→性能测定
　　　　　　　　↑
　　　树脂合成→浸渍液配置

基材的选择与加工：人造板产品由于其力学性能优异，成本低廉，可以用作木质陶瓷生产的基材，常用的有中密度纤维板、胶合板、刨花板等。根据产品需要锯割成相应的尺寸。

树脂合成：除了常用的酚醛树脂外，其他如呋喃树脂、醇酸树脂等也可以形成良好的玻璃碳结构，且价格适中，合成工艺简单，烧结时副产物只有 $CO_2$ 和 $H_2O$，对环境不会造成污染。可采用与实木浸渍处理时相同的配方和工艺，根据产品性能及用途需要，将合成好的树脂配置成相应浓度的处理液。

树脂浸渍：真空加压法用的最多，但浸渍效果易受加压时间，压力大小，树脂种类等因素，以及原料材性、形状和尺寸的影响，仍存在浸渍不均的现象。采用超声波真空加压浸渍法，可在一定程度上改善树脂浸渍的均匀性，缩短处理时间，但树脂的浸渍量却不是很大，目前的超声波技术能达到的最大树脂浸渍率为10%。

高温烧结：升温速度过大易造成材料受热不均匀，试样局部胀缩差异过大，过慢则会增加生产时的能耗，降低生产效率。一般来说，人造板陶瓷烧结时的升温速度可参考实木陶瓷的生产工艺，采用 2~4℃/min 的标准，升至所需的烧结温度后，保温 1h 左右，以同样的速度降温。此外，为保证升温均匀和避免高温烧结时试样燃烧，可采用粒径均匀的细沙掩埋试样。

③木质基纤维陶瓷　木质基纤维陶瓷是将一定含水率的木质基纤维(木粉、甘蔗渣、稻壳、棉杆等)与热固性树脂、纤维增强体(可根据需要添加)按比例混合，在一定温度、压力下热压固化成木质基纤维/树脂复合基材，再经高温烧结而成的一种多孔炭材料。采用木质基纤维作为浸渍基体，与采用人造板作为浸渍基体的木材陶瓷相比，较多的保留了木材作为生物质材料的结构特点，其构造特性介于传统的炭纤维和石墨之间。由于甘蔗渣、稻壳、棉杆等农副加工产物的主要化学成分与木材相似，采用这些农副加工产物作为原料不但减少了对原木的使用，实现了废弃物资源化，与环境也有着良好的协调性。考虑到秸秆、蔗渣这一类农业加工剩余物的纤维长度和强度对木质陶瓷力学性能的影响，加工时可将其作为主要基体物质，适当添加一些纤维类材料作为增强体，以满足产品强度方面的要求。具体的工艺流程如下：

木质基纤维→干燥→浸渍→干燥→压板→烧结→性能测定
　　　　　　　　　↑
　　　树脂合成→浸渍液配置

木质基材料的解纤：将干燥后的木质基材料粉碎、解纤，纤维的长度通常在 0.5~1.5mm，也可直接购买符合标准的纤维成品。

树脂合成：常用热固性树脂作为浸渍液，如酚醛树脂、环氧树脂等，可采用与实木浸渍处理时相同的配方和工艺或直接购买成品。树脂的固含量约50%~53%，黏度30~40s(涂-4杯，25℃)。

树脂浸渍：为了使木质基纤维与树脂能够充分的混合均匀，在备料时可用适当的酒精将树脂稀释。树脂的注入工艺亦可采用加压浸渍法，将干燥好的纤维投料→抽真空→注入树脂→恢复常压→加压→排除树脂→抽真空→出料。通常所采用的真空度约为-0.08MPa，加压压力约1.5MPa，保压2h左右，排除多余的树脂后再次抽真空约0.5h。

热压成型：添加了树脂的反应物通常要经过低温干燥和预固化，才能将预成型的木质基纤维陶瓷坯体热压固化。干燥所用温度为60~65℃，陈化24~48h，干燥后的试样含水率约5%。热压成型所用的设备为一般人造板生产用压机，压力15MPa，温度120~160℃，所得半成品为木质基纤维/树脂复合样块。

高温烧结：通常在真空炭化炉中进行，采用惰性气体作为保护气，如Ar、$N_2$等。由于木质基材和热固性树脂均在200~800℃的范围内产生剧烈的质量损失，所以升温速度最好控制在5~10℃/min内，并采用分段升温工艺，即先将炉温提高至800℃炭化2h，再继续升至1 000~1 600℃炭化1~2h，以减少试样的变形和开裂，总体烧结时间约4h左右。

④木材或木炭与陶瓷的复合　木材或木炭与陶瓷的复合可以通过两种不同的工艺路线来实现，一种方法是先将木质基原料炭化，然后在真空下进行渗硅处理，再经高温烧结而成，即所谓先炭化后硅化的处理工艺。该方法前期的炭化工段与普通木质陶瓷的生产类似，硅化处理工段是将烧结而成的木质陶瓷用硅粉包埋，并在惰性气体的保护下二次烧结，让熔融的硅物质以液态渗入木质基材已形成的多孔炭结构中，并与接触到的炭发生反应生成SiC，最后采用抽真空法排除多余的硅，得到多孔SiC木质陶瓷成品。

Ota研究小组在常温下用$SiO_2$溶胶浸渍木炭，然后在1 400℃ Ar气保护下进行碳热还原反应，成功制备了β-SiC多孔陶瓷。除了硅粉、$SiO_2$溶胶外，气相硅也能与多孔碳模板成功反应制备SiC木材陶瓷，制备时先将木材在碳热炉中氮气的保护下热解，温度一般为500℃，升温速度1℃/min，待木材中的有机物完全炭化后，则以5℃/min的速度升温至800~1 000℃，使其转化为多孔碳预制体。接着再将其作为前驱体与气相硅反应生成多孔的SiC木材陶瓷。

另一种方法是先将木质基材料与陶瓷材料复合，先经低温炭化、再经高温烧结制成。这种方法类似于木质基纤维陶瓷的生产，即将研磨加工好的木粉与硅粉、树脂按一定比例混合并搅拌均匀，在低温下陈化待其预固成型，再将初步成型的木质陶瓷坯体热压固化，最后再经高温烧结而成。

周峰等人的实验采用香杉木粉、硅粉、环氧树脂为原料，混合均匀后在60℃下陈化干燥24h，随后在200MPa的压力下使反应物坯体固化成型，最后将样块在氩气的保护下，以10℃/min的升温速率升至800℃烧结2h，再继续以同样的速率升至1 000~1 600℃烧结1h，产物即为多孔SiC木材陶瓷。

### 10.2.2.2 影响因素

①基材的影响　木质陶瓷的生产原料主要是一些富含纤维素、半纤维素和木质素的木质基材料，可以是专门加工成一定形状和尺寸的实体木材，也可以是收集而来的工业生产、农产品加工剩余物以及生活中的木质废料。最初的木质陶瓷研究大多采用中密度纤维板为基材，通过纤维间的相互交叠、融合、搭接作用，可以很好地克服实木基材与生俱来的各向异性，使产品的各项物理力学性能更为均一。此外，还可通过添加增强纤维来改善木质基纤维在热固性树脂中的浸渍率，利用增强纤维补强作用和树脂的黏合力，进一步减少烧结后试样中孔隙的尺寸和数量，降低孔隙作为应力敏感区导致破坏的可能性，使材料的强度提高、弹性模量增大。林铭等人的实验表明，人造板基材不同，木质陶瓷的炭化效果差异显著，在所选用的四种基材中，中密度纤维板、胶合板的炭化效果最佳，刨花板次之，杉木原木最易膨化变形。

由于不同的树种其内部构造千差万别，为了尽可能保持木材自身的结构不被破坏，也有研究人员将实体木材作为炭化基材，制备实木陶瓷产品。此时，木材的孔隙结构（恒定的可渗透气孔率）成为影响产品物理力学性能的主要因素，因为它决定着基材渗透性的好坏和浸渍率的高低。在同样的处理条件下，越致密的木材，树脂的浸渍率越低，这种现象在树脂质量分数较高时尤为显著。以桦木和青冈的陶瓷化反应为例，桦木易于浸渍，浸渍烧结后产品的密度、强度、硬度都比较高，电阻率较低。而青冈的浸渍性较差，浸渍液（尤其是高质量分数的浸渍液）难以渗入，烧结后产品气孔率较少，浸渍液对试样性能的影响均不显著。与人造板陶瓷相比，由于基材本身存在着显著的各向异性，实木陶瓷的尺寸精度稍差一些，但从另一个角度来看，实木陶瓷不但最大限度的保留了木材的天然结构，其轴向强度和断裂应变显著高于径向和弦向，也可满足材料在使用上的某些特殊要求。

除了人造板陶瓷和实木陶瓷外，近年来发展比较迅速的还有以废纸、蔗渣、果渣、稻壳以及竹类为原料的木质陶瓷生产。吴文涛等人就以甘蔗渣为原料，成功开发出了蔗渣木质陶瓷产品，一方面减少了对原木的消耗，降低了木质陶瓷的生产成本；另一方面又为这些生产、生活废弃物找到了一条新的应用之路。他所采用的混合后再热压的方法同传统的浸渍法相比，所制备的木质陶瓷产品不但导电性能明显优于浸渍法制备的试样，材料的碳的残留率和强度也有所改善。

②树脂质量分数的影响　由于酚醛树脂固化后炭的残留率和体积剩余率均高于实体木材，故经树脂浸渍处理的实木基材在炭化后，绝干试样炭的残留率、体积剩余率和质量比率都随着树脂质量分数的增加而增加。尽管由于实木陶瓷试样的体积剩余率要大于质量剩余率，故烧结所得试样的密度变化为负值，但实木陶瓷产品的密度仍随着树脂质量分数的增加而提高，由低于原料密度逐渐增加至超过原料密度。总的来说，在低质量分数范围内，实木陶瓷试样的体积残留率对树脂浓度的变化更为敏感。李淑君等人的研究结果显示，树脂质量分数超过10%时，树脂浓度对试样体积比率的增加影响不显著。试样弦、径向尺寸比率的变化与体积比率的变化是一致的，在低质量分数范围内增加较大。树脂处理还可以降低木材收缩上的各向异性，树脂的质量分数为40%时，实木陶瓷产品的弦、径、纵向收缩比为1.20:1.17:1，而未经浸渍处理，直

接炭化得到的试样的弦、径、纵向收缩比为 1.51:1.36:1。

在相同的浸渍液和浸渍工艺条件下，树脂质量分数对中密度纤维板陶瓷的质量增加率、增容率以及绝干密度均有较大影响。刘一星等人的研究表明，中密度纤维板陶瓷的质量增加率随处理所用的树脂质量分数呈明显的线性增加，且增幅几乎不随树脂质量分数提高而降低。这主要是因为中密度纤维板中木材纤维间的间隙比实体木材的细胞腔、细胞壁等间隙大得多，更有利于高质量分数树脂的渗入。而增容率则在低质量分数时增加较快，当质量分数超过 10% 时趋于稳定。这主要是由于低质量分数时，浸渍前驱体主要进入木材细胞壁的微毛细管系统中，对细胞壁起充胀作用；而高质量分数时，浸渍前驱体主要填充在木材细胞腔等大毛细管系统中，因此对增容率的影响较小。中密度纤维板陶瓷的绝干密度随树脂质量分数的增加也有较大的增加，这与质量增加率、增容率这两者在不同树脂质量分数范围内各自变化幅度的大小是相关的。

此外，树脂质量分数的高低还影响到中密度纤维板陶瓷炭的残留率和体积剩余率，试样残炭率和体积剩余率均随树脂质量分数的增加而增加，平均树脂质量分数每增加 10%，试样的残炭率约提高 0.5%~2.5%，体积剩余率增加 0.4%~2.3%。热固性树脂在高温炭化后的炭得率和体积剩余率均高于实体木材是其主要原因。相对于实木陶瓷而言，虽然中密度纤维板陶瓷同样存在着平面和厚度方向上的收缩差异，从而影响到产品的体积剩余率，但是这种收缩上的各向异性可以通过提高树脂质量分数来降低。低树脂质量分数范围内，中密度纤维板陶瓷的体积剩余率增加较快，超过一定质量分数时趋于稳定。

与反应温度不同的是，树脂质量分数对试样体积变化的两个决定因素——试样平面尺寸和厚度的影响程度是不一样的，对后者的作用要明显大于前者。中密度纤维板陶瓷的炭化结果显示，树脂质量分数由 10% 提高至 50% 的各个浸渍浓度段，试样的平面尺寸剩余率在 73.40%~79.00% 中波动，未显示出明显的规律性。而厚度剩余率则随着树脂质量分数的增加逐渐增加，仅在 50% 的浸渍浓度下出现稍许下降。树脂质量分数平均每增加 10%，试样的厚度剩余率增加约 0.45%~3.48%。与增容率的变化趋势相似的是，试样的平面尺寸和厚度的改变也是在低质量分数时增加较快，当质量分数超过 10% 时趋于稳定，且尺寸变化最大的是试样的厚度方向。这与中密度纤维板中纤维的排列方向有着直接的关系，由于纤维的长度方向与板面相平行，而纤维吸湿时主要的尺寸变化在其直径方向，因此当水等极性分子进入纤维细胞时，其直径方向尺寸增大的累加体现在宏观上即为中密度纤维板厚度方向上尺寸的增加，与此同时，中密度纤维板中纤维的吸水回弹也会进一步增大板厚方向的尺寸。但是，随着树脂质量分数的提高，试样平面尺寸和厚度方向上变化的差异会逐渐减小，这是因为越来越多的在炭化时收缩呈各向同性的树脂填充木质基材中。

木质陶瓷特有的孔隙结构是其具有良好的吸附特性的基础。木炭、木质陶瓷以及添加了部分阻燃剂的木质陶瓷试样在低温下的吸附实验结果显示，未经处理的中密度纤维板炭化物(木炭)只有极少量的微孔存在，而经过不同质量分数的酚醛树脂处理过的木质陶瓷试样其微孔数都有不同程度的增加，且木质陶瓷试样中微孔的比表面积、孔容、孔径均随着树脂质量分数的增加而增加。这是由于木质基材所形成的无定形炭和热固性树脂形成的玻璃炭在体积收缩上的差异，树脂的增强作用抑制了实木基材的收缩，同时低浓度树脂的加入有效的封闭了由于实木基材热分解产生的气泡残留，从而导致木质陶瓷产品内部的空隙结构在高温烧结过程中逐渐增多，材料的气孔率增加。尽管如此，树脂浸渍液的浓度也并非越高越好，实木陶瓷、人造板陶瓷的浸渍实验均显示，过高的浸渍液浓度反而会导致试样孔隙的减少，如在各个烧结温度下，经密度为 0.88g/mL 的树脂浸渍液处理的实木基材和五合板基材的空隙率均高于经密度为 1.18g/mL 的树脂浸渍液处理的试样。这是由于过高的树脂密度对于烧结后实木基材中的孔隙有一定的填充作用，减少了封闭气孔的数量。

③烧结温度的影响　木材细胞壁主成分的剧烈分解通常发生在 275~450℃，酚醛树脂的热解主要发生在 400℃左右。在低温烧结段，伴随着基材与树脂的脱水、脱氢、断链，以及晶型的转变，木质基材缓慢转变成芳香族多环，然后分解形成软质的无定形炭，酚醛树脂则分解成石墨多环，最后形成硬质的玻璃炭。木质陶瓷的密度通常在 500℃左右达到最低，热解作用造成的局部缺陷对试样弯曲强度的影响明显，同时大量的小分子气体产物，如甲烷、乙烯、一氧化碳的产生，也促使木质陶瓷成品显气孔率的增加。

在高温烧结段，温度对木质陶瓷内部结构的影响主要体现在石墨晶型结构的进一步形成。杨木纤维/PF 树脂陶瓷的 XRD 分析结果显示，随着烧结温度的升高，木陶瓷产品的 XRD 图谱中依次出现属于理想石墨材料的特征峰，并逐渐收缩成尖削状。说明随着烧结温度的升高，杨木纤维/PF 树脂陶瓷中的石墨微晶的量在逐渐增加，且微晶中石墨片层之间的排列更为规整。但是 XRD 图谱中仍有部分衍射峰始终呈弥散态，这说明即使在较高的烧结温度下，杨木纤维/PF 树脂陶瓷中仍不具备完整的晶型结构。

炭的得率和体积剩余率是木质陶瓷性能评价的重要指标，现有研究结果表明，不论选用何种炭化基材，从整体变化趋势上，各木质陶瓷成品的炭得率和体积剩余率均与烧结温度均呈负相关性。对于不同的炭化基材制备的木质陶瓷而言，其炭得率和体积剩余率与烧结温度的相关性曲线的区别，仅取决于不同的基材或浸渍液各自热分解的敏感温度段上的差异。在上述两个性能评价指标中，试样的炭得率随反应温度的升高变化较小，尤其在高温段，烧结温度对试样炭的得率的作用更为有限。当反应温度超过 800℃，平均每升高 100℃，木质基纤维陶瓷的炭得率仅降低 0.2%~0.5%。相比之下，体积剩余率随反应温度的改变则明显得多，烧结温度平均每升高 100℃，木质基纤维陶瓷的体积剩余率降低 1.2%~4.2%。烧结过后，木质陶瓷的体积剩余率主要取决于试样的平面尺寸和厚度的变化，而这两个参数均与烧结温度呈显著的负相关性。当烧结温度由 600℃升高至 900℃时，尽管浸渍时的树脂质量分数提高了 10%，木质基纤维陶瓷的平面尺寸剩余率仍下降了将近 3%，厚度尺寸剩余率下降约 5%。反应温度每升高 100℃，试样的平面尺寸剩余率约降低 0.44%~2.64%，厚度尺寸剩余率约降低 0.35%~2.46%。

除了碳的得率和体积剩余率，烧结温度还影响到木质陶瓷试样的密度、硬度、电阻率等其他性能。一般来说，密度大的试样，单位体积内承载的物质的量自然多，参与导电、导热的物质也相应增多，因而试样的承载能力、耐磨性大小顺序与其密度的大小顺序相同，而电阻率的改变则正好与密度的变化相反。已有研究表明，实木、人造板、木质基纤维陶瓷试样的密度值均在400~600℃时出现较大的变化，约600℃左右出现最低值，随后随着烧结温度的升高，新的芳环结构形成，各试样的密度逐渐增加，当烧结温度超过1200℃后，剧烈的热烧损又会使材料的密度下降。与密度的变化趋势相对应，各木质陶瓷试样的硬度除了随烧结温度的提高而先降后升外，还会随着烧结时升温速度的提高而减小，并且后者的影响更为显著。各试样的电阻率在烧结温度低于600℃时，均保持在$10^6$数量级，基本为绝缘体，在600~800℃随着炭化及环化反应引起的密度提高，电阻率迅速下降。

与树脂质量分数相比，烧结温度对木质陶瓷各物理力学性能的影响要弱一些，李淑君等人实验结果表明，烧结温度在600~1100℃范围内，试样的密度只是略有波动，而随着树脂质量分数的增加，却呈明显的上升趋势。

④成型工艺的影响　成型工艺的影响主要针对的是人造板陶瓷、木质基纤维陶瓷的生产而言。人造板陶瓷制备时板坯的加工通常是先将木材粉碎，再将碎木料经过施胶、成型、热压成坯体样块，最后再经高温烧结制成木质陶瓷。其中的成型工段如采用机械成型法对于一些农作物纤维而言常常存在铺装不均匀，板坯密度上不去的情况，如采用气流成型法，在成型时采用压入封闭循环形式或压入抽吸结合形式，使纤维经一气流铺装管随机的沉降在成型网上，可以得到均匀度良好且致密的三维取向纤维坯体。

未添加任何补强物的秸秆纤维坯体密度可达$0.422g/cm^3$，以金属纤维作补强物的试样坯体密度为$0.508g/cm^3$，而添加炭纤维为补强物的试样坯体的密度更高一些，为$0.576g/cm^3$。以上实验数据表明，以疏松的农作物纤维为基材，制备高密度的纤维坯体，通过气流成型工艺是完全可以实现的，以农作物纤维为原料制备的木质基纤维陶瓷即使是在不加补强物的情况下，其致密性也完全能够超过以木材为原料制备的人造板陶瓷。

## 10.2.3　碳木质陶瓷/SiC木质陶瓷的复合机理及显微结构

### 10.2.3.1　碳木质陶瓷的复合机理及显微结构

构成木材细胞壁的高分子物质主要是纤维素、半纤维素和木质素，它们的热解过程主要发生在150~800℃。温度低于200℃时，木材中的自由水逐渐蒸发，稳定性较差的半纤维素开始分解，产生一些不燃性气体，如二氧化碳（$CO_2$）、微量的乙酸（$CH_3COOH$）。200~240℃纤维素结晶区受到破坏，聚合度下降，木材开始分解产生焦油液滴和可燃性气体，如一氧化碳（CO）、氢气（$H_2$）、甲烷（$CH_4$）等。240~400℃木材中的碳水化合物热解迅速，大量的挥发性产物从木材中逸出，酚类化合物解聚、脱氢，形成架桥，木材中产生大量的孔隙结构。现有研究表明，木材的理论含碳量约为50%，而热解试验中产物的炭得率通常只有20%，主要就是因为木材在热解过程中放出了大量的小分子挥发性产物。400~700℃，纤维素的残余部分进行芳环化，酚类化合物发生脱甲烷化和脱氢反应，形成芳香多核结构，同时生成大量的木醋酸。700℃以上时，碳水化合物的降解和重排基本完成，逐步形成石墨化结构。

周峰研究小组应用热分析仪研究环氧树脂的热解行为时发现,热解温度较低时,环氧树脂的质量损失主要由水分脱除引起(图10-5)。比较明显的质量损失始于220℃左右,此时,树脂开始形成芳环结构,并随着温度的升高,释放出大量的可燃性或不燃性挥发性产物,如甲烷、氢气、一氧化碳、二氧化碳等,其质量损失急剧增加,并在420℃左右达到峰值。热解温度超过450℃,树脂的质量损失速率明显降低,此阶段的质量损失主要由树脂的脱氢和深度炭化引起,超过800℃后树脂质量基本无变化。环氧树脂热解后的产物即为具有类似石墨结构的玻璃炭,但是玻璃炭并不具备石墨样层状结构,而是以大量无序排列的类石墨层形成的网状结构,芳香族分子彼此缠绕,通过C—C键相连,使玻璃炭具有较高的热阻、良好的强度和硬度,较低的密度,和各向同性等特征。

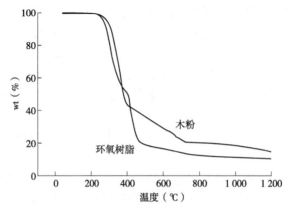

图 10-5　木粉和环氧树脂的 TG 曲线

　　木质陶瓷是由木质基材转化而来的无定形炭和由热固性树脂转化而来的玻璃炭的复合体。无定形炭由细胞壁中的纤维素、半纤维素、木质素热解后芳环化形成,在显微镜下观察,通常颜色较玻璃碳要深。在高温的作用下,渗透在木材各级尺寸孔隙中的树脂逐渐发生热解,玻璃炭即由热固性树脂高温热解形成,含有微晶层状结构,但并不像石墨那样整齐地排列成行,仅在局部区域内呈石墨化,从整体上看仍属于无定形态,包覆在木质基材形成的无定形炭周围,颜色较浅。与无定形炭相比,玻璃碳还具有耐高温、低密度、高吸附值、耐酸碱等优良特性。随着浸渍时树脂质量分数的增加,玻璃炭可通过在无定形炭间形成架桥,使木质陶瓷产品的内部结构逐渐由不规则层状转变为三维的炭网络结构。张小珍等人的研究结果表明,这两种炭化层在烧结温度低于1 000℃时不容易区分,而当烧结温度超过1 500℃时,这两种炭的石墨化程度有着明显的区别,玻璃炭是典型的难石墨化物质。但是在不同的烧结温度下,木质纤维的形状及相互连接的方式并没有较大的不同。在对添加了增强体的木质基纤维陶瓷进行显微观察时亦发现,木质基纤维与增强纤维彼此相互缠结、交叠,牢固的穿插结合在一起,但仍保持着各自原有的纤维形态。

　　应用 XRD 分析技术对理想石墨材料和木质陶瓷的晶相进行对比研究时发现,理想石墨材料的 XRD 图谱中有(002)、(100)、(101)等9个衍射峰,而在不同温度下烧结而成的杨木纤维陶瓷的 XRD 图谱中始终只出现(002)和(100)衍射峰(图10-6)。虽然随着烧结温度的升高，上述两个衍射峰的强度逐渐增强，峰形变窄，但即使是在1 600℃的高温下，这两个衍射峰也并未呈现出石墨材料的尖峰型，而是始终成弥散状。说明提高烧结温度可使杨木纤维陶瓷晶粒的可石墨化程度加大，具体表现在石墨微晶的数量增加，石墨烯片的芳环数、层数增加，层间距缩短，但在所设定的最高烧结温度下，最终并没有出现真正意义上的石墨晶形体系。

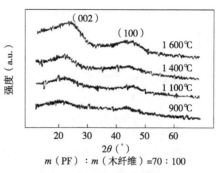

图 10-6　不同温度烧结的木质陶瓷的 XRD 图谱

在烧结后的木质陶瓷中同时存在着三种类型的孔隙，第一类孔隙由木质基材中的组织细胞，主要是导管、管胞、纤维等炭化形成。白松木材经900℃炭化处理后的 SEM 观察结果显示出网状结构分明的连续炭层结构，白色区域为细胞壁炭化后形成的无定形炭，厚度在10μm左右，黑色区域是细胞腔，宽度约30μm。第二类孔隙起源于木质基材和树脂分解过程中逸散的小分子产物。木材干馏时的产物除木炭外，大都转化成气体，其中不冷凝的气体即木煤气，包括二氧化碳、一氧化碳、甲烷、乙烯等。而酚类树脂、呋喃树脂、醇类树脂等热固性树脂在缓慢的固化、炭化过程中，也会逐渐放出小分子气体产物。第三类孔隙则由木质基材和树脂热解时体积收缩的差异形成。显微观察结果表明，在同样的烧结条件下，基材的成分越多样化，木质陶瓷试样的结构越复杂，各种纤维间的结合也越紧密。

对于未添加纤维材料进行补强处理的试样，其微观形貌大多如图 10-7 所示。图 10-7a 为树脂与纤维的质量比为 40∶100 的杨木纤维陶瓷的 SEM 照片，白色的硬质玻璃炭包覆在灰色的软质无定形炭周围，呈不规则的层状结构。当树脂与纤维的质量比提高到 70∶100 后，杨木纤维陶瓷（图 10-7b）的网络结构更加致密，玻璃炭的包覆更加完整、均匀，图中的黑色区域为木质基材自身微观构造所形成的各级孔隙结构。图 10-7c 为图 10-7b 的局部放大图，多孔碳的致密结构与特殊光泽清晰可见。

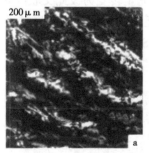 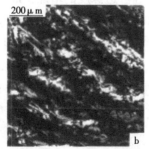 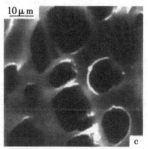

图 10-7　不同树脂质量分数的木质陶瓷的 SEM 图

经过纤维材料补强处理的木质陶瓷试样的微观形貌如图 10-8 所示。图 10-8a 中试样采用金属纤维作为补强物，黑色区域为孔隙，较粗的是炭化后的秸秆纤维，较细的是不锈钢纤维。在保持基材原有纤维形态的基础上，增添了各类纤维之间的穿插缠结，使试样的结构更为紧凑。图 10-8b 中试样采用碳纤维作为补强物，其孔隙分布较

图 10-8a 更加均匀，除了纤维间的缠绕搭接更加紧凑，白色的硬质玻璃炭更将秸秆纤维和碳纤维紧密相连，烧结而成的木质陶瓷试样可达 $1.605g/cm^3$。

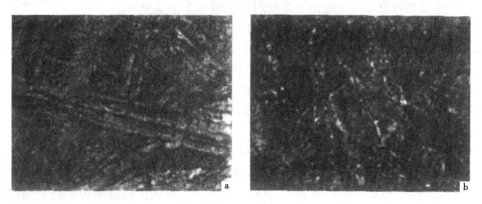

图 10-8 添加了不同纤维材料做增强物的木质陶瓷 SEM 图

#### 10.2.3.2 SiC 木质陶瓷的复合机理及显微结构

借助 SEM 分析得到的木炭、木质陶瓷和 SiC 木质陶瓷的微观形貌图显示，SiC 木质陶瓷具有与原料木粉中管胞结构类似的拓扑均匀的管状孔隙结构，这正是 SiC 多孔木质陶瓷能从根本上克服基材原有物理力学性能各向异性的基础。图 10-9a 中所示的黑色区域为孔隙，灰色区域为木质基材形成的无定形炭，白色区域为酚醛树脂生成的玻璃炭，玻璃炭成交织的网状结构覆盖在无定形炭周围。如前所述，黑色的孔隙部分是由木质基材和树脂热解时挥发性产物的逸出、二者热解后体积收缩上的差异以及木质基材本身的微观孔隙结构综合形成，与未经处理的素材直接炭化而成的试样相比，木质陶瓷的孔隙率提高了将近 20%~25%，孔径尺寸一般在 10~50μm，成为后续硅化处理时液相硅自发渗入的主要途径。图 10-9b 所示为烧结温度 1 600℃，时间 40min 时制备的 SiC 木质陶瓷的微观结构，图 10-9a 中木质陶瓷的多孔炭骨架已随着熔融硅与炭的陶瓷反应转变为 β-SiC 物质，并随着熔融硅渗透深度的增加，最终完全转变为彼此交联的 β-SiC 骨架结构。在多孔 SiC 木质陶瓷的 SEM 局部放大区域中还可找到位于多孔炭较小孔道中的 SiC 微晶微粒及微粒间的介观孔隙，这进一步提高了 SiC 木质陶瓷的显气孔率和相应的吸附性能。

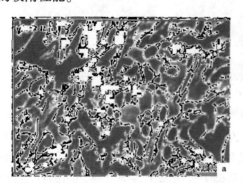 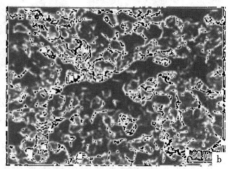

图 10-9 木质陶瓷和 SiC 陶瓷的 SEM

SiC 木质陶瓷的 XRD 分析结果与上述的 SEM 观察结果和能谱分析是相符的，所生成的木质陶瓷是一种非晶炭材料，它由木材生成的无定形软炭和树脂生成的玻璃态硬炭组成，含有无定形层、乱层和石墨层三种结构。由不同烧结温度和不同原料配比制备的木质陶瓷均由 β-SiC 形成的主晶相和 Si 形成的第二相组成，但是对应于不同的制备工艺参数，试样中主晶相物质和第二相物质的比例有所不同，从而影响多孔 SiC 陶瓷的物理力学性能和孔隙率。

在硅粉、木粉和环氧树脂的质量比为 1∶2∶2 时，随着反应温度的升高，原本在 1 000℃下非常明显的 SiC 衍射峰逐渐减弱，并在反应温度达到 1 450℃以后消失。β-SiC 衍射峰在反应温度达到 1 150℃时开始显现，并随着烧结温度的升高逐渐增强，至 1 450℃时强度基本稳定。说明随着烧结温度的升高，SiC 木质陶瓷的晶相主要由 SiC 向 β-SiC 转变。而同在 1 450℃下烧结而成的不同原料配比的 SiC 木质陶瓷的 XRD 分析数据则显示，当硅粉、木粉和环氧树脂的质量比由 1∶4∶4 调整至 4∶4∶4 时，各原料配比下的试样均出现了明显的石墨特征峰，且随着硅含量的增加，石墨特征峰有所减弱，硅粉用量与木粉和环氧树脂相同时，石墨特征峰消失。说明硅粉用量的增加，有利于熔融硅对木质基材形成的多孔炭结构的充分渗透，促使陶瓷化反应不断向多孔炭的炭富集区推进，生成的 β-SiC 层不断增厚，最后石墨特征峰消失，木质基材全部转化成 SiC 多孔木质陶瓷体系。

钱军民等人给出了在不同温度下烧结而成的 SiC 木质陶瓷的红外光谱，通过对比 800℃和 1 600℃时试样的图谱可以发现，1 600℃下制备的木质陶瓷试样中出现了宽的 C-H 面外弯曲振动峰，说明试样中含有大量的多核稠环结构，而这一振动吸收峰在较低的烧结温度下是不存在的，进一步验证了烧结温度的升高可使木质陶瓷的石墨化程度提高，炭层结构更加规整。

蔡宁等人通过对白松木材在不同温度下陶瓷化反应的研究指出，木材陶瓷的最终微观组织结构取决于渗硅处理的温度，在较低的反应温度下可形成多孔炭化硅材料，而在较高的反应温度下则易形成致密的 Si/SiC 复相材料。1 420℃时的硅化反应显微观察结果显示，木炭最初的网状孔隙结构基本不变，硅化合物填充在部分细胞腔中，在细胞腔内壁形成了附着，故此时试样的细胞壁厚度较未经渗硅处理的试样要大一些。说明熔融的硅物质在毛细管张力的作用下，沿试样中木材细胞所形成的孔隙逐渐上升，并与细胞壁物质烧结形成的无定形炭结合成炭化硅物质，但在此低温条件下，硅物质的流动性并不理想，无法完全填充木材细胞的所有孔隙。

将反应温度提高至 1 550℃后，硅物质的流动性大大提高，已有研究数据表明，熔融硅在多孔炭孔隙内的渗透速率比硅与炭的反应速率高 5 个数量级。因此，充分渗透在无定形炭大小孔道中的硅物质与炭之间的反应几乎是同时进行的，最后形成致密的 Si/SiC 复相材料。结合能谱分析，能够观察到试样细胞壁断面上硅物质的浓度差异，细胞壁中部颜色较深的区域为富碳区，由中部至细胞壁内外表面颜色逐渐变浅，说明熔融的硅物质是由炭化硅层不断地向富碳区扩散。反应形成的炭化硅层不断增厚，直到完全生成网状分布炭化硅为止，在此过程中，由于试样体积的改变，形成的炭化硅不断从多孔炭上剥离，推进了硅化反应的顺利进行。伴随着小粒径炭化硅的熔融和大粒径炭化硅的二次结晶，原始的炭化硅网状结构经历了一个逐步破碎、解体和再聚的历程。

### 10.2.4 木质陶瓷的性能

#### 10.2.4.1 表观密度

在烧结过程中，木质陶瓷表观密度的变化与其石墨微晶数量的变化呈正相关，与石墨片层间距的变化以及小分子副产物的逸散程度呈负相关。在树脂用量较高时，其碳原子更易形成环状结构，填充在无定形炭的孔隙内部，从而使材料具有更高的表观密度，石墨微晶层距减小所导致的试样体积收缩则是引起表观密度提升的又一个因素，而陶瓷化过程中小分子物质的逸散和材料的烧失则导致的是试样孔隙率的增加和表观密度的降低。尽管如此，从整体上讲，各种木质基材制备的木质陶瓷产品的密度均随树脂浸渍量的提高而上升，但是也有个别树种的木材出现了树脂浸渍量增加，而产品密度偏低的现象，这是由于在烧结过程中树脂炭化形成的大量玻璃炭限制了木质基材本身的收缩。此外，由于木材细胞壁的主要组成物在不同的热处理温度下会相继产生脱水、脱氢、断链、架桥等反应，这一系列的分解、缩合历程对产品密度的影响主要体现在低温烧结段。

烧结温度低于500℃时，实木陶瓷、人造板陶瓷及木质纤维陶瓷试样的密度均随烧结温度的升高而呈不同幅度的下降，而当烧结温度超过500℃，各种木质陶瓷产品的密度均随烧结温度的提高逐渐回升。温度对试样表观密度的作用在低树脂质量分数范围更为明显，以杨木纤维陶瓷为例，树脂质量分数为56.3%时，烧结温度由800℃升至1100℃，试样的表观密度由0.63g/cm$^3$提高至0.78g/cm$^3$，增加了0.15g/cm$^3$。而质量分数为83.6%时，同样的温度变化幅度，试样的表观密度只提高了0.1g/cm$^3$。

#### 10.2.4.2 耐磨性

木质陶瓷具有较高的硬度和优良的耐磨性与其烧结过程中石墨化程度的增加有密切的关系。随着烧结温度的升高，木质陶瓷试样中炭微晶片层的致密度增加，材料的密度提高了，硬度和耐磨性自然也相应增加。另外，摩擦过程中析出的石墨颗粒具有一定的润滑作用，因此伴随着试样内部微晶炭的可石墨化程度增加，材料的耐磨性也相应提高。此外，由于玻璃炭的硬度和耐磨性要优于无定形炭，当树脂质量分数增加时，所生成的木质陶瓷中玻璃炭的含量增加，材料的耐磨性亦随之提高。以杨木纤维陶瓷为例，当烧结温度由600℃升至1400℃，试样的质量损失可从0.18g降至0.07g，当树脂质量分数由30%升至70%，其试样的质量损失可从0.33g降至0.09g。

采用环—块对磨的方式对SiC木质陶瓷的摩擦学性能进行4h干摩擦测试，所用对磨环材料为Gr35，硬度为51HRC，转速为200r/min，加压载荷为200N。在测试过程中，作为润滑介质的石墨微晶颗粒的析出，使得在不同温度下烧结而成的，不同成分配比的SiC木质陶瓷的磨损量均随磨损时间的延长有不同程度的下降。但对于不同温度下烧结的试样，其各个时期的磨损特性有所差别，1000℃时制备的木质陶瓷由于不含β-SiC，硬度较低，测试时其质量损失率基本呈直线下降。反应温度升至1150℃后，木质陶瓷试样中出现了硬度较大的 β-SiC 成分，磨损量随烧结温度的升高而降低，在测试后期，主要是石墨微晶的自润滑性在起作用，所以各温度下制备的试样的磨损量基本接近。对于不同原料配比制备的试样，磨损初期由于 SiC 的硬度较高，所以硅粉含量高的木质陶瓷耐磨性较好，在测试后期，硅粉含量少的试样由于能够析出更多的石墨颗粒，极大地提高了试样的自润滑性而显示出较好的耐磨性，使不同原料配比制备的木质陶瓷试样磨损量基本趋同。

### 10.2.4.3 强度和弹性模量

木质陶瓷试样的强度随温度的变化趋势体现了其烧结过程中的反应机理。在低温烧结段，由于木质基材的热解作用，试样的强度普遍迅速下降。烧结温度达到 500℃ 时，木质基材与树脂的热解均趋于稳定，随着烧结温度的升高，木质陶瓷中玻璃炭的比率稳定上升，高温的作用一方面使试样的体积收缩加大；另一方面促进了无定形炭和玻璃炭的融合，形成两相复合材料，在上述三因素的交互作用下材料的各项力学强度得到大幅度的提高。烧结温度超过 800℃ 后，基于热解反应的剧烈陶瓷化历程已基本完成，虽然试样的结构变化仍在继续，但试样强度随温度的增幅变缓，再加上材料体积收缩和烧失形成的开口气孔，木质陶瓷的密度亦受到影响，力学强度基本趋于稳定。烧结温度为 800℃，树脂与纤维质量比为 50:100 的杨木纤维陶瓷的抗压强度约 10MPa，80:100 的试样其抗压强度约 16MPa，从曲线走势上看，随着烧结温度的升高，两种试样抗压强度的增幅均不超过 2MPa。

通过对比同一烧结温度下，经热固性树脂浸渍处理前后试样的强度的差异，发现树脂对于木质陶瓷强度的影响是多方面的，由树脂炭化而成的玻璃炭既对无定形炭有一定的补强作用，同时由于玻璃炭在无定形炭间形成的架桥联结，对木质基材高温下的收缩也存在抑制，从而导致基材内部缺陷和应力的产生，在一定程度上反而降低了木质陶瓷的强度。通常树脂质量分数较低时，是木质陶瓷内部结构形成的关键阶段，参与瓷化反应的树脂的量直接关系到试样最终网状交联结构的形成程度，或者说关系到试样最终微观形态中松散的层状结构与交联的网状结构各自所占的比例，故在该范围内，提高树脂用量对材料的补强作用非常明显。例如当树脂质量分数由 20% 提高到 80%，杨木纤维陶瓷的弹性模量由 1.3GPa 迅速上升到 3.7GPa。树脂用量超过 80% 后，木质陶瓷的网状结构已基本定型，此时增加树脂用量对改善试样结构的作用不大，因此材料的弹性模量基本不变。

若对木质陶瓷进行渗硅处理并二次烧结，能使材料的弯曲强度得到显著提高，在 1 600℃ 下渗硅处理 40min 的多孔 SiC 木质陶瓷的弯曲强度可提高 61.2MPa。熔融硅与无定形炭和玻璃炭反应生成的 β-SiC 颗粒是强度增加的根本原因，而残留在木质陶瓷微孔中的硅物质对完善 SiC 骨架，提高材料密度也有一定的帮助。

### 10.2.4.4 显气孔率和吸附性

通常情况下，材料的显气孔率和表观密度应呈负相关性，表观密度越大的试样结构越致密，孔隙越少。但是考虑到木质基材与树脂炭化过程中体积收缩上的差异，树脂对木质基材内部孔隙的封闭，及二者相互作用所导致的试样收缩时部分已被封闭的孔隙再次被撕裂，形成开口气孔，就不难解释实验中出现的木质陶瓷显气孔率随表观密度增加而增加的现象。已有数据显示，试样表观密度增加 0.1~0.15g/cm³，杨木纤维陶瓷的显气孔率约提高 4%。蔗渣纤维陶瓷的显气孔率约提高 5%。

温度的影响也很重要，硅粉、木粉和树脂的质量比为 2：4：4 时，SiC 木质陶瓷的显气孔率随烧结温度的升高迅速降低，从 1 000℃到 1 600℃试样的显气孔率降低了约 40%，在低温段尤其明显。这是因为烧结温度的高低对树脂和木质基材各自的晶相转变有重要影响，温度越高，二者热解形成的炭的多环结构也会越致密，导致孔隙率降低。而随着原料配比中硅物质含量的增加，硅对 SiC 木质陶瓷显气孔率的影响也是多样化的，一方面多孔炭的毛细作用促使液相硅通过炭颗粒中的孔隙结构向内部渗透，陶瓷化反应使 β-SiC 层厚度不断增加的同时炭的损耗加剧，导致孔隙率升高；另一方面，渗硅处理后木质陶瓷试样的显气孔率从 64.1% 下降至 53.2% 也说明，木质陶瓷向多孔 SiC 木质陶瓷的转化过程中，试样体积的膨胀及由于微孔毛细管张力而残留的硅物质的填充作用，是导致试样孔隙率下降的重要因素。

此外，对于木质基纤维陶瓷而言，为了增强纤维间的结合力，除了采用树脂浸渍对基材进行补强，还会适当的加入一些增强纤维，如碳纤维、不锈钢纤维等，由于增强纤维对组织的填充作用，使得添加增强体的木质基纤维陶瓷的孔径分布更为均匀。例如，未添加任何补强材料的秸秆纤维陶瓷的孔径分布范围最大，$\varPhi$ 值从 4.574μm 至 544μm 均有分布，其中 $\varPhi<50μm$ 和 $50μm \leqslant \varPhi \leqslant 150μm$ 的中小孔隙所占比例比较接近，二者共同占据了体积的 93.5%。添加了金属补强材料的试样总体孔径尺寸较小，$\varPhi$ 值最大也不超过 85μm，且大多分布在小尺寸范围内，$\varPhi<20μm$ 的孔径占到了总体积的 96%。添加了碳纤维做补强物的试样其孔径分布范围居前两个试样之间，$0.8399μm \leqslant \varPhi<20μm$，$20μm \leqslant \varPhi<40μm$，以及 $40μm \leqslant \varPhi<60μm$ 的孔径各占了体积比的 30% 左右，$60μm \leqslant \varPhi<280μm$ 的孔径约占总体积的 4.5%，是孔径分布最为均匀结构最为紧凑的试样。

#### 10.2.4.5 电阻率

木质陶瓷的电阻由三部分组成，一为无定形炭的电阻，二为玻璃炭的电阻，三为无定形炭和玻璃炭间的接触电阻，三者合在一起构成了木质陶瓷试样的体积电阻。因此，在讨论木质陶瓷电阻率的变化时，不妨将组成它的三个分电阻分别考察，分析各工艺因子对它们各自的影响。从总体上看，木质陶瓷的体积电阻率与试样密度、烧结温度均呈显著的负相关性，并随浸渍液密度的增加而降低。在 500℃ 以下的低温烧结段，由各类基材制备的木质陶瓷产品均保持绝缘态，试样的体积电阻率通常在 $10^5$ 数量级。烧结温度在 550~600℃ 之间，是木质陶瓷试样由绝缘体逐渐向导体转化的一个过渡段。此后，随着烧结温度的升高，由于基材的分解、缩合、架桥反应的进行，无定形炭与玻璃炭间的结合更为紧密，二者之间的接触电阻明显降低，各类木质陶瓷试样的电阻率均随其石墨化程度的增加而急剧下降，从绝缘体逐渐转变为导体，杨木纤维陶瓷试样的体积电阻率大约为 $10\Omega \cdot cm$。若继续提高烧结温度至 800℃，由甘蔗渣制备的木质纤维陶瓷试样的电阻率可达 $10^{-2}\Omega \cdot cm$ 数量级。但是，在 800℃ 之后，木质陶瓷的结构已基本形成，虽然陶瓷化反应并未完全停止，但对试样体积电阻率的影响已可忽略。现有实验结果表明，即使是在高达 1 200℃ 的烧结温度下，木质陶瓷产品的电阻率仍达不到传统石墨的量级，这一方面是由于无论是木质基材烧结形成的无定形炭，还是热固性树脂热解形成的玻璃碳从结构上讲只是含有部分的石墨微晶，而不具备完整意义上的石墨的结晶结构。而另一方面则是由于木质陶瓷试样的密度对它的导电性起着决定性的作用。

树脂质量分数对木质陶瓷试样电阻率的影响主要取决于试样中无定形炭和玻璃炭的相互比例，由于玻璃炭的体积电阻率要比无定形炭小得多，因此，提高树脂质量分数所导致的木质陶瓷试样中玻璃炭比例的增加，自然引起试样电阻率的降低。当树脂质量分数由 30% 增加到 40% 后，木质纤维陶瓷试样的体积电阻率约从 $2.7\Omega \cdot cm$ 下降到 $1.5\Omega \cdot cm$，继续提高树脂用量至 50%，试样的体积电阻率又下降了约 $0.5\Omega \cdot cm$。

#### 10.2.4.6 热容

木质陶瓷的热容比合金高，接近橡胶、石英和陶瓷材料。对中密度纤维板陶瓷进行差热分析(DSC)后发现，随着温度的升高，材料的热容增大，到 130℃ 时试样迅速脱水，其热容值达到最高，为 $5.5J/(g \cdot K)$，此后若继续升高温度，吸热脱水反应结束，试样的热容随之迅速下降，并在温度继续升至 150℃ 后逐渐趋于定值。木质陶瓷试样的热重—差热联合分析(TG-DTA)结果显示，烧结温度越高的木质陶瓷试样，热解时重量损失峰值出现时的温度就越高，所得到的试样的热膨胀系数越小，如在 900℃ 下烧结而成的中密度纤维板陶瓷，其热膨胀系数要低于铁和石墨，却高于熔融状态下的石英。而在 2 800℃ 下烧结的试样，其热容没有出现任何峰值，从室温的 $0.5J/(g \cdot K)$ 呈线性增加至 2 800℃ 的 $0.94 J/(g \cdot K)$，说明高温下烧结成的木质陶瓷试样热稳定性非常优异。

#### 10.2.4.7 电磁屏蔽性

木质陶瓷孔隙丰富，能引起较大的介电损失，同时木质陶瓷还具有导电性，能够抑制电磁波的穿透，因此具有很好的电磁屏蔽效能。现有研究结果显示，以废纸为基材的木质陶瓷对频率为 100Hz 和 400Hz 的电磁波的屏蔽效率分别是 30dB 和 37dB。木质陶瓷试样对电磁波吸收能力的大小与烧结温度直接相关，在不同的烧结温度段，中密度纤维板陶瓷显现了较大的吸收差别。如烧结温度为 600℃ 时，试样对电磁波基本不吸收，当烧结温度升高至 650~700℃，试样对频率为 7GHz 的电磁波吸收率约 50dB，若继续升高烧结温度至 800℃，试样对电磁波的吸收率下降至 40dB，并随着炭化温度的继续升高，试样的电磁屏蔽效率继续减弱。

### 10.2.5 木质陶瓷的应用

木质陶瓷是一种很好的功能性材料，它具有较高的气孔率和较大的比表面积，其导热系数非常低，具有非常好的隔热效果，可用作房屋建筑中的保温材料。丰富的孔隙结构还有利于木质陶瓷吸收气体、液体中的有害颗粒，用作各种过滤、吸收材料。此外，木质陶瓷的多孔结构还可以有效降低声波引起的空气振动，作为新型的吸声材料也有十分广阔的应用前景。

木质陶瓷的导电性类似于半导体,其电阻率与空气的温、湿度间存在很好的相关性,可用于制作温、湿度感应片。若反应条件选择得当,木质陶瓷也可以是一种很好的绝缘材料,且能透过波长在900mn之上的红外光,可作为新型绝缘材料和红外线滤光器。如果采用较高的炭化温度,木质陶瓷又会从绝缘体变为导体,既可以作为电磁波屏蔽材料又可以当做电磁波吸收体。

由于石墨微晶的自润滑作用,木质陶瓷具有低摩擦性、低损耗性和耐腐蚀的特点,可用于生产汽车离合器、海洋工程作业的机械零部件等。在使用润滑油时,其耐磨性要比碳素钢高1 000倍,比精密陶瓷高100倍。

木材陶瓷还具有优良的远红外发射性能,在800℃烧结成的木质陶瓷其远红外发射特性约为黑体的80%,而且木质纤维陶瓷的加工工艺在直接模压形状特殊的产品时具有很大的优势,可根据需要加工成凹面状试样作为远红外线发射体,可以为凸面状试样用作吸收材料,用于室内采暖或工业热源。

总而言之,作为一种新型的环境材料,木质陶瓷所用的原料是可再生的生物质资源,它的产品在使用后可返回土壤作为土壤改良剂或燃烧的原料,实现循环利用,这对于节约资源、保护环境,具有十分重大的现实意义。作为一种功能材料,木质陶瓷物理力学性能优异,加工后可广泛用作电极、发热体、刹车衬里、绝缘材料、过滤材料、催化剂载体等具有非常广阔的应用前景,对于新材料的开发和研究也具有很大的启示。

## 10.3 木材与金属的复合处理

近年来,为了改善木材的表面装饰性能或者提高木材或木质材料的导电功能和电磁屏蔽效能,开发了多种形式的木材与金属的复合材料。根据木材(或木质单元)与金属的形态,木材与金属的复合处理也可以采取叠层复合、混杂复合、表面喷镀、注入复合等多种方式。木材的形态包括实木、单板、刨花、纤维等,而金属的形态则包括金属网、金属箔、金属纤维、金属粉、含金属离子的溶液或金属胶体溶液等。目前,研究最为广泛的是以层压复合或混杂复合制备的木材/金属复合板及木材的化学镀工艺。下面将对这几种工艺技术进行详细的介绍。

### 10.3.1 木材/金属复合板制造技术与性能检测

这里把由不同形态的木材与金属经过叠层复合或混杂复合形成的板材统一称为木材/金属复合板。

#### 10.3.1.1 原料制备

(1)木材原料

木材原料根据最终产品的要求,可以包括胶合板、中密度纤维板、刨花板或用于制备它们的单板、木质纤维、木质刨花等多种形式。有关木材原料的制备在人造板工艺学中有很详细的介绍,这里不再赘述。

(2)金属原料

固态的金属原料主要包括金属板、金属网、金属箔、金属纤维和金属粉,木材/金属复合板中所用的金属原料主要为前四种,金属粉较少用于木材/金属复合板的制备,而是通常用于导电胶和导电涂料中。

① 金属网　金属网是由铜丝、铁丝和不锈钢丝等金属丝编织而成的具有不同目数的网状材料。金属网的目数包括 20 目、30 目、40 目、50 目、60 目、80 目和 100 目等。网的目数越大,说明网的编织越密。网的目数对复合材料的电磁屏蔽效能及木材纤维和金属网之间的胶接性能有非常明显的影响。一般来说,网的目数越大,复合材料的电磁屏蔽效能越高。但是,由于一般使用的脲醛树脂胶黏剂对金属材料不能有效胶接,因此网的目数越大,与金属材料接触的几率越高,影响木材纤维之间的胶接性能,从而影响木材/金属复合材料的胶合强度。

② 金属板和金属箔　金属板包括铝板、铜板、不锈钢板等,金属箔包括铝箔、铜箔、不锈钢箔和铁箔等,金属板和金属箔的区别主要在于厚度不同,金属箔的厚度很薄,一般为 0.02~0.1mm。

③ 金属纤维　金属纤维是由铜、铁、不锈钢、铝等金属拉制而成的具有一定直径的纤维状材料。一般,金属纤维的直径根据金属种类而定。金属的拉伸强度越低,则该金属制得的金属纤维的直径越大。如铜纤维的直径为 0.04~0.06mm,不锈钢纤维的直径为 0.05~0.07mm,铁纤维的直径为 0.1~0.2mm,铝纤维的直径为 0.15~0.3mm。

④ 金属粉　常用的金属粉包括铜粉、铝粉、银粉和镍粉等,一般粒度为 200~400 目。金属粉的目数越大,复合材料的电磁屏蔽效能越好,但是如果金属粉的目数过大,其颗粒非常细小,则很容易渗入到木纤维内部,从而影响金属粉之间的有效连接,使复合材料的电磁屏蔽效能下降。

(3) 胶黏剂

对于木质复合材料来说,使用得最为广泛的就是脲醛树脂胶黏剂,这种胶黏剂成本低廉、颜色浅、与木材之间的胶接性能良好。但是,对于金属材料来说,脲醛树脂胶黏剂几乎没有任何胶接能力。因此,在制备木材/金属复合板时,解决木材与金属之间的胶接问题是非常关键的。目前采用的方法主要有两种:一种是采用其他对金属胶接性能良好的胶黏剂,如异氰酸酯(PMDI)胶黏剂和环氧树脂胶黏剂等;另一种是对金属表面进行改性处理,如加入偶联剂等。这两种方法相比而言,第一种方法的工艺更为简单,且对复合板的胶合强度有很好的改进效果。如异氰酸酯胶黏剂对木材和金属的胶接性能均良好,而且不存在甲醛释放的问题,是一种性能优良的环保型胶黏剂。但是和脲醛树脂胶黏剂相比,异氰酸酯胶黏剂的价格比较高,因此,如果在制备木材/金属复合板时全部采用异氰酸酯胶黏剂会使复合板的生产成本大大提高,目前一般是将异氰酸酯胶黏剂针对性地用于金属材料表面或两者混用于混杂型木材/金属复合板中。

### 10.3.1.2　木材/金属复合板制造工艺

(1) 叠层型木材/金属复合板

叠层型木材/金属复合板包括金属板覆面中密度纤维板、金属箔覆面中密度纤维板、金属箔覆面刨花板、金属纤维复合胶合板等。其结构示意图如图 10-10 所示。除图中所示的情况外,也可将金属单元和木材单元以其他组合方式成型。

对于叠层型木材/金属复合板来说，其制备工艺一般包括木材单元的施胶、组坯、热压这几个工序。也有的覆面人造板先完成木质材料部分的成型，然后再进行施胶。如图10-11所示为不锈钢板覆面中密度纤维板，这种材料具有很好的硬度、抗压强度、抗弯强度和抗冲击性等，而且其质量较轻，吸声性及保温隔热性较好，因此可广泛应用于箱体材料、装修材料等。

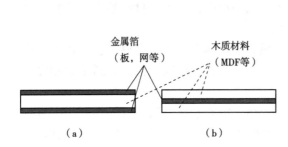

图10-10 叠层型木材/金属复合板示意图

图10-11 不锈钢板覆面中密度纤维板

(2) 混杂型木材/金属复合板

混杂型木材/金属复合板是指金属以纤维或粉末的形式与木材纤维或刨花相混合而压制成的复合板材，如木材纤维/金属纤维复合中密度纤维板等。常用的金属纤维包括黄铜纤维、铁纤维、不锈钢纤维、镍纤维等。为了降低成本，通常只在复合板的表层中掺入金属单元。在制备时先将金属纤维按照要求的比例与施加了脲醛树脂胶的木材单元混合均匀，然后再采用涂布法或喷雾法等方法将异氰酸酯胶按照一定的施加量加入木材与金属的混合物料中。在铺装时要注意木材与金属的混合物料需要通过机械铺装方式进行铺装，而没有添加金属单元的物料可以通过气流成型方式铺装。铺装后进行热压即可制得混杂型的木材/金属复合板。

### 10.3.1.3 木材/金属复合板的性能检测

(1) 木材/金属复合板的物理力学性能

木材/金属复合板的物理力学性能的检测方法参照木质复合材料的物理力学性能的检测方法进行。

(2) 木材/金属复合板的电磁屏蔽性能

材料按照导电性可以分为导体、绝缘体、介电体三类。如果按照体积电阻率来划分的话，高于 $10^{10}\Omega \cdot cm$ 时，材料耗散静电的能力明显减弱，不利于消除静电，属于绝缘体；体积电阻率在 $10^5 \sim 10^{10}\Omega \cdot cm$ 范围内的材料可用作抗静电产品；低于 $10^4\Omega \cdot cm$ 可视为导体。如果按照表面电阻或体积电阻划分，国家军用标准 GJB 300797 中规定防静电工作区内地板对地电阻值为 $10^5 \sim 10^{10}\Omega$，表面电阻(点对点或断对端)为 $10^5 \sim 10^{10}\Omega$，电子行业标准 SJ/T 10694—1996 中规定地板表面电阻为 $10^5 \sim 10^{10}\Omega$，摩擦电压小于100V。

电磁屏蔽是指利用材料的反射、吸收、衰减等作用减弱辐射源的电磁场效应。材料的电磁屏蔽性能是以电磁屏蔽效能 SE(Shielding Effect)来评价的,单位为分贝(dB)。电磁波接触到材料表面后发生如图 10-12 所示的现象。

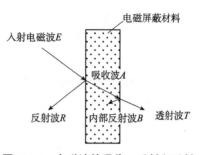

图 10-12　电磁波的吸收、反射和透射

入射的电磁波($E$)在接触到材料后一部分电磁波被反射($R$),还有一部分被材料吸收($A$)或在材料内部发生多层反射($B$),另外部分则透过材料($T$)。可以用下面公式表示:

$$E = R + A + B + T$$

这几个部分的电磁波除了透射波外,其他的都因为电磁屏蔽材料的存在而无法继续传递,因此电磁屏蔽效能 SE 可由下式表示:

$$SE = R + A + B$$

这几个量和材料本身的性能相关,可由以下公式进行计算:

$$A = 1.31 t (f\mu_x \sigma_x)^{1/2}$$
$$B = 20 \lg(1 - e^{-2t/\delta})$$
$$R = 168 - 10 \lg(\mu_x f / \sigma_x)$$

式中　$\mu_x$——材料的相对磁导率;
　　　$\sigma_x$——材料的相对电导率;
　　　$f$——电磁波的频率;
　　　$t$——材料的厚度;
　　　$\delta$——电磁波透过材料的深度。

SE 值越大,屏蔽效能越好。我国尚未对民用电磁屏蔽材料作明确规定,一般是用户根据需要提出。美国联邦通讯委员会(FCC)规定,材料对频率在 30~300MHz 范围内的 SE 达到 30dB 就可满足实用需要。长泽长八郎等将材料在 50~1 000MHz 范围内的电磁屏蔽效能分为 5 等:①10dB 以下无效;②10~30dB 最低效果;③30~60dB 效果一般;④60~90dB 效果较好;⑤90dB 以上效果最好。

由于目前新型电磁屏蔽材料层出不穷,其构成和加工处理工艺非常复杂,用以上公式来计算电磁屏蔽效能非常困难。因此,一般都采用测量的方法来得到电磁屏蔽效能。在我国,一般采用国家电子行业军用标准 SJ 20524—1995 中描述的方法进行测试。该标准方法是一种改进型的法兰同轴法,其测试装置的示意图如图 10-13 所示。

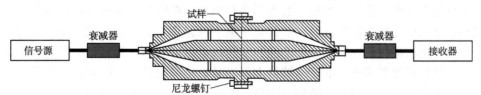

图 10-13　电磁屏蔽效能测量装置图

这种方法的测试条件如下：

①测试环境的温度和相对湿度分别为 23±2℃ 和 45%~75%；

②大气压力为 86~106kPa；

③环境电磁噪声对测量结果不应产生影响；

④信号源与接收器的频率范围一致，均为 1MHz~1.5GHz。信号源的最大输出功率应不小于 13dB·m，输出阻抗为 50Ω，电压驻波比小于 2.0；

⑤衰减器为 10dB 衰减器，连接时电缆线应尽可能地短，从而减小电磁波在传输过程中的损耗。

测试步骤如下：

①将试样在测试环境条件下放置 48h 以上；

②接通电源，待设备稳定后把参考试样固定在法兰同轴装置中。将信号源的频率调整至被测频率，输出电压置于中间位置，调节接收器的频率，使读数最大。增大信号源的输出电压，使接收器的读数大于被测试样的屏蔽效能估计值，记下该读数为 V0；

③取下参考试样，把被测试样放入法兰同轴装置中并固定。保持信号源的频率和输出电压不变，记录此时接收器的读书为 V1，从而得到被测试样在该频率下的屏蔽效能 $SE(dB)=V0-V1$；

④保持信号源输出电压不变，改变信号源的频率，重复②和③步骤，从而测得被测试样在不同频率下的屏蔽效能。

### 10.3.2 木材化学镀工艺与性能检测

化学镀（Chemical Plating）又称无电解镀（Electroless Plating）或自催化镀（Autocatalytic plating），是指在无外加电流的状态下，借助适当的还原剂使镀液中的金属离子还原成金属，并沉积到具有催化活性的镀件表面的一种镀覆方法。化学镀需要具备以下基本条件：

①被镀表面具有催化活性，对于不具有催化活性的非金属材料（如木材），在进行化学镀前应进行活化处理，使其表面具有催化活性；

②还原剂的选择正确，所选择的还原剂的氧化电位应低于被还原金属的平衡电位；

③镀液自身不应发生氧化—还原反应；

④化学镀进程可通过调节镀液的温度和 pH 值等进行人为控制。

#### 10.3.2.1 木材化学镀的工艺过程

(1) 原料准备

木材化学镀中所采用的木材一般为刨花和单板。在刨花或单板表面进行化学镀后再组坯压制成刨花板或胶合板等。木材化学镀中所采用的金属包括镍、金、铜等。选择金属的种类根据用途而定，如果单纯为了达到电磁屏蔽的作用，则一般选择化学镀镍，而选择化学镀铜或金，不仅能够使木材具备电磁屏蔽性能，而且由于铜和金的镀膜色泽，还能够显示木制品华丽的装饰性。但要注意的是，单独的铜镀层虽然能达到较好的屏蔽效果，但是由于铜在空气中容易氧化，抗腐蚀性能差。对于木材的化学镀来说，目前采用的主要是化学镀镍的方法，因此在以下的工艺过程介绍中也主要指化学镀镍工艺。

(2)镀前处理工艺

木材是非金属,在绝干状态下是一种绝缘材料。木材表面本身不具备自催化性质,采用一般的化学镀工艺无法使金属沉积到木材表面。因此,对木材进行化学镀前,木材表面必须要经过特殊的镀前处理,即表面活化处理。活化不但决定着化学镀层的优劣,而且也决定着镀层质量的好坏。

木材的镀前处理包括抽提、粗化、敏化、活化、解胶(还原)等过程。下面对这几个过程的目的和方法进行介绍。

① 抽提  木材中含有一定量的抽提物,如针叶材中的树脂,阔叶材中的单宁等,这些木材内含物在化学镀中将影响镀液的 pH 值,甚至会使镀液失效或分解。因此,在镀前处理中,应采用溶剂去除木材的抽提物。

② 粗化  木材表面粗化的目的是增大木材的表面粗糙度,从而使接触面积增大,提高镀件与镀层的结合力。粗化的方法有化学粗化、机械粗化和有机溶剂粗化三种,其中化学粗化的效果较好。木材本身是多孔性物质,其表面具有一定的粗糙度,因此在化学镀镍前是否需要进行粗化可根据化学镀镍木材的用途来进行选择。

③ 敏化  所谓敏化就是在木材表面吸附一层易被还原的物质,以便活化处理时使镀件表面通过还原反应吸附金属层,利于化学镀的顺利进行。常用的敏化剂为氯化亚锡($SnCl_2$),其他可作为敏化剂的包括酸性或碱性的锡盐和钛、铊的化合物。氯化亚锡作为敏化剂时,其敏化机理如下:首先氯化亚锡水解产生 $Sn(OH)Cl$ 和 $Sn(OH)_2$,然后两者发生聚合,生成微溶于水的凝胶状物质 $Sn_2(OH)_3Cl$,附着在镀件表面,形成凝胶状敏化膜。

$$SnCl_2+H_2O \rightarrow Sn(OH)Cl+HCl$$

$$SnCl_2+2H_2O \rightarrow Sn(OH)_2+2HCl$$

$$Sn(OH)Cl+Sn(OH)_2 \rightarrow Sn_2(OH)_3Cl$$

④ 活化  经过敏化的镀件经清水洗净后,再浸入到含氧化剂的活化溶液中,亚锡离子把活化剂(如 $PdCl_2 \cdot 2H_2O$)中的金属离子还原成金属粒子,该离子可作为化学镀时的催化剂。这种在镀件表面产生一层很薄的具有催化特性的金属层的工艺称为活化。常用的活化剂包括氯化钯、氯化金和硝酸银。但是硝酸银只可用于化学镀铜工艺,对化学镀镍不适用。在化学镀镍中一般使用氯化钯。

敏化和活化工艺可以两步进行,也可以一步完成。早期使用的工艺一般为两步法,这种方法的成本较低、处理液配制容易,但是操作复杂,不适合自动化生产线生产。因此目前在生产中基本都采用敏化—活化一步法,即配制胶体钯活化液。它的特点是溶液稳定,使用寿命长,催化性能好。但是在配制过程中如果使用大量盐酸的话会产生大量的酸雾,可以用尿素来抑制酸雾的产生或用氯盐来代替部分盐酸。

⑤ 解胶(还原)  解胶或还原是为了除尽木材表面上的活化剂(如 $Pd^{2+}$),防止将它们带入到化学镀溶液中去,必须先将其还原。如果不事先进行还原,则有被优先还原而导致溶液的提前分解、过早失效的危险。

(3) 化学镀工艺

化学镀的关键在于化学镀液的组成以及化学镀过程中所采用的工艺参数。下面以化学镀镍为例进行简单说明。

①化学镀镍镀液的组成　化学镀镍的镀液由主盐(镍盐)、还原剂、络合剂、缓冲剂、稳定剂、加速剂和表面活性剂等组成。其中主盐用于提供化学镀反应过程中所需的金属离子 $Ni^{2+}$，一般采用硫酸镍、氯化镍或次磷酸镍等无机盐，也有采用醋酸镍等有机盐的。虽然次磷酸镍和醋酸镍的效果较好，但价格较贵，而氯化镍中由于 $Cl^-$ 的存在使镀层的耐腐蚀性下降，因此，目前主要采用硫酸镍作为主盐。

还原剂可以将主盐中 $Ni^{2+}$ 还原成金属镍或者根据所用还原剂的种类不同还原为不同的镍合金镀层。可以使用的还原剂为次磷酸钠 $NaH_2PO_2 \cdot H_2O$、硼氢化钾 $KBH_4$ 和肼 $N_2H_4$，其中次磷酸钠的价格较低、镀液容易控制且生成的镀层性能优良，因此最为常用。用次磷酸钠得到的镀层为 Ni-P 合金镀层，用硼氢化钾得到的镀层为 Ni-B 合金镀层，用肼得到的镀层为纯镍镀层。

除了主盐和还原剂外，另外一个主要组分就是络合剂。络合剂的作用是与镀液中的金属离子形成络离子，使平衡电位向负方向进一步变化从而有利于金属的还原析出，另外也可以降低游离金属离子的浓度，防止镀液中产生沉淀，有利于提高 pH 值，从而提高镀液的稳定性。在化学镀镍过程中常用的络合剂包括羟基乙酸、柠檬酸、琥珀酸、苹果酸、乳酸、氨基乙酸、焦磷酸、氯化铵等。在选用络合剂时，应达到以下基本要求：形成的金属络离子在镀液中具有一定的溶解性，但不分解和水解，具有一定的稳定性，另外对化学镀过程不产生不良影响。

缓冲剂是指 pH 值缓冲剂，这主要用于调节化学镀过程中镀液的 pH 值。由于化学镀过程中会产生 $H^+$ 等副产物，因此在此过程中镀液的 pH 值会有下降趋势，这对沉积速率及镀层质量都会产生很大的影响，因此需要通过加入 pH 值缓冲剂，使化学镀过程中镀液的 pH 值保持在一定范围内。通常所用的缓冲剂为一元或二元有机酸及其盐类。

稳定剂的作用是抑制镀液的自发分解，提高镀液的稳定性。镀液使用一段时间后，由于空气中尘埃的侵入、配制镀液的原料中所含的杂质以及镀液组分发生反应产生的某些副产物的积累等因素的影响，镀液中会产生一些微小颗粒，这些颗粒具有一定的催化活性，导致镀液自发分解，形成金属微粒或粉末状沉淀。加入适量的稳定剂后，可以抑制这个过程的进行。常用的稳定剂为铅离子、硫脲、锡的硫化物、硫代硫酸等。

促进剂是指用于提高化学镀中金属沉积速率的试剂，一般是添加少量的有机酸。另外，镀液中加入某些表面活性剂后也可提高镀液和镀件之间的表面张力，从而提高浸润能力，有利于化学镀过程中氢气的逸出。

②化学镀镍的工艺参数　在化学镀中，镀液的稳定性和金属的沉积速率是最关键的两个方面。因此在确定工艺参数时也主要考虑这些参数对这两个方面的影响。主要的工艺参数包括 pH 值、温度等。镀液的 pH 值对镀液的稳定性和金属的沉积速率都有明显的影响。增大 pH 值一般能提高还原能力，从而加快沉积速率，但往往存在一个最

佳值，超过该 pH 值后沉积速率反而降低。而对于镀液的稳定性来说，往往 pH 增大使镀液的稳定性下降。

镀液的温度升高也可以促进还原反应，使沉积速率加快，但温度过高使镀液的稳定性变差，尤其是碱性镀液通常按有氨类成分，在高温下容易挥发。因此镀液的温度也应该控制在一个适当的范围。

**10.3.2.2 化学镀木材的性能检测**

木材进行化学镀的目的是赋予木材表面以金属质感，提高电磁屏蔽效能及提高耐磨性等，因此在其性能检测方面也主要针对这几项性质进行。

(1) 镀层的形态特征

判断化学镀镀层好坏的标志之一是其镀层的均匀平整性，是否能完全覆盖木材表面。通过体视显微镜或扫描电子显微镜观察镀层即可得到结论。

(2) 电磁屏蔽效能

按照国家电子行业军用标准 SJ 20524—1995 中描述的方法进行测试。

(3) 表面耐磨性

可采用漆膜磨耗仪进行测试，即以一定的力作用在研磨轮上研磨试件表面，用计数器记录研磨轮旋转的转数，在相同的转数下比较化学镀木材和普通木材被研磨掉的试材的厚度。

## 10.3.3 木材/金属复合材料的应用

木材/金属复合材料的主要优点在于其电磁屏蔽性，因此在应用方面也是主要利用它的这一优点。当然，某些贵金属覆面或表面镀的复合材料(如表面覆金箔或表面镀金)在应用时往往是利用其装饰效果。

随着科学技术的进步和生活水平的提高，各种电器和电子设备出现在人们的日常生活和工作中，随之而来的电磁辐射污染问题也日益严重。电磁辐射污染不仅会危害人类身体健康，导致环境恶化，还会干扰电气设备、电子设备的正常运行。所谓的电磁辐射，是指电磁波的传播过程。交变电路会向其周围空间放射电磁能，从而形成交变电磁场。不同频率的电磁波其辐射传播能力也不同，频率越高，其辐射传播能力越强。通常 30MHz~3GHz 的电磁波对人体的危害最大。电磁屏蔽材料由于具有导电性，可以有效地抑制通过空间传播的各种电磁波及由此产生的电磁污染。木材/金属复合材料在电磁屏蔽方面的应用领域主要包括以下几个方面：

(1) 抗静电材料

静电容易引起易燃易爆品的燃烧和爆炸，也会通过静电放电产生的电磁波干扰造成电子仪器设备的运行失误，从而产生飞机迷航、精密仪器损坏等问题。木材/金属复合材料可用作电子仪器设备的包装材料，以防止在运输过程中由静电而产生的危害。另外，在机房和精密仪器室等对静电防护要求较高的场所，木材/金属复合材料也可用作室内装饰材料和抗静电地板使用。

(2) 电磁屏蔽材料

由于电磁波对电子设备和人身健康存在很大的安全隐患，因此为了保护一些如雷达系统、电视和广播发射系统、卫星通信站等重要的数字电子系统，必须采用具有电磁屏蔽效能的材料。另外，在地铁、磁悬浮列车等交通工具的内部装饰中也需采用如木材/金属复合材料的电磁屏蔽材料。

## 本 章 小 结

本章归纳了木塑复合材料、木质陶瓷、木材/金属复合材料等木基复合材料的概念与制备方法，并针对木质单元和其他材料单元之间的界面结合进行了系统阐述，同时，还介绍了各类木基复合材料的应用领域及性能检测方法。

## 思 考 题

1. 什么是木塑复合材料？木塑复合材料具有哪些优点？
2. 简述木塑复合材料的主要组成成分及各部分的作用。
3. 如何制备木塑复合材料？
4. 简述木塑复合材料界面的作用机理及影响界面结合强度的因素。
5. 简述木质陶瓷的特点及种类。
6. 如何制备木质陶瓷？
7. 木材/金属复合材料包括哪几种复合形式？
8. 简述木材的化学镀镍的主要工艺过程及其目的。
9. 木材/金属复合材料的电磁屏蔽效能如何测定？

## 推荐阅读书目

1. 木材功能性改良. 方桂珍. 北京：化学工业出版社，2008.
2. 木材化学镀镍及木质电磁屏蔽材料的制备. 黄金田. 北京：北京林业大学博士学位论文，2004.
3. 木基电磁屏蔽功能复合材料（叠层型）的工艺和性能. 刘贤淼. 北京：中国林业科学研究院硕士学位论文，2005.
4. Wood-polymer composites. Niska, K. Woodhead Publishing Limited, 2008.

## 参 考 文 献

1. 邓文键，关克田，庄旭品，等. 2010. 纤维素热塑改性研究进展[J]. 化工时刊，24(12)：44-47，66.
2. 克列阿索夫. 2010. 木塑复合材料[M]. 王伟宏，宋永明，高华，译. 北京：科学出版社.
3. 刘波. 2007. 木塑复合材料制备及性能的研究[J]. 辽宁化工，36(12)：797-799.
4. 刘如，曹金珍，彭尧. 2014. 木粉组分对木塑复合材料性能的影响研究进展[J]. 化工进展，33(8)：2072-2083.
5. 洪浩群，何慧，贾德民，等. 2007. 木塑复合材料界面改性研究进展[J]. 塑料科技，35(8)：118-123.
6. 苏茂尧. 1995. 木纤维素与合成聚合物复合材料的研究进展[J]. 林产化学与工业，15(4)：69-75.
7. 王清文，王伟宏，等. 2007. 木塑复合材料与制品[M]. 北京：化学工业出版社.

8. 薛平，王哲，贾明印，等. 2004. 木塑复合材料加工工艺与设备的研究[J]. 人造板通讯，11：9-13.

9. 赵劲松. 2011. 木塑制品生产工艺及配方[M]. 北京：化学工业出版社.

10. 朱德钦，刘希荣，生瑜，等. 2005. 聚合物基木塑复合材料的研究进展[J]. 塑料工业，33(12)：1-4，18.

11. Bledzki A K, Gassan J. 1999. Composites reinforced with cellulose based fibres[J]. Progress in Polymer Science, 24(2): 221-274.

12. Bledzki A K, Mamun A A, Lucka-Gabor M, et al. 2008. The effects of acetylation on properties of flax fibre and its polypropylene composites[J]. Express Polymer Letters, 2(6): 413-422.

13. Kim K J, Bumm S, Gupta R K, et al. 2008. Interfacial adhesion of cellulose fiber and natural fiber filled polypropylene compounds and their effects on rheological and mechanical properties[J]. Composite Interfaces, 15(2-3): 301-319.

14. Stark N M, Mueller S A. 2008. Improving the color stability of wood-plastic composites through fiber pre-treatment[J]. Wood and Fiber Science, 40(2): 271-278.

15. Zadorecki P, Michell A J. 1989. Future prospects for wood cellulose as reinforcement in organic polymer composites[J]. Polymer Composites, 10(2): 69-77.